Mineralien und edle Steine

Nicola Cipriani

Mineralien und edle Steine

Gesteinsbildung,
Klassifizierung,
Sammlung
und Verwendung

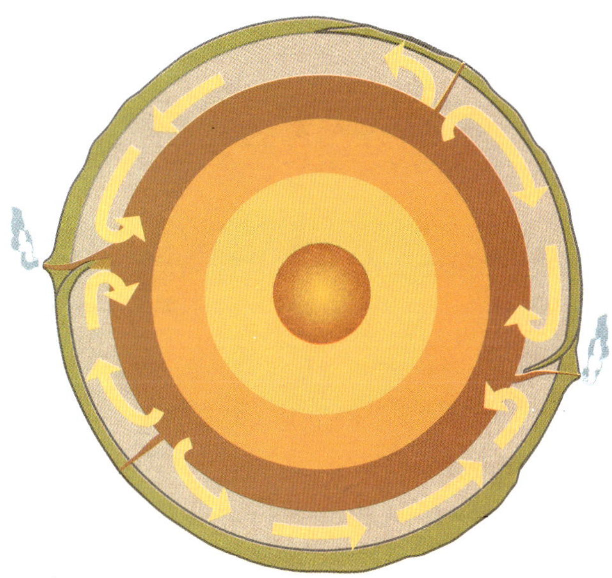

Bechtermünz Verlag

Genehmigte Lizenzausgabe für
Bechtermünz Verlag im
Weltbild Verlag GmbH, Augsburg 1997
Titel der italienischen Originalausgabe: Minerali e Rocce

Umschlaggestaltung: Atelier Höpfner-Thoma, München
Umschlagmotiv: Kilian/BAVARIA
Gesamtherstellung: Artes Gráficas Toledo, S.A.
Printed in Spain
ISBN 3-86047-585-1
D.L. TO: 427-1997

INHALT

ZEICHENERKLÄRUNG

HÄUFIGKEIT

(MINERALIEN)		(GESTEINE)
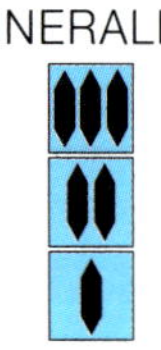	sehr häufig häufig selten	

INDUSTRIELLE UND KOMMERZIELLE NUTZUNG

	(GESTEINE)
sehr oft genutzt häufig genutzt selten genutzt	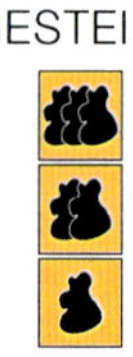

HANDELSWERT

(MINERALIEN)		(GESTEINE)
	ohne gering bis mittel hoch	

EDELSTEINWERT

(MINERALIEN)	
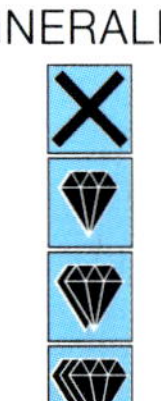	wertlos gering mittel hoch

HÄRTE

(MINERALIEN)	
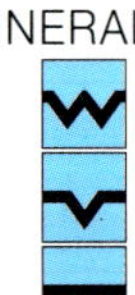	weich mäßig hart hart

VORWORT

Mit diesem Buch soll ein Nachschlagewerk vorgelegt werden, das wesentliche Informationen über eine beträchtliche Zahl von Gesteinen und Mineralien der Erdkruste enthält. Die Einführung zu diesem Band bietet eine Beschreibung der hauptsächlichen chemischen und physikalischen Eigenschaften der Mineralien, um den Leser mit Kenntnissen vertraut zu machen, die sich an anderer Stelle, wo es um die einzelnen Gesteine und Mineralien geht, als sehr nützlich erweisen werden. Auch die hauptsächlichen Bedingungen für die Entstehung sowohl der Mineralien als auch der Gesteine werden im Einführungsteil erörtert. In die Beschreibungen der einzelnen Mineralien und Gesteine wurden gesonderte Abschnitte (Kästen) eingefügt. Sie sollen genauere Informationen über bestimmte wohlbekannte, oft als Schmucksteine und Ziergegenstände verwendete Mineralien sowie über einige Themen geben, die für das weitere Verständnis des Gegenstandes wichtig sind. Die Untergliederung der Gesteine in drei Haupttypen (Erstarrungs-, Umwandlungs- und Absatzgesteine) entspricht der Konvention. Für die Mineralien jedoch hat der Autor eine weniger strenge Gruppierung in transparente und opake Mineralien gewählt, um die Zahl der Abschnitte in diesem Buch zu begrenzen und den Leser bei der Bestimmung spezifischer Mineralien zu unterstützen.

Die weitere Einteilung der beiden Mineralgruppen folgt der traditionellen mineralogischen Klassifikation. Die Mineralien werden nach dem von Hugo Strunz vorgeschlagenen Klassifikationsschema systematisiert, das jedoch um eine gesonderte Abteilung für die Borate (die Strunz den Karbonaten und Nitraten zugeordnet hatte) erweitert wurde. Die einzelnen Beschreibungen enthalten für die Mineralbestimmung sehr hilfreiche Informationen über die physikalischen Eigenschaften wie auch über die Bedingungen, unter denen die Mineralien entstanden sind. Schließlich folgen, um das Bild abzurunden, Angaben über die Nutzung des jeweiligen Minerals sowie einige Notizen und Beobachtungen zu seinen Besonderheiten.

Die Beschreibung der einzelnen Gesteine folgt in ihrem Aufbau prinzipiell der der Mineralien. Die Gesteine sind hier nach den am häufigsten verwendeten Klassifikationsschemata geordnet. Den von Albert Streckeisen vorgeschlagenen Klassifikationen entspricht die Gliederung in Intrusiv- und Extrusivgesteine, und die Einteilung der Umwandlungsgesteine basiert auf der heutigen Standardklassifikation, die von der Textur und vom Vorhandensein von Leitmineralien ausgeht. Für die vorliegende Ausgabe wurde das von Claudio D'Amico, Fabrizio Innocenti und Francesco Paolo Sassi in *Magnetismo e Metamorfismo* dargestellte Schema übernommen. Wegen der vielen Abweichungen in ihrer mineralogischen, chemischen und strukturellen Zusammensetzung wurden die Absatzgesteine auf der Grundlage der jeweiligen Ablagerungsbedingungen und ihres mineralogischen Aufbaus beschrieben.

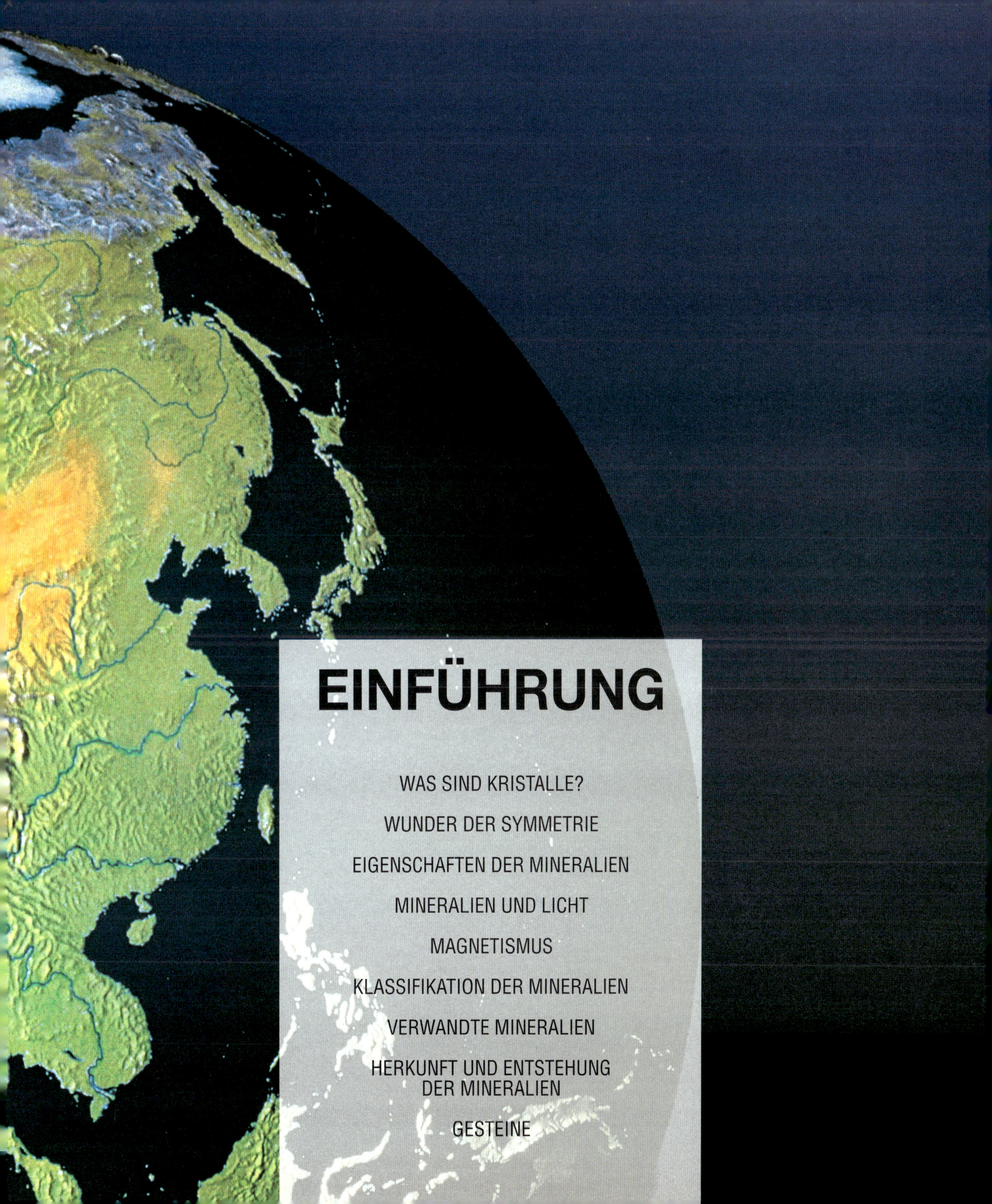

EINFÜHRUNG

WAS SIND KRISTALLE?

Mitte: Quarzkristall, Varietät Amethyst (Mexiko).
Rechts: Anordnung der Atome in einem Kristall (obere Abb.) und in Glas (untere Abb.); Schema
Unten: Porträt des Luca Pacioli (1445–1515) von Jacopo de' Barbari.

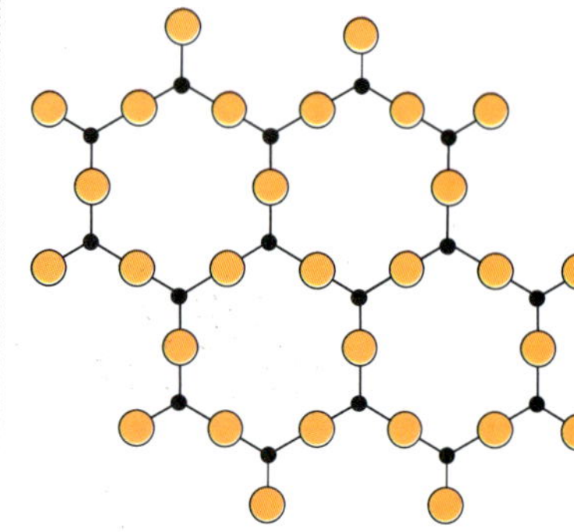

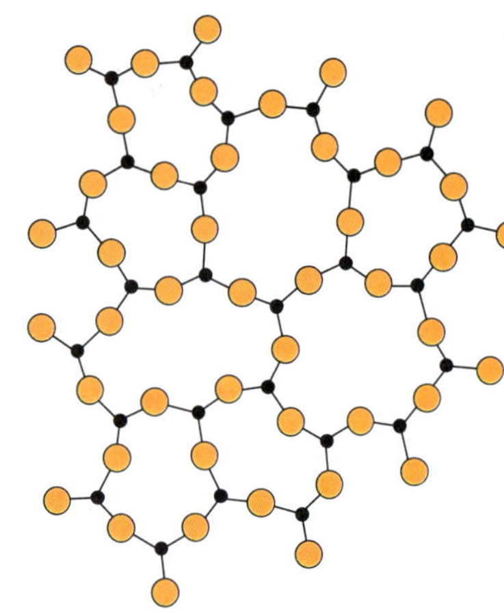

Allgemein gesagt, steht das Wort *Kristall* für ein wertvolles Produkt der Glasindustrie oder des Glashandwerks sowie für außerordentliche Qualitäten bezüglich Transparenz, Reinheit und Glanz. Das Adjektiv *kristallklar* wird oft auch benutzt, um besonders reines Wasser oder die Klarheit eines Gedanken oder eines Ausdrucks zu beschreiben. Diese Bedeutung ist auf unser inneres Abbild von einem Bergkristall, einer Varietät des Quarzes, zurückzuführen. Die alten Griechen nannten diese Art des Quarzes „krystallos", was eigentlich „das Gefrorene" heißt, da sie überzeugt waren, daß Kristalle aus extrem fest gefrorenen Wasser bestehen. Dieser Glaube wurde durch die Tatsache gestärkt, daß Kristalle gewöhnlich hoch oben in den Bergen gefunden wurden. Plinius der Ältere bestätigte, daß es Kristalle nirgends als in Gegenden gebe, wo sich Schnee in großen Mengen ansammle, daß es sich bei den Kristallen ganz gewiß um Eis handle und daß die Griechen ihnen deshalb diesen Namen gegeben haben. Er fügte auch das Wort *sexangulum* hinzu, um auf das häufig hexagonal-prismatische Äußere des Bergkristalls aufmerksam zu machen.

Später wurde das Wort *Kristall* als Bezeichnung für alle transparenten Mineralien mit einer geometrischen Gestalt benutzt. Heute ist der Begriff nicht so sehr an die geometrische Form als vielmehr an die Anordnung der Atome gebunden, aus denen ein Mineral zusammengesetzt ist.

Um den Kristallbegriff zu verstehen, wollen wir ein einfaches Beispiel anführen. Wir wissen, daß natürliche Substanzen fest, flüssig oder gasförmig sein können. Wird in einem Gefäß Wasser zum Sieden gebracht, dann verwandelt es sich in Dampf. Setzen wir es einer Temperatur von weniger als 0°C aus, dann erstarrt es und wird zu Eis. Es gibt also Temperaturbereiche, in denen Wasser in jeweils unterschiedlichen Aggregatzuständen auftritt. Nehmen wir ein anderes Beispiel – Quecksilber. Es ist bei Temperaturen unter -39°C fest und wird oberhalb 356°C gasförmig. Unter normalen Bedingungen ist Quecksilber, wie jeder weiß, flüssig. Führen wir Quecksilber, Wasser oder einer anderen Substanz in festem Aggregatzustand Wärme zu, dann können wir beobachten, wann der Schmelzpunkt erreicht wird. Bei weiterem Erwärmen bemerken wir, daß sich während des Schmelzens die Temperatur der Substanz nicht erhöht. Ist jedoch der Schmelzvorgang abgeschlossen und die Zufuhr von Wärmeenergie wird nicht unterbrochen, dann steigt die Temperatur, bis der Siedepunkt erreicht ist. Weitere Wärmezufuhr läßt die Substanz weitersieden, während die Temperatur bis zum vollständigen Verdunsten der Flüssigkeit konstant bleibt. Folglich ist der Übergang von einem Aggregatzustand in einen anderen durch eine spezifische Temperatur bestimmt.

Die Atome von Eis und festem Quecksilber weisen eine sehr regelmäßige geometrische Anordnung auf; in flüssigem Zustand streben sie auseinander und sind weniger geordnet, während sie im gasförmigen Aggregatzustand weit voneinander entfernt und chaotisch verteilt sind. Die Temperatur einer Substanz erhöht sich also beim Übergang von einem Aggregatzustand in einen anderen nicht, da die zugeführte Energie absorbiert wird, um den Widerstand der Atome, Ionen und Moleküle gegen das Aufspalten ihrer Bindung zu überwinden. Sie bleibt bis zum vollständigen *Aufspalten* der Bindungen konstant. Da sich alle Kristalle so verhalten, kann man die Begriffe *fest* und *Kristall* als Synonyme betrachten.

Wir nehmen nun einen kleinen Glasstab und erhitzen ihn. Dafür genügt die Flamme einer Kerze. Der Stab beginnt sich zu krümmen und wird biegsam. Die Temperatur des Glasstabes erhöht sich allmählich, und das Material wird immer plastischer. Hier gibt es keine spezifische Schmelztemperatur. Obwohl der kalte Glasstab anfangs fest zu sein schien, waren seine Atome – ähnlich wie im flüssigen Aggregatzustand – unregelmäßig angeordnet. Da also keine regelmäßige Anordnung von Atomen zerstört werden mußte, erzeugte die zugeführte Wärme einen kontinuierlichen Temperaturanstieg in dem Glasstab.

DAS GEHEIMNIS DER KRISTALLAUSBILDUNG

Als die Mineralogie noch am Anfang ihrer Entwicklung stand, bemühten sich die Gelehrten, die Gesetze zu verstehen, welche die geometrische Gestalt (den Habitus) der Kristalle bestimmen. Als einer der ersten, die die natürliche Form unter rationalen Gesichtspunkten betrachteten, ist Luca Pacioli zu erwähnen. Er verfaßte im Jahre 1494 die *Summa de arithmetica, geometria, proportioni et proportionalità.* Die moderne Kristallografie jedoch folgt seiner Auffassung heute nicht mehr, da man inzwischen erkannt hat, daß die Flächen, welche die äußere Gestalt eines Kristalls bestimmen, sich direkt aus dessen innerem Aufbau ergeben. Anders gesagt, besetzen die Atome, Ionen und Moleküle, aus denen ein Mineral besteht, bestimmte und systematisch im Raum angeordnete Positionen innerhalb einer als Kristallgitter bezeichneten dreidimensionalen Ordnung. Der kleinste Teil dieses Gitters ist die *Elementarzelle*, die bei Wiederholung in allen drei Dimensionen die Kristallstruktur bildet. Die Elementarzelle wird durch drei Hauptachsen beschrieben, deren Lage zueinander für das jeweilige Mineral charakteristisch ist. Das bedeutet, daß zwei Kristalle eines Minerals identische Strukturen aufweisen, wogegen zwei Mineralien unterschiedlicher Zusammensetzung auch unterschiedliche Kristallstrukturen haben.

WUNDER DER SYMMETRIE

Oben: Die sieben Systeme der Kristallsymmetrie.

Unten: Symmetrieelemente (a Spiegelebene, b Symmetrieachse, c Symmetriezentrum).

1

2

3

4

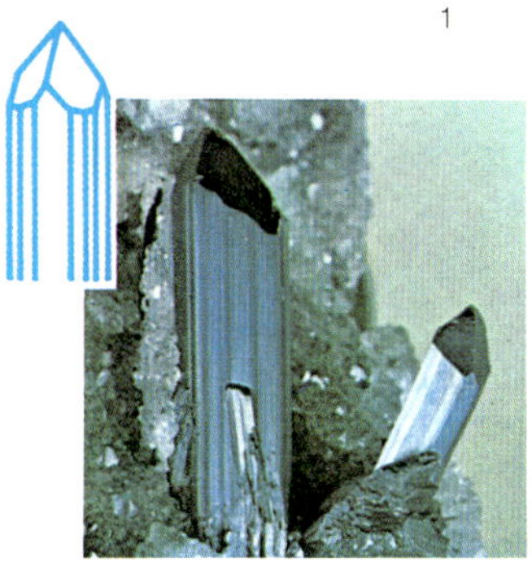
5

6

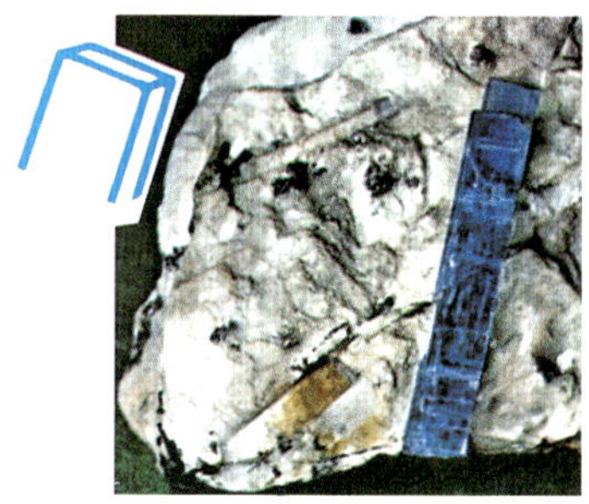
7

Beispiele für die Symmetriesysteme:
1 würfelige Pyritkristalle (kubisches System);
2 prismatische Apatitkristalle (hexagonales System); 3 prismatischer Phosgenitkristall (tetragonales System); 4 Rauchquarzkristalle (trigonales System); 5 prismatische Stibnitkristalle (orthorhombisches System);
6 tafeliger Gipskristall (monoklines System);
7 tafeliger Cyanitkristall (triklines System).

Bei der ersten Begegnung mit Kristallen fällt uns zunächst auf, daß wir Festkörper von häufig einfachem und regelmäßigem Äußeren vor uns haben und daß die Lage der Flächen zueinander und die Winkel zwischen ihnen sich im Kristall wiederholen und diesem ein symmetrisches Aussehen verleihen. Zum besseren Verständnis dieser Vorstellung sollen einige Beispiele angeführt werden. Der menschliche Körper weist eine zweiseitige Symmetrie auf, d. h. die Elemente der rechten Körperseite wiederholen sich auf der linken Seite, als befände sich ein senkrecht stehender Spiegel zwischen den beiden Körperhälften. Wir haben zwei Arme und zwei Beine, die mit ihrem jeweiligen Gegenstück nicht identisch sind; sie sind vielmehr das Spiegelbild des anderen. Ein solcher Spiegel wird als Symmetrie- oder Spiegelebene bezeichnet, und er hat tatsächlich die Eigenschaft, ein Objekt auf der anderen Seite genau spiegelbildlich darzustellen. Die Gliedmaßen sind jeweils einander ähnlich, aber nicht identisch. Nehmen wir ein anderes Beispiel: einen Seestern mit fünf gleichen Armen. Wir bewegen den Stern um sein Zentrum und halten ihn immer dann an, wenn die Spitze eines Arms auf uns zeigt. Es ist offensichtlich, daß nach der fünften Drehung die Ausgangslage erreicht ist und der Stern jedesmal um den gleichen Winkel gedreht wurde. Zudem nimmt der jeweils nach vorn gerichtete Arm die Lage des vorherigen ein, und es gelingt uns nicht, Unterschiede zwischen den fünf Positionen zu erkennen. Die Symmetrie des Seesterns besteht darin, daß durch dessen Drehung um eine vertikale, durch das Zentrum des Sterns verlaufende Achse um jeweils 360° dividiert durch 5 oder 72° dieselbe Figur fünfmal wiederholt wird. Die von uns identifizierte Achse stellt eine fünfzählige Symmetrieachse dar.

Diese Operation kann mit jedem beliebigen Objekt wiederholt werden. Eine gewöhnliche Zigarettenschachtel beispielsweise hat eine zweizählige, zu den inliegenden Zigaretten parallel verlaufende Achse. Sie besitzt zwei gleiche, parallel verlaufende Flächen (Vorder- und Rückseite), und jede nimmt nach einer Drehung um 180° die Position der anderen ein. Dieselbe Schachtel kann – entweder horizontal oder vertikal – entlang dreier lotrecht aufeinanderstehener Spiegelebenen in zwei Hälften zerschnitten werden. Die Beispiele machen deutlich, daß es viele Objekte gibt, an denen wir Symmetrieelemente bestimmen können.

An Kristallen sind nur zweizählige (binäre), dreizählige (trigonale), vierzählige (tetragonale) oder sechszählige (hexagonale) Achsen zu finden. Außer Achsen und Spiegelebenen gibt es ein weiteres Symmetrieelement, über das manche Kristalle verfügen – das Symmetriezentrum. Definition der drei Symmetrieelemente:
Spiegelebene: Ebene, die durch das Zentrum eines Kristalls verläuft und diesen in zwei spiegelbildliche Hälften teilt.
Symmetrieachse: Eine gerade Linie, die durch das Zentrum eines Kristalls verläuft. Bei Drehung des Kristalls um diese Achse um 360° erscheint dem Symmetriegrad entsprechend oft die Wiederholung eines morphologischen Elements (Fläche, Kante, Ecke). Diese wiederholte Abbildung erscheint nach 180° (360° dividiert durch 2) im Falle einer zweizähligen, nach jeweils 120° bei einer trigonalen, nach jeweils 90° bei einer tetragonalen und nach jeweils 60° im Falle einer hexagonalen Achse.
Symmetriezentrum: Im Innern des Kristalls liegender Punkt, der dem Kristallmittelpunkt entspricht und jeweils zwei diametral gegenüberliegende morphologische Elemente aufeinander bezieht.

Natürlich gewachsene Kristalle sind nicht in jedem Fall völlig regelmäßig geformt. Oft sind einige Flächen stärker ausgebildet als andere und die Kristalle zeigen ein ungestaltes Äußeres, was jedoch den inneren Aufbau nicht verändert. Abhängig davon, welche Symmetrieelemente sie besitzen, werden Kristalle in 32 Klassen und diese in 7 Systeme gruppiert. Die Kristallsysteme faßt man nochmals in 3 Gruppen zusammen:

Die monometrische Gruppe weist den höchsten Symmetriegrad auf. Sie wird so bezeichnet, weil die Kanten der Elementarzelle in allen drei lotrecht aufeinanderstehenden Hauptrichtungen dieselbe Größe haben. Bei der dimetrischen Gruppe ist die vertikale Achse der Elementarzelle kürzer oder länger als die untereinander gleichlangen horizontalen Achsen. Die zu dieser Gruppe gehörenden Kristalle weisen einen mittleren bis hohen Symmetriegrad auf. Die drei Hauptachsen von Elementarzellen in der trimetrischen Gruppe sind alle unterschiedlich lang. Die Kristalle dieser Gruppe zeigen stets einen niedrigen Symmetriegrad.

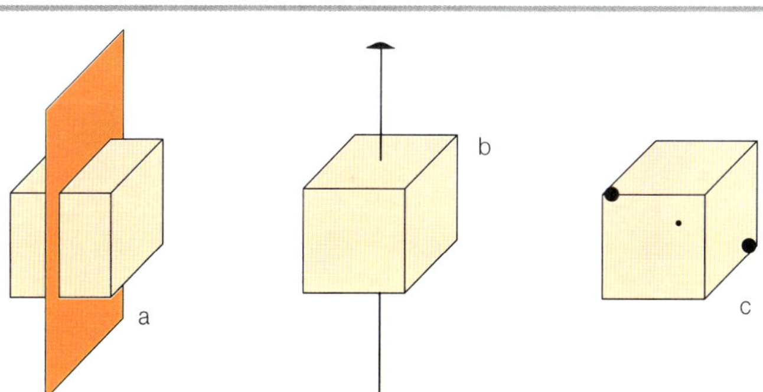

EIGENSCHAFTEN DER MINERALIEN

Links: Das Spaltvermögen von Kristallen: Calcitkristall – rhomboedrisch (obere Abb.) und Fluoritkristall – oktaedrisch (untere Abb.).

Unten: Mineralzwillinge und ihre idealisierte geometrische Gestalt.

Die Kennzeichen oder Eigenschaften von Kristallen, die unsere Aufmerksamkeit unmittelbar erregen, sind unterschiedlicher Art. Die einen erscheinen auffälliger als die anderen. Genauer betrachtet, können uns diese Kennzeichen helfen, zwischen den verschiedenen Kristallen zu unterscheiden. Die auffallendsten Eigenschaften sind zweifellos Transparenz, Farbe, Glanz und Härte; letzere ist mit Hilfe einfacher Instrumente bestimmbar. Schauen wir uns diese und andere Eigenschaften an.

SPALTBARKEIT

Wie wir gesehen haben, ergibt sich die Struktur eines Kristalls aus einer regelmäßigen Anordnung seiner Atome. Abhängig davon, welche Atome vorhanden und wie sie räumlich verteilt sind, wirken zwischen ihnen unterschiedlich starke Bindungskräfte. Da die Atome nach einem symmetrischen Muster angeordnet sind, können sich auch die Punkte der schwächsten Bindung zwischen ihnen so wiederholen, daß sie eine Ebene innerhalb des Kristallgitters bilden. Die Kristalle brechen dann vorzugsweise entlang dieser glatten Flächen. Spaltflächen können parallel zu den Kristallflächen verlaufen. Bei einem rhombo-edrischen Calcitkristall liegen die Spaltflächen parallel zu dessen natürlich gewachsenen Flächen. Deshalb haben beim Zerbrechen von Calcitkristallen auch deren Spaltstücke eine rhomboedrische Gestalt. Bei Fluorit wiederum, das meist zu Würfeln kristallisiert, stehen die Spaltflächen lotrecht zu den Achsen, die die gegenüberliegenden Ecken des Würfels miteinander verbinden. Auf diese Weise entsteht beim Spalten eines ursprünglich kubischen Kristalls ein Oktaeder. Das Erkennen der geometrischen Gestalt oder der Anordnung der Spaltflächen kann uns bei der Bestimmung der Mineralien helfen.

AGGREGATE UND MINERALZWILLINGE

Kristalle kommen nicht immer isoliert vor. Sie treten häufig in Aggregaten auf, die regelmäßig oder unregelmäßig geformt sein können. Beide Formen sind mitunter nicht klar voneinander abzugrenzen, da es auch *halbregelmäßige* Kristallverwachsungen gibt. Dazu kommt, daß eine bestimmte Aggregatform sowohl bei nur einer Mineralart als auch bei verschiedenen anderen Arten auftreten kann. Eine Art der regelmäßigen Verwachsung stellen die *Mineralzwillinge* dar. Verzwillingte Kristalle sind Aggregate einer Mineralart, bei denen die inneren Strukturen der Kristalle durch ein Symmetrieelement aufeinander bezogen sind. Sowohl einfache Aggregate als auch Zwillingsbildungen erzeugen Mineralien von

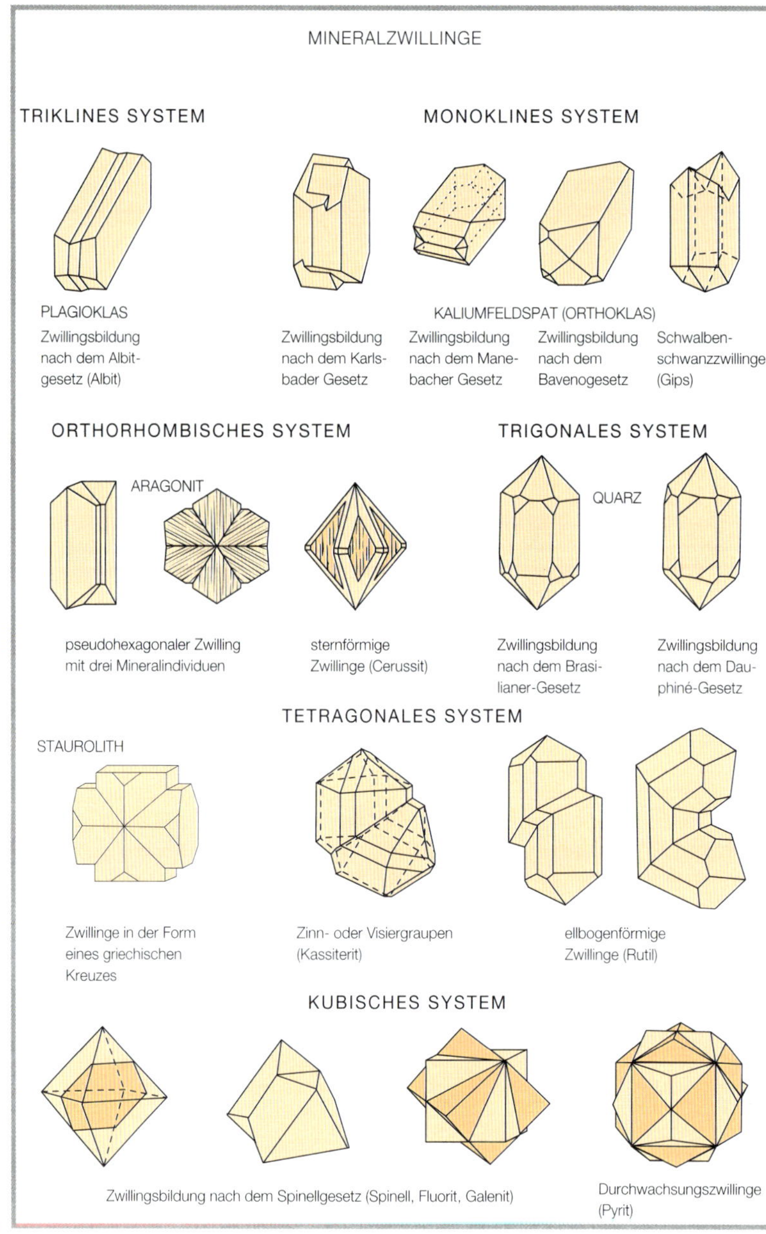

Oben: Geschliffene Schmuck- und Edelsteine verschiedener Farben und Formen.

Unten: Das Phänomen der Lichtstreuung. Beim Durchgang durch ein Prisma wird weißes Licht (Sonnenlicht) in die sieben Regenbogenfarben zerlegt.

sehr gefälligem, mitunter auch ganz und gar kuriosem Äußeren. Staurolithzwillinge beispielsweise bestehen aus zwei ineinandergewachsenen Kristallen, die die Form eines griechischen Kreuzes oder eines Andreaskreuzes bilden.

TRANSPARENZ UND FARBE

Transparenz ist eine leicht zu beobachtende Eigenschaft, und sie gehört zu den Kennzeichen, die Mineralien ungewöhnlich faszinierend machen. Transparenz bezeichnet den Grad, in dem Licht ein Mineral durchdringen kann. Was die Mannigfaltigkeit der Farben betrifft, so können wir angesichts der außerordentlichen Phantasie der Natur nur Anerkennung empfinden. Wir alle haben schon festgestellt, daß Mineralien eine sehr große Vielfalt an Farben und Farbtönen aufweisen. Bei manchen Mineralien hängt die Farbe ausschließlich vom Hauptbestandteil ihrer chemischen Zusammensetzung ab; sie bleibt also stets gleich, selbst wenn das Mineral zu Pulver zermahlen wird. Malachit beispielsweise liefert ein grünes Pulver, Azurit blaues, Zinnober rotes und so fort.Diese Mineralien werden als *idiochromatisch* bezeichnet.

Zahlreiche andere Mineralien jedoch sind im Reinzustand farblos; sie können allerdings je nach den Verunreinigungen, die sie enthalten, verschiedene Farben annehmen. Fluorit beispielsweise kann farblos, gelb, braun, rosenrot, blau, grün, violett und schwärzlich vorkommen. Auch Beryll, Turmalin, Korund und Zirkon sind Beispiele für Mineralien, die in einer reichen Farbenvielfalt auftreten. Diese Mineralien nennt man *allochromatisch*. In Pulverform sind sie meist hell oder weiß.

Um die Wechselwirkung zwischen Licht und Mineralien zu verstehen, wollen wir zunächst die Natur des Lichts betrachten. Daß Sonnenlicht alle Grundfarben enthält, wissen wir, weil diese durch Dispersion von Sonnenlicht in Regentropfen als Regenbogen sichtbar werden. Somit stellt weißes Licht, wie Sonnenlicht auch genannt wird, eine Mischung aller Grundfarben dar.

Befinden sich Mineralien in Wechselwirkung mit weißem Licht, dann können einige Farben absorbiert werden, so daß lediglich eine gewisse Lichtmenge weitergeleitet wird. Wir wollen diese Vorstellung näher erläutern: Durchdringt das Licht ein Mineral und erscheint danach farblos, dann hat das Mineral die Strahlen beim Durchgang nicht absorbiert. Wird hingegen ein Teil der Farben absorbiert, dann erscheint das Mineral farbig; seine Farbe stellt die Ergänzung zur Gesamtheit der nicht absorbierten Farben dar. Sieht das Mineral statt dessen schwarz aus, dann heißt das, daß alles Licht absorbiert worden ist. Es gibt auch Mineralien, die überhaupt kein sichtbares Licht durchlassen. In diesem Fall wird ein Teil des einfallenden Lichts absorbiert, der restliche Teil außen reflektiert. Es handelt sich hierbei um Mineralien, die aus metallischen Elementen bestehen und deren Pulver meist dunkel aussieht.

GLANZ

Der Glanz eines Minerals wird durch die Reflexion von Licht an der Mineraloberfläche hervorgerufen.

Zum besseren Verständnis des Phänomens Glanz wollen wir einige Beispiele anführen. Eine polierte Stahlplatte reflektiert einfallendes Licht auf eine für Metalle typische Art und Weise: Die Platte glänzt, und ihren Glanz bezeichnet man als metallisch. Glas indessen reflektiert Licht auf andere Art, und wir sprechen hier von glasartigem Glanz oder Glasglanz. Das natürliche Mineral, welches Licht am schönsten reflektiert, ist der Diamant, und sein Glanz wird diamanten oder Diamantglanz genannt. Es gibt noch weitere Arten von Glanz, z. B. Seidenglanz oder Perlglanz.

HÄRTE

Härte wird als Widerstand eines Körpers gegen das Ritzen und gegen Abnutzung definiert. Beobachtungen haben gezeigt, daß Mineralien bezüglich dieser Eigenschaft ein sehr unterschiedliches Verhalten zeigen. Es gibt weiche und harte Mineralien sowie eine große Zahl von Zwischenformen. Carl Friedrich Christian Mohs kam 1822 auf den Gedanken, eine

Links: Der Glanz von Mineralien.
Rechts: Mineralproben, nach zunehmendem Härtegrad geordnet (Mohssche Härteskala).

Metallglanz: Molybdänit

Seidenglanz: Gips

Glasglanz: Quarz

Diamantglanz: Diamant

Reihe von zehn häufig vorkommenden Mineralien (sieheTafel) mit steigendem Härtegrade als jeweiligen Bezugspunkt zu verwenden, um die Härte unbekannter Mineralien abzuschätzen. Diese Reihe wurde Mohssche Härteskala oder einfach Mohs-Skala genannt.

Die Benutzung dieses Hilfsmittels ist unkompliziert, da jedes auf der Skala aufgeführte Mineral das vorhergehende ritzt und selbst wiederum vom nachfolgenden geritzt werden kann. In unserem Buch haben wir die Härteskala aus praktischen Gründen vereinfacht und diejenigen Mineralien, die von Apatit geritzt werden, als weich definiert, Mineralien, die Quarz ritzen kann, als mittelhart und die übrigen als hart beschrieben. Dementsprechend werden bei der Darstellung der unterschiedlichen Mineralien die Begriffe geringe, mittlere und große Härte verwendet.

MOHSSCHE HÄRTESKALA

1	**TALK**
2	**GIPS**
3	**CALCIT**
4	**FLUORIT**
5	**APATIT**
6	**ORTHOKLAS**
7	**QUARZ**
8	**TOPAS**
9	**KORUND**
10	**DIAMANT**

DICHTEZAHL

Eine weiteres Merkmal, das oft zur Bestimmung von Mineralien herangezogen wird, ist die Dichtezahl. Sie ist definiert als das Verhältnis zwischen der Masse eines Minerals und der Masse eines gleichgroßen Volumens von destilliertem Wasser, das eine Temperatur von 4°C hat. Werden die entsprechenden Maßeinheiten benutzt, kann sie zahlenmäßig der Dichte gleichgesetzt werden. Obwohl das Konzept einfach ist, erfordert die Bestimmung der Dichtezahl in der Praxis doch einen gewissen Umfang an Ausrüstung. Welche Methoden und Hilfsmittel jeweils verwendet werden, ist in erster Linie abhängig von der Zusammensetzung des Minerals.

1. Talk

2. Gips

3. Calcit

4. Fluorit

5. Apatit

6. Orthoklas

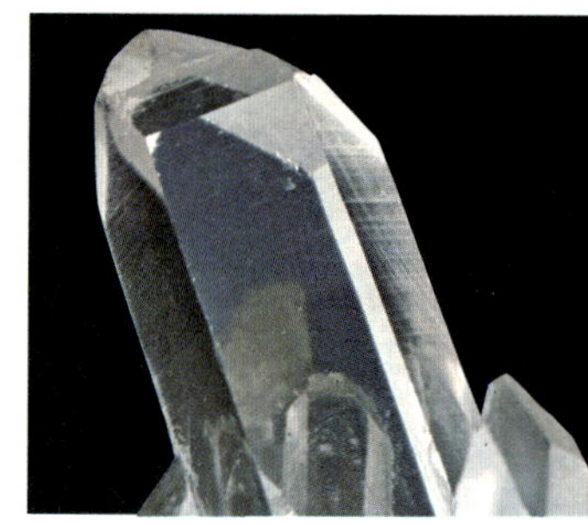
7. Quarz

8. Topas

9. Korund

10. Diamant

MINERALIEN UND LICHT

Lichtstrahlen gestatten es uns, auch andere bestaunenswerte Eigenschaften der Mineralien zu beobachten. Einige dieser Eigenschaften werden uns möglicherweise überraschend oder kurios erscheinen.

DOPPELBRECHUNG

Durchstrahlt Licht ein Mineral, dann wird es wesentlichen, von der Struktur des Minerals abhängigen Änderungen unterworfen. Es gibt einige Mineralien, in denen das Licht keine solche Wandlung durchmacht. In der Mehrheit der Fälle jedoch wird ein Lichtstrahl beim Durchgang durch ein Mineral in zwei Teilbündel mit abweichenden Eigenschaften zerlegt. Die genaue Natur dieser Strahlen ist je nach Mineralart unterschiedlich.

Um das Phänomen der Aufspaltung eines Lichtstrahls zu verstehen, nehmen wir einen transparenten Calcitkristall von mindestens zwei Zentimeter Stärke, legen ihn auf ein beschriebenes Blatt Papier und versuchen, durch den Kristall hindurch zu lesen. Vor dem Auflegen des Kristalls erschien die Schrift in einer einfachen Linie, während sie nun durch den Kristall hindurch in zwei leicht verzerrten Linien zu sehen ist.

Legen wir dagegen einen transparenten Steinsalzkristall (Speisesalz) auf dieselbe Schrift, werden wir nur eine Linie ausmachen. Es ist unschwer zu erkennen, daß Lichtstrahlen – anders als in Steinsalz – in Calcit aufgespalten werden. Diese Erscheinung bezeichnet man als Doppelbrechung.

BRECHUNGSINDEX

Eine der hauptsächlichsten optischen Merkmale der Mineralien ist der Brechungsindex. Er ist definiert als das Verhältnis zwischen der Ausbreitungsgeschwindigkeit eines Lichtstrahls in einem Vakuum (in der Praxis in Luft) und der in einem bestimmten Mineral. Die Ausbreitungsgeschwindigkeit von Licht im Vakuum ist stets viel größer als in einem Festkörper; der Brechungsindex eines Minerals ist demzufolge immer größer als 1.

Über dieses Merkmal verfügt jede Mineralart, so daß der Brechungsindex häufig benutzt wird, um Mineralien zu bestimmen. Wie bekannt ist, kann eine Mineralart in mehreren Farbvarianten auftreten, so daß eine Bestimmung allein anhand der Farbe schwierig ist. Die Feststellung des Brechungsindexes beseitigt hier jeden Zweifel. Sie wird mit Hilfe eines Refraktometers durchgeführt, auf das eine glatte Fläche des zu prüfenden Kristalls oder Edelsteins gelegt wird. Der Zahlenwert des Indexes kann durch ein Okular direkt von einer Skala abgelesen werden.

LUMINESZENZ

Es gibt einige Mineralien, die – setzt man sie einer bestimmten Behandlung aus – Licht emittieren. Diese Eigenschaft wird als Lumineszenz bezeichnet. Kommt es zu einer Lichtemission durch Zerbrechen oder Reiben eines Minerals, dann spricht man von Tribolumineszenz. Sie ist u. a. bei Fluorit, Sphalerit, Lepidolith zu beobachten. Einige Mineralien senden Licht bei mäßiger Erwärmung aus. Dieses Phänomen wird Thermolumineszenz genannt und tritt bei Coelestin, Baryt, Apatit, Spodumen u. a. auf. Lumineszenz kann auch durch chemische Mittel (Chemolumineszenz), durch das Einwirken von Röntgenstrahlen oder ultraviolettes Licht (UV-Strahlung) angeregt werden.

Unter den genannten Arten der Lumineszenz ist wahrscheinlich am häufigsten die durch eine Ultraviolettlampe (Wood-Lampe) hervorgerufene Lumineszenz zu beobachten. Das Licht der Speziallampe mit dunkelviolettem Glas ist im Dunkeln ohne weiteres sichtbar. Die damit bestrahlten Mineralien emittieren Licht in charakteristischen Farben, die sich völlig von denen bei Tageslicht auftretenden unterscheiden. An den Mineralien Scheelit, Zirkon, Fluorit sowie an einigen Calciten und Aragoniten entfaltet sich diese Erscheinung, bei der die unwirklichsten Farben auftreten, am schönsten. Als Fluoreszenz bezeichnet man eine Art der Lumineszenz, bei der die Leuchterscheinung während der Anregung auftritt. Wird indessen eine bestimmte Zeit nach der Bestrahlung noch immer Licht ausgestrahlt, dann spricht man von Phosphoreszenz.

Oben: Das Phänomen der Doppelbrechung in einem Calcitkristall.

Unten: Proben von Scheelit (links) und Willemit (rechts) bei Tageslicht (obere Abb.); bei Bestrahlung mit ultraviolettem Licht fluoreszierend (untere Abb.).

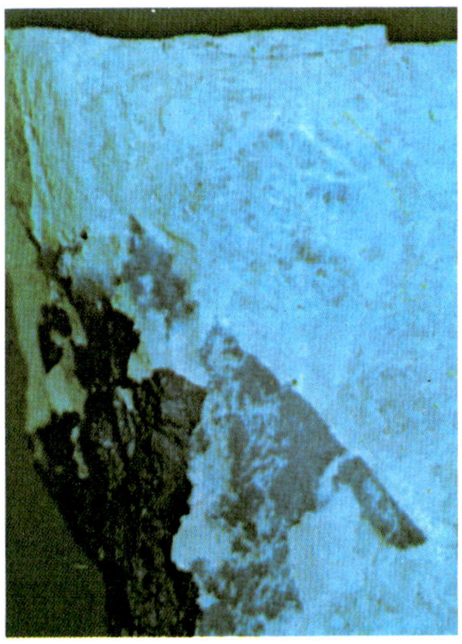

MAGNETISMUS

Wie oft haben wir als Kinder mit einem Magneten gespielt, ihn Eisenstücke anziehen lassen und dabei über dieses seltsame Phänomen gestaunt? Wenn wir bestimmte Mineralien in die Nähe eines Magneten legen, dann sehen wir, daß auch sie von einem Magnetfeld beeinflußt werden. Diese Mineralien enthalten Eisen. In vielen Fällen tritt das Phänomen erst dann deutlich zutage, wenn man einen Magneten zu Hilfe nimmt, der ein sehr starkes Kraftfeld aufbauen kann. Mit normalen Magneten, wie man sie zu Hause hat, lassen sich lediglich Magnetit und Pyrrhotin anziehen; beide werden als *ferromagnetisch* bezeichnet. Hämatit reagiert auf einen Magneten schwach und auch nur dann, wenn es in kleinen Bruchstücken vorliegt. Mineralien dieser Art nennt man *paramagnetisch*. Diejenigen Mineralien, die unter dem Einfluß eines Magnetfeldes ein Stück weggestoßen werden, heißen *diamagnetisch*.

RADIOAKTIVITÄT

Wir wissen, daß Kernkraft eine Energiequelle darstellt, die trotz der mit ihr verbundenen Risiken überall genutzt wird. Sie entsteht in Kernkraftwerken, die aus natürlichen Mineralien gewonnenes radioaktives Material verarbeiten.

Radioaktivität ist eine Eigenschaft, die in Mineralien mit sogenannten instabilen Elementen auftritt. Diese instabilen Elemente wandeln sich in stabilere um und setzen dabei radioaktive Strahlung frei. Sie kommen selten vor, und lediglich Uran ist als Hauptbestandteil von Mineralien zu finden. Das nicht besonders weit verbreitete, jedoch häufigste unter diesen Mineralien ist Pechblende. Die Mehrzahl der radioaktiven Elemente bilden entweder sehr selten vorkommende Mineralien oder dringen, wie es häufiger der Fall ist, in das Kristallgitter gerade entstehender Mineralien ein, um sich anstelle anderer Atome anzulagern. In einem Zirkon beispielsweise kann das Element Zirkon durch Uran und Thorium ersetzt werden, was dem Mineral dann einen bestimmten Grad an Radioaktivität verleiht. Zerfällt der Kern eines instabilen Atoms spontan und stößt ein Elementarteilchen aus, dann spricht man von radioaktivem Zerfall. Ein solches Teilchen ist entweder ein Alpha-, Beta- oder Gammateilchen.

Alphateilchen bewegen sich mit einer niedrigen Geschwindigkeit (etwa 5% der Lichtgeschwindigkeit). Sie sind verhältnismäßig groß und haben eine nur geringe Eindringtiefe.

Oben: Probe eines Gangminerals. Eisenfeilspäne an den Kraftlinien des Magnetfeldes verdeutlichen den magnetischen Charakter dieser Magnetit-Varietät.

Sie können sich nur ein paar Zentimeter weit in Luft fortpflanzen; es genügt daher das Blatt eines Baumes oder eine dünne Folie, um ihre Bewegung zu stoppen. Betateilchen sind viel kleiner. Ihre Geschwindigkeit entspricht etwa der des Lichtes, und aufgrund ihres recht hohen Durchdringungsvermögens können sie leicht eine Aluminiumplatte durchdringen. Gammastrahlen stellen eine Form der elektromagnetischen Strahlung dar. Sie sind also keine Kernpartikel wie die anderen. Sie besitzen ein sehr hohes Durchdringungsvermögen und können sehr starke, dichte Materialien durchstrahlen. Es ist üblich, Bereiche, in denen mit radioaktiven Substanzen gearbeitet wird, durch einen Schild aus mehrere Millimeter starken Bleiplatten abzuschirmen. Blei ist in der Tat das häufigste unter den Metallen mit hohem Atomgewicht, die den Durchgang von Gammastrahlung verhindern können.

Unten: Kernkraftwerk in New Hampshire (USA).

KLASSIFIKATION DER MINERALIEN

Die bisher behandelten Eigenschaften sind für die Beschreibung und die daraus folgende Bestimmung von Mineralien sehr wichtig. Sie helfen uns jedoch nicht, die Mineralien systematisch zu gliedern. Zu diesem Zweck ist es günstiger, von deren chemischem Aufbau auszugehen. Zum besseren Verständnis der in den Mineralbeschreibungen angegebenen Formeln wollen wir kurz auf einige charakteristische Merkmale der chemischen Elemente eingehen. Sie sind in der Tabelle, die alphabetisch nach den Symbolen der einzelnen Elemente geordnet ist, aufgeführt. Diese Symbole erscheinen auch in den Mineralformeln. In der Tabelle werden neben dem Symbol der Name, die Ordnungszahl (Kernladungszahl), das Atomgewicht sowie eine Schätzung der relativen Häufigkeit der Masse der einzelnen Elemente angegeben. Diese Schätzung basiert auf der durchschnittlichen chemischen Zusammensetzung des äußersten Teils der Erde (Lithosphäre, Hydrosphäre und Atmosphäre).

Die Häufigkeit der einzelnen Elemente wird als relativer Begriff in einer der drei folgenden Kategorien angegeben: häufig, sehr häufig, selten. Der Begriff *sehr häufig* bedeutet, daß ein Element in Mengen über 1 % in der Erdkruste vorkommt, *häufig* steht für Mengen zwischen 1 % und 0,001 % und *selten* bezeichnet Mengen von weniger als 0,001 %. (Die Bezeichnung *künstlich* wird hier bei Elementen verwendet, die aufgrund ihrer geringen Halbwertszeit nicht mehr natürlich vorkommen, sondern nur noch künstlich hergestellt werden können.)

In der Lithosphäre häufig vorkommende Elemente sind diejenigen, aus denen die in Gesteinen vorhandenen Primärmineralien bestehen. Die anderen Elemente sind auf verschiedene Weise verteilt. Manche der weniger häufigen Elementen stellen wichtige Bestandteile von Mineralien dar, welche an bestimmten Stellen, den Lagerstätten, konzentriert sind. Diese Elemente bilden ansonsten entweder seltene Mineralien oder substituieren die Grundelemente in häufiger auftretenden Mineralien.

Ein chemisches Element besteht aus Atomen, deren positiv geladene Kerne von negativ geladenen Elektronen umkreist werden. Atome sind neutral, da die Zahl ihrer positiven Ladungen gleich der der negativen ist. Es gibt Atome, denen mindestens ein Elektron fehlt und die deshalb positiv geladen sind. Andere haben einen Überschuß an Elektronen und sind folglich negativ geladen. Beide werden Ionen genannt. Verbinden sie sich miteinander und bilden Mineralien, dann folgen sie Regeln, die vom Typ der Bindungen zwischen den verschiedenen Ionen sowie von Haupteigenschaften eines Ions, dem Radius und der Ladung, abhängen. Nur wenige Mineralien kommen gediegen, d. h. nur aus einem einzigen Element bestehend, vor. Wie wir bereits früher festgestellt haben, hängt die Zusammensetzung eines Minerals von der Ladung und dem Radius der beteiligten Ionen ab. Eine Veränderung der Elektronenzahl in einem Ion hat zur Folge, daß sich dessen Radius ändert, denn da die Struktur eines Kristalls ein geordnetes Gefüge darstellt, ist der für die Ionen verfügbare Raum genau festgelegt. Die Vorstellung, daß eine Kristallstruktur durch Ionenladung und -größe bestimmt wird, ist notwendig, um das Konzept, nach dem die Mineralien systematisch klassifiziert werden, zu verstehen. Das Konzept, das hier – leicht modifiziert – angewendet wird, entwickelte der Deutsche H. Strunz. Es ist unter kristall-

Tabelle: Die relativen Atommassen werden auf das Kohlenstoffisotop ^{12}C bezogen. Die Symbole und Bezeichnungen der Elemente sind in der allgemein verwendeten Form aufgeführt. Für radioaktive Elemente* steht das relative Atomgewicht des Isotops, das die längste Halbwertszeit hat bzw. dessen Halbwertszeit am genauesten bekannt ist.

CHEMISCHE ELEMENTE

Symbol	Name	Ordnungszahl	relatives Atomgewicht	Häufigkeit	Symbol	Name	Ordnungszahl	relatives Atomgewicht	Häufigkeit
Ac	Actinium	89	227*	selten	Mn	Mangan	25	55	häufig
Ag	Silber	47	107	selten	Mo	Molybän	42	96	selten
Al	Aluminium	13	27	sehr häufig	N	Stickstoff	7	14	häufig
Am	Americium	95	243*	künstlich	Na	Natrium	11	23	sehr häufig
Ar	Argon	18	40	selten	Nb	Niob	41	93	selten
As	Arsen	33	75	selten	Nd	Neodym	60	144	häufig
At	Astatin	85	210*	selten	Ne	Neon	10	20	selten
Au	Gold	79	197	selten	Ni	Nickel	28	59	häufig
B	Bor	5	11	häufig	No	Nobelium	102	259*	künstlich
Ba	Barium	56	137	häufig	Np	Neptunium	93	237	künstlich
Be	Beryllium	4	9	selten	O	Sauerstoff	8	16	sehr häufig
Bi	Wismut	83	209	selten	Os	Osmium	76	190	selten
Bk	Berkelium	97	247*	künstlich	P	Phosphor	15	31	häufig
Br	Brom	35	80	selten	Pa	Protactinium	91	231	selten
C	Kohlenstoff	6	12	häufig	Pb	Blei	82	207	häufig
Ca	Kalzium	20	40	sehr häufig	Pd	Palladium	46	106	selten
Cd	Cadmium	48	112	selten	Pm	Promethium	61	145*	künstlich
Ce	Cerium	58	140	häufig	Po	Polonium	84	209*	selten
Cf	Californium	98	251*	künstlich	Pr	Praseodym	59	141	selten
Cl	Chlor	17	35	sehr häufig	Pt	Platin	78	195	selten
Cm	Curium	96	247*	künstlich	Pu	Plutonium	94	244*	künstlich
Co	Kobalt	27	59	häufig	Ra	Radium	88	226	selten
Cr	Chrom	24	52	häufig	Rb	Rubidium	37	85	häufig
Cs	Caesium	55	133	selten	Re	Rhenium	75	186	selten
Cu	Kupfer	29	64	häufig	Rh	Rhodium	45	103	selten
Dy	Dysprosium	66	163	selten	Rn	Radon	86	222*	selten
Er	Erbium	68	167	selten	Ru	Ruthenium	44	101	selten
Es	Einsteinium	99	252*	künstlich	S	Schwefel	16	32	häufig
Eu	Europium	63	152	selten	Sb	Antimon	51	122	selten
F	Fluor	9	19	häufig	Sc	Scandium	21	45	selten
Fe	Eisen	26	56	sehr häufig	Se	Selen	34	79	selten
Fm	Fermium	100	257*	künstlich	Si	Silicium	14	28	sehr häufig
Fr	Francium	87	223*	selten	Sm	Samarium	62	150	selten
Ga	Gallium	31	70	selten	Sn	Zinn	50	119	selten
Gd	Gedolinium	64	157	selten	Sr	Strontium	38	88	häufig
Ge	Germanium	32	73	selten	Ta	Tantal	73	181	selten
H	Wasserstoff	1	1	häufig	Tb	Terbium	65	159	selten
He	Helium	2	4	selten	Tc	Technetium	43	98*	künstlich
Hf	Hafnium	72	178	häufig	Te	Tellur	52	128	selten
Hg	Quecksilber	80	201	selten	Th	Thorium	90	232	häufig
Ho	Holmium	67	165	selten	Ti	Titan	22	48	häufig
In	Indium	49	115	selten	Tl	Thallium	81	204	selten
Ir	Iridium	77	192	selten	Tm	Thulium	69	169	selten
J	Jod	53	127	selten	U	Uran	92	238	selten
K	Kalium	19	39	sehr häufig	V	Vanadium	23	51	häufig
Kr	Krypton	36	84	selten	W	Wolfram	74	184	häufig
La	Lanthan	57	139	selten	Xe	Xenon	54	131	selten
Li	Lithium	3	7	häufig	Y	Yttrium	39	89	häufig
Lr	Lawrencium	103	260*	künstlich	Yb	Xtterbium	70	173	selten
Lu	Lutetium	71	175	selten	Zn	Zink	30	65	häufig
Md	Mendelevium	101	256*	künstlich	Zr	Zirkon	40	91	häufig
Mg	Magnesium	12	24	sehr häufig					

MINERALKLASSIFIZIERUNG

KLASSE I	ELEMENT-MINERALE, INTERMETALLISCHE VERBINDUNGEN, KALZIUM-, STICKSTOFF- UND PHOSPHORVERBINDUNGEN
KLASSE II	SULFIDE, SELENIDE, ARSENIDE, TELLURIDE UND SULFOSALZE
KLASSE III	HALOGENIDE
KLASSE IV	OXIDE UND HYDROXIDE
KLASSE V	KARBONATE, NITRATE, SELENITE, TELLURITE UND IODATE
KLASSE VI	BORATE
KLASSE VII	SULFATE, TELLURATE, CHROMATE, MOLYBDATE UND WOLFRAMATE
KLASSE VIII	PHOSPHATE, ARSENATE UND VANADATE
KLASSE IX	SILIKATE
KLASSE X	ORGANISCHE VERBINDUNGEN

chemischen Gesichtspunkten aufgebaut, die die chemische Zusammensetzung wie auch die Struktur des Minerals berücksichtigt. Die Modifikation besteht darin, daß wir eine gesonderte Klasse der Borate hinzugefügt haben; bei Strunz sind die Borate als Teil der Karbonatklasse aufgeführt. Genauer behandeln werden wir die Silikatklasse, da viele Silikate die Hauptbestandteile von Gesteinen sind und fast 80% der in der Erdkruste vorkommenden Mineralien repräsentieren. Ihre Klassifizierung basiert nicht auf chemischen Eigenschaften, sondern auf Strukturmerkmalen, da alle diese Mineralien über den gemeinsamen Grundbaustein $[SiO_4]^{4-}$ verfügen. Er besteht aus vier Siliciumionen mit vier positiven Ladungen und vier Sauerstoffionen, von denen jedes zwei negative Ladungen besitzt. Das Grundelement verfügt demzufolge über insgesamt vier negative Ladungen. Auch die geometrische Gestalt des Elements ist wichtig: ein Tetraeder, in dem Silicium den Zentralteil, die vier Sauerstoffionen die Spitzen oder Ecken einnehmen.

Das $[SiO_4]^{4-}$-Tetraeder geht Bindungen mit positiv geladenen Ionen oder mit anderen Tetraedern ein. Bei der Bindung an letztere können Gruppierungen gebildet werden, nach denen die Subklassen bestimmt werden, in die man Silikate einteilt (siehe Abbildung).

Charakteristisch für die *Nesosilikate* (Inselsilikate) sind selbständige tetraedrische Elemente, deren vier negative Ladungen durch die positiven Ladungen anderer Ionen ausgeglichen werden. Mineralien, die in dieser Subklasse kristallisieren, zeigen ein stämmiges Äußeres.

Die *Gruppensilikate* (Sorosilikate) besitzen zwei tetraedrische Elemente, die über eine gemeinsame Ecke miteinander verbunden sind. Folglich sind an jedem Element drei, also insgesamt sechs negative Ladungen übrig. Diese werden durch die gleiche Anzahl positiver Ladungen, die mit anderen Ionen verbunden sind, ausgeglichen. Die Mineralien dieser Subklasse kommen in unterschiedlichen Formen vor.

Die *Ringsilikate* (Cyclosilikate) besitzen drei, vier oder sechs tetraedrische Elemente, die zwischen jedem zweiten Element über je eine gemeinsame Ecke miteinander verbunden sind. Hier gibt es einen Überschuß an insgesamt sechs, acht bzw. zwölf negativen Ladungen. Dies wird ausgeglichen durch eine gleiche Anzahl positiver Ladungen von Ionen anderer Elemente. Am häufigsten kommt die Gruppierung mit sechs Elementen vor. Mineralien aus dieser Subklasse besitzen eine prismatische Gestalt mit drei-, vier- oder sechseckigem Querschnitt.

Die *Fasersilikate* (Inosilikate) zeichnen sich durch tetraedrische Elemente aus, die jeweils über eine Ecke so miteinander verbunden sind, daß sie eine unendlich lange Kette bilden. Die Ketten können einfach oder doppelt liegen (zwei parallele Ketten miteinander verbunden). Einfache Ketten sind typisch für Pyroxene, doppelte für Amphibole. In beiden Fällen existieren für jeden Tetraeder zwei überzählige negative Ladungen; sie werden durch eine gleiche Anzahl positiver Ladungen anderer Ionen ausgeglichen. Mineralien aus dieser Subklasse sehen meist länglich oder faserig aus.

Bei den *Schichtsilikaten, auch Netz- oder Blattsilikate* (Phyllosilikate) genannt, sind unendlich viele tetraedrische Elemente zu ebenen, schichtförmigen Gebilden vernetzt, wobei jedes Element mit seinen Nachbarn insgesamt drei gemeinsame Ecken hat. Jeder Tetraeder verfügt über eine freie negative Ladung, die jeweils in die gleiche Richtung zeigt, so daß die Schicht auf einer Seite negativ geladen ist. Die freien negativen Ladungen werden durch die gleiche Anzahl positiver Ladungen anderer Ionen ausgeglichen, die ebenfalls eine Schicht bilden. Die Mineralien dieser Subklasse zeigen ein abgeflachtes Äußeres und lassen sich an den parallel zu den Schichten gelegenen Flächen leicht abblättern.

Bei *Gerüstsilikaten* (Tektosilikaten) sind unendlich viele tetraedrische Elemente an allen vier Ecken mit ihren Nachbartetraedern verbunden. Sie bilden ein dreidimensionales Gerüst, in dessen Innerem relativ mehr freie Räume sind, die durch die Anordnung der tetraedrischen Elemente bestimmt sind. Bei diesem Strukturtyp gibt es keinen Ladungsüberschuß, und das entstehende Gerüst ist neutral. Daraus kann nur ein Mineral geschaffen werden: Quarz. Dennoch gehören viele Mineralien zu dieser Subklasse, da das Siliciumion Si^{4+} relativ leicht durch ein Aluminiumion Al^{3+} ersetzt werden kann. Dieser Austausch zerstört das Ladungsgleichgewicht der Struktur; es entsteht eine freie negative Ladung für jedes Al^{3+}. Die überschüssige Ladung wird ausgeglichen durch hinzukommende positive Ionen, die die oben beschriebenen Räume ausfüllen.

Es gibt über 2000 Mineralien, und jedes Jahr werden neue Arten entdeckt. Dabei handelt es sich in der Regel um sehr seltene Mineralien, die man fast immer in Form kleiner Kristalle vorfindet, welche früher von den Forschern leicht übersehen wurden. Gefördert wird die Entdekkung solcher Mineralien oft von Sammlern. Meist handelt es sich bei den Funden um bekannte Mineralien, mitunter jedoch stößt man – so wie es dem Verfasser des Buches erging – auf ein völlig neuartiges Mineral. In der vorliegenden Ausgabe wird natürlich nur ein Bruchteil des Ganzen dargestellt. Aber die Zahl der hier beschriebenen Mineralien ist groß und für den Anfänger, der in die faszinierende Welt der Mineralien gerade erst eindringt, sicher ausreichend.

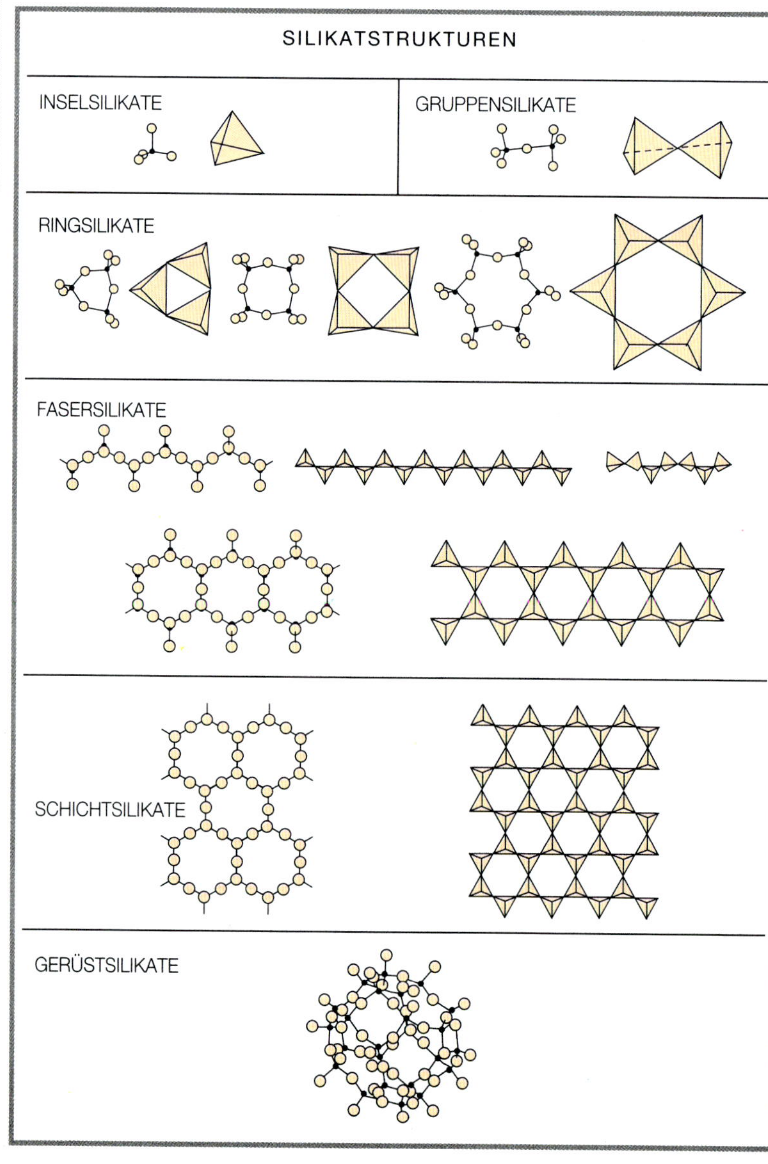

VERWANDTE MINERALIEN

Oben (von links): Prismatische Calcitkristalle (Sardinien) und Witherit-Probe (Großbritannien).

Wir haben gesehen, daß die systematische Klassifizierung der Mineralien zu einem Teil auf der Anordnung von Atomen, Ionen und Molekülen in den Kristallen aufgebaut ist. Innerhalb der Klassen und Subklassen gibt es verschiedene Mineralien, deren Aufbau und innere Strukturen sich sehr ähneln. In einigen Fällen sind die unterschiedlichen, für jede Art typischen Ionen in Ladung und Radius einander gleich und können sich deshalb gegenseitig ersetzen. Die strukturellen Ähnlichkeiten sind die Ursache dafür, daß diese Mineralien sozusagen sehr nahe Verwandte sind. Es gibt Gruppen von Mineralien mit gleicher Struktur, die eine Reihe bilden; in komplexeren Gruppen, die man als Familien bezeichnet, existieren mehrere dieser Reihen. Unter den häufigsten und wichtigsten Gruppen sind die Calcite, Aragonite, Plagioklase, Granate, Pyroxene, Amphibole und Olivine zu nennen. Zum besseren Verständnis wollen wir uns die Mineralformeln für einige Gruppen anschauen. In den beiden erstgenannten Gruppen stehen Mineralien mit der gleichen Zusammensetzung $CaCO_3$, die abhängig von den Kristallisationsbedingungen entweder eine trigonale (Calcit) oder eine orthorhombische Struktur (Aragonit) annehmen. Anders gesagt, können die Calciumionen Ca^{2+} und die Karbonatgruppen $(CO_3)^{2-}$ dann zwei verschiedene Arten des Aufbaus haben, wobei jede Art durch eine andere Kombination von Symmetrieelementen charakterisiert ist. Unter der Voraussetzung, daß die weiteren Bedingungen gleich sind, kristallisiert Calcit im allgemeinen bei niedrigerer Temperatur und geringerem Druck als Aragonit. In anderen Fällen, zum Beispiel bei Amphibol und Pyroxen, werden die unterschiedlichen Strukturen durch eine veränderte Zusammensetzung hervorgerufen. Damit werden wir uns später noch beschäftigen.

Typisch für die Calcitgruppe ist das Karbonation $(CO_3)^{2-}$, das Bindungen mit einer Reihe von Ionen eingehen kann, die eine zweifach positive Ladung und einen Radius ähnlich dem des Calciumions aufweisen. Mit Ausnahme von Sphärokobaltit und Osbornit kommen die Mineralien dieser Gruppe ziemlich häufig vor:

$CaCO_3$	Calcit
$MnCO_3$	Rhodochrosit
$FeCO_3$	Siderit
$ZnCO_3$	Smithsonit
$MgCO_3$	Magnesit
$CoCO_3$	Sphärokobaltit
$CdCO_3$	Otavit

Für die Aragonitgruppe ist eine gegenüber der Calcitgruppe kompaktere Struktur charakteristisch, woraus sich auch eine höhere Dichtezahl für Aragonit (2,93; Calcit 2,71) ergibt. Folgende Mineralien gehören zu der Gruppe:

$CaCO_3$	Aragonit
$SrCO_3$	Strontianit
$BaCO_3$	Witherit
$PbCO_3$	Cerussit

Sehr wichtig ist die Plagioklas-Reihe, da ihre Mineralien Grundbestandteile vieler Gesteine sind. Anfangs- bzw. Endglied dieser Reihe sind

Albit $Na(AlO_2)(SiO_2)_3$
Anorthit $Ca(AlO_2)_2(SiO_2)_2$.

Hier gibt es eine zusammenhängende Reihe weiterer Mineralien, die ihrem Aufbau nach einen Platz zwischen diesen beiden einnehmen. Ihre jeweilige Zusammensetzung wird als prozentualer Anteil von Anorthit genannt, der die Natriummenge angibt, die durch Calcium ersetzt wird.

Albit $(Na,Ca)(AlO_2)$ x (SiO_2)y
$1 < x < 1{,}1$ $3 > y > 2{,}9$
Enthält bis zu 10 % Anorthit.

Oligoklas $(Na,Ca)(AlO_2)$ x (SiO_2)y
$1{,}1 < x < 1{,}3$ $2{,}9 > y > 2{,}7$
Enthält 10 % ... 30 % Anorthit.

Andesin $(Na,Ca)(AlO_2)$ x (SiO_2)y
$1{,}3 < x < 1{,}5$ $2{,}7 > y > 2{,}5$
Enthält 30 % ... 50 % Anorthit.

Labradorit $(Na,Ca)(AlO_2)$ x (SiO_2)y
$1{,}5 < x < 1{,}7$ $2{,}5 > y > 2{,}3$
Enthält 50 % ... 70 % Anorthit.

Bytownit $(Na,Ca)(AlO_2)$ x (SiO_2)y
$1{,}7 < x < 1{,}9$ $2{,}3 > y > 2{,}1$
Enthält 70 % ... 90 % Anorthit.

Anorthit $(Na,Ca)(AlO_2)$x (SiO_2)y
$1{,}9<x<2$ $2{,}1>y>2$
Enthält 90 % ... 100 % Anorthit.

Die x und y in den Formeln zeigen an, daß die Mengen von Aluminium (Al) und Silicium (Si) sich mit der Änderung des Verhältnisses zwischen Natrium (Na) und Calcium (Ca) auch verändern. In der Reihe von Albit bis Anorthit wächst insbesondere der Anteil von AlO_2 von 1 auf 2, während der von SiO_2 von 3 auf 2 zurückgeht. Die Menge von SiO_2 stellt das Maß für den Säuregrad dar; Albit enthält eine große Menge SiO_2 (68,74 Masseprozent) und ist demnach ein saures Mineral, Anorthit dagegen ist ein basisches Mineral (45,83% SiO_2). Der Säuregrad der anderen Plagioklase liegt zwischen dem dieser beiden Mineralien. Wie wir später noch sehen werden, ist der Begriff des Säuregrades sehr wichtig für die Beschreibung der magmatischen Gesteine.

Der Plagioklas-Reihe ähnlich ist die Olivin-Reihe. Hier bilden Forsterit (Mg_2SiO_4) und Fayalit (Fe_2SiO_4) den Anfang bzw. das Ende. Die allgemeine Formel für Olivin lautet $(Mg,Fe)_2(SiO_4)$; sie beschreibt, daß Magnesium und Eisen einander ersetzen können. Anfangs- und Endmineral haben die gleiche Kristallstruktur wie die übrigen Mineralien dieser Reihe. Auch in der Gruppe der Granate gibt es Mineralreihen, obgleich die Substitutionen hier komplexer sind; die Kristallstruktur bleibt wiederum bei allen Mineralien der Reihe gleich. Eine noch größere Komplexität zeigen Pyroxene und Amphibole. Innerhalb dieser zwei großen Gruppen existieren wegen der größeren Vielfalt an Ionensubstitutionen mehrere Reihen. Um davon ein einfaches und leicht verständliches Bild zu bekommen, wollen wir die Hauptreihe in ihren Grundzügen betrachten. In jeder der zwei Gruppen gibt es eine im orthorhombischen und eine im monoklinen System kristallisierende Reihe. Diese Veränderlichkeit in der strukturellen Symmetrie entsteht dadurch, daß im Gegensatz zur orthorhombischen Reihe in der monoklinen Reihe ein zusätzliches Hauptelement (Calcium) vorhanden ist. Um dies zu verstehen, wollen wir die Pyroxene als Beispiel anführen. Am Anfang bzw. am Ende der orthorhombischen Reihe dieser Mineralien stehen:

Enstatit $Mg_2Si_2O_6$
Ortho-Ferrosilit $Fe_2Si_2O_6$.

Der Einbau von Calcium in die Struktur verringert deren Symmetriegrad vom orthorhombischen zum monoklinen System. Wir haben dann eine weitere Reihe mit den Anfangs- bzw. Endgliedern:

Diopsid $CaMgSi_2O_6$
Hedenbergit $CaFeSi_2O_6$.

Unten: Proben von traubig gewachsenem Smithsonit (obere Abb.) und Cerussit (untere Abb.; beide von Sardinien).

HERKUNFT UND ENTSTEHUNG DER MINERALIEN

Nächtlicher Ausbruch des Ätna. Mineralien bilden sich durch Erstarrung von Lava, Gesteinsumwandlung und Sedimentation.

Wir haben bereits erwähnt, daß der Aufbau des Plagioklas veränderlich ist. In einem Gestein herrscht zwischen der jeweiligen Zusammensetzung der Plagioklaskörner, der anderen Mineralarten sowie der vorhandenen Gesteinsschmelze Gleichgewicht. Das heißt, daß sich zum Zeitpunkt der Kristallisation und während des Wachstums jedes Mineral in physikalischem und chemischem Gleichgewicht mit den anderen Mineralien und der Schmelze befindet. Jegliche Änderung der Temperatur, des Druckes oder der Zusammensetzung im umgebenden Milieu erzeugt eine Veränderung in den gerade entstehenden Mineralien.

Am häufigsten tritt eine Unterbrechung des Wachstums auf, die zur Folge haben kann, daß sich der ursprüngliche Kristall teilweise oder ganz auflöst oder das Kristallgitter, in das neue Elemente oder größere Mengen eines bereits vorhandenen Elements eindringen können, umstrukturiert wird. Eine Änderung des Gitters kann den gesamten Kristall oder auch nur die oberflächennahen Bereiche beeinflussen. Im ersten Fall wird mitunter ein gänzlich anderes Mineral geschaffen. Der zweite Fall tritt bei Mineralien derselben Reihe auf, wenn die Diffusion des neu hinzukommenden Elements in das Kristallinnere langsam vor sich geht. Hierbei ändert sich die Zusammensetzung der Kristalle, was häufig gleichmäßig von innen nach außen verläuft und ein zonares, mit den Schichten einer Zwiebel vergleichbares Wachstum zur Folge hat.

Es ist interessant festzustellen, daß unterschiedliche Mineralien unter annähernd gleichen Umweltbedingungen beträchtliche Unterschiede im Wachstumstempo zeigen. Beispielsweise wachsen Gips, Steinsalz und allgemein alle leicht löslichen Mineralien mit einer Geschwindigkeit, die menschlichen Maßstäben entspricht. Die meisten anderen benötigen jedoch geologische Zeiträume zum Wachsen.

Es ist aber schlechterdings unmöglich, über die Ursprünge der Mineralien zu sprechen, ohne auch Herkunft und Entstehung der Gesteine zu betrachten, da diese doch ein Gemenge von Mineralien sind. Mineralien und Gesteine sind je nach der Umgebung und den Bedingungen, die ihre Entstehung prägen, magmatisch, metamorph oder sedimentär. Die Mehrzahl der Mineralien kommt jedoch unter ganz unterschiedlichen Bedingungen vor, und die Kristalle einer Mineralart lassen sich in mehr als einem bestimmten Umfeld finden. Die unter jeweils einer der drei Entstehungsarten aufgeführten Mineralien gibt es also nicht unbedingt nur in diesem einen Milieu. Hier wird lediglich das Umfeld genannt, in dem sie am häufigsten vorkommen.

Der Begriff der magmatischen Entstehungsweise ruft in uns sofort die Vorstellung von Vulkanen wach und wir schlußfolgern, daß bei der Bildung der Mineralien hohe Temperaturen eine große Rolle spielen. Das Sedimentationsmilieu wiederum ist an Süß- und Salzwassersysteme gebunden, so daß Temperatur- und Druckverhältnisse mehr oder weniger denen in unserer Lebensumwelt entsprechen. Die metamorphe Bildungsweise ist ein wenig schwieriger zu verstehen. Um das Verständnis zu erleichtern, wollen wir annehmen, daß die Temperatur hier zwischen der des magmatischen Entstehungsumfeldes und der des Sedimentationsmilieus liegt und daß der Druck sehr hoch sein kann (bis zu 1 Gigapascal, was dem Druck in einer Tiefe von etwa 30 km entspricht).

DIE MAGMATISCHE BILDUNG

Beim unterirdischen Abkühlen beginnt Magma fest zu werden und die Mineralien fangen an zu kristallisieren. Der Kristallisationsprozeß wird in vier Stufen untergliedert, die durch unterschiedliche Temperaturen und Anteile an Magma, Gas und Wasser gekennzeichnet sind. Es handelt

Prozesse, die die Entwicklung der Erde charakterisieren: Durch Neubildung ozeanischer Kruste an einem mittelozeanischen Rücken wird der „Verbrauch“ in der Subduktionszone ausgeglichen.

sich hierbei – nach fallender Temperatur geordnet – um das orthomagmatische, das pegmatitische, das pneumatolytische und das hydrothermale Stadium.

Zuerst bilden sich die Kristalle von Mineralien, die reich an Eisen und Magnesium sind und nur geringe Mengen an Kieselsäure enthalten, wie zum Beispiel Olivin, Pyroxen, Amphibol, Biotit, calciumreicher Plagioklas und Zirkon sowie nichtsilikatische Mineralien wie Apatit, Magnetit, Chromit, Titanit und Pyrrhotit.

Im pegmatitischen Stadium entstehen Quarz, Feldspat, Beryll (Smaragd und Aquamarin als Varietäten), Topas, Turmalin, Apatit, Spodumen, Uraninit, Gadolinit usw.

Im pneumolytischen Stadium werden Quarz, Molybdänit, Kassiterit, Scheelit, Ilvait, Vesuvian, Fassait, Grossular, Spessartin usw. gebildet.

Im hydrothermalen Stadium sind es viele Sulfide, zu denen Galenit, Sphalerit, Pyrit, Stibnit und Cinnabar (Zinnober) sowie Fluorit (Flußspat), Baryt, Siderit, Quarz usw. gehören.

DIE SEDIMENTÄRE BILDUNG

Die Mineralien, die im Sedimentationsmilieu entstehen, werden in zwei Kategorien unterteilt: Mineralien, die aus in Wasser gelösten Ionen kristallisieren und Mineralien, die als Erosionsprodukt älterer Gesteine entstehen, von Flüssen weggetragen und an einem Flußsystem, in einem See oder auf dem Meeresgrund abgelagert werden. Mineralien, die aus einer Lösung kristallisieren, werden als *Niederschlag* bezeichnet. Einige davon können sehr wichtige Minerallagerstätten bilden. Das Phänomen der sedimentären Bildung tritt unter verschiedenen Bedingungen auf. Das klassische Beispiel dafür sind die Brandungszonen in warmen Gebieten, wo es wegen der hohen Verdunstungsraten zu einer Konzentration von gelösten Salzen kommt. Ist eine Sättigung des Lagunenwassers erreicht, entstehen kleine Kristalle, die auf den Grund der Lagune sinken. Unter den häufigsten und wichtigsten Mineralien dieses Entstehungsumfelds sind Calcit, Halit (Speisesalz), Gips, Sylvin und Carnallit zu nennen.

In die zweite Kategorie gehören alle gesteinsbildenden Mineralien, vorausgesetzt, daß sie in Wasser nur schwer löslich sind und sich leicht abtragen lassen (mechanisches Zerkleinern größerer Stücke während des Transports). Während des Transports setzen sich einige Mineralien ab. Zu einer solchen selektiven Trennung des transportierten Materials kommt es entweder bei hoher Dichte, bei starkem Widerstand gegen Abtragung oder wenn beides zugleich auftritt. Das Ergebnis ist eine Konzentration dieser Mineralien in Ablagerungen, den sogenannten *Seifen*. Sind diese Mineralien für den Menschen von Nutzen, dann werden sie abgebaut.

DIE METAMORPHE BILDUNG

Unter metamorphen Entstehungsbedingungen kommt es zu Veränderungen am festen Material. Das bedeutet, daß die Temperatur- und Druckverhältnisse derart sind, daß früher entstandene Mineralien in den Gesteinen sich bezüglich ihrer Zusammensetzung und Struktur verändern. Sie kristallisieren im Gestein zu neuen Mineralarten um.

Es gibt viele Mineralien, die auf diese Weise – durch Metamorphose – entstehen. Von den Silikaten sind hier Chlorit, einige Granate, Muskovit, Cyanit, Andalusit, Sillimanit und Vesuvian zu nennen. Zu den typischen Nicht-Silikaten zählen Magnesit, Rutil, Ilmenit, Spinell, Brucit und Graphit.

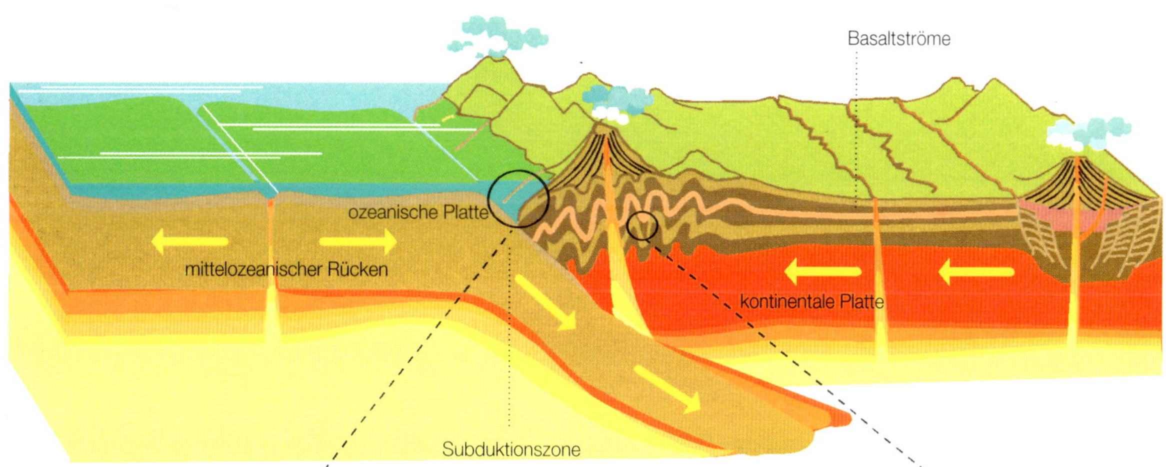

Driften zwei Platten an einem mittelozeanischen Rücken entlang auseinander, dann tritt durch ein System Tausende Kilometer langer untermeerischer Brüche in der Erdkruste Magma aus. Die neu geschaffene Kruste gleicht die Krustenmasse, die durch Subduktion auf der anderen Seite der Platte „verschluckt“ wurde, wieder aus. Taucht eine ozeanische Platte unter eine mächtigere und weniger dichte kontinentale Platte, dann entsteht - wie im Falle der Anden – entlang der Küste eine Kette von Vulkanbergen. Gebirgsketten dieser Art werden mehr als 150 km von der Subduktionszone ins Innere des Kontinents verschoben. Das in der Tiefe der Lithosphäre gebildete Magma erreicht die Erdoberfläche durch lange Brüche.

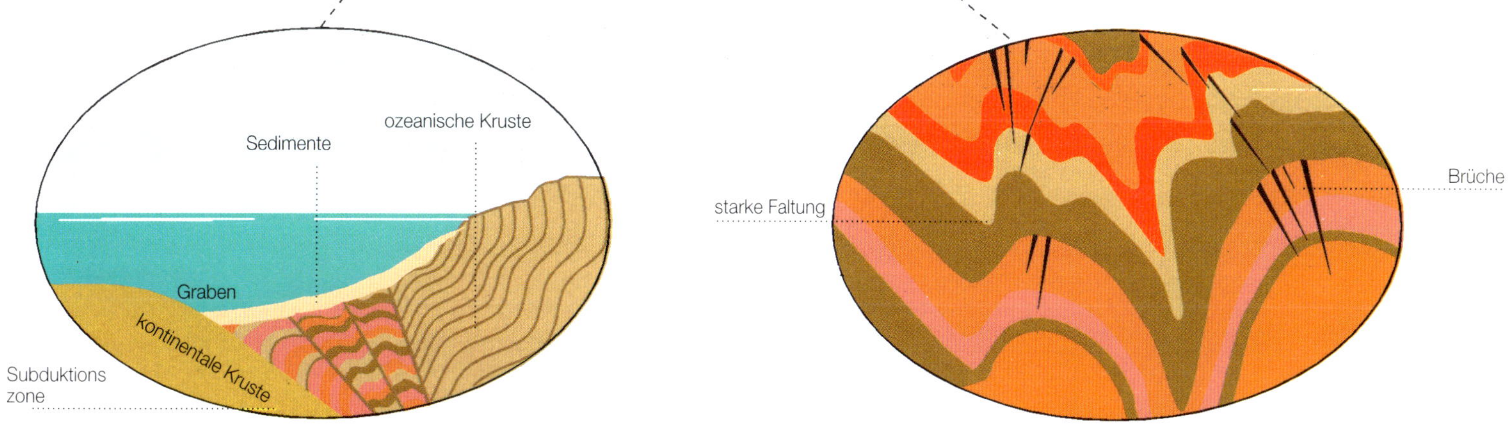

In Subduktionszonen sammeln sich unablässig große Mengen von Sedimenten an. Sie werden gefaltet oder zerbrochen und bilden große, keilförmige Blöcke. Ein Teil der Sedimente gelangt mit der abtauchenden ozeanischen Kruste in die Tiefe, während die Ablagerungen in den Sedimentkeilen gegen die Kontinentalplatte gedrückt werden, um dann einen Teil des orogenen Gürtels zu bilden.

Höheren Drücken und Temperaturen als im oberflächennahen Bereich sind die in großen Tiefen liegenden Gesteine ausgesetzt. Das führt meist dazu, daß Gesteinsschichten aufgefaltet und die Mineralien in parallelen Schichten ausgerichtet werden. Diese Umwandlungsgesteine entstanden während eines gebirgsbildenden Prozesses durch eine Umformung der Struktur und der mineralogischen Zusammensetzung älterer Gesteine.

GESTEINE

Der Adamello (Val di Genova, Italien) besteht aus Tiefengestein.

Gesteine stellen die feste Substanz dar, aus der die äußere Schale unseres Planeten, die Erdkruste, besteht. Wie wir bereits früher erwähnten, sind Gesteine ein Gemenge von Mineralien und entstehen im gleichen Umfeld wie die Mineralien: bei der Erstarrung von Magma, durch Metamorphose oder Sedimentation. Um zu verstehen, wie es zur Bildung von Gesteinen kommt, wollen wir zunächst einen kurzen Blick auf die Struktur der Erde werfen, wie sie in einem idealisierten Querschnitt unseres Planeten dargestellt ist: Die Erde ist – wie eine Zwiebel – in konzentrischen Schalen aufgebaut. Im Zentrum befindet sich der Erdkern, bestehend aus innerem und äußerem Kern, den der Erdmantel umschließt, welcher in unteren und oberen Mantel unterteilt wird. Den Abschluß bildet die Erdkruste. Der äußere Teil des oberen Erdmantels ist – ebenso wie die Kruste – fest; beide zusammen bilden die Lithosphäre. Bei der Erdkruste wiederum unterscheidet man zwei Typen: die ozeanische und die kontinentale Kruste (auf welcher wir leben). Die ozeanische Kruste weist einen großen Anteil an Mineralien mit hohem Eisen- und Magnesiumgehalt (mafische Mineralien) auf und zeigt eine höhere Dichte als die kontinentale Kruste, die vorwiegend aus Mineralien besteht, die reich an Aluminium und Silicium sind (felsische Mineralien).

Wie durch seismische Untersuchungen festgestellt wurde, ist der äußere Erdkern flüssig, während die anderen konzentrischen Schalen fest sind. Teile des Erdmantels jedoch verhalten sich, als befänden sie sich in hochviskosem Flüssigkeitszustand. Im Erdmantel wird Wärme von innen her in sehr langsamen Bewegungen zur Erdoberfläche übertragen; die Aufwärtsverlagerung wird durch das Absinken darüberliegender, weniger heißer Massen ausgeglichen. Auf diese Weise werden thermische Konvektionszellen geschaffen. Dehnen sich zwei benachbarte Zellen nahe der Erdkruste, produzieren sie einen Rift. Dabei handelt es sich um ein imposantes Grabensystem in der darüberliegenden Kruste, das diese in zwei auseinanderdriftende Platten teilt. Wo eine Konvektionszelle sich abkühlt und in den Erdmantel zurücksinkt, entsteht eine Subduktionszone, in der eine lithosphärische Platte unter die andere abtaucht. In den Dehnungs- oder Grabenbildungszonen kommt es zur Neubildung ozeanischer Kruste, wenn Magma aus dem Erdmantel aufsteigt, durch einen Rift eruptiert und erstarrt. Der ständige Zustrom von Schmelzflußmaterial führte zur Entstehung der mittelozeanischen Rücken, einer untermeerischen Gebirgskette, die sich an den Rändern des Hauptgrabens erhebt.

In Einengungsgebieten jedoch laufen entsprechend den Eigenschaften der aufeinandertreffenden Platten andere Prozesse ab. Bestehen die Ränder beider Platten aus ozeanischer Kruste, dann entsteht ein System von Vulkanen, das parallel zur Subduktionszone verläuft und das als Inselbogen bezeichnet wird (wie Japan und die Aleuten). Sind stattdessen die kollidierenden Platten aus ozeanischer und kontinentaler oder beide Platten aus kontinentaler Kruste aufgebaut, dann bildet sich im Verlaufe dessen, was als oro-

Oben: Die Wärmeverteilung im Erdinnern. Die Wärme, die für Magmabildung sorgt, entsteht zum großen Teil beim Zerfall radioaktiver Elemente in der Erdkruste und im oberen Erdmantel. Pfeile stellen die Ströme der Wärmekonvektion dar.

Mitte: Die verschiedenen Arten der Entstehung von Magma.

Unten: Die hauptsächliche mineralogische Zusammensetzung der wichtigsten magmatischen Gesteine.

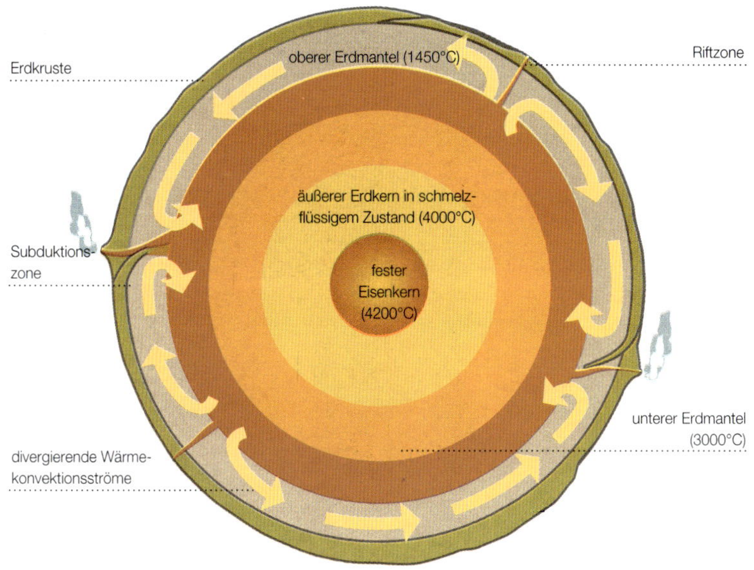

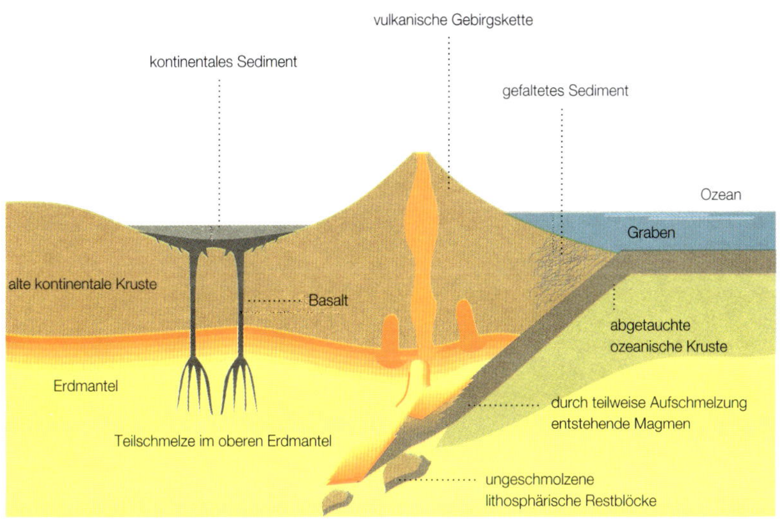

gener (gebirgsbildender) Prozeß bekannt ist, eine kontinentale Gebirgskette, wie die Anden oder die Alpen es sind.

Gebirge stellen herausragende Merkmale der Erdoberfläche dar, sie sind deshalb der Erosion durch physikalische und chemische Einflüsse ausgesetzt. Das ausgewaschene, abgetragene oder abgesprengte Material wird mit dem Wasser der Flüsse weggetragen und an unterschiedlichen Stellen abgelagert. So gibt es Ablagerungen an Flußläufen (fluviale Sedimente), in Seen (lakustrische Sedimente) und, wenn die Gesteinsbruchstücke weit genug transportiert werden, in Ozeanen (marine Sedimente). In den Subduktionszonen, wo eine ozeanische Lithosphärenplatte unter eine meist kontinentale Platte abtaucht, entstehen Tiefseegräben parallel zu den vulkanischen Gebirgszügen, die im Laufe der Zeit mit Sedimenten beachtlicher Schichtdicke aufgefüllt werden. Alle die o.g. Sedimente werden detritisch genannt. Es gibt noch eine weitere Art, auf die wir später zurückkommen werden.

Während der Subduktion sinkt ein Teil der Grabensedimente an der Gleitbahn der abtauchenden Platte entlang in die Tiefe. Dabei sind sie steigenden Temperaturen und Drücken in einem solchen Maße ausgesetzt, daß sie in metamorphe Gesteine umgewandelt werden. Innerhalb eines bestimmten Bereiches der Subduktionszone herrschen Bedingungen, die zum Aufschmelzen einiger Gesteine führen; das entstehende Magma drängt durch den oberen Erdmantel in die Erdkruste. Ein Teil des Magmas kann an die Erdoberfläche gelangen, eruptiert dort als Lava und läßt einen Vulkankegel entstehen. Beim schnellen Abkühlen entsteht Ergußgestein (Vulkanite). Das Magma im Erdinnern kühlt langsamer ab und erstarrt erst nach langer Zeit. Man nennt das so entstandene Tiefengestein Magmatite, Intrusivgestein oder Plutonite. Das in den Brüchen der Erdkruste verbleibende Magma kristallisiert schneller als das im Erdinnern und langsamer als das an der Erdoberfläche und läßt dabei Quergänge in anderem Gestein entstehen. Wir wollen uns nun den drei hauptsächlichen Gesteinsarten, den Erstarrungsgesteinen, den Umwandlungs- und den Absatzgesteinen, zuwenden.

ERSTARRUNGSGESTEINE

Es ist eine bekannte Tatsache, daß Erstarrungsgesteine durch die Kristallisation von Gesteinsschmelze entstehen. Weniger hingegen hat man bisher über die Herkunft und die genaue Beschaffenheit von Magma erfahren, da eine direkte Entnahme von Proben erst möglich – wenn auch immer noch schwierig – ist, wenn es als Lava an die Erdoberfläche gelangt. Auf die Zusammensetzung von Magmen, die Intrusiv- oder Ganggesteine bilden, können wir durch Untersuchung eben dieser Gesteine schließen; sie liegen offen an der Erdoberfläche oder sind in geringen Tiefen zu finden.

Man kann hier also nur Studien durchführen, deren Gegenstand nicht die eigentlichen magmatischen Prozesse in der Vergangenheit unserer Erde sind, sondern deren Ergebnisse – die Gesteine. Durch die Untersuchung alter und junger Gesteine wird der Versuch unternommen, die geologischen Zusammenhänge und die Merkmale von Magmen zu erklären. Auf diese Weise hat man entdeckt, daß manche Magmen in den Tiefen von meist langgestreckten orogenen Zonen entstehen; manche stammen direkt aus dem Erdmantel, während andere wiederum durch das Ineinandergreifen verschiedener Prozesse entstehen. In den letzten Jahrzehnten hat die Erweiterung unseres Wissens über die Erdkruste dazu beigetragen, Fragen zum Verlauf vieler geologischer Prozesse zu klären.

Erstarrungsgesteine werden in Intrusiv- oder Tiefengesteine, Ganggesteine, Effusiv- oder Ergußgesteine und pyroklastische Gesteine (vulkanische Lockermassen) unterteilt. Wie wir bereits wissen, kristallisieren Tiefen- und Ganggesteine aus den Magmen innerhalb der Erdkruste. Pyroklastische Gesteine stellen eine Spezialart des Oberflächengesteins dar; sie entstehen dadurch, daß Vulkane Lava und Gase ausstoßen, ein Teil des Materials bereits in der Luft erstarrt und wie Regen auf die Erde herabfällt.

Die meisten Magmen weisen eine silikatische Zusammensetzung auf, und die aus ihnen entstehenden Gesteine enthalten Silikatmineralien, deren Chemismus den der ursprünglichen Gesteinsschmelzen widerspiegelt. Die einzige Ausnahme stellen die Karbonatite dar, die aus kohlenstoffreichen Magmen kristallisierten. Die Magmen weisen einen sehr unterschiedlichen Gehalt an Siliciumdioxid (SiO_2) auf, wobei das Siliciumdioxid eine Rechengröße darstellt, welche die im Gestein vorhandene prozentuale Menge an Silicium angibt. Diese Unterschiede in der Zusammensetzung spiegeln den Säuregrad wider. Auf dieser Grundlage werden Magmen klassifiziert als:

sauer	(> 63 % SiO_2)
intermediär	(52 % … 63 % SiO_2)
basisch	(45 % … 52 % SiO_2)
ultrabasisch	(< 45 % SiO_2)

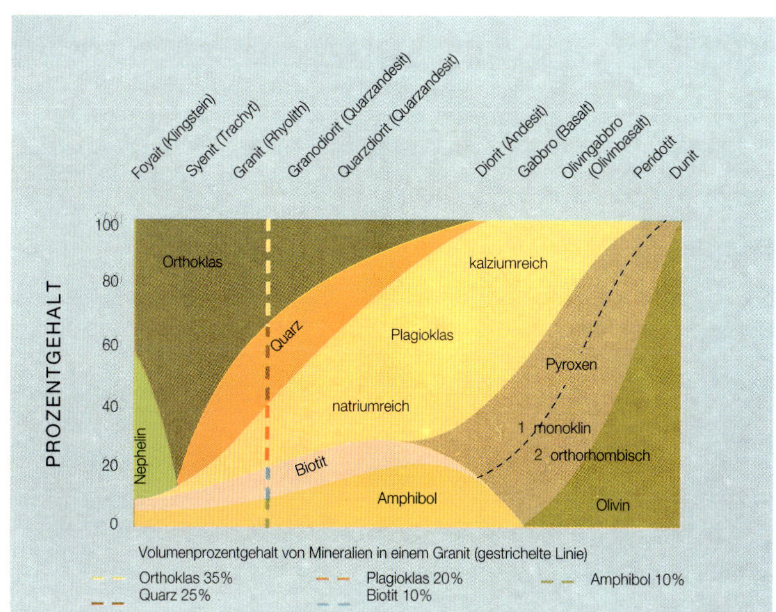

Oben: Teil des Giant's Causeway („Riesendamm"), Nordirland.

Unten: Flutbasalt. Durch ein System tiefer linearer Brüche tritt Lava aus. Sie ist so heiß und dünnflüssig, daß sie selbst an flachsten Hängen herabläuft und Basaltströme von bis zu 150 km Breite entstehen läßt.

Der Säuregrad ist auch, wie wir gezeigt haben, mit dem Auftreten bestimmter Mineralien verbunden. Deshalb treten einige wie Quarz, Orthoklas und Albit in sauren und intermediären Gesteinen auf. Andere wie Olivin, Leucit oder Nephelin kommen in basischen und ultrabasischen Gesteinen vor. Quarzhaltige (SiO_2-haltige) Gesteine werden als übersättigt bezeichnet, während quarzarme entweder gesättigt oder untersättigt sind. Gesättigte Gesteine enthalten im Gegensatz zu den untersättigten keine Feldspatvertreter (Feldspatoide).

Laborversuche haben gezeigt, daß Gesteine bei hohen Temperaturen – meist bei über 1000° C – schmelzen. Ist dabei zusätzlich ein Gas vorhanden, dann sinkt die Schmelztemperatur. Daraus hat man abgeleitet, daß Magmen, die flüchtige Bestandteile (Gas) enthalten, niedrigere Schmelzpunkte haben. Die niedrigste Schmelztemperatur liegt bei etwa 700° C. Der in den größten Mengen vorkommende flüchtige Bestandteil von Magmen ist meist Wasser. Chlor, Fluor, Wasserstoff, Chlor- und Fluorwasserstoff oder Kohlendioxid können ebenfalls vorhanden sein. Sie verringern die Viskosität des Magmas stark. Bei der Kristallisation sind die Gase bestrebt, in der Restschmelze zu verbleiben.

TIEFENGESTEINE

Bei der Kristallisation von Magma in der Erdkruste entstandene Gesteine kommen besonders häufig in orogenen Gebieten vor. Hier sind auch besonders viele saure Gesteine zu finden. In Riftzonen hingegen weisen die Intrusiv- oder Tiefengesteine eine basische oder ultrabasische Zusammensetzung auf.

Die Bildung von Intrusivgestein in orogenen Gürteln ist ein sehr komplexer Prozeß. Wir wollen als Beispiel die westlich der Anden vor sich gehende Kollision einer ozeanischen mit einer kontinentalen Platte betrachten. Die ozeanische Kruste, die aus dichterem basischen Gestein besteht, taucht allmählich unter die kontinentale. In der Tiefe schmilzt die absinkende Platte teilweise und nimmt Gestein aus der aufgeschobenen Platte auf.

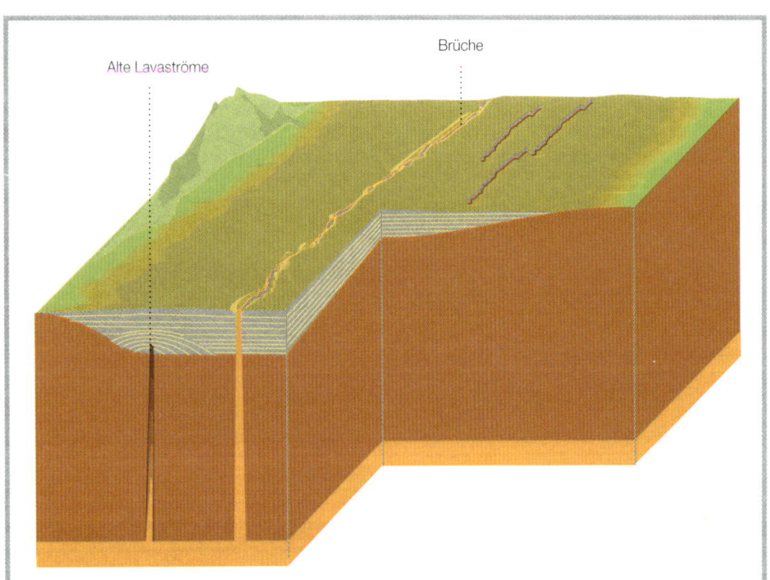

Magmen aus diesen Bereichen haben eine basische bis saure Zusammensetzung; die aus ihnen entstandenen Tiefengesteine sind (nach zunehmendem Säuregrad aufgeführt) Gabbros, Diorite, Granodiorite und Granite.Es ist noch nicht geklärt, ob ein basisches bis intermediäres Magma durch das Abschmelzen der ozeanischen Kruste allein entsteht oder ob hier auch Teile der kontinentalen Kruste einbezogen sind. Klar ist hingegen, daß für das Entstehen sauren Magmas in einer Subduktionszone Gestein aus der kontinentalen Kruste aufgeschmolzen und eine Vermischung dieser Schmelze mit dem von der ozeanischen Kruste stammenden basischen Magma stattfinden muß.

Tiefengesteine haben meist eine körnige Struktur. Das bedeutet, daß sie aus ziemlich großen, miteinander verzahnten Kristallen von annähernd gleicher Größe bestehen, die mit bloßem Auge oder unter einer Lupe zu sehen sind. Anhand der Gesteine, die wir in den großen orogenen Gürteln der Erde vorfinden können, kann ohne weiteres die Schlußfolgerung

Ein Naturschauspiel: Lavastrom am Vulkan Ätna.

gezogen werden, daß die Magmamengen, welche zu Tiefengestein erstarren, riesig sind. Nur ein kleiner Teil gelangt durch Vulkane an die Erdoberfläche.

ERGUSSGESTEINE

Aus dem Erdinnern bis an die Erdoberfläche vorgedrungenes Magma nennt man Lava. Es kann – abhängig von seinem Säuregrad – Vulkankegel bilden. In der Regel sind basische und ultrabasische Laven aufgrund ihres besseren Fließvermögens bestrebt, sich an der Erdoberfläche in Form von Lavaströmen zu bewegen, ohne solche Kegel zu bilden. Die großen basaltischen Decken in der Groot Karru (Südafrika), im Paranábecken, in Äthiopien, im Dekhan (Indien) u. a. sind auf diese Weise entstanden. Intermediäre und saure Laven wiederum erstarren aufgrund ihrer höheren Viskosität schneller, häufen Schicht auf Schicht und bauen so einen Vulkankegel auf, wo sie dann eruptieren. Dieser Lavatyp ist meist explosiv und bildet Kegel, die im Wechsel aus Gesteinsschmelze und pyroklastischen Ablagerungen aufgebaut sind.

Im Gegensatz zu den Tiefengesteinen zeigen die Ergußgesteine (Effusivgesteine) häufig eine sehr feinkörnige Textur. Mitunter enthalten sie auch Glas. In der feinkörnigen Grundmasse können manchmal sichtbare Kristalle enthalten sein. Diese Einsprenglinge (Phenokryste) mit porphyrischer Struktur haben sich in der Kruste bereits vor dem Ausbruch gebildet. Die porphyrische Struktur ist ziemlich häufig in Gesteinen von intermediärer und saurer Zusammensetzung anzutreffen.

VULKANISCHES LOCKERGESTEIN

Vulkanisches Lockergestein (pyroklastisches Gestein) entsteht, wenn ein Vulkan ausbricht und in einer Explosion mehr oder weniger erstarrte Bruchstücke herausschleudert, die dann wie Regen zur Erde niederfallen. Diese Gesteine weisen meist eine intermediäre oder saure Zusammensetzung auf. Es kommt nur in seltenen Fällen vor, daß basische Gesteine explosionsartig ausgestoßen werden; es handelt sich in der Regel um Gesteine, in denen Kaliumüberschuß herrscht.

Im allgemeinen bricht Magma mit einer Explosion zur Erdoberfläche durch, wenn in der Gesteinsschmelze eingeschlossene Gase in einem Vulkanschlot Druck erzeugen. Auch kann das Entweichen der Gase verhindert werden, wenn durch teilweise Erstarrung des Magmas der oberste Abschnitt des Vulkanschlots wie mit einem Pfropfen verschlossen ist.

In beiden Fällen kann sich im Vulkanschlot genügend Druck anstauen, um eine Explosion hervorzurufen und das

Oben: Blick auf Pompeji. Die Stadt war beim Ausbruch des Vesuv 79 n. Chr. unter gewaltigen Massen vulkanischen Materials begraben worden.

Unten: Beim Ausbruch des Mount Pelée (Insel Martinique) am 16. Dezember 1902 wälzt sich eine Wolke todbringenden Gases und glühender Asche seitlich am Vulkan herab. Eine ähnliche Glutwolke hatte sieben Monate zuvor die in der Nähe liegende Stadt Saint-Pierre zerstört. Diese außergewöhnliche Serie von Aufnahmen entstand während eines Zeitraums von fünf Minuten, in dem die *Nuée ardente* (Glutwolke) bis auf eine Höhe von 4000 m anwuchs.

Magma herausschießen zu lassen wie Sekt aus einer soeben geöffneten Flasche. Ausgehend von der Untersuchung des ausgeworfenen Gesteins glaubt man heute, daß die Zerstörung von Pompeji und Herculanum im Jahre 79 n. Chr. auf einen solchen explosionsartigen Ausbruch des Vesuv zurückzuführen ist.

Während einer Explosion befindet sich das mit Gasen vermischte Material meist in teilweise geschmolzenem und teilweise erstarrtem Zustand. Bei manchen Explosionen wird Material unterschiedlicher Form und Größe mehrere hundert Meter hoch in die Atmosphäre geschleudert. In anderen Fällen werden heiße Gas- und Aschewolken ausgestoßen, die aus der Höhe schnell an den Flanken des Vulkans niedergehen. Im allgemeinen haben jene Vulkanausbrüche die größte Zerstörungskraft, bei denen Grund- oder Oberflächenwasser mit aufsteigendem Magma zusammenkommt (phreatomagmatische Ausbrüche). Mitunter jedoch können weniger zerstörerische Eruptionen wegen ihrer Nebenerscheinungen umso größere Schäden hervorrufen. Die bei einer Eruption auftretenden hohen Temperaturen können beispielsweise die Schneedecke in der Umgebung des Ausbruches schmelzen und damit eine Schlamm- und Schuttlawine mit möglicherweise sehr großer Zerstörungskraft auslösen. Ganz gleich, ob und mit welcher Art von Ausbrüchen zu rechnen ist – für den Menschen stellt das Leben in der Nähe von Vulkanen oft ein recht hohes Risiko dar. Als harmlos können daher nur Vulkane in unbesiedelten Gegenden betrachtet werden.

UMWANDLUNGSGESTEINE

Wir haben bereits darauf hingewiesen, daß Umwandlungsgesteine (metamorphe Gesteine) das Ergebnis von Veränderungen in anderen Gesteinen ist. Das können

VULKAN IM GETREIDEFELD

Am Morgen des 20. Februar 1943 entdeckte der mexikanische Bauer Dionisio Pulido mit Schrecken, daß sich über Nacht auf seinem Feld ein 25 Meter langer Erdspalt aufgetan hatte. Als Pulido und seine Familie voller Erstaunen diese Erscheinung genau besehen wollten, wurden glühende Asche und Steine aus dem Spalt herausgeworfen. Der Bauer wurde Zeuge eines ungewöhnlichen geologischen Ereignisses – der Geburt eines Vulkans. Pulido lief ins nahegelegene Dorf Paricutín, um über diese seltsame Angelegenheit zu berichten, und sehr bald eilten ein Dutzend Geologen herbei. Der Vulkan, der später als Paricutín bekannt wurde, wuchs mit verblüffender Geschwindigkeit. Am folgenden Tag war er bereits zehn Meter hoch, nach einer Woche betrug seine Höhe 165 Meter und nach einem Jahr war er auf über 300 Meter angewachsen. Große Mengen von Asche hatten die Umgebung in einem Radius von fast 30 Kilometern zugedeckt. Bei einer Höhe von etwa 410 Metern verlangsamte der Vulkan sein Wachstum, spie aber immer noch riesige Mengen Lava aus. Neun Jahre und zwölf Tage nach seiner spektakulären Geburt trat der Paricutín in eine Ruhephase ein. Er hatte 3,6 Millionen Tonnen Lava und eruptives Material ausgestoßen, und den Wissenschaftlern war es vergönnt gewesen, ein seltenes Ereignis zu beobachten: das Heranwachsen eines Vulkans.

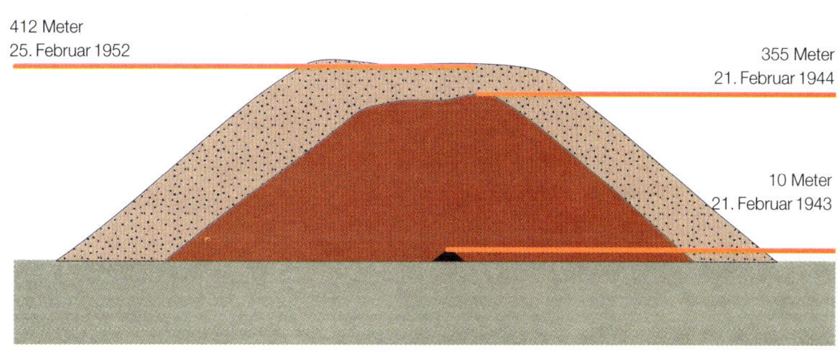

sedimentäre, magmatische oder gar metamorphe Gesteine sein, die selbst bei einem früheren Umwandlungsprozeß entstanden sind. Neben den beiden veränderlichen Größen Temperatur und Druck sind es die Menge und die chemische Zusammensetzung der an der Metamorphose beteiligten Flüssigkeiten sowie die Zusammensetzung des Ursprungsgesteins, die zur Bildung vieler unterschiedlicher Arten von Umwandlungsgesteinen führen. Diese werden nach dem Vorhandensein bestimmter typischer Mineralien, die man als Indikatoren für bestimmte Temperatur- und Druckverhältnisse ansieht, klassifiziert. Metamorphe Gesteine entstehen demnach bei unterschiedlich hohen Temperaturen und Drücken.

Die Gesteine werden in ganz verschiedenen Milieus gebildet. Zur Vereinfachung können wir die Gesteinsumwandlung in zwei Arten einteilen: In die Regional- und in die Kontaktmetamorphose. Die Regionalmetamorphose erfaßt gewaltige Gesteinsmassen in großen Tiefen und ist meist mit einem gebirgsbildenden (orogenen) Prozeß verbunden. Die Kontaktmetamorphose spielt sich stets auf relativ begrenztem Raum ab, nämlich da, wo Gesteine sich in unmittelbarer Nähe eines Magmakörpers befinden.

Im Verlauf eines orogenen Prozesses sind tiefergelegene Gesteine innerhalb der Erdkruste sehr hohen Temperaturen und Drücken ausgesetzt. In der Regel erhöht sich die Intensität der Gesteinsumwandlung mit zunehmender Tiefe; sie reicht von den wenig umgewandelten oberflächennahen bis zu den Gesteinen tief unten, bei denen die Mineralien des Ursprungsmaterials vollständig durch ein neues Mineraliengemenge ersetzt sind. Bei besonders hohen Temperaturen und Drücken wird das Gestein mitunter teilweise aufgeschmolzen. Das dabei entstehende Magma kristallisiert von neuem und bringt granitisches Gestein hervor.

Bei der Kontaktmetamorphose hingegen sind die Gesteine relativ niedrigem Druck, aber hohen, durch die Nähe eines Intrusivkörpers erzeugten Temperaturen ausgesetzt. Diese Bedingungen und die Tatsache, daß die Temperatur mit steigender Entfernung von der Wärmequelle stark abnimmt, führen dazu, daß die Gesteinsumwandlung hier örtlich verhältnismäßig begrenzt vor sich geht.

ABSATZGESTEINE

Absatzgesteine (Sedimentgesteine) entstehen durch Ablagerung und Anhäufung von Gesteinsfragmenten oder auf chemischem oder biochemischem Wege durch

Oben links: Bruchstücke von Tonschiefer, die die Spaltflächen (vertikale Linien) sowie Reste der ursprünglichen, durch quarzreiche Bänder dargestellten Schichtung (horizontale Schichten) erkennen lassen. Vergrößert sind die Spaltflächen als vertikale Linien zu sehen, die ursprünglichen Schichten im Tonschiefer sind s-förmig gestaucht.

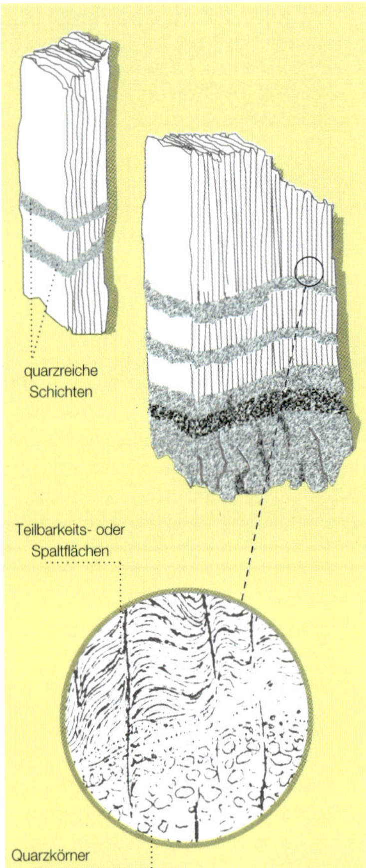

Rechts: Temperatur- und Druckbedingungen in der Erdkruste (Schema).

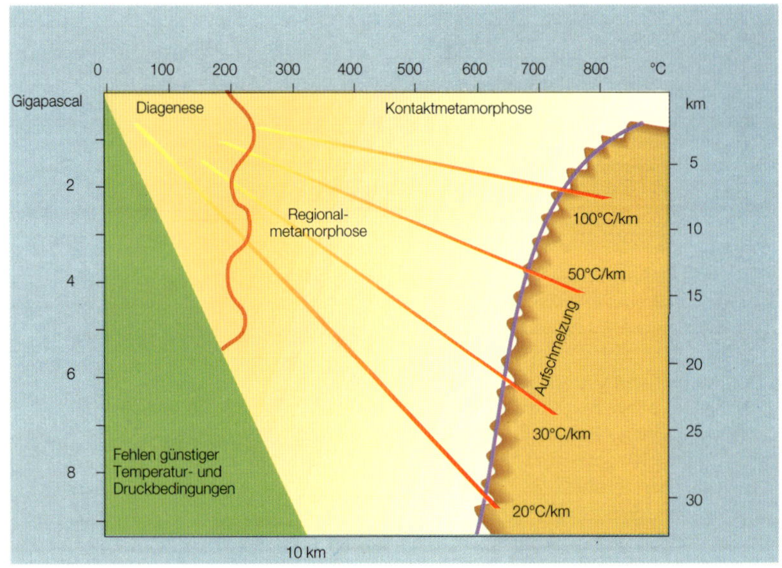

Unten: Durch Bewegungen im Erdinneren zickzackförmig gefaltete Sandsteinschichten aus dem Karbon (Millok Haven, Cornwall).

das Absetzen von Verwitterungsmaterial auf dem Grund von Gewässerbuchten. Diese Gesteine können in folgende Arten eingeteilt werden: in Trümmergesteine (detritische oder klastische Gesteine), organische Absatzgesteine, chemische Absatzgesteine (Fällungsgesteine) und biogene Absatzgesteine. Die bei weitem häufigsten sind die Trümmergesteine; ihnen folgen die organischen Absatzgesteine. Die übrigen kommen seltener vor. Trümmergesteine entstehen durch Abtragung, Transport und Ablagerung von Gesteinsfragmenten entweder im kontinentalen Bereich, wo sie als Flußabsätze (fluvial), Seeabsätze (lakustrisch), durch Gletschereis (glazial) oder Wind (äolisch) gebildet werden, oder in Meeren (marin).

Sedimentgesteine lassen sich anhand der Korngröße ihrer Bestandteile bestimmen. Dazu sind zahlreiche Vergleichsskalen vorgeschlagen worden, von denen auf dem Gebiet der Geologie die folgende am häufigsten verwendet wird:

Kies	> 2 mm
Sande	0,063 mm ... 2 mm
Schlamm	0,002 mm ... 0.063 mm
Ton	< 0,002 mm

Im Gegensatz zu Erstarrungs- und Umwandlungsgesteinen, deren Mineralienbestand sich in einem chemischen Gleichgewicht befindet, fehlt in den Absatzgesteinen dieses Gleichgewicht, da ja deren einzelne Komponenten von jeder Gesteinsart, sofern sie sich im jeweiligen Erosionsgebiet befand, abstammen können. Zum besseren Verständnis wollen wir ein Kiessediment untersuchen. Hier sind die einzelnen Kieselsteine und ihre Verschiedenartigkeit untereinander leicht zu erkennen.

Organische Absatzgesteine entstehen aus den Schalen und Skelettresten, die von Organismen unter Verwendung im Wasser gelöster Salze gebildet wurden. Diese Gesteine sind ausschließlich im marinen Milieu zu finden.Hier gibt es eine unglaubliche Vielfalt an Organismen: die verschiedenen Korallenarten in den Korallenriffs, die Schalentiere und Schnecken sowie die einzelligen Mikroorganismen, aus denen das Plankton besteht. Die Sedimente, die sich hieraus bilden, sind von anderen sehr verschieden.

Chemische Absatzgesteine sind Gesteine, die entstehen, wenn in einer an Salzen reichen Flüssigkeit schwer lösliche Salze ausgefällt werden und zu Mineralien kristallisieren. Die Bedingungen, unter denen dieses Phänomen auftritt, können unterschiedlich sein. Sie lassen sich jedoch im wesentlichen in zwei Gruppen zusammenfassen: in marine und in kontinentale Bedingungen.

Am häufigsten kommen marine Sedimente vor, die auf chemischem Wege gebildet wurden. Man bezeichnet sie als Eindampfungsgesteine (Evaporite). Sie entstehen in warmen Klimazonen im Flachwasser relativ kleiner Meeresbecken, also unter Bedingungen, die das Verdunsten von Wasser fördern.

Kontinentale Sedimente lassen sich in zwei Arten einteilen: in jene, die an ein warmes Klima gebunden sind und deshalb einen ähnlichen Ursprung wie die marinen Sedimente haben und in jene, die in der Nähe heißer Quellen entstehen. Zu der zuerst genannten Art zählen auch die Sedimente in abgeschnürten (endorheischen) Meeresbecken, wo sich Wasser sammelt, das verhältnismäßig reich an unterschiedlichen gelösten Salzen ist. Durch die erhöhteVerdunstung in warmen

Oben: Sandstrand im Stadium der Sedimentation auf einer Unterlage aus Gestein (Sardinien).

Unten links: Blick auf den Grand Canyon.

Unten rechts: Anhäufung von Weichtierschalen – ein Beispiel für Gesteine, die sich aus den Hartteilen toter Organismen bilden.

Klimazonen kommt es zu einer Konzentration der Salze, so wie es heute beispielsweise am Tschadsee (Zentralafrika) geschieht. Die ausgefällten Ablagerungen von Quellen bestehen häufig aus Kalziumkarbonat ($CaCO_3$); sie treten oft in Form von Calcit, seltener als Aragonit auf und lassen beträchtliche Mengen des Travertin genannten Gesteins entstehen. Weniger häufig sind die heißen Quellen, aus denen das Wasser entweder ununterbrochen oder in bestimmten Zeitabständen (Geysir) austritt und die Mineralien wie Borate, Sulfate, Siliciumdioxid und Schwefel abscheiden.

Schließlich gibt es die biogenen Absatzgesteine, die übrigbleiben, wenn die anderen Sedimente im Wasser aufgelöst und verwittert sind. Es handelt sich hier um ziemlich häufig vorkommende Gesteine, die allerdings fast immer nur in relativ kleinen Lagerstätten zu finden sind. Von Interesse sind hierbei wegen des hohen Gehalts an Aluminium die Bauxitlagerstätten.

Sedimentäre Gesteine haben oft ein gestreiftes oder geschichtetes Aussehen. Die Schichtdicken können sehr verschieden sein; sie reichen von einem Zentimeter bis zu mehreren Metern. Die Schichtfolgen bestehen entweder aus der gleichen Gesteinsformation oder aus unterschiedlichen Gesteinsarten, wie es beispielsweise bei der Wechselfolge von Sandstein und Schiefer in manchen geologischen Formationen der Fall ist. Mitunter ist, wie in tonreichen Abfolgen, die Schichtung kaum sichtbar. In Korallenriffen, in denen die Organismen eine fast durchgängige Struktur aufbauen, fehlt sie völlig.

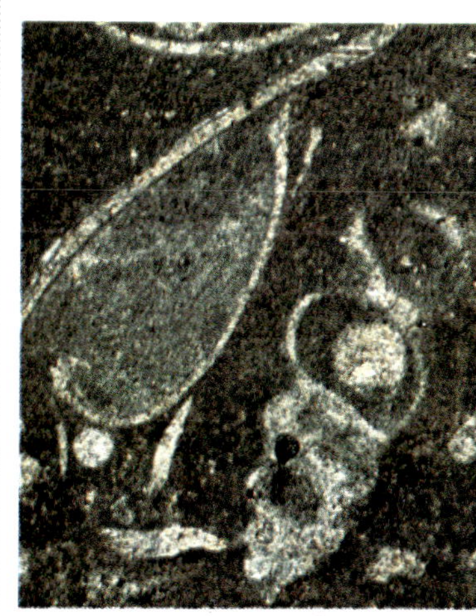

TRANSPARENTE MINERALIEN

TRANSPARENTE MINERALIEN

Oben: Der Weg des Lichts in einem Durchlichtmikroskop (Schema)
Mitte: Edelsteine und Tierkreiszeichen. In der Vergangenheit glaubte man an die Existenz einer Verbindung zwischen beiden.
Unten: Transparente Mineralien

Die Mehrheit der uns bekannten Mineralien ist transparent, d. h. lichtdurchlässig. Unter den physikalischen Eigenschaften der Mineralien sind diejenigen, die mit der Reflexion von Licht und der Lichtdurchlässigkeit zusammenhängen, zweifellos am leichtesten wahrnehmbar. Wir finden Gefallen nicht so sehr an undurchsichtigen und grauen Steinen, die sich auf den ersten Blick nicht voneinander unterscheiden, sondern an farbigen und glänzenden transparenten Kristallen. Wegen der Bedeutung der typischen Wechselwirkungen zwischen Licht und Kristallen spielt das Durchlicht-Polarisationsmikroskop eine große Rolle bei der Untersuchung von Mineralien.

Zur Untersuchung von transparenten Mineralien wird das Mikroskop so aufgestellt, daß das von unten kommende Licht durch den Dünnschliff eines Minerals hindurchgeht und in den oberen Teil des Instruments gelangt, wo ein Okular zur visuellen Beobachtung angebracht ist.

Ein „Dünnschliff“ besteht aus einem Gesteins- oder Mineralplättchen (ca. 30 µm), das auf einem Objektträger oder zwischen zwei dünnen Glasscheiben fixiert ist. Das Mikroskop ist mit einer Reihe von Zubehörteilen ausgerüstet, die eine Beobachtung der charakteristischen optischen Eigenschaften von Mineralien erlauben.

Wie wir gesehen haben, sind diese Charakteristika an die Struktur des Kristallgitters und an seine Symmetrie gebunden. Neben seinen zahlreichen Möglichkeiten erlaubt es das Mikroskop, den Brechungsindex (oder die -indizes) von Mineralien (eines sehr nützlichen Bestimmungsmerkmals, was man anhand der im Text angeführten Beispiele leichter verstehen wird) abzuschätzen und die Kristallform festzustellen. Diese zwei Eigenschaften eines Minerals, im Zusammenhang betrachtet, genügen zur Bestimmung der jeweiligen Kristallgruppe (monometrisch, dimetrisch oder trimetrisch) und des Kristallsystems.

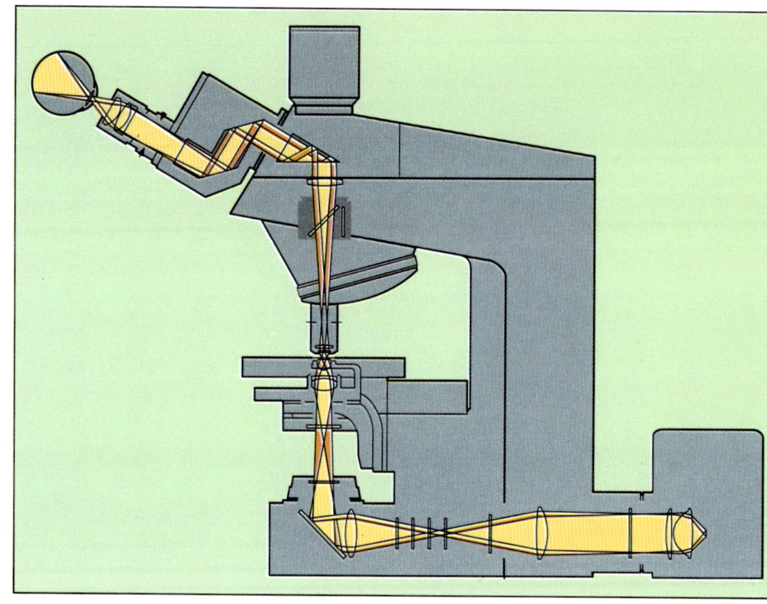

Bei der Untersuchung des Phänomens der Doppelbrechung haben wir auf die Tatsache hingewiesen, daß der durch einen Calcitkristall durchgehende Lichtstrahl in zwei Teilstrahlen unterschiedlicher Ausbreitungsgeschwindigkeit zerlegt wird, daß hingegen das Licht, das einen Halitkristall (Kochsalz) durchstrahlt, sich mit einheitlicher Geschwindigkeit ausbreitet. Das Verhalten des Lichtstrahls hängt davon ab, in welchem System die Mineralien jeweils kristallisieren. Halit gehört ins kubische System (monometrische Gruppe); beim Durchgang durch ein beliebiges kubisches transparentes Mineral hat ein Lichtstrahl in allen Richtungen dieselbe Ausbreitungsgeschwindigkeit. Es ist so, als ginge er durch Luft oder Glas. Dagegen wird Licht beim Durchgang durch Kristalle der dimetrischen oder trimetrischen Gruppe (z. B. Calcit) dem Phänomen der Doppelbrechung unterworfen. Das heißt, es wird in zwei Teilstrahlen aufgespaltet, die sich unabhängig voneinander verhalten. Jeder der Teilstrahlen breitet sich mit einer anderen Geschwindigkeit aus, das Mineral hat demnach zwei Brechungsindizes. Die Existenz zweier verschiedener Brechungsindizes wird Doppelbrechung genannt.

Die Bestimmung des Brechungsindexes bzw. der Brechungsindizes ist ein sehr wichtiges Hilfsmittel für die Bestimmung von Mineralien. Diamant beispielsweise ist kubisch und hat einen einfachen, großen Brechungsindex. Unter dem Mikroskop ist er leicht von ähnlich aussehenden farblosen Mineralien, wie Zirkon, Rutil, Topas und Saphir, die mitunter als Diamantimitate verwendet werden, zu unterscheiden, da diese alle doppelbrechend sind. Mineralien werden häufig nach dem Wert ihres Brechungsindexes voneinander unterschieden. Farbloser Spinell hat

Blauer Coelestin, Madagaskar.

Schwefel, Sizilien.

Tigerauge (verkieselter Krokydolith), Brasilien.

wie Diamant nur einen Brechungsindex, aber sein Wert ist viel geringer als der von Diamant. Synthetisch hergestellte Imitationen des Diamanten, wie das kubische Zirkonoxid, der YAG (Yttrium-Aluminium-Granat) oder der GGG (Gadolinium-Gallium-Granat), haben – wie der Diamant – einen großen Brechungsindex und sind deshalb optisch schwerer von ihm zu unterscheiden. In diesem Fall zieht man andere Merkmale wie Härte oder Dichte zur Bestimmung heran.

Man kann sich leicht vorstellen, wie die für manche Mineralien charakteristischen Eigenschaften Transparenz und Glanz seit jeher die Phantasie der Menschen in ihren Bann gezogen haben und wie das Äußere der Mineralien die Menschen angeregt hat, die Verbindung zwischen diesen Steinen und der Welt des Zaubers zu erforschen, anstatt sie als natürliche Phänomene zu beobachten. Im Verlauf der Geschichte hat es jedoch bedeutende Persönlichkeiten gegeben, die die Mineralien – auch wenn sie ihnen weiterhin übernatürliche Kräfte zuschrieben – daneben unter praktischen Gesichtspunkten betrachteten. Plinius der Ältere, der uns viel Wissen aus der antiken Welt überliefert hat, ist sicherlich der berühmteste unter den Naturphilosophen. Er verfaßte ein umfangreiches Kompendium seiner Beobachtungen und (oft sehr phantasievollen) Interpretationen natürlicher Stoffe und Erscheinungen. Dieser aufmerksame Naturbeobachter berichtet über die wichtigsten Mineralien in der römischen Kultur – natürlich Gold und Silber –, jedoch auch über andere, aus denen man häufig verwendete Metalle wie Blei, Kupfer, Eisen und Zinn gewann.

Wie in allen Gesellschaften des Altertums, so war auch im antiken Rom der Mensch, wollte er seine Bedürfnisse befriedigen und seinen Vergnügungen nachgehen, völlig abhängig von der Natur. Man braucht nur daran zu denken, auf welche Weise die Menschen damals Farben für ihre Kleidung und für Malschulen herstellten. Manche Farbstoffe wurden aus Pflanzen gewonnen, andere aus Mineralpulvern hergestellt. Malachit beispielsweise lieferte – abgesehen von seiner Verwendung für Ziergegenstände – ein sehr schönes grünes Pigment. Blaue Farbe gewann man aus Azurit, Braun aus eisenhaltigem Ocker (Eisenoxiden und -hydroxiden) sowie ein sehr schönes, intensives Rot aus Zinnober (Quecksilbersulfid).

Gewiß übten Edelsteine wegen ihrer geheimnisvollen Ausstrahlung den größten Reiz aus. Die schönsten von ihnen – in erster Linie Smaragde und Karfunkel – kamen aus Indien. (Als Karfunkel wurden früher alle roten Edelsteine wie Rubin, Granat und Spinell bezeichnet.)

Oben: Epidot. Fundstück und ein Dünnschliff für die Untersuchung mit dem Polarisationsmikroskop
Unten: Beispiele der mittelalterlichen Volksmedizin aus dem Hortus sanitatis (1483): Steinschneider bei der Arbeit – Entfernung eines Krötensteins aus dem Kopf einer Kröte - Anwendung eines Blutjaspis, um Nasenbluten zum Stillstand zu bringen – Behandlung einer Vergiftung mit Krötenstein.

Zur Untersuchung transparenter Mineralien unter einem Polarisationsmikroskop braucht man einen *Dünnschliff*. Er wird angefertigt, indem man eine dünne Scheibe des Minerals abtrennt, diese auf einer Glasunterlage befestigt und mit Hilfe eines Schleifsteins auf eine Stärke von 30 Mikrons (0.03 mm) bringt. Zuletzt wird das Mineralplättchen mit einem Stück dünnen Glases abgedeckt.
Die Abbildungen zeigen ein Gesteinsstück mit Epidotkristallen und einen Dünnschliff.

Auch Topas, Zirkon, Turmalin, Quarz und andere edle Steine waren bekannt, obwohl es bezüglich der Mineralnamen mitunter Verwirrung gab. Viele Steine wurden aufgrund ihrer Farbe und ihres Äußeren bestimmt, was dazu führte, daß Steine unterschiedlicher Art denselben Namen hatten. Oftmals wurden unterschiedlich gefärbte Mineralien ein und derselben Art als zu verschiedenen Arten gehörend angesehen.

Begehrt waren transparente Kristalle, die zu Schmucksteinen geschliffen wurden, da man glaubte, sie seien himmlischen Ursprungs. Nach Aristoteles' Theorie besaßen Edelsteine Zauber- und Heilkräfte, die aus der Strahlung der Sterne herrühren sollten. Diese Vorstellungen erhielten sich über lange Zeit, wie einige Werke alexandrinischer Autoren aus den ersten Jahrhunderten der christlichen Zeitrechnung zeigen. Später behandelten sogar Mitglieder der kirchlichen Hierarchie, darunter auch Albertus Magnus, Mineralien als Substanzen, die mit moralischen und magischen Kräften ausgestattet waren. Diese Verbindung zur Welt des Okkulten dauerte über Jahrhunderte an, wie man aus zahlreichen Werken über Mineralien ersehen kann, die die technischen und wissenschaftlichen Fortschritte ihrer Zeit ignorierten. Eine solche Betrachtungsweise beruhte wahrscheinlich auch auf dem hohen philosophischen Wert, der den Mineralen in den Werken von Aristoteles beigemessen wurde, und auf dem von Plinius dem Älteren überlieferten Wissen über die Natur. Viele dieser Anschauungen haben tatsächlich bis in die jüngere Vergangenheit überlebt. Bis zum Beginn des letzten Jahrhunderts war man allgemein überzeugt davon, daß Gold in der Nähe des Äquators entstünde, wo die Sonne am intensivsten strahlt, und daß es eine Verbindung zwischen Edelsteinen, von denen man glaubte, daß sie vom Himmel stammten, und den Tierkreiszeichen gäbe. Wieviele von uns glauben selbst heute noch mehr oder weniger bewußt an diese Verbindung mit den Sternen?

SCHWEFEL

FORMEL: S gediegen Schwefel.
KRISTALLFORM: Orthorhombisches System, dipyramidale Klasse (α-Schwefel). In gut ausgebildeten, dipyramidalen Kristallen auf rhombischer Basis, in nadeligen Aggregaten oder in Krusten.
FARBE: Zitronengelb, bei Ton- oder Bitumeneinschlüssen braun bis schwarz.
HÄRTE: 1,5 – 2,5.
DICHTEZAHL: 2,07.
GLANZ: Harzartig bei reinen Kristallen, fettig bei Bitumeneinschlüssen.
ENTSTEHUNG UND VORKOMMEN: Häufig durch Umbildung von Sulfaten (z. B. Gips) im Salzspiegel von Salzdomen; durch Sublimation an Vulkanschloten (Solfataren).
BEGLEITMINERALIEN UND FUNDSTÄTTEN: Große Kristalle in sedimentären Schichten in Verbindung mit Gips, Calcit, Aragonit, Cölestin und Baryt; mit Realgar und anderen Sublimaten in Solfataren. Schöne Fundstücke aus Italien (Sizilien und Romagna), Rußland, Mexiko und den USA.
NUTZUNG: Hauptrohstoff für die Schwefelsäureproduktion; auch zur Herstellung von Sprengstoffen, Fungiziden und Düngemitteln.
WEITERE MERKMALE: Name lateinischen Ursprungs (*sulfur*). Natürliche Vorkommen gegenwärtig weniger interessant, da Schwefel als wichtiges Nebenprodukt bei der Erdölverarbeitung anfällt; schmilzt bei schnellem Erhitzen bei 113 °C, bei langsamer Temperaturerhöhung erfolgt bei 95 °C Umwandlung in β-Schwefel (monoklines Kristallsystem), typisch für Solfataren; geschmolzener Schwefel härtet in Wasser aus und wird gummiartig (elastischer Schwefel); sehr schlechter Wärme- und Elektrizitätsleiter; löslich in Chloroform und Schwefelkohlenstoff.

▲ *Schwefel (etwa natürliche Größe), Belisio, Pesaro, Italien.*

DIAMANT

FORMEL: C gediegen Kohlenstoff.
KRISTALLFORM: Kubisches System, hexakisoktaedrische Klasse. Isolierte Kristalle mit nahezu perfekter oktaedrischer Form; tetragonale Trisoktaeder, Hexakisoktaeder und Tetrakishexaeder seltener.
FARBE: Meist farblos oder schwach gelb, seltener hellgrün, selten andere Farben.
HÄRTE: 10.
DICHTEZAHL: 3,50 – 3,53.
GLANZ: Diamanten.
ENTSTEHUNG UND VORKOMMEN: Primärlagerstätten am häufigsten in Kimberlit, ultrabasischen Vulkangesteinen aus zylindrischen oder schlotförmigen Ablagerungen (Pipes); Diamantfunde auch in Meteoriten sowie in Meteoritenkratern und in deren Nähe; sekundäre Lagerstätten (Seifen) in Sand und Kies.
BEGLEITMINERALIEN UND FUNDSTÄTTEN: Fundstätten in Südafrika, Lesotho, Namibia, Botswana, Zaire, Angola, Sierra Leone, Tansania, Ghana, Australien, Indien, Brasilien, Venezuela, Rußland, auf Borneo, in Kanada, selten in den USA.
NUTZUNG: Lange Zeit der am meisten geschätzte Edelstein und deshalb von hohem Wert. Verunreinigte Kristalle dieses härtesten unter den bekannten Mineralen, die keine Schmucksteinqualität haben, zu Schleifkörnern für Schleifpaste zermahlen oder zur Erhöhung des Härtegrades und zur Verringerung der Abnutzung in metallenen Werkzeugen verwendet.
WEITERE MERKMALE: Name griechischen Ursprungs (*adamas* – unbezwingbar). Reine Steine zu teuren Schmucksteinen verarbeitet; satt getönte farbige Varietäten ebenfalls teuer, Wert bei schwachen Färbungen, wie der sehr häufigen schwach gelben (strohgelben) beträchtlich gemindert; rote Diamanten mit weltweit höchstem Wert pro Karat; reiner Kohlenstoff kristallisiert bei sehr hohem Druck zu Diamant, bei niedrigem Druck dagegen zu hexagonalem Graphit.

Oktaedrischer Diamantkristall ▶ *(etwa 0,5 fach), Kimberley, Südafrika*

SPHALERIT (ZINKBLENDE)

FORMEL: ZnS Zinksulfid.
KRISTALLFORM: Kubisches System, hexakistetraedrische Klasse. Kristalle meist oktaedrisch; mitunter täuschen verzwillingte Tetraeder ein Oktaeder vor; in kompakten Massen körnig bis feinkristallin.
FARBE: Im Reinzustand harzig-gelb, braun oder rötlichbraun; Schwarz- oder Braunfärbung bei Kristallen, deren Zinkanteil partiell durch Eisen ersetzt ist.
HÄRTE: 3,5 – 4.
DICHTEZAHL: 3,9 – 4,2.
GLANZ: Diamanten bis harzartig und halbmetallisch.
ENTSTEHUNG UND VORKOMMEN: In hydrothermalen Lagerstätten von Sulfidgemischen, die große Mengen an Zink, das Sphalerit bildet, sowie Blei, das Galenit bildet, enthalten; als akzessorischer Gemengteil in pneumatolytischen Gängen und in Pegmatiten.
BEGLEITMINERALIEN UND FUNDSTÄTTEN: Charakteristisch für Lagerstätten gemischter Sulfide ist die große Vielfalt von Mineralien, zu deren häufigsten Galenit, Argentit, Chalkopyrit, Pyrrhotin, Tetraedrit und Pyrit zählen; meist auch in Verbindung mit Gangerzen wie Quarz, Calcit, Fluorit; bekannteste der auf der Erde weit verbreiteten Lagerstätten in den USA, in Kanada, Mexiko, Australien, Marokko, Sambia, den Balkanländern, in Italien usw.
NUTZUNG: Wichtigstes Mineral zur Gewinnung von Zink sowie einiger Nebenprodukte (Gallium, Cadmium und Indium); vorwiegend als Komponente in Metalllegierungen verwendet.
WEITERE MERKMALE: Auch bekannt als Blende; Name von dem griechischen Wort für „trügerisch" abgeleitet, da Sphalerit zwar meist dem Galenit ähnelt, jedoch kein Blei enthält.

Sphalerit mit Galenit ▶ *(etwa 1,5 fach), Isère, Frankreich*

WURTZIT

FORMEL: ZnS Zinksulfid.
KRISTALLFORM: Hexagonales System, dihexagonal-pyramidale Klasse. In selten vorkommenden, meist prismatischen, pyramidalen Kristallen von geringer Größe; gewöhnlich in faserig-strahligen Aggregaten.
FARBE: Braun bis schwarz.
HÄRTE: 3,5 – 4
DICHTEZAHL: 3,98 – 4,0.
GLANZ: Harzartig bis halbmetallisch.
ENTSTEHUNG UND VORKOMMEN: In hydrothermalen Lagerstätten; auch als akzessorischer Gemengteil in pneumatolytischen Gängen, in Pegmatiten und Marmoren.
BEGLEITMINERALIEN UND FUNDSTÄTTEN: Mit Galenit, Argentit, Chalkopyrit, Pyrrhotin, Fluorit und Baryt. Schöne Fundstücke aus Bolivien, den USA und der Tschechischen Republik.
NUTZUNG: Wie Sphalerit, aber seltener vorkommend und deshalb weniger häufig genutzt.
WEITERE MERKMALE: Strukturmodifikation der ZnS-Verbindung; im Vergleich zu Sphalerit stabil bei höherer Temperatur (1024 °C), ärmer an Eisen und reicher an Cadmium; zu erkennen an seinem radialfaserigen Erscheinungsbild; kann aufgrund seiner Instabilität bei niedrigen Temperaturen bei weniger als 1024 °C zu Sphalerit umkristallisieren; schwer schmelzbar; löslich in Salzsäure; nicht fluoreszierend.

▲ *Wurtzit (etwa natürliche Größe), Lengenbach, Binntal, Schweiz.*

DIE KOSTBARSTEN MINERALIEN

DIAMANT

Der Diamant ist das härteste, glänzendste und wertvollste Mineral. Er besteht aus reinem Kohlenstoff, der bei extrem hohen Temperaturen und hohen Drücken kristallisiert und durch Vulkanismus und Erosion nahe an die Erdoberfläche gelangt ist. Es gibt unzählige Imitationen und Reproduktionen, von denen keine die charakteristischen Merkmale dieses Steins wiedergibt.

GESCHICHTE UND LEGENDE

Im antiken Griechenland gab man dem Stein den Namen adamas, denn niemand war damals in der Lage, dieses wertvolle Mineral zu ritzen oder gar zu bearbeiten. Einige Menschen glaubten, daß der Stein die Liebe steigere und andauern ließe, und er wurde von Verheirateten

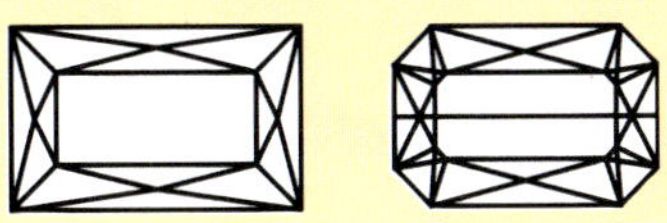

Rechteckiger Scherenschliff und abgerundeter Scherenschliff.

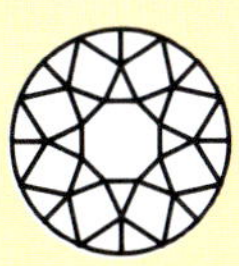

Zirkonschliff.

Sternschliff.

und Verliebten gewissenhaft gehütet. Anderen wiederum sollte er die ehebrecherischen Verbindungen von Frauen preisgeben.

Dem Diamantpulver schrieb man eine hochgiftige Wirkung zu. Es sind Geschichten überliefert, die besagen, daß mit diesem Mittel der schweizerische Arzt und Alchimist Paracelsus ermordet und der gefeierte Bildhauer Benvenuto Cellini aus Florenz von Messer Durante vergiftet worden seien. Der Naturphilosoph Biringuccio glaubte nicht an die Giftigkeit des

Der Tiffany

Pulvers, sondern vielmehr daran, daß es genau wie zermahlenes Glas Wunden an den Magenwänden verursache. Auch heilende Kräfte – besonders gegen schwere Erkrankungen wie die Pest – sagte man diesem Mineral nach.

INDUSTRIELLE NUTZUNG

Die als Bort bezeichnete Diamant-Varietät, die sich aus Kristallen in radialfaseriger Verbindung zusammensetzt, wird industriell als Schleifmittel verwendet, während man die in feinkristallinen Aggregaten auftretende Varietät Carbonado zur Erhöhung der Abriebfestigkeit in feste Stähle einlagert. Vor einigen Jahren begann die synthetische Erzeugung von Diamanten. Da es schwierig war, Steine von ausreichender Größe zur Schmuckherstellung zu züchten, hielt man die Verfahren dazu geheim. Bis in die zweite Hälfte des vorigen Jahrhunderts kamen Diamanten ausschließlich aus sekundären Lagerstätten (Seifenlagerstätten in Indien und Brasilien). Mit der Entdeckung der südafrikanischen Kimberlitvorkommen nahm die Diamantgewinnung industriellen Charakter an, und die Technologie des Diamantschleifens wurde weiterentwickelt.

Als Briolett geschliffener Diamant (oben) und Diamantkristall (unten).

DIE BERÜHMTESTEN DIAMANTEN

Große Diamanten sind sehr selten. Der schwerste Rohdiamant, der ein Gewicht von 3106 Karat (621 Gramm) und eine

Wegen ihrer Farbe und ihres Schliffs geschätzte Diamanten.

Größe von 10 cm x 6 cm hatte, wurde 1905 in der Nähe von Pretoria gefunden. Man verarbeitete ihn zu neun großen und 96 kleinen Steinen. Der größte davon, der „Cullinan I" mit einem Gewicht von 530,2 Karat, ziert das Zepter der englischen Könige.

Der begehrteste Diamant in der Geschichte, der berühmte „Kohinoor" (Berg des Lichts), wurde in die Krone der englischen Königin Mary eingefügt.

Den 787,5 Karat schweren „Großmogul" fand man zwischen 1650 und 1658 in Indien; er wurde lange Zeit für den größten Diamanten der Welt gehalten. Der Venezianer Ortensio Borgia verarbeitete ihn zu einem als Rosette geschliffenen Schmuckstein von der Form eines halben Eies. Danach betrug das Gewicht des Diamanten nur noch 280 Karat. Der Ärger des Schahs darüber war so groß, daß er den armen Borgia zu einer Strafe von 10 000 Rupien verurteilte. Der jetzige Besitzer des Steins ist unbekannt.

CINNABARIT

(ZINNOBER)

FORMEL: HgS Quecksilbersulfid.
KRISTALLFORM: Trigonales System, trapezoedrische Klasse. In selten vorkommenden, rhomboedrischen Kristallen; häufiger in kleinkörnigen Massen.
FARBE: Hellrot, braunrot, grau.
HÄRTE: 2 – 2,5.
DICHTEZAHL: 8,09.
GLANZ: Transparente rote Kristalle diamantartig; dunkle, zu Schwarz neigende Kristalle metallisch.
ENTSTEHUNG UND VORKOMMEN: Meist in hydrothermalen Gängen niedriger Entstehungstemperatur; als Sublimat in vulkanischem Umfeld; selten in sekundären Lagerstätten (Seifen).
BEGLEITMINERALIEN UND FUNDSTÄTTEN: Mit Calcit, Antimonit, Realgar; selten mit anderen Sulfiden. Wichtigste Vorkommen in Spanien, China, den USA und in Mexiko.
NUTZUNG: Wichtiges Mineral für die Quecksilbergewinnung (reines Erz enthält 86,2 Masseprozent Hg), da dieses selten in gediegener Form vorkommt; früher als natürliche Pigmentfarbe (Zinnoberrot) und als Fungizid verwendet; Ausgangsmaterial bei der Herstellung von Initialzündmitteln für Sprengstoffe.
WEITERE MERKMALE: Name wahrscheinlich indischen Ursprungs. Verdampft beim Erhitzen auf 580 °C in einem geschlossenen Gefäß und scheidet dabei Quecksilbertropfen an den kalten Gefäßwänden ab; unlöslich in Säuren; reagiert mit Königswasser; nicht fluoreszierend. Metacinnabarit stellt seltene schwarze Varietät dar.

▼ Cinnabarit (etwa 1,3 fach), Guizhou (Kweitschou), China.

PROUSTIT
(LICHTES ROTGÜLTIGERZ)

FORMEL: Ag_3AsS_3 Silberarsensulfid.
KRISTALLFORM: Trigonales System, ditrigonal-pyramidale Klasse. Kristalle mit prismatischem oder rhomboedrischem Habitus, typisch gestreift und häufig verzwillingt; in massiven Aggregaten.
FARBE: Dunkelrot, schwarz.
HÄRTE: 2–3,5.
DICHTEZAHL: 5,57–5,62.
GLANZ: Diamanten bei transparenten roten, metallisch bei dunklen, zu schwarz neigenden Kristallen.
ENTSTEHUNG UND VORKOMMEN: Auf hydrothermalen Sulfidgängen niedriger Entstehungstemperatur.
BEGLEITMINERALIEN UND FUNDSTÄTTEN: Mit Argentit und anderen Sulfiden sowie Gangmineralien ähnlicher Herkunft. Sehr schöne Fundstücke aus Chile (Chañarcillo), Lagerstätten in Deutschland nur historisch von Bedeutung.
NUTZUNG: Ausgezeichnetes Mineral zur Silbergewinnung (65,4%), jedoch ziemlich selten vorkommend.
WEITERE MERKMALE: Benannt nach dem französischen Chemiker J. L. Proust (1754–1826). Bildet zusammen mit Pyrargyrit eine isomorphe Reihe (Gruppe), daher können Minerale vorkommen, deren Aufbau und Eigenschaften Zwischenstufen darstellen. Ähnelt mit hellerer Farbe und größerer Transparenz weniger als der Pyrargyrit einem Metall; leicht schmelzbar; löslich in Salpetersäure unter Abscheidung von Schwefel; nicht fluoreszierend.

▼ *Proustit (etwa 1,5fach), Chañarcillo, Chile.*

PYRARGYRIT
(DUNKLES ROTGÜLTIGERZ)

FORMEL: Ag_3SbS_3 Silberantimonsulfid.
KRISTALLFORM: Trigonales System, ditrigonal-pyramidale Klasse. Kristalle mit prismatischem oder rhomboedrischem Habitus mit typischen Streifungen, gewöhnlich in kompakten Massen.
FARBE: Schwarz mit dunkelroten Färbungen.
HÄRTE: 2.
DICHTEZAHL: 5,77–5,87.
GLANZ: Halbmetallisch bis diamanten.
ENTSTEHUNG UND VORKOMMEN: Auf hydrothermalen Sulfidgängen niedriger Entstehungstemperatur; Umwandlungsprodukt von Argentit oder Silberbleiglanz.
BEGLEITMINERALIEN UND FUNDSTÄTTEN: Mit Argentit und anderen Sulfiden ähnlicher Herkunft sowie mit Gangmineralien. Sehr schöne Fundstücke aus Chile (Chañarcillo), der Tschechischen Republik und aus Kanada; Vorkommen in Deutschland (Harz) nur historisch von Bedeutung.
NUTZUNG: Ausgezeichnetes Mineral zur Silbergewinnung (ca. 60%), jedoch ziemlich selten vorkommend.
WEITERE MERKMALE: Name griechischen Ursprungs („Feuer“ und „Silber“). Bildet mit Proustit isomorphe Reihe, daher können Minerale vorkommen, deren Zusammensetzung und Eigenschaften Zwischenstufen darstellen. Pyrargyrit (dunklere Farbe und geringere Transparenz) ähnelt in seinen Eigenschaften einem Metall auffallender als der Proustit; leicht schmelzbar; löslich in Salpetersäure; nicht fluoreszierend.

▼ *Pyrargyrit (etwa 2fach), Sankt Andreasberg, Harz, Deutschland.*

POLYBASIT

FORMEL: $(Ag, Cu)_{16}Sb_2S_{11}$ Silberkupferantimonsulfid.
KRISTALLFORM: Monoklines System, prismatische Klasse. Kristalle mit tafeligem oder pseudohexagonalem Habitus.
FARBE: Schwarz oder in feinen Splittern kirschrot.
HÄRTE: 2–3.
DICHTEZAHL: 6–6,2.
GLANZ: Metallisch.
ENTSTEHUNG UND VORKOMMEN: In hydrothermalen Sulfidgängen niedriger Entstehungstemperatur.
BEGLEITMINERALIEN UND FUNDSTÄTTEN: Mit Tetraedrit, Stephanit und Gangmineralien. Schöne Fundstücke aus Mexiko, Chile, Bolivien und den Vereinigten Staaten; Vorkommen in Deutschland (Harz) nur historisch von Bedeutung.
NUTZUNG: Kann stellenweise zur Silberproduktion (70%) genutzt werden.
WEITERE MERKMALE: Ähnelt dem Hämatit (Eisenoxid), weicher und bei niedrigerer Temperatur schmelzend sowie Schwefel- und Antimondämpfe abgebend; löslich in Salpetersäure; nicht fluoreszierend.

▲ *Polybasit (etwa 1,2fach), Mexiko.*

AURIPIGMENT

FORMEL: As_2S_3 Arsentrisulfid.
KRISTALLFORM: Monoklines System, prismatische Klasse. Selten in guten Kristallen mit abgeflachtem prismatischem Habitus; in faserigen oder feinschichtigen Aggregaten; in blättrigen oder erdigen Massen mit pulvrigen Anflügen.
FARBE: Verschiedene Gelbtöne.
HÄRTE: 1,5–2.
DICHTEZAHL: 3,48.
GLANZ: Diamanten bis harzartig.
ENTSTEHUNG UND VORKOMMEN: In hydrothermalen Lagerstätten niedriger Entstehungstemperatur; häufig als Sublimate von Fumarolen; seltener in Verbindung mit heißen Quellen.
BEGLEITMINERALIEN UND FUNDSTÄTTEN: Mit Realgar, Cinnabarit, Boraten. Schöne Fundstücke aus der Türkei, aus Frankreich, Ungarn und den USA.
NUTZUNG: In der Lederwarenindustrie und zur Arsengewinnung (61%), in der Vergangenheit besonders im Orient als Goldpigment verwendet.
WEITERE MERKMALE: Auf die Mineralfarbe hindeutender Name ist lateinischen Ursprungs *(auripigmentum)*, bereits bei Plinius dem Älteren erwähnt; leicht schmelzbar, dabei Abdampfen von Arsen, das einen knoblauchartigen Geruch hat; löslich in Salpetersäure und Königswasser unter Abscheidung von Schwefel; neigt an der Luft und unter Lichteinwirkung dazu, zu Pulver zu zerfallen; kann durch Umwandlung aus Realgar gebildet werden; nicht fluoreszierend.

▼ *Auripigment (etwa 0,6fach), Griechenland.*

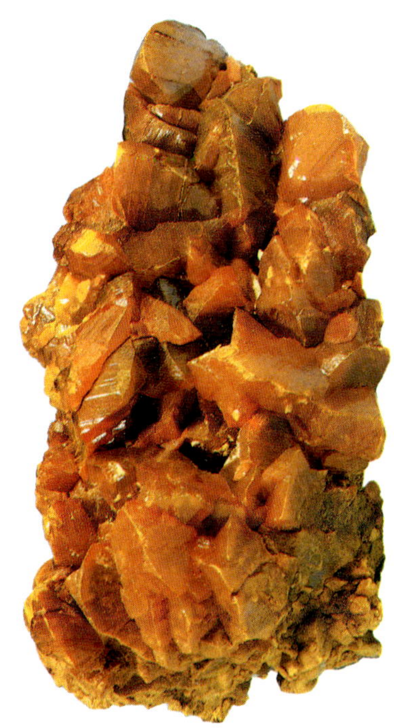

REALGAR

FORMEL: AsS Arsensulfid.
KRISTALLFORM: Monoklines System, prismatische Klasse. In selten vorkommenden Kristallen mit prismatischem Habitus, häufig nadelig; in kompakten, körnigen Massen und Krusten.
FARBE: Rubinrot.
HÄRTE: 1,5 – 2.
DICHTEZAHL: 3,55.
GLANZ: Harzartig.
ENTSTEHUNG UND VORKOMMEN: In hydrothermalen Lagerstätten niedriger Entstehungstemperatur; häufig als Sublimat von Fumarolen; seltener in Verbindung mit heißen Quellen.
BEGLEITMINERALIEN UND FUNDSTÄTTEN: Mit Boraten, Sphalerit, Tetraedrit. Sehr schöne Fundstücke aus der Türkei, aus Rumänien, Ungarn, Mazedonien und der Schweiz.
NUTZUNG: In der Pyrotechnik für die Farbe Weiß, in der Farbenindustrie, zur Herstellung von Arsenik und zur Gewinnung von Arsen (70,1 %).
WEITERE MERKMALE: Name arabischen Ursprungs (*rahj al-ghar* – Grubenpulver). Leicht schmelzbar und dabei Abdampfen von Arsen, das einen knoblauchartigen Geruch hat; löslich in Salpetersäure und Königswasser unter Abscheidung von Schwefel; neigt an der Luft und unter Lichteinwirkung zu Umwandlung in brüchiges Auripigment; nicht fluoreszierend; zu Pulver zermahlenes und mit Kaliumnitrat oder Kaliumchlorat vermischtes Realgar verpufft.

▼ *Realgar (etwa 2 fach), Korsika, Frankreich.*

KERMESIT
(ROTSPIESSGLANZ)

FORMEL: Sb_2S_2O Antimonoxidchlorid.
KRISTALLFORM: Monoklines System, prismatische Klasse. In selten vorkommenden, nadeligen Kristallen, häufig in Büscheln oder Bändern zusammenstehend.
FARBE: Kirschrot.
HÄRTE: 1 – 1,5.
DICHTEZAHL: 4,68.
GLANZ: Halbmetallisch bis diamanten.
ENTSTEHUNG UND VORKOMMEN: Umwandlungsprodukt des Stibnits.
BEGLEITMINERALIEN UND FUNDSTÄTTEN: Mit Antimonit, Klebelsbergit, Quarz, Calcit. Schöne Fundstücke aus Deutschland, Ungarn, Japan und Italien.
NUTZUNG: Nur in der Forschung und als Sammelobjekt.
WEITERE MERKMALE: Seltenes Antimonmineral; leicht schmelzbar; Schwarzfärbung bei Erhitzung;nicht fluoreszierend.

▲ *Kermesit (etwa natürliche Größe), Braunsdorf, Sachsen, Deutschland.*

HALIT
(STEINSALZ)

FORMEL: NaCl Natriumchlorid.
KRISTALLFORM: Kubisches System, hexakisoktaedrische Klasse. In sehr häufig kubischen, seltener oktaedrischen, auch typischen trichterförmigen Kristallen; in feinkristallinen Massen.
FARBE: Im Reinzustand farblos; bei Gitterdefekten blau oder violett; bei Toneinschlüssen grau; bei Eisenoxideinschlüssen gelb oder braun.
HÄRTE: 2,5.
DICHTEZAHL: 2,168.
GLANZ: Glasartig.
ENTSTEHUNG UND VORKOMMEN: In Sedimentablagerungen, die durch Verdunstung von Meerwasser entstanden sind; Dichte des Umgebungsgesteins und hohe Plastizität des Minerals lassen Lagerstätten in der Tiefe langsam zu Salzdomen nach oben wachsen; Konzentration von Anhydriten und mitunter von gediegen Schwefel in Hutgestein; auch in geringen Mengen als Sublimationsprodukt an Vulkankratern.
BEGLEITMINERALIEN UND FUNDSTÄTTEN: Mit Gips und anderen halogenen Eindampfungssedimenten. Sehr schöne Fundstücke aus Polen, Deutschland, England, Dänemark, Österreich, den USA usw.
NUTZUNG: Große Bedeutung für die menschliche und tierische Ernährung, als Rohstoff für die Nahrungsgüterindustrie sowie in der chemischen Industrie zur Chlor- und Natriumproduktion.
WEITERE MERKMALE: Name griechischen Ursprungs („Salz"). Bei Einschlüssen von Kalzium- oder Magnesiumchlorid zerfließend; leicht löslich in Wasser oder in feuchtem Umfeld;ausgezeichneter Wärmeleiter; leicht schmelzbar, dabei hellgelbe Flammenfärbung; blau oder braun fluoreszierend.

SYLVIN

FORMEL: KCl Kaliumchlorid.
KRISTALLFORM: Kubisches System, hexakisoktaedrische Klasse. In meist kubischen, selten oktaedrischen Kristallen, sehr häufig in feinkristallinen Massen.
FARBE: Im Reinzustand farblos; violett oder rötlich durch Einschlüsse von Eisenoxiden (Hämatiten).
HÄRTE: 2 – 2,5.
DICHTEZAHL: 1,993.
GLANZ: Glasartig.
ENTSTEHUNG UND VORKOMMEN: Am häufigsten als Eindampfungssedimente und in Verbindung mit Steinsalz abgelagert; selten als Sublimationsprodukt an Vulkankratern.
BEGLEITMINERALIEN UND FUNDSTÄTTEN: Mit Steinsalz, Kieserit, Kainit, Carnallit, Polyhalit, Gips. Schöne Fundstücke aus Polen, Deutschland, Spanien, Kanada, den USA, der Ukraine usw.
NUTZUNG: Wichtiges Kaliummineral; auch direkte Verwendung als Düngemittel.
WEITERE MERKMALE: Weniger zerfließend als Steinsalz und Geschmack viel bitterer; leicht löslich in Wasser; leicht schmelzbar, violett-rote Flammenfärbung; nicht fluoreszierend.

▼ *Sylvin (etwa 1,2 fach), Staßfurt, Deutschland.*

◄ *Violettes Steinsalz (etwa natürliche Größe), Calascibetta, Enna, Italien.*

FLUORIT
(FLUSSPAT)

FORMEL: CaF_2 Kalziumfluorid.
KRISTALLFORM: Kubisches System, hexakisoktaedrische Klasse. In kubischen, hexakisoktaedrischen, dodekaedrischen Kristallen oder sehr selten aus mehreren Formen zusammengesetzt; in kompakten, spätigen, zonar ausgebildeten Massen.
FARBE: Im Reinzustand farblos; rot, gelb, grün, violett, blau bis schwarz.
HÄRTE: 4.
DICHTEZAHL: 3,18.
GLANZ: Glasartig.
ENTSTEHUNG UND VORKOMMEN: Als Gangmineral auf Metallgängen;Nebenmineral in Pegmatiten; seltener als Niederschlag von Mineralwässern vulkanischen Ursprungs.
BEGLEITMINERALIEN UND FUNDSTÄTTEN: Mit Quarz, Turmalin, Topas, Apatit, Kassiterit, Calcit, Baryt usw. Sehr schöne Fundstücke aus Brasilien, Sri Lanka, Indien, Myanmar (ehem. Burma), Madagaskar, Namibia, Norwegen usw.
NUTZUNG: In der Metallurgie als Flußmittel (bei der Verhüttung von Bauxit oder als Verflüssiger); in der keramischen Industrie; zur Herstellung von Flußsäure; Verwendung sehr reiner Kristalle zur Herstellung von Mikroskopobjektiven (sogenannte Apochromatsysteme) und von Prismen für die Spektroskopie.
WEITERE MERKMALE: Auf die starke flußfördernde Eigenschaft hindeutender Name (Flußspat) ist lateinischen Ursprungs (*fluere* – fließen). Schwer schmelzbar, ziegelrote Flammenfärbung; löslich in konzentrierter Schwefelsäure unter Abgabe von gasförmigem Fluorwasserstoff; stark fluoreszierend. (Siehe nebenstehende Übersicht.)

▼ *Fluorit (etwa natürliche Größe), Cumberland, Großbritannien.*

CARNALLIT

FORMEL: $KCl \cdot MgCl_2 \cdot 6H_2O$ hydratisiertes Kaliummagnesiumchlorid.
KRISTALLFORM: Orthorhombisches System, dipyramidale Klasse. In selten vorkommenden, pseudohexagonalen Kristallen; sehr häufig in kompakten, feinkristallinen Massen.
FARBE: Im Reinzustand farblos; mitunter rötlich durch Einschlüsse von winzigen Hämatitplättchen.
HÄRTE: 2,5.
DICHTEZAHL: 1,6.
GLANZ: Glasartig.
ENTSTEHUNG UND VORKOMMEN: Ablagerungen in Verbindung mit evaporiten Gesteinen.
BEGLEITMINERALIEN UND FUNDSTÄTTEN: Mit Kieserit, Anhydrit, Sylvin, Steinsalz, Polyhalit. Schöne Fundstücke aus dem Iran, aus Tunesien, China, Mali, den USA und der Ukraine.
NUTZUNG: In der Düngemittelindustrie und zur Gewinnung von Kalium, Magnesium, Chlor sowie Brom und Caesium, die Chlor bzw. Kalium substituieren.
WEITERE MERKMALE: Nach dem deutschen Berghauptmann und Geologen Rudolf von Carnall benannt. Leicht schmelzbar, violette Flammenfärbung durch Kaliumanteil; löslich in Wasser; zerfließend; an der Luft zerfallend; stark phosphoreszierend.

▲ *Carnallit (etwa natürliche Größe), Staßfurt, Deutschland.*

LICHTEFFEKTE

FLUORIT

Fluorit ist ein häufig vorkommendes Mineral, das zahlreiche Farbvariationen aufweist. Es wird in erster Linie zur Herstellung von Schmuckgegenständen oder Skulpturen verwendet. Besonders im Orient werden Kunstwerke geschaffen, die die Feinheit und Schönheit des Materials unterstreichen.

FARBEN UND EIGENSCHAFTEN

Farblose, gelbe, violette bis blaue und schwarze Fluoritkristalle (links) sind häufig anzutreffen; blaue, grüne, rosafarbene und mitunter sogar zonar gefärbte hingegen sind seltener. Woher diese Farbenvielfalt kommt, ist bislang noch nicht bekannt. Als Ursache werden vor allem Verunreinigungen und teilweise die daraus entstehenden Gitterdefekte angesehen. In einigen Fällen vermutet man auch, daß radioaktive Elemente im Kristallgitter der Mineralien vorhanden sind Europium, ein Element aus der Gruppe der seltenen Erden, gibt es in der Natur sogar in einer grünen Varietät. Bemerkenswert an vielen Fluoriten ist das Phänomen der Fluoreszenz. Dieses Merkmal scheint mit dem Kristallisationsmilieu zusammenzuhängen. Bei Bestrahlung mit ultraviolettem Licht fluoreszieren farblose Fluorite blau; grüne senden hellgrünes, nach violett tendierendes Licht aus. Unter dem Einfluß von Röntgenstrahlung fluoreszieren farblose Fluorite azurblau; rote beginnen nach der Emission von blaugrünem Licht zu phosphoreszieren, und violette zeigen ein milchig-blaues Licht, dem eine sehr starke weiß-hellblaue, langsam in schwaches Violett übergehende Phosphoreszenz folgt, die über mehrere Stunden anhält. Diese Erscheinungen können auch auf einer fotografischen Platte sichtbar gemacht werden. Eine seltene gelbe Varietät, der Chlorophan, phosphoresziert bei Erhitzen sattgrün – eine Erscheinung, die in der Vergangenheit phantastische Geschichten über magische Eigenschaften dieses Minerals aufkommen ließ.

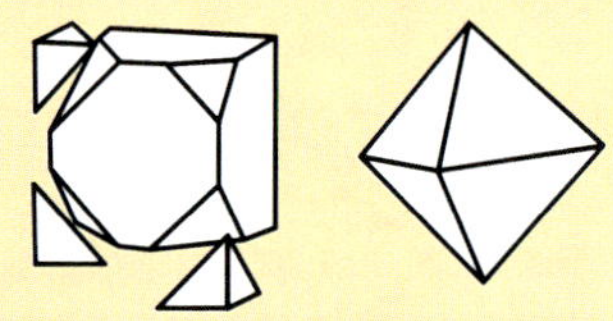

Kubischer Fluoritkristall mit Spaltstücken, die einen Oktaeder bilden (Schema)

Oktaedrischer Spaltkörper von Fluorit (Großbritannien).

NUTZUNG

Charakteristisch für Fluorit ist seine leichte Spaltbarkeit nach dem Oktaeder, die so ausgeprägt ist, daß man aus kubischen Kristallen oder formlosen Massen geometrisch perfekte Achtflächner erhält. Wegen seiner geringen Härte (Stufe 4 auf der Mohsschen Härteskala) wird Fluorit nur selten als Schmuckstein verwendet. Mitunter jedoch versieht man die Steine der grünen Varietät mit einem Smaragdschliff und faßt sie sorgfältig, um sie vor Stößen und Beschädigungen zu schützen. In jedem Falle aber handelt es sich um preiswerte Steine, die für Sammler jedoch erst ab einer Größe von 8–10 Karat interessant sind.

Orientalische Fluoritvase

KRYOLITH

FORMEL: Na_3AlF_6 Natriumaluminiumfluorid.
KRISTALLFORM: Monoklines System, prismatische Klasse. In pseudokubischen Kristallen; sehr häufig in kompakten, feinkristallinen Massen.
FARBE: Im Reinzustand farblos; weiß, gelegentlich rötlichbraun.
HÄRTE: 2,5 – 3.
DICHTEZAHL: 2,97.
GLANZ: Glasartig bis seidig.
ENTSTEHUNG UND VORKOMMEN: Als Niederschlag in fluorreichen Flüssigkeiten in pegmatitischen und pneumatolytischen Umgebungen.
BEGLEITMINERALIEN UND FUNDSTÄTTEN: Mit pegmatitischen Mineralien. Schöne Fundstücke aus Grönland, den Vereinigten Staaten und aus Nigeria.
NUTZUNG: Als Flußmittel bei der Emailherstellung; zur Produktion von lichtdurchlässigem Glas sowie von Porzellan; früher bei der Schmelzelektrolyse von Aluminium verwendet, heute jedoch durch synthetische Produkte ersetzt.
WEITERE MERKMALE: Auf das eisähnliche Aussehen, das auf niedrigen Brechungsindizes beruht, hindeutender Name ist griechischen Ursprungs („kalt" und „Stein"); Brechungsindex sehr ähnlich dem des Wassers, so daß Kryolith beim Eintauchen in Wasser unsichtbar wird; leicht schmelzbar, gelbe Flammenfärbung durch Natriumanteil; löslich in Schwefelsäure unter Freisetzung von gasförmigem Fluorwasserstoff; nicht fluoreszierend.

▼ *Kryolith (etwa 1,5fach), Ivigtut, Grönland.*

ATACAMIT

FORMEL: $Cu_2Cl(OH)_3$ hydratisiertes Kupferchlorid.
KRISTALLFORM: Orthorhombisches System, dipyramidale Klasse. In gestreiften prismatischen und stengeligen Kristallen; in nadeligen, lamellenartigen Aggregaten; sehr häufig in feinkristallinen Massen.
FARBE: Sattgrün.
HÄRTE: 3 – 3,5.
DICHTEZAHL: 3,75 – 3,77.
GLANZ: Glasartig.
ENTSTEHUNG UND VORKOMMEN: Verwitterungsprodukt in Kupfersulfiden und Sublimationsprodukt in Ablagerungen aus vulkanischen Dämpfen.
BEGLEITMINERALIEN UND FUNDSTÄTTEN: Mit Umwandlungsmineralien von Kupferlagerstätten. Schöne Fundstücke aus Chile, Peru, Bolivien, den USA, aus Australien und Namibia.
NUTZUNG: Bei so hohem Kupferanteil wie in den chilenischen Bergwerken als sekundäres Mineral für die Kupfergewinnung verwendet.
WEITERE MERKMALE: Benannt nach der Atacama-Wüste in Chile. Leicht schmelzbar, zunächst blaue, dann grüne Flammenfärbung; dekrepitiert beim Erhitzen; löslich in Salzsäure und Salpetersäure ohne Gasentwicklung; nicht fluoreszierend.

▼ *Atakamit (etwa 1,5fach), Copiapo, Chile.*

CUPRIT
(ROTKUPFERERZ)

FORMEL: Cu_2O Kupferoxid.
KRISTALLFORM: Kubisches System, hexakisoktaedrische Klasse. In oktaedrischen, rhombisch-dodekaedrischen und kubischen Kristallen.
FARBE: Kupferrot oder schwärzlich, gelegentlich mit einer grünlichen (Malachit-) Verwitterungspatina.
HÄRTE: 3,5 – 4.
DICHTEZAHL: 6,14.
GLANZ: Diamanten bis halbmetallisch.
ENTSTEHUNG UND VORKOMMEN: Besonders in Verwitterungszonen von Kupferlagerstätten.
BEGLEITMINERALIEN UND FUNDSTÄTTEN: Mit Kupfer, Azurit, Malachit, Tenorit. Sehr schöne Fundstücke aus Frankreich, Chile, Bolivien, den USA, aus Namibia und Südafrika.
NUTZUNG: In großen Mengen ausgezeichnetes Mineral für die Kupfergewinnung.
WEITERE MERKMALE: Auf die Zusammensetzung des Minerals hinweisender Name ist lateinischen Ursprungs (*cuprum* – Kupfer). Leicht schmelzbar, grüne Flammenfärbung; löslich in konzentrierter Salzsäure und in verdünnter Salpetersäure; nicht fluoreszierend; an der Luft halbopak werdend.

▲ *Cuprit (etwa 1,5fach), Cornwall, Großbritannien.*

SPINELL

FORMEL: $MgAl_2O_4$ Magnesiumaluminiumoxid.
KRISTALLFORM: Kubisches System, hexakisoktaedrische Klasse. In kleinen, gutgeformten oktaedrischen Kristallen, meist verzwillingt; in rundlichen Körnchen.
FARBE: Im Reinzustand farblos (sehr selten); durch Einschlüsse rot, rosafarben, blau, himmelblau; eisenhaltige Varietät Pleonast schwärzlichbraun; durch Chromspuren gelb-braun (Picotit).
HÄRTE: 7,5 – 8.
DICHTEZAHL: 3,5 – 4,1.
GLANZ: Glasartig.
ENTSTEHUNG UND VORKOMMEN: Charakteristisch für kontaktmetamorphe Kalk- und Dolomitenlagerstätten, in ultrabasischem magmatischem Gestein, in alluvialen und marinen Ablagerungen (Seifen).
BEGLEITMINERALIEN UND FUNDSTÄTTEN: Mit Pargasit, Phlogopit, Chondrodit, Calcit. Schöne Fundstücke aus Indien, Thailand, Madagaskar, Sri Lanka und Afghanistan.
NUTZUNG: Reine und transparente Varietäten verschiedener Färbungen zu Schmucksteinen verbreitet; heute auch synthetisch hergestellt.
WEITERE MERKMALE: Name unklarer Herkunft, wahrscheinlich griechischen Ursprungs („funkeln"); Bezeichnung für eine Gruppe von Mineralien, die sich je nach der Art des beteiligten dreiwertigen Atoms in Spinellreihe (Aluminium), Magnetitreihe (Eisen) und Chromitreihe (Chrom) einteilen läßt. Nicht schmelzbar; löslich nur in konzentrierter Schwefelsäure; in ultraviolettem Licht orange bis rubinrot fluoreszierend. (Siehe Kasten auf Seite 40.)

▼ *Spinell, Varietät Pleonast (etwa 1,5fach), Pamir, Tadjikistan und Jakutien, Rußland.*

CHRYSOBERYLL

FORMEL: $BeAl_2O_4$ Berylliumaluminiumoxid.
KRISTALLFORM: Orthorhombisches System, dipyramidale Klasse. In prismatischen, tafeligen Kristallen, meist verzwillingt und mit typischen, V-förmigen Streifungen.
FARBE: Meist grünlichgelb, sonst smaragdgrün, rotviolett, grau, braun, farblos.
HÄRTE: 8,5.
DICHTEZAHL: 3,65 – 3,85.
GLANZ: Glasartig.
ENTSTEHUNG UND VORKOMMEN: In Pegmatiten, meist als große, halbopake Kristalle in kristallinem Schiefer und Schwemmablagerungen.
BEGLEITMINERALIEN UND FUNDSTÄTTEN: Mit Quarz, Topas, Korund, Feldspäten. Sehr schöne Fundstücke aus Brasilien, Sri Lanka, den USA und aus dem Uralgebiet.
NUTZUNG: Reinste und am intensivsten gefärbte Varietäten wegen ihrer Härte als Schmucksteine verwendet; Alexandrit-Varietät (bei natürlichem Licht grün, in künstlichem Licht rot) besonders hochgeschätzt; Wert des cabochon geschliffenen, seidig glänzenden Cymophans (Chrysoberyllkatzenauge) mit seinem durch nadelige Mineraleinschlüsse hervorgerufenen wogenden Lichteffekt hingegen etwas geringer.
WEITERE MERKMALE: Name griechischen Ursprungs („Farbe" und „Beryll"), unterstreicht die im Vergleich zum Beryll intensivere Gelbfärbung des Minerals. Alexandrit nach Zar Alexander II. benannt (an dessen Geburtstag 1830 im Ural gefunden); Mineralfarben (dunkelgrün und rot) entsprechen den Nationalfarben des Russischen Reiches; auf sehr schönen Lichteffekt zurückgehender Name des Cymophan ist griechischen Ursprungs („Woge" und „erscheinen"); Verwechslungsmöglichkeit dieser begehrten Varietät mit dem sehr häufig vorkommenden Quarz-Katzenauge. Nicht schmelzbar; säurebeständig; nicht fluoreszierend.

▼ *Chrysoberyll (etwa natürliche Größe), Brasilien.*

KORUND

FORMEL: Al_2O_3 Aluminiumoxid.
KRISTALLFORM: Trigonales System, ditrigonal-skalenoedrische Klasse. In prismatischen, tafeligen und sogar dipyramidalen Kristallen.
FARBE: Farblos, blau (Saphir), rot (Rubin), grau, schwarz, gelb; seltener grün, rosa, violett.
HÄRTE: 9.
DICHTEZAHL: 4 – 4,1.
GLANZ: Diamanten bis glasartig.
ENTSTEHUNG UND VORKOMMEN: Typischer akzessorischer Gemengteil aluminiumreicher metamorpher Gesteine (Marmore, Glimmerschiefer), auch in kieselsäurearmen magmatischen Gesteinen (Syenite, Nephelinsyenite) und in Pegmatiten; reichert sich aufgrund seiner chemischen und mechanischen Widerstandsfähigkeit häufig in sedimentären und marinen Sanden an.
BEGLEITMINERALIEN UND FUNDSTÄTTEN: Mit Zoisit, Calcit, Alkalifeldspäten, Skapolith. Sehr schöne Kristalle aus Myanmar, Thailand, Sri Lanka, Kambodscha, Australien, Afghanistan, Griechenland, Tansania, den USA usw.
NUTZUNG: Halbopake Varietäten (Schmirgel) als Schleifmittel verwendet; reine, transparente Varietäten jedoch zu Schmucksteinen verarbeitet, darunter einige sehr kostbare (z. B. Rubin, Saphir).
WEITERE MERKMALE: Name aus dem Sanskrit *(corind)*, Bedeutung unklar. Charakteristischer innerer, einem sechsstrahligen Stern ähnelnder Lichteffekt (Asterismus) bei einigen wertvollen Varietäten; andere Varietäten in ultraviolettem Licht gelb fluoreszierend; nicht schmelzbar; nicht löslich. (Siehe Kasten auf Seite 42.)

▼ *Korund (etwa 1,5fach), Myanmar.*

DER ROTE EDELSPINELL

Der Spinell wird wegen seiner breiten Farbenvielfalt und großen Härte seit jeher von den Juwelieren bevorzugt. Seine bekannteste Varietät – der rote Spinell – hielt man in der Vergangenheit irrtümlich für den Rubin, und beide zusammen wurden früher unterschiedslos „Karfunkel" genannt.

GESCHICHTE UND LEGENDE

Der klassische Spinell (siehe Seite 39) ist der rote Edelspinell. Er wurde in der Vergangenheit als Symbol des Krieges und des Sieges angesehen. Man verwendete ihn auch als Mittel gegen Gifte sowie gegen die Pest und nahm an, er könne Schwermut zerstreuen und die Wollust bezwingen. Auch war der Glaube verbreitet, daß der Stein sich bei nahendem Unheil dunkel färbe und, wenn die Katastrophe überwunden sei, seine natürliche Farbe wieder annehme.

Blauer Spinell und rosa Spinell, 1,38 Karat (Sri Lanka).

BERÜHMTE STEINE

Der berühmteste Spinell ist wohl der, den Pedro der Grausame, König von Kastilien, 1367 nach dem Sieg über die Mauren bei Najera seinem Verbündeten, dem Schwarzen Prinzen, Sohn Edwards III. von England, gab. Es handelte sich hierbei um einen 170 Karat schweren Balasrubin (in Wahrheit ein Spinell), der heute die Krone des Britischen Königreichs ziert. Ebenfalls zum britischen Kronschatz gehören zwei große, sehr helle rote und fehlerfreie Spinelle mit einem Gewicht von 197 und 102 Karat, das sich beim Schleifen jedoch auf 81 bzw. 72 Karat verringerte. Den Schatz ziert auch ein wirklich einzigartiger, 361 Karat schwerer Spinell – der Timur-Rubin –, dessen erster Besitzer der mongolische Eroberer Tamerlan war. Später gelangte der Stein nacheinander in die Hände des Großmoguls von Neu-Delhi, des Schahs von Persien und des Königs von Lahore. Der wahrscheinlich schönste Spinell ist ein 400 Karat schwerer Stein in Rußland. Der Zar hatte ihn in Peking erworben und später in die Krone von Katharina II einarbeiten lassen. Andere wichtige Spinelle sind weltweit in verschiedenen Sammlungen zu sehen: das Britische Museum in London besitzt einen prachtvollen blauen sowie einige sehr große rote Spinelle. Zum Kronschatz des Iran (nicht ausgestellt) gehören zwei außergewöhnliche, ungeschliffene rote Spinelle von der Form runder Kiesel, die ein Gewicht von 500 und 270 Karat haben.

SPINELLFARBEN

In der Natur kommen mehrere Varietäten des Spinells vor, da eine ganze Reihe chemischer Elemente in die Kristallstruktur des Steins eindringen kann. Auf solche Weise entsteht eine Vielzahl von Färbungen auch bei anderen Mineralien, wie Korund und Turmalin. Am begehrtesten ist die rote Varietät des Spinells – der Edelspinell; obwohl von geringerem Wert, zeigt dieser Stein doch eine starke Ähnlichkeit mit dem Rubin.

Der Rubin-Spinell (aus Badakhstan, Indien) hat eine rot-violette bis violette Farbe. Der Picotit (nach dem französischen Naturforscher Picot de Lapeyrouse benannt) ist ein Chromspinell mit brauner oder dunkelgrüner Färbung. Stark modifizierte Kristalle kennzeichnen den schwarzen Pleonast. Der Rubicell ist orangerot gefärbt. Blaue Spinelle haben ein samtartiges Äußeres und ähneln in ihrer Farbe den Saphiren. Der Gahnit kommt in verschiedenen Färbungen – von rötlich über dunkelgrün bis schwarz – vor.

Mit goldgefaßten Spinellen und Diamanten besetzter Ohrschmuck.

ARSENOLITH

FORMEL: As_2O_3 Arsentrioxid.
KRISTALLFORM: Kubisches System, hexakisoktaedrische Klasse. In selten vorkommenden, oktaedrischen Kristallen; häufig in pulvrigen Verwitterungsschichten und Krusten und in erdigen Massen.
FARBE: Weiß, blau, gelb.
HÄRTE: 1,5.
DICHTEZAHL: 3,88.
GLANZ: Glasartig.
ENTSTEHUNG UND VORKOMMEN: Umwandlungsprodukt in Lagerstätten von Sulfidgemischen; als Ausblühungen in Kohlerevieren durch metamorphe Entmischung.
BEGLEITMINERALIEN UND FUNDSTÄTTEN: Mit Arsenopyrit, Tetraedrit, Realgar und anderen Arsenmineralien, gediegen Arsen. Schöne Fundstücke aus Deutschland, Ungarn, Tschechien, den USA.
NUTZUNG: Ohne industrielle Bedeutung; interessant für Forscher und Sammler.
WEITERE MERKMALE: Verbindung As_2O_3 dimorph (zwei Formarten bildend: Arsenolith und das monokline Claudetit); nicht schmelzbar, selbst bei schwacher Flamme sublimierend unter Abgabe von Arsendämpfen; löslich in Säuren und warmem Wasser; nicht fluoreszierend; toxische Wirkung bei Einnahme.

▲ *Arsenolith mit Arsenik (etwa natürliche Größe), Sondalo, Sondrio, Italien.*

RUTIL

FORMEL: TiO_2 Titanoxid.
KRISTALLFORM: Tetragonales System, ditetragonal-dipyramidale Klasse. In prismatischen, mitunter stenglig-nadeligen und gestreiften Kristallen; charakteristische knieförmige Mineralzwillinge, bei denen zwei Kristalle im spitzen Winkel von etwa 50° miteinander verwachsen sind.
FARBE: Meist rot oder metallisch grau mit Rot, Braun, Blau, Violett, Schwarz; Varietät Sagenit goldgelb reflektierend.
HÄRTE: 6 – 6,5.
DICHTEZAHL: 4,25.
GLANZ: Von diamanten bei transparenten Kristallen bis metallisch bei Kristallen, deren Farbe zu Schwarz neigt.
ENTSTEHUNG UND VORKOMMEN: Sehr häufiger akzessorischer Gemengteil in intrusiven magmatischen und metamorphen Gesteinen; in Pegmatiten; reichert sich aufgrund seiner chemischen und mechanischen Widerstandsfähigkeit häufig in marinen Sanden an.
BEGLEITMINERALIEN UND FUNDSTÄTTEN: Mit Quarz, Pyrophyllit, Hämatit, Hornblende, Feldspäten, Apatit und anderen akzessorischen Gemengteilen. Sehr schöne Fundstücke aus Brasilien, Madagaskar, den USA, aus Österreich und Norwegen.
NUTZUNG: Wichtiges Titanmineral, Verwendung bei der Produktion von Sonderstählen.
WEITERE MERKMALE: Name lateinischen Ursprungs (*rutilus* – rötlich). Einschlüsse nadeliger Kristalle der Sagenit-Varietät in reinen Quarzkristallen lassen schöne Steine („Venushaar") entstehen; Anatas und Brookit mit gleicher chemischer Zusammensetzung, jedoch unterschiedlichen Formen; nicht schmelzbar; säurebeständig.

▼ *Rutil auf Sagenit (etwa natürliche Größe), Tessin, Schweiz.*

KASSITERIT
(ZINNSTEIN)

FORMEL: SnO_2 Zinnoxid.
KRISTALLFORM: Tetragonales System, ditetragonal-dipyramidale Klasse. In prismatischen, kurzen Kristallen, häufig verzwillingt (*Zinngraupen*); häufig in faserigen oder körnigen Massen oder vereinzelten Körnchen.
FARBE: Schwarz, eisengrau, braun, nußbraun, rosa.
HÄRTE: 6 – 7.
DICHTEZAHL: 6,9.
GLANZ: Halbmetallisch bis diamanten und harzartig.
ENTSTEHUNG UND VORKOMMEN: In sauren Intrusivgesteinen und Pegmatiten zu finden; in metasomatischen Lagerstätten wie Skarn; in alluvialen und marinen Ablagerungen (Seifen).
BEGLEITMINERALIEN UND FUNDSTÄTTEN: Mit Wolframit, Quarz, Turmalin, Topas, Lepidolith und Fluorit. Schöne Fundstücke aus Malaysia, China, Bolivien, Deutschland und Rußland.
NUTZUNG: Wichtigstes Mineral für Zinngewinnung (78,5 Masseprozent); für Legierungen (Bronze und Messing), als Oxidationsschutzmittel (Verzinnung) und für keramische Pigmente verwendet.
WEITERE MERKMALE: Name griechischen Ursprungs („Zinn"). Isomorph mit Rutil und Pyrolusit; Varietät Holzzinn bildet sich in Oxidationszonen von Zinnlagerstätten; nicht schmelzbar; Entstehung metallischer Zinnpartikel in reduzierender Flamme unter Zugabe von Natriumkarbonat; unlöslich in Säuren; nicht fluoreszierend.

▲ *Kassiterit (etwa 2 fach), La Paz, Viloco M.ra, Bolivien.*

STIBICONIT

FORMEL: $Sb_3O_6(OH)$ wäßriges Antimonoxid.
KRISTALLFORM: Kubisches System, hexakisoktaedrische Klasse. In selten vorkommenden, stets sehr kleinen Kristallen; häufig in erdigen Massen.
FARBE: gelbweiß, gelblich, rötlich.
HÄRTE: 4,5 – 5.
DICHTEZAHL: 5,58.
GLANZ: Glasartig bis perlmuttglänzend.
ENTSTEHUNG UND VORKOMMEN: Charakteristisches Mineral in Umwandlungszonen von Antimonminerallagerstätten.
BEGLEITMINERALIEN UND FUNDSTÄTTEN: Mit Antimonit, Cervantit, Quarz, Calcit. Schöne Fundstücke aus Japan, Ungarn, Rumänien, den USA, aus Mexiko, Peru und Bolivien.
NUTZUNG: Hochkonzentriertes Erz ist wichtiges Mineral zur Antimongewinnung.
WEITERE MERKMALE: Bildet häufig schöne kristalline Aggregate; pseudomorph mit Stibnit; schwer schmelzbar und in Salzsäure unlöslich; setzt unter Luftabschluß Wasser frei; nicht fluoreszierend. Früher auch unter dem Namen Antimonocker bekannt.

▼ *Stibiconit (etwa natürliche Größe), Valle Serra, Trient, Italien.*

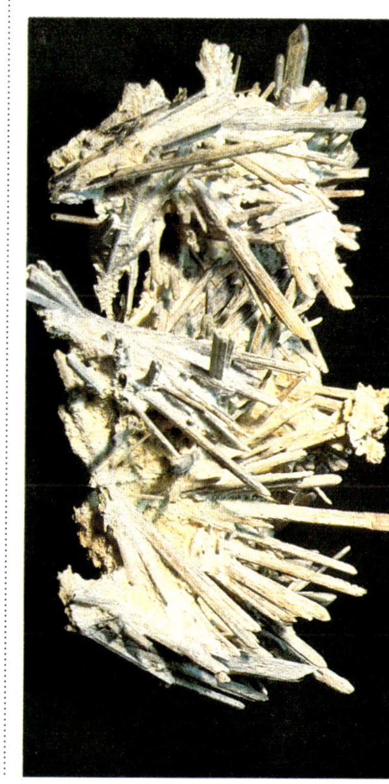

EIN MINERAL – VIELE EDELSTEINE

KORUND

Korund kommt häufig in sehr kleinen Kristallen vor. Große Kristalle zeigen eine meist graue oder braune und infolge reichlich vorhandener Einschlüsse trübe Färbung. Die seltenen und wertvollen transparenten Edelkorunde (siehe Seite 40) treten in einer Vielzahl von Farben auf. Der Wert und der Name eines Korunds richtet sich nach der jeweiligen Farbe des Steins.

RUBIN

In der Vergangenheit wurde der Rubin (aus dem Lateinischen: *ruber* – rot) *carbunculus* (Karfunkelstein; glühende Kohle) genannt und als ein rein männlicher Stein angesehen, der von Königen, Kaisern und Maharadschas sehr geschätzt wurde. In zahlreichen Legenden wird über die Kräfte dieses Steins berichtet. Man sagte, daß ein Rubin seinem Besitzer zur Eroberung ganzer Reiche und Herrschaftsgebiete verhelfe, wogendes Wasser zur Ruhe bringe, gegen Cholera helfe und vor Versuchungen schütze. Er galt als Symbol des Sieges, der Wohltätigkeit, der Liebe, der Treue und konnte – nach Mandeville – böse Eigenschaften annehmen, wenn er auf der rechten Körperseite getragen wurde.

Wegen seiner Härte ist der Korund in jeder Varietät für verschiedene Schliffformen geeignet.

Je nach Farbe, Größe und weiteren Merkmalen kann der Rubin einen höheren Wert als Diamant haben. Die schönsten, satt tiefrot gefärbten Kristalle stammen aus Myanmar (Mogok); herrliche Steine findet man jedoch auch in anderen Gebieten Südostasiens. Eine charakteristische Eigenschaft der Rubine ist das Aufhellen ihrer Farbe bei intensiver Lichteinstrahlung. Auch der feine seidige Schimmer ist – wenn auch nicht bei jedem Rubin vorhanden – typisch.

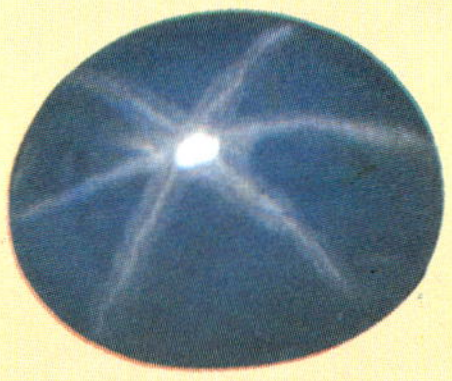

Graublauer Asteria (Sternsaphir), 1,50 Karat.

Farbloser Saphir, 1,50 Karat.

RUBIN: Verschiedene Rottöne
SAPHIR: Von Azurblau bis zu verschiedenen Blautönen
PADPARADSCHA (ODER KÖNIGSTOPAS): Gelborange, mandarinenfarben
ASTERIA (STERNSTEIN): Rot, blau, grau
GELBER SAPHIR (ODER GELBER KORUND): Hellgelb, zitronengelb
WEISSER SAPHIR: Farblos
SONNENBLUMENRUBIN (ODER KATZENAUGENRUBIN): Rot chatoyierend
ROSA SAPHIR (ODER ROSA KORUND): Rosafarben, rosaviolett
SONNENBLUMENSAPHIR (ODER KATZENAUGENSAPHIR): Dunkelblau chatoyierend
OPALISIERENDER SAPHIR: Milchiggrau oder bläulich opalisierend.

Klassischer Ring mit einem von zehn Diamanten umgebenen orientalischen Rubin.

Steine mit ähnlicher Färbung kann man vom Rubin anhand verschiedener Eigenschaften unterscheiden. Beim roten Spinell fehlt der für den Rubin typische seidige Schimmer sowie dessen Vielfarbigkeit; auch der Granat tritt nicht in so vielen Farben auf, und starke Lichteinstrahlung wirkt sich nicht auf seine Färbung aus. Härte, Dichtezahl und Brechungsindex sind weitere Merkmale, anhand derer diese Minerale vom Rubin unterschieden werden können. Die modernen, hochentwickelten Technologien der Edelsteinsynthese machen es heute mitunter sehr schwierig, echte Rubine von künstlich hergestellten zu unterscheiden.

Zu den berühmtesten Rubinen zählt auch der von Tavernier beschriebene, 17,5 Karat schwere Stein aus dem Besitz des Maharadscha von Visapur und der 50,75 Karat schwere, einem indischen Kaufmann gehörende Varanasi-Rubin.

SAPHIR

In vergangenen Zeiten wurde der Saphir, dessen Name aus dem Griechischen oder evtl. aus dem frühen Sanskrit hergeleitet ist, der „Stein der Steine" genannt. Wie bei allen Edelsteinen, so wurden auch ihm heilende Kräfte zugeschrieben. Man hielt ihn auch für ein Symbol des Edelmuts, der Güte und der Treue. Dem griechischen Arzt Galenus zufolge schützte ein im Mund getragener Saphir vor Skorpionstichen, und nach Dioskorides sollte der Stein Darmentzündungen verhüten. Man glaubte auch, daß der oft von Priestern verwendete Saphir sinnliche Begierden unterdrücke.

Obwohl der Saphir in reicherem Maße als Rubin vorkommt, gehört er mit zu den wertvollsten Edelsteinen. Die schönsten Kristalle stammen aus Südostasien, Sri Lanka, aus den USA und aus Australien. Die Besonderheit dieses Steins liegt im Pleochroismus intensiv gefärbter Saphire. Von oben betrachtet erscheint er himmelblau, während er von der Seite eine blaue Färbung mit einem deutlich sichtbaren dunkelgrünen Ton zeigt. Steine von ähnlicher Farbe sind der Tansanit (mit einem violetten Ton), der Cordierit (blauviolett oder graublau), der Indigolith (grünlichblauer Turmalin), der blaue Zirkon (stahlblau) und der blaue Spinell. Auch der Saphir läßt sich aufgrund seiner physikalischen Eigenschaften von anderen, ähnlichen Mineralien unterscheiden.

IMITATE UND ECHTE STEINE

Heute kann man auf dem Markt sehr sorgfältig gearbeitete Edelsteinimitationen finden. Erhitzt man natürliche Saphire, die eine helle Färbung sowie Einschlüsse von Rutilnadeln (Titan(IV)-oxid, das einen seidigen Lichteffekt erzeugt) aufweisen, in einer reduzierenden Umgebung auf 1500 °C bis 1600 °C, dann nehmen sie wegen der Umlagerung des Titans in ihrem Innern eine intensive blaue Farbe an. Ein weiteres Prüfverfahren besteht darin, daß die Steine mit einer titan- und eisenreichen Masse bedeckt und einige Tage lang einer Temperatur von 1700 °C ausgesetzt werden. Dabei dringen die entstehenden Titan- und Eisenoxide etwa einen Millimeter tief in das Innere der Steine und geben ihnen die charakteristische saphirblaue Färbung. Unter den berühmten Saphiren ist ein aus Indien kommender 951karätiger Stein der größte. Ein „Ruspoli" genannter und in Form eines schiefen Prismas geschliffener Saphir von 136 Karat ist im mineralogischen Museum von Paris ausgestellt. Ein 249 Karat schwerer Stein gehörte zum russischen Zarenschatz.

Verschiedenfarbige Rohkorunde.

Saphire unterschiedlicher Blautönung.

BRUCIT

FORMEL: $Mg(OH)_2$ Magnesiumhydroxid.
KRISTALLFORM: Trigonales System, ditrigonal-skalenoedrische Klasse. In selten vorkommenden, pseudohexagonalen, tafeligen Kristallen; häufig in schuppigen, feinkristallinen Massen.
FARBE: Farblos, grün, blau, gelbrosa, Varietäten mit Mangananteil braun.
HÄRTE: 2,5.
DICHTEZAHL: 2,4.
GLANZ: Seidig.
ENTSTEHUNG UND VORKOMMEN: In hydrothermalen Gängen niedriger Entstehungstemperatur innnerhalb von Serpentingesteinen; Umwandlungsprodukt von Periklas (MgO) bei kontaktmetamorphen Vorgängen in Dolomiten.
BEGLEITMINERALIEN UND FUNDSTÄTTEN: Mit Magnesiumkarbonaten, Aragonit, Chromeisenstein, Chrysolith. Schöne Fundstücke aus Kanada, den USA und aus Schottland.
NUTZEN: Zur Gewinnung von metallischem Magnesium und zur Herstellung von feuerfesten Materialien.
WEITERE MERKMALE: Nach dem amerikanischen Mineralogen Archibald Bruce benannt. Nicht schmelzbar; leicht löslich in kalten verdünnten Säuren, dabei im Gegensatz zu einigen Magnesiumkarbonaten auch nach Erwärmung nicht brausend; nicht fluoreszierend.

▲ *Feinschichtiger Brucit (etwa natürliche Größe), Valle Serra, Trient, Italien.*

CALCIT
(KALKSPAT)

FORMEL: $CaCO_3$ Kalziumkarbonat.
KRISTALLFORM: Trigonales System, ditrigonal-skalenoedrische Klasse. Häufig vorkommende Kristalle sind sehr formenreich: prismatisch, skalenoedrisch, rhomboedrisch, häufig Zwillingsbildungen; auch als zonare Konkretionen (Stalagtiten, Stalagmiten).
FARBE: Farblos, weiß, gelb, rosa, grün, braun.
HÄRTE: 3.
DICHTEZAHL: 2,71.
GLANZ: Glasartig bis perlmuttglänzend.
ENTSTEHUNG UND VORKOMMEN: In Sedimentgesteinen (verschiedene Kalksteinarten), metamorphen Gesteinen (Marmore), selten in Magmagestein (Karbonatite); als Gangmineral in zahlreichen Arten von Ganglagerstätten.
BEGLEITMINERALIEN UND FUNDSTÄTTEN: Tritt wegen seiner weiten Verbreitung mit vielen Mineralien auf. Sehr schöne Fundstücke aus England, Deutschland, Kanada, den USA, aus Mexiko usw.; bekannter Islandspat (Doppelspat) charakteristisch für isländische Fundorte, jedoch auch anderswo häufig vorkommend.
NUTZUNG: In der Baustoffindustrie, in der Hüttenindustrie als Flußmittel und zum Entfernen von Hochofenschlacke, in der chemischen Industrie, als Zusatz in Düngemitteln, als Zierstein usw.
WEITERE MERKMALE: Sehr weit verbreitetes Mineral; Name lateinischen Ursprungs (*calx* – Branntkalk; entsteht durch Brennen von Kalkstein). Grundbestandteil von Muschelschalen und Tierskeletten; Islandspat außergewöhnlich wegen seiner Eigenschaft, Bilder – durch einen Kristall gesehen – zu verdoppeln (Resultat einer optischen Doppelbrechung); Vertreter einer Gruppe isomorpher karbonatischer Mineralien, in denen Kalzium durch Cadmium, Mangan, Eisen, Kobalt, Zink und Magnesium ersetzt ist. (Siehe Kasten auf Seite 45.)

Calcit (etwa 0,9 fach), England, Großbritannien. ►

MAGNESIT

FORMEL: $MgCO_3$ Magnesiumkarbonat.
KRISTALLFORM: Trigonales System, ditrigonal-skalenoedrische Klasse. In selten vorkommenden,prismatischen, rhomboedrischen, skalenoedrischen Kristallen; häufig in kompakten feinkristallinen, zukkerkörnigen oder auch knolligen Massen.
FARBE: Farblos, weiß, gelb, braun.
HÄRTE: 4 – 4,5.
DICHTEZAHL: 3.
GLANZ: Glasartig bis perlmuttglänzend.
ENTSTEHUNG UND VORKOMMEN: Sekundärmineral in Gesteinen mit hohem Gehalt an Magnesiummineralien (Serpentin, Olivin); metasomatisch in Kalksteinen und Dolomiten entstanden; selten als Gangmineral auf Metallgängen.
BEGLEITMINERALIEN UND FUNDSTÄTTEN: Mit Talk, Chlorit, Calcit und metallischen Mineralien. Schöne Fundstücke aus Indien, aus der Mandschurei, aus Brasilien, den USA, aus Griechenland, Polen usw.
NUTZUNG: Zur Magnesiumgewinnung, in der Eisen- und Stahlindustrie sowie in der pharmazeutischen Industrie, für feuerfeste Materialien und Spezialzemente.
WEITERE MERKMALE: Vertreter der isomorphen Calcitgruppe; löslich in heißer Salzsäure, dabei brausend; in kalter Salzsäure nicht löslich – im Gegensatz zu Calcit (löslich) und zu Dolomit (langsam löslich); nicht schmelzbar; zerfällt bei Erhitzen; grün oder bläulich fluoreszierend.

▼ *Magnesit, Varietät Breunnerit (etwa 0,4 fach), Val Malenco, Sondrio, Italien*

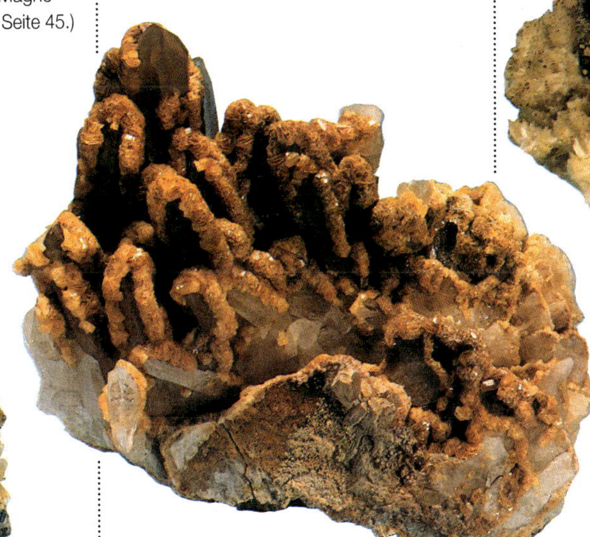

SIDERIT
(EISENSPAT)

FORMEL: $FeCO_3$ Eisenkarbonat.
KRISTALLFORM: Trigonales System, ditrigonal-skalenoedrische Klasse. In rhombischen oder skalenoedrischen Kristallen, gewöhnlich mit gekrümmten und gestreiften Flächen; häufig in radialfaserigen und traubigen Massen.
FARBE: Hellgelb bis braun (durch Eisenoxidation).
HÄRTE: 4 – 4,5.
DICHTEZAHL: 3,89.
GLANZ: Glasartig.
ENTSTEHUNG UND VORKOMMEN: In hydrothermalen Gängen niedriger Entstehungstemperatur und in Sedimenten chemischer Herkunft; als Gangmineral in Erzlagerstätten.
BEGLEITMINERALIEN UND FUNDSTÄTTEN: Mit verschiedenen metallischen Mineralen. Schöne Fundstücke aus Österreich, Deutschland, Frankreich, England, Spanien, Tunesien, Algerien, den USA, aus Griechenland, Brasilien usw.
NUTZUNG: In entsprechender Konzentration ausgezeichnetes Mineral zur Eisengewinnung.
WEITERE MERKMALE: Vertreter der isomorphen Calcitgruppe; langsam löslich in kalter Salzsäure, bei Erhitzen in der Säure brausend; nicht schmelzbar, zerfällt jedoch bei mäßiger Temperatur; bei Erhitzen dunkel und magnetisch werdend; wandelt sich leicht in Eisenoxide (Limonit) um; nicht fluoreszierend.

▲ *Siderit (etwa 1,5 fach), St. Hilaire, Québec, Kanada.*

RHODOCHROSIT
(MANGANSPAT)

FORMEL: $MnCO_3$ Mangankarbonat.

KRISTALLFORM: Trigonales System, ditrigonal-skalenoedrische Klasse. In selten vorkommenden, rhomboedrischen oder skalenoedrischen Kristallen; meist in körnigen, spätigen, radialfaserigen oder traubigen Massen.

FARBE: Mehr oder weniger intensiv rosa, fleischfarben bei unverwitterten Mineralien; angewittert schwarz.

HÄRTE: 4.

DICHTEZAHL: 3,7.

GLANZ: Glasartig.

ENTSTEHUNG UND VORKOMMEN: In hydrothermalen Gängen niedriger Entstehungstemperatur; als Gangmineral in Lagerstätten von Silber-, Kupfer-, Blei- und Zinkmineralien.

BEGLEITMINERALIEN UND FUNDSTÄTTEN: Mit Calcit, Quarz und verschiedenen metallischen Mineralien. Schöne Fundstücke aus Rumänien, Spanien, Frankreich, Deutschland, den USA, aus Argentinien, Südafrika usw.

NUTZUNG: Zur Mangangewinnung; für Sonderstähle in der Hüttenindustrie; zur Herstellung von Schmuck und Einrichtungsgegenständen.

WEITERE MERKMALE: Name griechischen Ursprungs („Rose" und „Farbe"). Vertreter der isomorphen Calcitgruppe; nicht löslich in kalter, jedoch in heißer Salzsäure; nicht schmelzbar, beim Erhitzen schwarz werdend; von ähnlich gefärbtem Rhodonit und Thulit durch deren geringere Härte zu unterscheiden; in ultraviolettem Licht mitunter dunkelrot fluoreszierend.

▼ *Rhomboedrischer Rhodochrosit (etwa natürliche Größe), Colorado, USA.*

SMITHSONIT
(ZINKSPAT)

FORMEL: $ZnCO_3$ Zinkkarbonat.

KRISTALLFORM: Trigonales System, ditrigonal-skalenoedrische Klasse. In selten vorkommenden, rhomboedrischen oder skalenoedrischen Kristallen; meist in radialfaserigen oder traubigen Massen.

FARBE: Farblos, weiß; blau und grün durch Kupfereinschlüsse, braun durch Eisenhydroxide, gelb durch Kadmium, rosa durch Kobalt.

HÄRTE: 4,5 – 5.

DICHTEZAHL: 4 – 4,5.

GLANZ: Glasartig.

ENTSTEHUNG UND VORKOMMEN: Metasomatisch in den Oxidationszonen von Zinkminerallagerstätten gebildet.

BEGLEITMINERALIEN UND FUNDSTÄTTEN: Mit Hemimorphit, Cerussit, Malachit, Anglesit, Pyromorphit. Schöne Fundstücke aus Namibia, Sambia, den USA, der Türkei und aus Griechenland.

NUTZUNG: Zur Zinkgewinnung; bändrigfaserige Massen als Dekorsteine.

WEITERE MERKMALE: Nach dem englischen Chemiker und Mineralogen James Smithson benannt. Vertreter der isomorphen Calcitgruppe; löslich in Salzsäure, dabei brausend; nicht schmelzbar; mitunter rosa fluoreszierend.

▼ *Smithsonit (etwa 0,5fach), Namibia.*

SPHÄROKOBALTIT
(KOBALTSPAT)

FORMEL: $CoCO_3$ Kobaltkarbonat.

KRISTALLFORM: Trigonales System, ditrigonal-skalenoedrische Klasse. In selten vorkommenden, kleinen rhomboedrischen oder skalenoedrischen Kristallen; sehr häufig in radialfaserigen und traubigen Massen; gewöhnlich mit kugelförmigem Aussehen.

FARBE: Rot, rosa, angewittert schwarz.

HÄRTE: 4.

DICHTEZAHL: 4,13.

GLANZ: Glasartig.

ENTSTEHUNG UND VORKOMMEN: Selten in Pyritlagerstätten und auf Kobalt-Nickel-Gängen.

BEGLEITMINERALIEN UND FUNDSTÄTTEN: Mit Pyrit, Calcit, Quarz. Schöne Fundstücke aus dem Kongo, den USA, aus Italien und Deutschland.

NUTZUNG: Nur in der Forschung und als Sammelobjekt.

WEITERE MERKMALE: Vertreter der isomorphen Calcitgruppe; löslich in kalter Salzsäure, dabei brausend; nicht schmelzbar; nicht fluoreszierend.

▼ *Sphärokobaltit (etwa 0,8fach), Likasi, Kakanda Shaba, Zaire.*

DOLOMIT
(BITTERSPAT)

FORMEL: $CaMg(CO_3)_2$ Kalziummagnesiumkarbonat.

KRISTALLFORM: Trigonales System, rhomboedrische Klasse. In rhomboedrischen Kristallen und als Verwachsungen mit gekrümmten Flächen (sattelförmiger Dolomit); in spätigen oder zuckerkörnigen Massen (Dolomitgestein).

FARBE: Farblos, weiß, grau, gelb, braun, blau.

HÄRTE: 3,5 – 4.

DICHTEZAHL: 2,87.

GLANZ: Glasartig bis perlmuttglänzend.

ENTSTEHUNG UND VORKOMMEN: Hauptbestandteil von Dolomitengestein (Dolomiten) als Ersatz für Calcit oder selten als Niederschlag aus Salzlösungen bei Verdunstung (Primärdolomit); in Umwandlungsgesteinen (Dolomitmarmore).

BEGLEITMINERALIEN UND FUNDSTÄTTEN: Gewöhnlich mit Calcit, Fluorit, Baryt, Siderit, Quarz, Magnesit. Weit verbreitetes Mineral; schöne Fundstücke aus Brasilien, Mexiko, den USA, aus Italien usw.

NUTZUNG: Lagerstätten verstreut in Karbonatmilieu; als Bindemittel in der Baustoffindustrie; in der Hüttenindustrie zur Herstellung von feuerfesten Materialen und zur Gewinnung von metallischem Magnesium; auch als Schmuck- und Zierstein verwendet.

WEITERE MERKMALE: Nach dem französischen Chemiker Dolomieu (1750 – 1800) benannt, der feststellte, daß dieses Mineral und Calcit verschiedene Minerale sind. Nicht schmelzbar; löslich in warmer Salzsäure, dabei brausend; nicht fluoreszierend.

▼ *Dolomit (etwa natürliche Größe), Spanien.*

ARAGONIT

FORMEL: $CaCO_3$ Kalziumkarbonat.
KRISTALLFORM: Orthorhombisches System, dipyramidale Klasse. In länglichen, prismatischen Kristallen, häufig an vertikalen Prismenflächen verzwillingt (Durchwachsungsdrillinge täuschen pseudohexagonale Symmetrie vor); in nadeligen Aggregaten mit radialfaseriger Struktur und in pisolithischen, stalaktitischen und verästelten Konkretionen (Eisenblüte); in den Schalen vieler Mollusken enthalten, bildet zusammen mit Muschelkalk Perlmutter.
FARBE: Farblos, weiß, himmelblau, gelb, rosa, grau.
HÄRTE: 3,5 – 4.
DICHTEZAHL: 2,93.
GLANZ: Glasartig.
ENTSTEHUNG UND VORKOMMEN: In evaporativen Sedimenten (in Verbindung mit Schwefel); als Niederschlag an heißen Quellen (Travertin); in Geoden in Vulkangesteinen (Andesite und Basalte); in Verwitterungszonen von Sulfidablagerungen; in unter hohem Druck entstandenen metamorphen Gesteinen (Glaukophanschiefer).
BEGLEITMINERALIEN UND FUNDSTÄTTEN: Mit Schwefel, Coelestin, Baryt, Calcit, Zeolithen, Dolomit, Glaukophan, Limonit, Malachit. Schöne Fundstücke aus Mexiko, den USA, aus Spanien, Italien usw.
NUTZUNG: Interessant für Forscher und Sammler.
WEITERE MERKMALE: Nach der spanischen Region Aragón benannt, wo es erstmals gefunden wurde. Nicht schmelzbar; wandelt sich bei Erhitzen in Calcium um; löslich in kalter verdünnter Salzsäure, dabei stark brausend; einige Varietäten azurblau, rosa, gelb fluoreszierend; polymorph mit Calcit; bei hohem Druck stabil. (Siehe Kasten.)

▲ *Aragonit (etwa 0,4fach), Sizilien, Italien.*

PERLEN UND EDELSTEINE

CALCIT UND ARAGONIT

Das in der Natur am häufigsten vorkommende Karbonat ist Calciumkarbonat. Es kristallisiert in zwei verschiedenen Formen – bei niedrigem Druck als Calcit und bei hohem Druck als Aragonit. Aragonit kommt als Hauptbestandteilin der Substanz von Perlen vor.

GESCHICHTE UND LEGENDE

Als Schmuck wurden Perlen bereits vor langer Zeit verwendet. Im Besitz des Pariser Louvre befindet sich ein solches Kleinod aus dem fünften Jahrhundert v. Chr. Perlen wurden im alten China wegen ihrer weißen Farbe und ihrer allgemeinen Wertschätzung als eine der acht Wonnen der Welt betrachtet. Auch

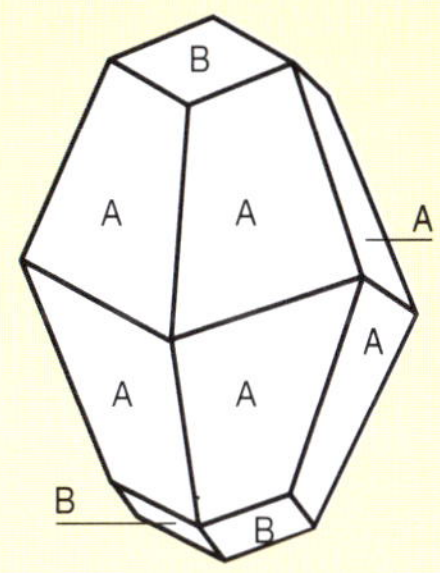

Charakteristische Gestalt des Calcit: Kombination von Skalenoeder (A) und Rhomboeder (B) als Modell (oben) und am Kristall (unten).

verband man mit ihnen die Vorstellung von Tränen, und so wurden sie sogar als Begriffszeichen für das Wort „Tränen" verwendet. Historische Aufzeichnungen belegen ihre Beliebtheit und ihren Wert bei allen Völkern des Altertums, und es gibt zahlreiche Legenden, in denen von Perlen die Rede ist. Im Orient erzählt man, daß Adam und Eva einen ganzen See mit ihren Tränen über Abels Tod gefüllt hätten, in dem die schönsten Perlen, geboren aus Kummer und Liebe, zu finden gewesen seien. Man glaubte, daß Perlen bei Vollmond entstünden, wenn die Perlmuscheln an die Oberfläche des Meeres aufstiegen, sich dem Mond öffneten und durch dessen Strahlen fruchtbar würden. Seit ihrer Verbreitung in Europa, die etwa bis in die Zeit der Kreuzzüge zurückreicht, werden Perlen von den Königinnen hochgeschätzt. Die größte Perle – „La Pellegrina" – befindet sich im Besitz eines Moskauer Museums. Am ungewöhnlichsten ist sicherlich das „Kreuz des Südens", das aus neun kreuzförmig miteinander verwachsenen Perlen besteht. Es wurde 1886 vor der australischen Küste von Fischern entdeckt.

DIE MINERALIEN CALCIT UND ARAGONIT

Calcit (siehe Seite 43) gehört zu den in der Erdkruste am weitesten verbreiteten Mineralien. Es ist Hauptbestandteil der Kalksedimentgesteine, der metamorphen Marmore sowie der interessanten, jedoch seltenen, Karbonatite genannten Erstarrungsgesteine.

Calcit und Aragonit (auf dieser Seite) sind auch in reichem Maße in der „lebenden" Welt vertreten. Sie gehören zu den Hauptbestandteilen vieler tierischer Hartteile, wie der Schalen von

Kostbare Perlenkette, Detail.

Planktonorganismen und Weichtieren sowie der Skelette von Fischen und Säugetieren.

Calcit kommt in vielen Färbungen und Kristallformen vor. Die häufigsten Grundformen sind Rhomboeder und Skalenoeder, die auch kombiniert auftreten können. Weniger häufig sind prismatische Kristalle, die mit Aragonit oder anderen Mineralien verwechselt werden können. Bei diesem Formenreichtum der Calcitkristalle sind die Stalaktiten und Stalagmiten wohl die faszinierendsten Erscheinungen. Sie sind typisch für Höhlen- und Karstgebiete, wo sie durch langsames Ausscheiden von Calcit aus tropfendem Wasser entstehen. Eine sehr transparente Calcitart stellt der isländische Doppelspat dar, bei dem das Phänomen der Doppelbrechung deutlich zur Wirkung kommt: Schaut man durch ein Stück dieses Minerals, dann erscheint ein ursprünglich einfaches Bild doppelt.

Aragonit kristallisiert häufig in hexagonalen Prismen; diese Form ergibt sich aus den nicht seltenen Zwillingsbildungen. Das Mineral ist Hauptbestandteil von Weichtierschalen und Perlen. Perlen werden als Edelsteine tierischer Herkunft betrachtet. Neben dem charakteristischen Weiß können sie auch eine rosafarbene, goldene, gelbweiße, braune oder schwarze Färbung zeigen.

Perlen verschiedener Farbschattierungen.

STRONTIANIT

FORMEL: $SrCO_3$ Strontiumkarbonat.
KRISTALLFORM: Orthorhombisches System, dipyramidale Klasse. Selten in gut ausgebildeten Kristallen; häufiger in stäbchenförmigen Aggregaten mit radialer Struktur und in kleinkörnigen Massen.
FARBE: Farblos, weiß, grau, grün, rosa.
HÄRTE: 3,5 – 4.
DICHTEZAHL: 3,76.
GLANZ: Glasartig.
ENTSTEHUNG UND VORKOMMEN: Gangmineral auf hydrothermalen Erzgängen; in Oxidationszonen von Erzlagerstätten.
BEGLEITMINERALIEN UND FUNDSTÄTTEN: Mit Coelestin, Witherit, Baryt und verschiedenen Sulfiden. Schöne Fundstücke aus Mexiko, den USA, aus Großbritannien, Spanien, Österreich usw.
NUTZUNG: Wichtiges Mineral zur Gewinnung von Strontium und seiner Salze; in der pyrotechnischen Industrie (erzeugt purpurrote Flammenfärbung), in der Zuckerindustrie und zur Herstellung von Spezialglas verwendet.
WEITERE MERKMALE: Nach dem Ort Strontian (Schottland) benannt, wo es erstmals festgestellt wurde. Gehört zusammen mit Cerussit und Witherit zur isomorphen Aragonitgruppe; Schmelzpunkt bei 1497 °C; löslich in verdünnter Salzsäure, dabei brausend; in ultraviolettem Licht blau fluoreszierend.

▼ *Strontianit (etwa 1,5 fach), Westfalen, Deutschland.*

WITHERIT

FORMEL: $BaCO_3$ Bariumkarbonat.
KRISTALLFORM: Orthorhombisches System, dipyramidale Klasse. In Kristallen (häufig als Drillingsbildungen mit pseudohexagonal-dipyramidaler Symmetrie), die kugelig oder prismatisch sein und eine horizontale Streifung aufweisen können; in faserigen und körnigen Massen.
FARBE: Farblos, weiß oder grau.
HÄRTE: 3 – 3,5.
DICHTEZAHL: 4,29.
GLANZ: Glasartig bis harzig.
ENTSTEHUNG UND VORKOMMEN: Gangmineral auf hydrothermalen Erzgängen; in Oxidationszonen von Bleisulfidlagerstätten; kann bei metasomatischen Vorgängen in Karbonatgestein entstehen.
BEGLEITMINERALIEN UND FUNDSTÄTTEN: Mit Baryt, Galenit, Anglesit, Calcit und Dolomit. Schöne Fundstücke aus den USA, aus Kanada, Großbritannien, Südafrika usw.
NUTZUNG: Zur Bariumgewinnung sowie bei der Produktion von Spezialglas (Bariumglas).
WEITERE MERKMALE: Nach dem Engländer D. J. Withering (1741 – 1799) benannt, der als erster dieses Mineral untersuchte. Vertreter der isomorphen Aragonitgruppe; relativ leicht schmelzend, gelblich-grüne Flammenfärbung; löslich in verdünnter Salzsäure, dabei brausend; blau fluoreszierend; wie alle löslichen Bariumverbindungen giftig.

▲ *Witherit (etwa 1,5 fach), Cumberland, Alston Moor, England, Großbritannien.*

CERUSSIT
(WEISSBLEIERZ)

FORMEL: $PbCO_3$ Bleikarbonat.
KRISTALLFORM: Orthorhombisches System, dipyramidale Klasse. In prismatischen und dipyramidalen Kristallen, länglich oder tafelig; häufig Drillingsbildungen mit pseudohexagonaler Symmetrie und sternförmigem Habitus; in kompakten, faserigen Massen, auch in Stalaktitkonkretionen.
FARBE: Farblos, durch Galeniteinschlüsse grau.
HÄRTE: 3 – 3,5.
DICHTEZAHL: 6,55.
GLANZ: Diamanten.
ENTSTEHUNG UND VORKOMMEN: Sekundäres Mineral in Oxidationszonen von Bleilagerstätten.
BEGLEITMINERALIEN UND FUNDSTÄTTEN: Häufig mit Galenit, Sphalerit, Anglesit, Smithsonit, Malachit. Schöne Fundstücke aus Namibia, dem Kongo, aus Tunesien, Australien, den USA und aus Deutschland.
NUTZUNG: Wichtiges Mineral zur Gewinnung von Blei und in zweiter Linie des in unbedeutenden Mengen vorhandenen Silbers.
WEITERE MERKMALE: Von dem deutschen Mineralogen Wilhelm von Haidinger wegen des wachsartigen Aussehens nach dem lateinischen Wort *cerussa* benannt. Vertreter der isomorphen Aragonitgruppe; leicht schmelzbar zu metallischem Bleikorn; löslich in Salpetersäure, dabei stark brausend (im Unterschied zu Anglesit); in ultraviolettem Licht grünlich-blau fluoreszierend.

▼ *Cerussit (etwa 1,5 fach), Marokko.*

AZURIT
(KUPFERLASUR)

FORMEL: $Cu_3(CO_3)_2(OH)_2$ wäßriges Kupferkarbonat.
KRISTALLFORM: Monoklines System, prismatische Klasse. In länglichen oder tafeligen Kristallen, sehr stark modifiziert, mitunter streifig; in knolligen Aggregaten mit radialfaseriger Struktur und elliptischem Äußeren; in kompakten Massen und erdigen Überzügen.
FARBE: Intensiv azurblau.
HÄRTE: 3,5 – 4.
DICHTEZAHL: 3,7 – 3,8.
GLANZ: Glasartig bis diamanten.
ENTSTEHUNG UND VORKOMMEN: Sekundäres Mineral in Oxidationszonen von Kupferlagerstätten.
BEGLEITMINERALIEN UND FUNDSTÄTTEN: In Verbindung mit Kupfermineralien (Malachit, Cuprit, Covellin, Atakamit usw.), gediegen Kupfer, Limonit und Calcit. Sehr schöne Kristallbildungen aus Namibia, Mexiko, den USA und aus Frankreich. Kristalle aus Sardinien sind berühmt.
NUTZUNG: Sekundäres Mineral zur Kupfergewinnung; als Material für die Herstellung hochgeschätzter Schmuckgegenstände; schleifwürdig, jedoch wegen seiner Zerbrechlichkeit und geringen Härte nicht sehr wertvoll; früher zu Pulver zermahlen (Bergblau oder Lapislazuli) und als Pigment der Ölfarbe zugesetzt, die mit der Zeit – zu Malachit verwitternd – eine grünliche Farbe annahm.
WEITERE MERKMALE: Leicht schmelzend, durch Kupfer grüne Flammenfärbung; bei Erhitzen durch Wasserverlust schwarz werdend; löslich in Ammoniak, in verdünnten Säuren brausend; nicht fluoreszierend. (Siehe Kasten auf Seite 48.)

▼ *Azurit (etwa 0,5 fach), Alghero, Sassari, Italien*

MALACHIT

FORMEL: $Cu_2CO_3(OH)_2$ wäßriges Kupferkarbonat.
KRISTALLFORM: Monoklines System, prismatische Klasse. Selten in gut ausgebildeten Einzelkristallen, häufig als nadelige Kristalle in radialfaserigen Aggregaten; meist in kompakten Massen mit radialer oder gebänderter Struktur und nierigem oder traubigem Äußeren; häufig Pseudomorphosen nach Azurit und Cuprit.
FARBE: Sattgrün, malvenfarben.
HÄRTE: 3,5 – 4.
DICHTEZAHL: 4,05.
GLANZ: Glasartig bis seidig in faserigen Varietäten.
ENTSTEHUNG UND VORKOMMEN: Entsteht als sekundäres Mineral in Oxidationszonen von Kupferlagerstätten.
BEGLEITMINERALIEN UND FUNDSTÄTTEN: Mit Azurit, gediegen Kupfer, Cuprit, Limonit, Calcit. Die wertvollsten Malachitmassen kommen aus Zaire, Sambia, Chile, Australien, Namibia, Simbabwe und aus dem Ural.
NUTZUNG: Sekundäres Kupfermineral; vor allem gebänderte Varietät zu wertvollen Schmucksteinen verarbeitet; früher zu Pulver zermahlen (Berggrün) auch als Pigment für Ölfarben verwendet.
WEITERE MERKMALE: Name griechischen Ursprungs (*malache* – Malve). Leicht schmelzbar, grüne Flammenfärbung durch Kupferanteil; wird beim Erhitzen durch Wasserverlust schwarz; löslich in Salzsäure, dabei brausend; nicht fluoreszierend. (Siehe Kasten auf Seite 48.)

▼ *Malachit (etwa 0,6 fach), Touissit, Marokko.*

AURICHALCIT
(MESSINGBLÜTE)

FORMEL: $(Zn, Cu)_5(CO_3)_2(OH)_6$ wäßriges Kupferzinkkarbonat.
KRISTALLFORM: Orthorhombisches System, disphenoidische Klasse. Freistehende Einzelkristalle selten, gewöhnlich in Überzügen oder Krusten aus Bändern kleiner, nadeliger Kristalle.
FARBE: Himmelblau.
HÄRTE: 2.
DICHTEZAHL: 3,5 – 4.
GLANZ: Seidig.
ENTSTEHUNG UND VORKOMMEN: Entsteht als sekundäres Mineral in Oxidationszonen von Zink- und Kupferlagerstätten.
BEGLEITMINERALIEN UND FUNDSTÄTTEN: Meist in Verbindung mit verschiedenen Sulfiden. Schöne Fundstücke aus Namibia, Mexiko, den USA, aus Frankreich, Griechenland usw.
NUTZUNG: Für Forscher und Sammler von Interesse.
WEITERE MERKMALE: Name wahrscheinlich griechischen Ursprungs („Messingblüten"). Nicht schmelzbar, bei Erhitzen grüne Flammenfärbung durch Kupferanteil; löslich in verdünnter Salzsäure, dabei brausend; nicht fluoreszierend.

▲ *Aurichalcit (etwa natürliche Größe), Durango, Mexiko.*

PHOSGENIT
(BLEIHORNERZ)

FORMEL: $Pb_2(CO_3)Cl_2$ Bleichlorkarbonat.
KRISTALLFORM: Tetragonales System, trapezoedrische Klasse. In prismatischen und tafeligen, längsgestreiften Kristallen, mitunter nach oben teleskopartig verjüngt.
FARBE: Farblos bis hellgelb, braun.
HÄRTE: 2 – 3.
DICHTEZAHL: 6,5.
GLANZ: Diamanten.
ENTSTEHUNG UND VORKOMMEN: Entsteht als sekundäres Mineral in Oxidationszonen von Bleilagerstätten.
BEGLEITMINERALIEN UND FUNDSTÄTTEN: Mit Galenit und Gangmineralien. Sehr schöne Kristalle aus Namibia, den USA, aus Italien und Griechenland.
NUTZUNG: Für Forscher und Sammler interessant.
WEITERE MERKMALE: Ursprünglich als Derivat von Phosgen ($COCl_2$) angesehen. Leicht schmelzbar; löslich in kaltem destilliertem Wasser; in verdünnter Salpetersäure brausend; in ultraviolettem Licht gelb fluoreszierend.

▼ *Phosgenit (etwa 0,5 fach), Monteponi, Cagliari, Sardinien, Italien.*

LEADHILLIT

FORMEL: $Pb_4SO_4(CO_3)_2(OH)_2$ Bleikarbonatsulfat.
KRISTALLFORM: Monoklines System, prismatische Klasse. In tafeligen und pseudohexagonalen Kristallen, gelegentlich sehr flächenreich.
FARBE: Farblos, weiß, grün, blau, grau.
HÄRTE: 2,5 – 3.
DICHTEZAHL: 6,55.
GLANZ: Harzartig bis diamanten.
ENTSTEHUNG UND VORKOMMEN: Als sekundäres Mineral durch Verwitterung in Oxidationszonen von Bleilagerstätten entstanden.
BEGLEITMINERALIEN UND FUNDSTÄTTEN: Mit Cerussit, Phosgenit, Anglesit und verschiedenen Sulfiden. Schöne Kristalle aus Namibia, den USA, aus Tansania, Japan, Tunesien und Österreich.
NUTZUNG: Für Forscher und Sammler interessant.
WEITERE MERKMALE: Nach dem schottischen Leadhills benannt. Leicht schmelzbar mit gelber Flammenfärbung; löslich in Salpetersäure, dabei brausend und einen unlöslichen Rückstand bildend; in ultraviolettem Licht gelb fluoreszierend.

▲ *Leadhillit (etwa 2 fach), Malacalsetta, Cagliari, Italien.*

ARTINIT

FORMEL: $Mg_2CO_3(OH)_2 \cdot 3H_2O$ hydratisiertes Magnesiumkarbonat.
KRISTALLFORM: Monoklines System, sphenoidische Klasse. In sehr schlanken, kugelig angeordneten Nadeln, als Krusten oder kleine, feinfaserige Adern im Gestein.
FARBE: Gräulichweiß.
HÄRTE: 2.
DICHTEZAHL: 2,03.
GLANZ: Seidig.
ENTSTEHUNG UND VORKOMMEN: In hydrothermalen Gängen niedriger Entstehungstemperatur, die in Serpentingestein liegen.
BEGLEITMINERALIEN UND FUNDSTÄTTEN: Sehr selten, mit Asbestbrucit und Hydromagnesit. Fundstücke aus Österreich, den USA und aus Italien.
NUTZUNG: Für Forscher und Sammler interessant.
WEITERE MERKMALE: Im Jahre 1902 von Luigi Brugnatelli im Val Brutta (Italien) entdeckt und nach dem italienischen Forscher Ettore Artini benannt. Nicht schmelzbar; gibt bei Erhitzen Wasser und Kohlendioxid ab und wird milchig-weiß; löslich in Salzsäure, dabei heftig brausend; nicht fluoreszierend.

▼ Artinit (etwa 1,5 fach), Val Malenco, Sondrio, Italien.

NITROKALIT
(KALISALPETER)

FORMEL: KNO_3 Kaliumnitrat.
KRISTALLFORM: Orthorhombisches System, dipyramidale Klasse. In Aggregaten schlank-nadeliger Kristalle, in Krusten, Überzügen und mitunter kompakten, feinkörnigen oder erdigen Massen.
FARBE: Farblos, weiß, grau.
HÄRTE: 2.
DICHTEZAHL: 2,109.
GLANZ: Glasartig.
ENTSTEHUNG UND VORKOMMEN: In ariden Regionen als Ablagerungen an der Erdoberfläche, die durch Bakterien aus stickstoffhaltigen organischen Substanzen gebildet werden.
BEGLEITMINERALIEN UND FUNDSTÄTTEN: Mit Nitronatrit (Chilesalpeter), bekannteste Lagerstätten in Chile, weitere Fundorte auf der Arabischen Halbinsel, in Indien, im Iran und in den USA.
NUTZUNG: Geringer praktischer Nutzen. In den USA während des Bürgerkrieges zur Herstellung von Schießpulver verwendet.
WEITERE MERKMALE: Starke äußere Ähnlichkeit mit Nitronatrit ($NaNO_3$), das jedoch in der skalenoedrischen Klasse des trigonalen Systems kristallisiert und in Wasser leichter löslich ist; kristallgeometrisch dem Aragonit ähnlich (Isotyp); nicht hygroskopisch; bei Vermischung mit leicht entzündlichen Substanzen explosionsartige Verbrennung möglich; leicht schmelzbar; nicht fluoreszierend.

▲ Kalisalpeter (etwa 2,8 fach), La Maiella, Abruzzen, Italien.

VON AZURBLAU BIS GRÜN

AZURIT UND MALACHIT

Beide Mineralien ähneln sich in ihrer chemischen Zusammensetzung so sehr, daß es häufig zur Umwandlung von Azurit in Malachit kommt. Dabei geht die Mineralfarbe von sattem Azurblau in ein leuchtendes Grün über.

Azurit (siehe Seite 46) und Malachit (siehe Seite 47) stellen wasserhaltige Kupferkarbonate dar. Beide entstehen in den Oxidationszonen von Kupfersulfidlagerstätten. Azurit ist nicht stabil und wird deshalb allmählich von Malachit verdrängt. Das ist der Grund, weshalb dieses Mineral nicht so bekannt ist und auch nicht in dem Maße verwendet wird wie Malachit. Es tritt in sehr schönen, sattblauen Kristallen (Malachit ist gewöhnlich feinkristallin oder nadelig) sowie in Pseudomorphosen von Malachit nach Azurit auf, die mit ihrer grünen Färbung an die Blätter der Malve erinnern. Die

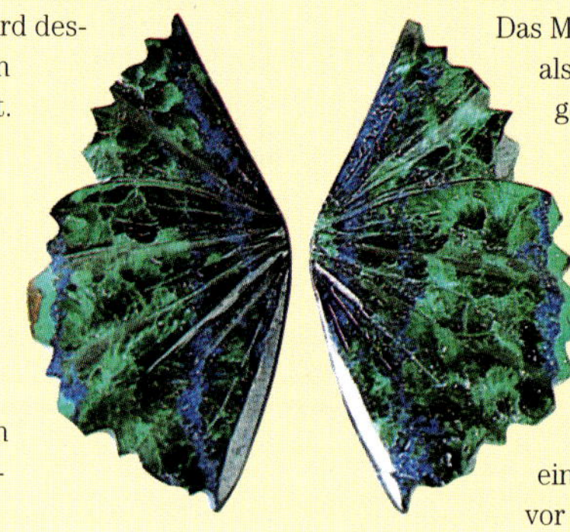

Kleine Fächer aus Malachit und Azurit.

Nadeliger Azurit (Sassari, Italien).

Nadeliger Malachit (Deutschland).

häufig auftretenden radialfaserigen Massen zeigen konzentrisch angeordnete, unterschiedliche Färbungen, die von Malvengrün bis zu intensivem Flaschengrün reichen. Malachitbrocken sind sehr begehrt; aus ihnen lassen sich sehr schöne und beliebte Schmuckgegenstände herstellen.

GESCHICHTE UND LEGENDE

Im alten Ägypten, im Griechenland und im Rom der Antike schrieb man dem Malachit heilende Kräfte zu. Das Mineral wurde sogar als Abführmittel und gegen Darmkoliken eingesetzt. Im Mittelalter glaubte man, daß der Malachit Macht über Gespenster besäße. Auch Reisende, die sich durch einen solchen Stein vor Blitzeinschlägen, nächtlichen Gefahren und vor Ängsten allgemein geschützt fühlten, schätzten den Malachit. Im Orient war der Malachit Teil der religiösen Symbolik, und man benutzte ihn, um Kultstätten zu schmücken.

VERWENDUNG

Die berühmtesten Malachitlagerstätten befinden sich im Ural (Rußland). Das Mineral wurde für die Herstellung von Schmuck- und Ziergegenständen und als Material für Wandverkleidungen verwendet. Wegen seiner starken Färbung benutzte man Malachit lange Zeit als Pigment bei der Zubereitung von Ölfarben. Die in der Ermitage gezeigte Sammlung zeichnet sich durch besonderen Reichtum aus.

Früher fand auch Azurit Verwendung als Pigment für Ölfarben. Da es sich jedoch häufig in Malachit umwandelte, nahm das Pigment bereits nach kurzer Zeit eine grüne Färbung an. Dieses Phänomen läßt sich auch an vielen Wandgemälden aus der Zeit der Renaissance beobachten.

Feinkristallines Aggregat von Malachit.

SASSOLIN
(BORSÄURE)

FORMEL: $B(OH)_3$ Nesoborat.
KRISTALLFORM: Triklines System, pinakoidale Klasse. In tafeligen Kristallen mit pseudohexagonalem Umriß, in schuppigen Aggregaten.
FARBE: Weiß, grau, gelb, blau.
HÄRTE: 1.
DICHTEZAHL: 1,48.
GLANZ: Perlmuttglänzend.
ENTSTEHUNG UND VORKOMMEN: Als Exhalationsprodukte aus heißen Tiefenwässern (berühmte Borfumarolen in der Toskana); selten als Sublimationsprodukt an Fumarolen.
BEGLEITMINERALIEN UND FUNDSTÄTTEN: Mit Boraten und Sulfaten der gleichen Herkunft. Schöne Fundstücke aus Italien, den USA und aus der Türkei.
NUTZUNG: In der pharmazeutischen Industrie und zur Herstellung von Borax verwendet.
WEITERE MERKMALE: Nach dem Ort Sasso (Toskana, Italien) benannt. Leicht schmelzend, grüne Flammenfärbung durch Boranteil; löslich in warmem Wasser und in Alkohol; nicht fluoreszierend.

▲ *Sassolin (Aggregat mikroskopisch kleiner Kristalle), Larderello, Pisa.*

BORAX
(TINKAL)

FORMEL: $Na_2B_4O_5(OH)_4 \cdot 8H_2O$ Natriumsoroborat.
KRISTALLFORM: Monoklines System, prismatische Klasse. In leicht gestreckten oder tafeligen Kristallen, gewöhnlich vertikal gestreift; in erdigen, kompakten Massen und in Überzügen.
FARBE: Farblos, weiß, grau, blau, grün.
HÄRTE: 2 – 2,5.
DICHTEZAHL: 1,73.
GLANZ: Glasartig bis harzig.
ENTSTEHUNG UND VORKOMMEN: Als Abscheidung in Eindampfungssedimenten; selten an Fumarolen oder Borfumarolen.
BEGLEITMINERALIEN UND FUNDSTÄTTEN: Mit Steinsalz, Trona, Ulexit, Nitronatrit, Gips, Glauberit. In der Vergangenheit bedeutende, jetzt jedoch erschöpfte Lagerstätten in Tibet, derzeitig Vorkommen in den USA und im Iran.
NUTZUNG: Hauptmineral für die Gewinnung von Borsäure; in der metallurgischen und in der pharmazeutischen Industrie verwendet.
WEITERE MERKMALE: Unter Aufblähen leicht schmelzend, gelbe Flammenfärbung (durch Natriumgehalt); leicht löslich in Wasser; verwittert an der Luft wegen Wasserverlust und überzieht sich mit einer opaken Patina aus Tinkalkonit; nicht fluoreszierend.

Borax (etwa natürliche Größe), Türkei. ►

ULEXIT

FORMEL: $NaCa(B_5O_6)(OH)_6 \cdot 5H_2O$ hydratisiertes Natriumkalziumsoroborat.
KRISTALLFORM: Triklines System, pinakoidale Klasse. Selten in gut ausgebildeten Kristallen, gewöhnlich in nadelförmigen Aggregaten mit radialfaseriger Struktur, in lockeren Knollen („cotton balls"); in faserigen Krusten mit traubiger Oberfläche.
FARBE: Weiß.
HÄRTE: 2,5.
DICHTEZAHL: 2.
GLANZ: Seidig.
ENTSTEHUNG UND VORKOMMEN: In Eindampfungssedimenten; selten an Fumarolen und Geysiren.
BEGLEITMINERALIEN UND FUNDSTÄTTEN: Mit Borax, Salpeter sowie weiteren Sulfaten und Boraten gleicher Herkunft. Hauptlagerstätten in Chile, Argentinien, Peru, den USA und in Kanada.
NUTZUNG: Mineral zur Borgewinnung.
WEITERE MERKMALE: Nach dem deutschen Chemiker G. L. Ulex benannt, der das Mineral als erster analysierte. Leicht schmelzbar; bläht sich bei Erhitzen auf; gelbe Flammenfärbung durch Natriumgehalt; löslich in warmem Wasser; in ultraviolettem Licht blaugrün fluoreszierend; gewöhnlich phosphoreszierend; wegen guter Lichtleitfähigkeit auch „Fernsehstein" genannt. (Legt man entlang ihrer Spaltbarkeitslinien geteilte und geglättete Kristalle auf eine bedruckte Unterlage, dann ist ein Abbild des bedeckten Teils an der obenliegenden Kristallfläche wie auf einem Bildschirm zu sehen.)

Ulexit (etwa natürliche Größe), Türkei. ►

COLEMANIT

FORMEL: $Ca_2B_6O_{11} \cdot 5H_2O$ hydratisiertes Kalziuminoborat.
KRISTALLFORM: Monoklines System, prismatische Klasse. In schönen prismatischen Kristallen, meist äquidimensional, mitunter verformten Rhomboedern oder Oktaedern ähnlich und stark modifiziert; bildet auch Drusen und bedeckt das Innere von Geoden; in kompakten oder faserigen Massen.
FARBE: Farblos, weiß.
HÄRTE: 4,5.
DICHTEZAHL: 2,4.
GLANZ: Glasartig bis diamanten.
ENTSTEHUNG UND VORKOMMEN: In Eindampfungssedimenten.
BEGLEITMINERALIEN UND FUNDSTÄTTEN: Mit Borax, Gips, Calcit, Coelestin, Ulexit und Realgar. Schöne Fundstücke aus den USA, der Türkei, aus Chile und Argentinien.
NUTZUNG: Wichtiges Mineral zur Borgewinnung; in der pharmazeutischen und der kosmetischen Industrie, zur Herstellung von hitzebeständigen Glaswaren (Pyrex,) und Lötflußmitteln verwendet.
WEITERE MERKMALE: Nach W. T. Coleman, dem Besitzer der Mine, in der das Mineral erstmals gefunden wurde, benannt. Leicht schmelzbar; zerfällt bei Erhitzen; grüne Flammenfärbung durch Borgehalt; löslich in Salzsäure, bei Temperaturverringerung bilden sich kleine Borsäurenadeln in der Lösung; in ultraviolettem Licht grün fluoreszierend.

▼ *Colemanit (etwa 0,5fach), Bigadic, Türkei.*

BORACIT

FORMEL: $Mg_3B_7O_{13}Cl$ Magnesiumtektoborat.
KRISTALLFORM: Orthorhombisches System, pyramidale Klasse. Kristalle durch Paramorphose kubisch oder oktaedrisch; in faserigen Massen (dann Staßfurtit genannt).
FARBE: Weiß, grau, gelb, blau; bei Eisenanteil verschiedene Grünschattierungen.
HÄRTE: 7 – 7,5.
DICHTEZAHL: 2,9 – 3,10.
GLANZ: Glasartig.
ENTSTEHUNG UND VORKOMMEN: In Salzlagerstätten.
BEGLEITMINERALIEN UND FUNDSTÄTTEN: Mit Gips, Anhydrit und verschiedenen halogenen Salzen. Schöne Kristalle aus Deutschland, Frankreich, England und den USA.
NUTZUNG: Für Forscher und Sammler interessant.
WEITERE MERKMALE: Dimorph, d. h. primär bei niedriger Temperatur (rhombischer Staßfurtit) und sekundär bei über 265 °C (kubischer Boracit) entstehend; äußere Form kubisch, besteht jedoch aus kleinen, miteinander verbundenen rhombischen Kristallen (Paramorphose); in Salzsäure langsam und in Wasser sehr langsam löslich; nicht fluoreszierend.

▲ *Boracit (etwa natürliche Größe), Hohenfels, Kaliwerk Selnode, Deutschland.*

ANHYDRIT

FORMEL: $Ca(SO_4)$ wasserfreies Kalziumsulfat.
KRISTALLFORM: Orthorhombisches System, dipyramidale Klasse. In selten vorkommenden, kurzsäuligen oder tafeligen Kristallen; meist in kristallinen Massen oder in körnigen, faserigen oder zusammengeballten Massen.
FARBE: Weiß, blaßrosa, grau bis schwarz.
HÄRTE: 3 – 3,5.
DICHTEZAHL: 2,96.
GLANZ: Glasartig bis seidig.
ENTSTEHUNG UND VORKOMMEN: In Eindampfungssedimenten; Produkt hydrothermaler Umwandlung von Kalk- und Dolomitgesteinen; selten als Oxidationsprodukt auf Metallgängen; selten an Fumarolen.
BEGLEITMINERALIEN UND FUNDSTÄTTEN: Mit Gips, Steinsalz, Calcit, Dolomit und Glauberit.Kappen der Salzdome in Texas und Louisiana, Frankreich, Deutschland, Polen, Indien usw. bestehen aus großen Massen des Minerals.
NUTZUNG: Zur Herstellung von Schwefelsäure; als Zierstein zur Innendekoration verwendet.
WEITERE MERKMALE: Name griechischen Ursprungs („ohne Wasser“). Leicht schmelzbar, ziegelrote Flammenfärbung; schwer löslich in Säuren; nicht fluoreszierend; geht durch Wasseraufnahme aus der Luft langsam in Gips über, wobei sich sein Volumen deutlich vergrößert.

▼ *Anhydrit (etwa 1,5 fach), Hannover, Deutschland.*

COELESTIN

FORMEL: $Sr(SO_4)$ Strontiumsulfat.
KRISTALLFORM: Orthorhombisches System, dipyramidale Klasse. In schönen prismatischen, mitunter tafeligen, gelegentlich sehr großen Kristallen, in radialfaserigen Massen.
FARBE: Farblos, milchigweiß, blau, gelblich, braun, grau.
HÄRTE: 3 – 3,5.
DICHTEZAHL: 3,95.
GLANZ: Glasartig bis harzig.
ENTSTEHUNG UND VORKOMMEN: Primärmineral in hydrothermalen Gängen; in Klüften und Hohlräumen von Dolomitgestein; in Absatzgesteinen; selten auf Metallgängen.
BEGLEITMINERALIEN UND FUNDSTÄTTEN: Mit Calcit, Dolomit, Gips, Schwefel, Sphalerit, Galenit und Pyrit. Sehr häufig vorkommend; sehr schöne Fundstücke aus Ägypten, England, Madagaskar, Tunesien und den USA.
NUTZUNG: Sehr wichtiges Mineral für die Gewinnung von Strontium; in der Pyrotechnik und in der Atomindustrie sowie zur Herstellung von irisierenden Gläsern und keramischen Gegenständen verwendet.
WEITERE MERKMALE: Bei Erhitzen stark zerknisternd; rote Flammenfärbung; leicht schmelzbar zu einer weißen Perle; kaum löslich in Wasser und Säuren; bei Verunreinigung durch Einschlüsse organischer Substanzen in ultraviolettem Licht weißlichblau fluoreszierend; mitunter thermolumineszent.

▲ *Coelestin (etwa 0,6 fach), Syrakus, Italien.*

BARYT
(SCHWERSPAT)

FORMEL: $Ba(SO_4)$ Bariumsulfat.
KRISTALLFORM: Orthorhombisches System, dipyramidale Klasse. In tafeligen, prismatischen Kristallen oder blättrigen Aggregaten; in kompakten, spätigen und zusammengeballten Massen.
FARBE: Reine Kristalle farblos, sonst gelb, rot, grün, kastanienbraun durch Einschlüsse von Eisenoxiden und -hydroxiden, blau durch Einfluß ionisierender Strahlung (Radium).
HÄRTE: 3.
DICHTEZAHL: 4,47.
GLANZ: Glasartig.
ENTSTEHUNG UND VORKOMMEN: Gangmineral in hydrothermalen Gängen mittlerer und niedriger Entstehungstemperatur; Ablagerungsprodukt an heißen Quellen.
BEGLEITMINERALIEN UND FUNDSTÄTTEN: Auf Metallgängen in Verbindung mit verschiedenen Sulfiden (Galenit, Sphalerit, Antimonit, Siderit) und mit Fluorit, Quarz, Dolomit. Schöne Fundstücke aus den USA, aus Großbritannien, Rumänien und Marokko.
NUTZUNG: Hauptmineral für die Bariumgewinnung; auch als Schweremittel in Bohrspülmitteln; in der Papierindustrie, als Kontrastmittel bei Röntgenuntersuchungen und als Rohstoff für hochwertiges weißes Farbpigment vewendet.
WEITERE MERKMALE: Auf die hohe Dichte des Minerals hinweisender Name ist griechischen Ursprungs („schwer“). Schwer schmelzbar; bei Erhitzen zerfallend; grüne Flammenfärbung; unlöslich in Säuren; einige Varietäten in ultraviolettem Licht blau oder grün fluoreszierend; gewöhnlich phosphoreszierend; von Coelestin, Aragonit, Albit, Gips und Calcit durch seine hohe Dichte zu unterscheiden; aufgrund seiner Dichte in der Vergangenheit zur Verfälschung von Mehl und Zucker benutzt.

Baryt (etwa natürliche Größe), Felsobanja, Rumänien. ►

ANGLESIT

FORMEL: $Pb(SO_4)$ Bleisulfat.
KRISTALLFORM: Orthorhombisches System, dipyramidale Klasse. In prismatischen, tafeligen oder selten dipyramidalen Kristallen; in körnigen oder kompakten Massen.
FARBE: Farblos, weiß, smaragdgrün durch Eiseneinschlüsse, grau und schwarz durch Galeniteinschlüsse.
HÄRTE: 2,5–3.
DICHTEZAHL: 6,38.
GLANZ: Diamanten.
ENTSTEHUNG UND VORKOMMEN: Als Sekundärmineral in der Oxidationszone von Bleilagerstätten entstanden; sehr selten als Sublimationsprodukt von vulkanischen Dämpfen.
BEGLEITMINERALIEN UND FUNDSTÄTTEN: Mit Galenit, Cerussit, Sphalerit, Smithsonit, Hemimorphit, Phosgenit. Schöne Fundstücke aus Namibia, Tunesien, den USA, aus Neukaledonien und Großbritannien.
NUTZUNG: Als Bleimineral wenig interessant für die Industrie; seltene grüne Kristalle sehr begehrt bei Sammlern.
WEITERE MERKMALE: Nach der Insel Anglesey vor der Nordwestküste von Wales benannt, wo das Mineral erstmals gefunden wurde. Leicht schmelzbar; beim Erhitzen zerfallend; schwer löslich in Salpetersäure; in ultraviolettem Licht gelb fluoreszierend.

▼ *Anglesit (etwa 0,7 fach), Monteponi, Cagliari, Italien.*

GIPS

FORMEL: $Ca(SO_4) \cdot 2H_2O$ hydratisiertes Calciumsulfat.
KRISTALLFORM: Monoklines System, prismatische Klasse. In transparenten tafeligen Kristallen von beachtlicher Größe (Kristallgips oder Marienglas); in durchscheinenden, faserigen Aggregaten (Seidengips), in rosettenartig verwachsenen, blättrigen Aggregaten (Sandrose), in kompakten, feinkörnigen Massen (Alabaster), mitunter marmoriert; charakteristisch sind Schwalbenschwanzzwillinge und Montmartre-Zwillinge.
FARBE: Reine Kristalle farblos, sonst gelb, braun, grün, grau, rosa.
HÄRTE: 2.
DICHEZAHL: 2,32.
GLANZ: Glasartig bis seidig.
ENTSTEHUNG UND VORKOMMEN: Charakteristisches Mineral in Eindampfungssedimenten, wo es als Verdunstungsrest oder durch Wasseraufnahme aus Anhydrit entstehen kann; als Sublimationsprodukt an Fumarolen und als Ablagerung an heißen Quellen; Oxidationsprodukt in Erzlagerstätten.
BEGLEITMINERALIEN UND FUNDSTÄTTEN: Mit Steinsalz, Coelestin, Calcit, Aragonit, Dolomit, Schwefel, Quarz, Pyrit. Fundorte in Mexiko, Chile, den USA, in Tunesien, Marokko, Kanada, Italien usw.
NUTZUNG: In der Bildhauerei, in der Baustoffindustrie, als Abbindeverzögerer für Portlandzement, als Düngemittel, als Dekorstein (Alabaster) verwendet.
WEITERE MERKMALE: Name griechischen Ursprungs. Leicht schmelzbar; wird in der Flamme durch Wasserentzug opak; löslich in Wasser und in Salzsäure; mitunter fluoreszierend.

▼ *Gips (etwa natürliche Größe), Sizilien, Italien.*

POLYHALIT

FORMEL: $K_2MgCa_2(SO_4)_4 \cdot 2H_2O$ hydratisiertes Kaliummagnesiumkalziumsulfat.
KRISTALLFORM: Triklines System, pinakoidale Klasse. Selten in Kristallen, gewöhnlich klein und sehr flächenreich; in blättrigen, faserigen oder kompakten Massen.
FARBE: Farblos, weiß, grau, häufig lachsrosa oder ziegelrot durch Einschlüsse von Hämatit.
HÄRTE: 3,5.
DICHTEZAHL: 2,78.
GLANZ: Glasartig bis harzig.
ENTSTEHUNG UND VORKOMMEN: In Kalisalzlagerstätten marinen Ursprungs und als Sublimationsprodukt an Fumarolen.
BEGLEITMINERALIEN UND FUNDSTÄTTEN: Mit Carnallit, Glauberit, Anhydrit, Steinsalz, Sylvin. Bekannte Lagerstätten in Deutschland und Kasachstan.
NUTZUNG: Wichtiges Mineral zur Kaliumgewinnung.
WEITERE MERKMALE: Leicht schmelzbar; unter Dissoziation und Abspaltung von Gips teilweise löslich in Wasser; nicht fluoreszierend.

▼ *Polyhalit (etwa 0,5 fach), Calascibetta, Casazze-Bergwerk, Enna, Italien.*

KROKOIT
(ROTBLEIERZ)

FORMEL: $PbCrO_4$ Bleichromat.
KRISTALLFORM: Monoklines System, prismatische Klasse. In stengeligen, parallel zu ihrer Längenausdehnung gestreiften Kristallen; seltener als Pseudooktaeder oder Rhomboeder und in nadeligen Aggregaten.
FARBE: Orangerot, zinnoberrot.
HÄRTE: 2,5–3.
DICHTEZAHL: 5,99.
GLANZ: Sehr heller Diamantglanz.
ENTSTEHUNG UND VORKOMMEN: Sekundärmineral in Oxidationszonen von Bleilagerstätten, besonders in der Nähe ultrabasischer chromit- und chromsilicatreicher Vulkangesteine.
BEGLEITMINERALIEN UND FUNDSTÄTTEN: Mit Verwitterungsmineralien von Bleilagerstätten. Sehr schöne Fundstücke aus Tansania, Brasilien, von den Philippinen, aus Frankreich und aus dem Ural.
NUTZUNG: Seltenes Mineral; wegen der Schönheit seiner Kristalle bei Sammlern besonders begehrt.
WEITERE MERKMALE: Auf die Mineralfarbe hindeutender Name ist griechischen Ursprungs (*krokos* – Safran). Leicht schmelzbar; löslich in starken Säuren; verliert bei Lichteinwirkung seinen Glanz; in ultraviolettem Licht schwach braun fluoreszierend; erstmals zur Gewinnung von elementarem Chrom verwendet.

▼ *Krokoit (etwa natürliche Größe), Tasmanien.*

HÜBNERIT

FORMEL: $MnWO_4$ Manganwolframat.
KRISTALLFORM: Monoklines System, prismatische Klasse. In prismatischen oder tafeligen Kristallen.
FARBE: Schwarz, gelblichbraun, rötlich.
HÄRTE: 4,5 – 5,5.
DICHTEZAHL: 7,1 – 7,3.
GLANZ: Metallisch bis harzartig und diamanten.
ENTSTEHUNG UND VORKOMMEN: In Pegmatiten und hydrothermalen Gängen hoher Entstehungstemperatur; in marinen Sanden (Seifen).
BEGLEITMINERALIEN UND FUNDSTÄTTEN: Mit Wolframit. Schöne Fundstücke aus den USA.
NUTZUNG: Für Forscher und Sammler interessant; bei ausreichender Konzentration zur Wolframgewinnung verwendet.
WEITERE MERKMALE: Nach dem Metallurgen Adolph Hübner benannt. Bildet mit Ferberit ($FeWO_4$) die isomorphe Wolframit-Reihe, deren Vertreter jeweils unterschiedliche Anteile von Mn und Fe enthalten. Halbhart, schwer, spaltbar; schwer schmelzbar zu magnetischer Kugel; zerfällt in heißer Schwefelsäure und in Königswasser unter Abscheidung von Wolframoxid; nicht fluoreszierend.

▲ *Hübnerit (etwa 1,4 fach), Trujillo, Peru.*

WOLFRAMIT

FORMEL: $(Fe, Mn)WO_4$ Eisenmanganwolframat.
KRISTALLFORM: Monoklines System, prismatische Klasse. In tafeligen Kristallen, oft mit vertikalgestreiften Flächen; mitunter in lamellenartigen Aggregaten, auch in körnigen Massen.
FARBE: Abhängig vom Verhältnis zwischen Eisen- und Mangananteil gräulichschwarz bis schwarzbraun und rötlichkastanienbraun.
HÄRTE: 4,5 – 5,5.
DICHTEZAHL: 7,2 – 7,5.
GLANZ: Abhängig vom Verhältnis zwischen Eisen- und Mangananteil von metallisch bis halbmetallisch, diamanten und harzartig.
ENTSTEHUNG UND VORKOMMEN: In Pegmatiten und hydrothermalen Gängen mittlerer Entstehungstemperatur; in Umwandlungszonen (Greisen) und pneumatolytischen Gängen; kann sich aufgrund seiner mechanischen Widerstandsfähigkeit in Seifen anreichern.
BEGLEITMINERALIEN UND FUNDSTÄTTEN: Mit Kassiterit, Scheelit, Stannin, Fluorit, Lepidolith usw. Schöne Fundstücke aus Brasilien, Bolivien, Myanmar, Malaysia, Japan, China und den USA.
NUTZUNG: Wichtiges Mineral für die Wolframgewinnung; zur Herstellung von Glühfäden und als Legierungskomponente in Hartmetallen für Werkzeuge verwendet.
WEITERE MERKMALE: Auf die Mineralzusammensetzung hindeutender Name ist deutschen Ursprungs (*Wolfram*). Schwer schmelzbar zu magnetischer Kugel; löslich in heißer Schwefelsäure und in Königswasser unter Abscheidung von Wolframoxid; nicht fluoreszierend; Zwischenglied der Mischkristallreihe zwischen Ferberit (Eisenwolframat) und Hübnerit (Manganwolframat).

Wolframit (etwa natürliche Größe), Zinnwald, Deutschland. ►

SCHEELIT
(TUNGSTEIN)

FORMEL: $Ca(WO_4)$ Kalziumwolframat.
KRISTALLFORM: Tetragonales System, dipyramidale Klasse. In pseudooktaedrischen und dipyramidalen Kristallen, mitunter tafelig und von bemerkenswerter Größe; in körnigen oder kompakten Massen.
FARBE: Gelb bei Molybdängehalt, grünlich, grau, rötlich und weiß.
HÄRTE: 4,5 – 5.
DICHTEZAHL: 5,8 – 6,2.
GLANZ: Glasartig bis harzig.
ENTSTEHUNG UND VORKOMMEN: In pneumatolytischen Gängen hoher Entstehungstemperatur, in Pegmatiten, in Skarnerzlagerstätten,die durch Metasomatose oder Kontaktmetamorphose zwischen intrusivem und karbonatischem Gestein entstanden sind.
BEGLEITMINERALIEN UND FUNDSTÄTTEN: Mit Wolframit, Kassiterit, Arsenopyrit, Molybdänit, Stibnit, Calcit. Schöne Fundstücke aus Brasilien, Bolivien, Myanmar, Malaysia, Japan, China und den USA.
NUTZUNG: Wichtiges Mineral für die Wolframgewinnung.
WEITERE MERKMALE: Nach dem schwedischen Chemiker C. W. Scheele (1742 – 1786) benannt, der Wolframoxid in dem Mineral nachwies. Schwer schmelzbar; löslich in Säuren; in ultraviolettem Licht blau (bei molybdänreicher Varietät Powellit gelb) fluoreszierend; leicht verwitternd unter Bildung von hydratisiertem Wolframoxid (Meymacit).

▼ *Scheelit (etwa natürliche Größe), Traversella, Turin, Italien.*

WULFENIT
(GELBBLEIERZ)

FORMEL: $Pb(MoO_4)$ Bleimolybdat
KRISTALLFORM: Tetragonales System, pyramidale Klasse. In tafeligen, selten in oktaedrischen oder pseudokubischen Kristallen; in körnigen oder erdigen Massen.
FARBE: Orange, gelb, rotorange.
HÄRTE: 2,5 – 3.
DICHTEZAHL: 6,5 – 7.
GLANZ: Harzartig bis diamanten.
ENTSTEHUNG UND VORKOMMEN: In der Oxidationszone von Blei- und Molybdänlagerstätten gebildetes Umwandlungsprodukt.
BEGLEITMINERALIEN UND FUNDSTÄTTEN: Mit Cerussit, Vanadinit, Pyromorphit, Mimetesit. Sehr schöne Fundstücke aus den USA, aus Marokko, Mexiko, dem Kongo, aus Algerien, Namibia und Australien.
NUTZUNG: Sekundäre Bedeutung für die Molybdängewinnung; wegen seiner schönen Kristalle von Sammlern sehr geschätzt.
WEITERE MERKMALE: Nach dem österreichischen Mineralogen F. X. Wulfen (1728 – 1805) benannt. Leicht schmelzbar zu einer Kugel aus metallischem Blei; wird in Säuren langsam zersetzt, Lösung färbt sich bei Zusatz von Alkohol blau; nicht fluoreszierend.

▼ *Wulfenit (etwa natürliche Größe), Jugoslawien.*

MONAZIT

FORMEL: (Ce,La,Y,Th)PO_4 Zeriumlanthanyttriumthoriumphosphat.
KRISTALLFORM: Monoklines System, prismatische Klasse. In einzeln stehenden tafeligen oder prismatischen Kristallen.
FARBE: Gelb, braun, rötlich.
HÄRTE; 5 – 5,5.
DICHTEZAHL: 4,6 – 5,4.
GLANZ: Glasartig bis harzig; seidig, wenn durch radioaktive Strahlung des Thoriums die Regelmäßigkeit des Kristallgitters gestört wird (Mineral wird metamikt).
ENTSTEHUNG UND VORKOMMEN: Ziemlich seltenes Mineral; als akzessorischer Gemengteil in Graniten, Syeniten und Alkaligesteinen; reichert sich aufgrund großer Härte und hoher Dichte in Fluß- und Strandseifen an.
BEGLEITMINERALIEN UND FUNDSTÄTTEN: Mit Fergusonit, Samarskit, Columbit. Bekannte Vorkommen auf Madagaskar, in Brasilien, Indien, den USA, in Schweden und Norwegen.
NUTZUNG: Hauptmineral zur Thorium- und Ceriumgewinnung.
WEITERE MERKMALE: Auf die Seltenheit des Minerals hindeutender Name ist griechischen Ursprungs („einsam"). Nicht schmelzbar; zersetzt sich langsam in heißer Schwefelsäure; wird bei Erhitzen grau; nicht fluoreszierend; Cheralith-Varietät mit hohem Thoriumgehalt; Brechungsindizes und Dichte je nach Zusammensetzung veränderlich.

▼ *Monazit (etwa 1,5fach), Arendal, Norestoe, Norwegen.*

DER TÄUSCHENDE STEIN

APATITE

Unter dem Begriff „Apatite" wird eine Anzahl einander ähnlicher Mineralien zusammengefaßt, die sich anhand des Anions am Ende der chemischen Formel oder anhand der Substitution der [PO_4]-Gruppe durch [CO_3] oder [CO_3OH] unterscheiden lassen.

APATITE	CHEMISCHE FORMEL
Hydroxylapatit	$Ca_5(PO_4)_3OH$
Fluorapatit	$Ca_5(PO_4)_3F$
Chlorapatit	$Ca_5(PO_4)_3Cl$
Karbonatfluorapatit	$Ca_5(PO_4, CO_3, F)_3F$
Karbonathydroxylapatit	$Ca_5(PO_4, CO_3, OH)_3OH$

Apatitkristalle (Mexiko).

DER ORT IHRER ENTSTEHUNG

Mit Ausnahme von Fluorapatit, der nur in Erstarrungsgesteinen auftritt, können Apatite (siehe Seite 54) in unterschiedlichen Kristallisationsmilieus entstehen. Sie können deshalb – abhängig von den Entstehungsbedingungen – in ihrer Form und Zusammensetzung verschieden sein. Hydroxylkarbonat-Apatit ist nicht allein ein totes Mineral, sondern stellt auch einen wichtigen Bestandteil menschlicher und tierischer Skelette dar. Aus Ansammlungen abgestorbenen organischen Materials konnten sich im Laufe der Zeit sedimentäre Phosphatabblagerungen bilden. Wichtiger jedoch sind die Sedimente anorganischen Ursprungs, in denen Fluorhydroxyl-Apatit vorherrscht. Große Lagerstätten dieser Art gibt es in Westafrika (die wichtigsten sind in der westlichen Sahara gelegen).

EIN NAME UND VIELE FORMEN

Seinen aus dem Griechischen abgeleiteten Namen („ich täusche") erhielt der Apatit, weil er leicht mit anderen Mineralien, wie Turmalin, Olivin, Aquamarin, Amethyst, Fluorit u. a., verwechselt werden kann, denen er mit seinen Kristallformen, seinem Glasglanz und seiner Farbenvielfalt ähnelt. Seine Kristalle können recht verschiedene Formen annehmen – von kurzsäuligen hexagonalen Prismen mit dipyramidalen Spitzen oder vielen kleinen, für andere geometrische Formen typischen Flächen am Ende bis zu abgeflachten, durch ebene und parallele Flächen begrenzten Prismen.

DIE FARBEN

Apatit kann farblos sein; er kommt jedoch auch in verschiedenen Färbungen – in Gelb, Honiggelb, Braun, Grünbraun, in sattem Grün, in Blaßgrün, Violett, Himmelblau, Grau und Rosa – vor.

Brauner Apatitkristall.

Wegen seiner relativ geringen Härte ist er als Edelstein nur bei Sammlern geschätzt. Apatite mit Katzenaugeneffekt kann man mit einem Cabochonschliff versehen und so gut zur Wirkung bringen. Den niedrigsten Wert besitzen braune Steine; mehr Beachtung dagegen finden – besonders in den USA – dunkelgrüne, grünlich-blaue, hellblaue und saphirblaue Apatite. In England schätzt man vor allem die aus Spanien stammende gelbgrüne Varietät (Spargelstein).

Chlorapatit (Norwegen).

Apatit (Deutschland).

Karbonatapatit (USA).

APATIT

FORMEL: $Ca_5(PO_4)_3(OH,F,Cl)$ Calciumhydroxyphosphat, Chlorophosphat oder Fluorophosphat.
KRISTALLFORM: Hexagonales System, dipyramidale Klasse. In schönen kurzsäuligen, hexagonalen, prismatischen Kristallen in Kombination mit Dipyramiden; in körnigen Massen, erdigen Knollen, traubigen Krusten und kryptokristallinen Aggregaten (Kollophan).
FARBE: Farblos, gelb, braun, grün, violett, selten rot oder blau.
HÄRTE: 5.
DICHTEZAHL: 3–3,2.
GLANZ: Glasartig bis harzähnlich.
ENTSTEHUNG UND VORKOMMEN: Als Nebenmineral in vielen sauren und basischen Gesteinen; in pegmatitischen Quergängen und hydrothermalen Gängen, Gangmineral in Eisen- und Wolfram-mineral-Lagerstätten; in kontakt- und regionalmetamorphen Gesteinen,Absatzgesteinen, organischen Ablagerungen (Phosphorite) und marinen Lagerstätten anorganischer Herkunft.
BEGLEITMINERALIEN UND FUNDSTÄTTEN: In pegmatitischen Quergängen, in Verbindung mit Lepidolith, Spodumen, Beryll, Quarz; mit Adular, Chlorit, Titanit, Biotit, Skapolith in metamorphen Gesteinen. Sehr schöne Kristalle aus den USA, aus Mexiko, Kanada, Marokko, Algerien, Tunesien und Togo.
NUTZUNG: Hauptmineral zur Gewinnung von Phosphor und Phosphorsalzen.
WEITERE MERKMALE: Name griechischen Ursprungs („ich täusche“). Schwer schmelzbar; bei einigen Varietäten Verlust der Färbung durch Erhitzen; gelb oder blaßviolett fluoreszierend; amorphes Phosphat ist Bestandteil des Guano (Ablagerungen von Vogelexkrementen), der auf einigen Inseln und in südpazifischen Küstengegenden vorkommt. (Siehe Kasten auf Seite 53.)

▼ *Apatit (etwa 0,5 fach), Mexiko.*

PYROMORPHIT
(BRAUNBLEIERZ)

FORMEL: $Pb_5(PO_4)_3Cl$ Bleichlorophosphat.
KRISTALLFORM: Hexagonales System, dipyramidale Klasse. In prismatischen Kristallen mit hexagonaler Basis (kurzsäulig, mitunter tonnenförmig); auch in feinkristallinen Aggregaten, kleinen nierigen Aggregaten und Verkrustungen.
FARBE: Farblos, grün, braun.
HÄRTE: 3,5–4.
DICHTEZAHL: 7,04.
GLANZ: Harzartig bis diamanten.
ENTSTEHUNG UND VORKOMMEN: Durch Umwandlung in der Oxidationszone von Bleilagerstätten entstandenes Sekundärmineral.
BEGLEITMINERALIEN UND FUNDSTÄTTEN: Mit Cerussit, Smithsonit, Hemimorphit, Anglesit, Malachit, Leadhillit, Wulfenit, Mimetesit. Sehr schöne Fundstücke aus Mexiko, Australien, den USA, aus Deutschland, Großbritannien.
NUTZUNG: Sekundärmineral zur Bleigewinnung; interessant für Forscher und Sammler.
WEITERE MERKMALE: Auf das Aussehen des Minerals beim Schmelzen (bildet eine Kugel aus metallischem Blei) hindeutender Name ist griechischen Ursprungs („Feuer“ und „Gestalt“). Bildet mit Mimetesit und Vanadinit die Pyromorphit-Reihe der Apatitgruppe (isomorphe Mineralien, deren Anionen vollständig substituiert werden können); leicht schmelzbar; löslich in Säuren; nicht fluoreszierend.

▼ *Pyromorphit (etwa 2 fach), Ural, Rußland.*

MIMETESIT
(GRÜNBLEIERZ)

FORMEL: $Pb_5(AsO_4)_3Cl$ Bleichlorarsenat.
KRISTALLFORM: Hexagonales System, dipyramidale Klasse. In prismatischen Kristallen mit hexagonaler Basis, häufig tonnenförmig; in kugeligen Aggregaten (Varietät Kampylit) und in nierigen Krusten (Varietät Hedyphan).
FARBE: Farblos, gelb, braun, orange.
HÄRTE: 3,5–4.
DICHTEZAHL: 7,24.
GLANZ: Harzartig bis diamanten.
ENTSTEHUNG UND VORKOMMEN: Durch Umwandlung in den Oxidationszonen von Blei- und Zinklagerstätten entstandenes Sekundärmineral.
BEGLEITMINERALIEN UND FUNDSTÄTTEN: Mit Cerussit, Smithsonit, Hemimorphit, Anglesit, Malachit, Leadhillit, Wulfenit, Pyromorphit, Arsenopyrit und anderen Arsenmineralien. Schöne Kristalle aus Australien, Namibia, Mexiko, den USA und aus Großbritannien.
NUTZUNG: Sekundärmineral zur Bleigewinnung; interessant für Forscher und Sammler.
WEITERE MERKMALE: Auf die bemerkenswerte Ähnlichkeit mit Pyromorphit hindeutender Name ist griechischen Ursprungs („Nachahmer“). Leicht schmelzbar zu einer Kugel aus metallischem Blei; bei Erhitzen in reduzierender Flamme entstehen nach Knoblauch riechende Arsendämpfe; löslich in Säuren; nicht fluoreszierend; isomorphes Mineral der Pyromorphit-Reihe.

▲ *Mimetesit, Varietät Kampylit (etwa 0,5 fach), Idaho, USA.*

VANADINIT
(VANADINBLEIERZ)

FORMEL: $Pb_5(VO_4)_3Cl$ Bleichlorvanadat
KRISTALLSYSTEM: Hexagonales System, dipyramidale Klasse. In prismatischen Kristallen mit hexagonaler Basis, meist klein, häufig als Hohlprismen mit abgerundeten Kanten; bildet mitunter sehr schöne Drusen mit winzigen Kristallen.
FARBE; Orangerot, scharlachrot, gelbbraun.
HÄRTE; 2,5–3.
DICHTEZAHL: 6,88.
GLANZ: Harzartig bis diamanten.
ENTSTEHUNG UND VORKOMMEN: Durch Umwandlung in den Oxidationszonen von Bleilagerstätten entstandenes Sekundärmineral.
BEGLEITMINERALIEN UND FUNDSTÄTTEN: Mit Cerussit, Descloizit, Anglesit, Mottramit, Wulfenit, Pyromorphit, Mimetesit. Schöne Fundstücke aus Marokko, Mexiko, den USA und aus Südafrika.
NUTZUNG: Wichtiges Mineral zur Vanadiumgewinnung; in der metallurgischen Industrie und in Färbereien.
WEITERE MERKMALE: Isomorphes Mineral der Pyromorphit-Reihe. Leicht schmelzbar zu einer Kugel aus metallischem Blei, aus der nach Oxidieren und Erhitzen in reduzierender Flamme und unter Zugabe von Phosphorsalz eine smaragdgrüne Perle entsteht; löslich in Säuren mit rotem Rückstand (im Gegensatz zu anderen Mineralien der Reihe, die weißen Rückstand bilden); nicht fluoreszierend; arsenreiche Varietät ist Endlichit.

Vanadinit (etwa 2 fach), Marokko. ►

ADAMIN

FORMEL: $Zn_2(AsO_4)(OH)$ wäßriges Zinkarsenat.

KRISTALLFORM: Orthorhombisches System, dipyramidale Klasse. In eher kleinen gestreckten und tafeligen Kristallen und in radialfaserigen oder fächerförmigen Aggregaten.

FARBE: Farblos, gelb, violett, grün durch Kupferanteil, rosa bei Kobaltanteil.

HÄRTE: 3,5.

DICHTEZAHL: 4,32 – 4,48.

GLANZ: Glasartig.

ENTSTEHUNG UND VORKOMMEN: Durch Umwandlung in den Oxidationszonen von Zinklagerstätten entstandenes Sekundärmineral.

BEGLEITMINERALIEN UND FUNDSTÄTTEN: Mit Olivenit, Smithsonit, Hemimorphit, Malachit, Azurit. Schöne Fundstücke aus Algerien, Mexiko, Namibia, Chile, der Türkei, aus Griechenland und Frankreich.

NUTZUNG: Für Forscher und Sammler interessant.

WEITERE MERKMALE: Nach dem französischen Mineralogen G. I. Adam (1795 – 1881) benannt. Isomorph mit Olivenit, mit dem es wegen der Mischbarkeit von Zink und Kupfer eine vollständige Reihe bildet; leicht schmelzbar; zerfällt bei Erhitzen und verliert Farbe; gut löslich in verdünnten Säuren; in ultraviolettem Licht mitunter zitronengelb fluoreszierend.

▼ *Adamin (etwa 0,4 fach), Mexiko.*

OLIVENIT

FORMEL: $Cu_2(AsO_4)OH$ wäßriges Kupferarsenat.

KRISTALLFORM: Orthorhombisches System, dipyramidale Klasse. In gestreckten und tafeligen Kristallen; in körnigen oder erdigen, selten kompakten Massen; in Nestern mit faseriger Struktur und in nierigen Aggregaten.

FARBE: Grünlichblau, olivgrün oder schwärzlichgrün.

HÄRTE: 3.

DICHTEZAHL: 3,39 – 4,4.

GLANZ: Diamanten, bei faserigen Varietäten glasartig.

ENTSTEHUNG UND VORKOMMEN: Durch Umwandlung in den Oxidationszonen von Kupfer- und Arsenlagerstätten entstandenes Sekundärmineral.

BEGLEITMINERALIEN UND FUNDSTÄTTEN: Mit Adamin, Smithsonit, Malachit, Azurit, Skorodit. Sehr schöne Fundstücke aus Namibia, den USA, aus Frankreich usw.

NUTZUNG: Für Forscher und Sammler interessant.

WEITERE MERKMALE: Isomorph mit Adamin, mit dem es eine vollständige Reihe von Mineralien bildet, deren veränderliche Zink- und Kupferanteile mischbar und miteinander austauschbar sind; leicht schmelzbar unter Abgabe von Arsendämpfen (Knoblauchgeruch); löslich in Säuren; nicht fluoreszierend.

▼ *Olivenit (etwa 1,5 fach), Cornwall, Großbritannien.*

DESCLOIZIT

FORMEL: $Pb(Zn,Cu)(VO_4)(OH)$ wäßriges Bleivanadat.

KRISTALLFORM: Orthorhombisches System, disphenoidische Klasse. Selten in Kristallen, normalerweise in subparallelen Aggregaten, in mosaikartigen oder fächerförmigen Formen; in faserigen oder traubigen Massen.

FARBE: Rotbraun bis schwarzbraun, grün durch hohen Kupfergehalt.

HÄRTE: 3 – 3,5.

DICHTEZAHL: 5,9 – 6,2.

GLANZ: Harzartig.

ENTSTEHUNG UND VORKOMMEN: Durch Umwandlung in den Oxidationszonen von Blei-, Zink- und Kupferlagerstätten entstandenes Sekundärmineral.

BEGLEITMINERALIEN UND FUNDSTÄTTEN: Mit Vanadinit, Cerussit, Wulfenit, Pyromorphit, Mimetesit. Schöne Kristalle aus Namibia, dem Kongo, aus Sambia, Mexiko und den USA.

NUTZUNG: Selten in abbauwürdigen Konzentrationen vorkommendes, wichtiges Vanadiummineral.

WEITERE MERKMALE: Nach dem französischen Mineralogen Alfred Des Cloizeau (1817 – 1897) benannt. Isomorph mit Mottramit (Blei-Kupfer-Vanadat), mit dem es aufgrund der vollständigen Mischbarkeit von Zink und Kupfer eine vollständige Reihe bildet; leicht schmelzbar; zerfällt beim Erhitzen; löslich in Säuren; nicht fluoreszierend.

▲ *Descloizit (etwa 0,3 fach), Südafrika.*

LAZULITH

FORMEL: $(Mg,Fe)Al_2(PO_4)_2(OH)_2$ wäßriges Magnesiumaluminiumphosphat.

KRISTALLFORM: Monoklines System, prismatische Klasse. Selten in pseudodipyramidalen Kristallen; normalerweise in feinkörnigen Massen.

FARBE: Blau.

HÄRTE: 5 – 6.

DICHTEZAHL: 3,06 – 3,22.

GLANZ: Glasartig.

ENTSTEHUNG UND VORKOMMEN: Als akzessorischer Gemengteil in kieselsäurereichen metamorphen Gesteinen (Quarzite); in Pegmatiten und Quarzgängen.

BEGLEITMINERALIEN UND FUNDSTÄTTEN: Mit Quarz, Korund, Cyanit, Sillimanit, Granat, Sapphirin und Dumortierit in Quarziten; in Pegmatiten mit Andalusit und Rutil. Schöne Fundstücke aus den USA, aus Bolivien, Brasilien, Madagaskar, Schweden und Österreich.

NUTZUNG: In erster Linie für Schmuck- und Ziergegenstände verwendet.

WEITERE MERKMALE: Auf die Mineralfarbe hindeutender Name ist lateinischen (*lapis* – Stein) und persisch-arabischen Ursprungs (*zuward* – blau). Nicht schmelzbar; verliert bei Erhitzen Farbe und zerbricht; mäßig löslich in heißen starken Säuren; nicht fluoreszierend.

▼ *Lazulith (etwa 2 fach), Georgia, USA.*

VIVIANIT
(BLAUEISENERZ)

FORMEL: $Fe_3(PO_4)_2 \cdot 8H_2O$ hydratisiertes Eisenphosphat.
KRISTALLFORM: Monoklines System, prismatische Klasse. In prismatischen Kristallen von mitunter beachtlicher Größe (mehr als einen Meter lang); in strahligen Aggregaten, erdigen Knollen, Patinas und Verkrustungen.
FARBE: Frisch farblos oder weiß; an der Luft sofort oxidierend, dann grünlich mit blauen Lichtreflexen.
HÄRTE: 2.
DICHTEZAHL: 2,6 – 2,7.
GLANZ: Glasartig bis metallisch durch hohen Eisengehalt.
ENTSTEHUNG UND VORKOMMEN: Sekundärmineral in den Oxidationszonen vieler Sulfidlagerstätten; in Pegmatiten als Umwandlungsprodukt von Eisen- und Magnesiumphosphaten; in Seesedimenten, die durch die Einwirkung eisenhaltigen Wassers auf phosphatische organische Reste entstanden sind.
BEGLEITMINERALIEN UND FUNDSTÄTTEN: Mit anderen Umwandlungsmineralien. Sehr berühmte, große Kristalle aus Kamerun; weitere gute Fundstücke aus Bolivien, den USA und aus Deutschland.
NUTZUNG: Abbauwürdig nur in großen Konzentrationen; als Farbstoff verwendet.
WEITERE MERKMALE: Nach dem Entdecker des Minerals, dem englischen Mineralogen J. G. Vivian, benannt. Bildet mit Erythrin, Annabergit, Köttigit und Parasymplesit die isomorphe Vivianit-Reihe, bei denen jeweils das Kation und/oder das Anion ausgetauscht sind; leicht schmelzbar; löslich in starken Säuren; nicht fluoreszierend.

▼ *Vivianit (etwa 0,1fach), Kertsch, Krim, Ukraine.*

EINE UNVERWECHSELBARE FARBE

DER TÜRKIS

Trotz der typischen satten und eindrucksvollen himmelblauen Färbung, die den Stein nahezu unverwechselbar macht, hat es bereits unzählige Versuche gegeben, den Türkis zu imitieren.

DER NAME

Die Herkunft des Edelsteinnamens ist unklar und bis heute umstritten. Einige meinen, der Name sei von dem persischen Wort *piruzeh* oder vom arabischen *firuzeh* abgeleitet; andere wiederum glauben, die Bezeichnung beziehe sich auf das satte Blau des Steins, das im Italienischen *turchino* heißt. Die wohl einleuchtendste Interpretation besagt, daß der Name auf die Türken zurückgeht, die den Stein im Abendland verbreitet bzw. das edle Mineral besonders geschätzt haben. (Siehe Seite 57.)

Nach Meinung mancher Gelehrter könnte der Türkis sogar der achte Stein im Amtsschild des Hohepriesters gewesen sein. Daß die Völker der Antike den Türkis kannten und verwendeten, belegen zahlreiche archäologische Funde, zu denen auch der prächtige, nahezu vollständig aus Türkis bestehende Brustschild von Pharao Sesostris II. gehört; er ist im New Yorker Metropolitan Museum of Art zu sehen.

Chinesische Türkisskulptur (Höhe 25 cm).

DIE LEGENDEN

Wie bei allen Schmucksteinen, so wurde in der Vergangenheit auch dem Türkis eine Vielzahl von Wirkungen nachgesagt. So sollte er Schutz bieten vor den Schmerzen eines plötzlichen Sturzes und vor seelischer Unruhe. Der Stein galt auch als Symbol des Edelmuts und der Weisheit.

Die Azteken maßen dem Stein einen solchen Wert bei, daß das Vermögen eines Mannes an der Zahl der ihm gehörenden Türkise gemessen wurde. Die Navajo in Arizona sehen den Türkis als ein Stück Himmel an, das zur Erde gefallen ist. Übernatürliche Kräfte schrieb man dem Stein am Hofe des Byzantinischen Reiches zu.

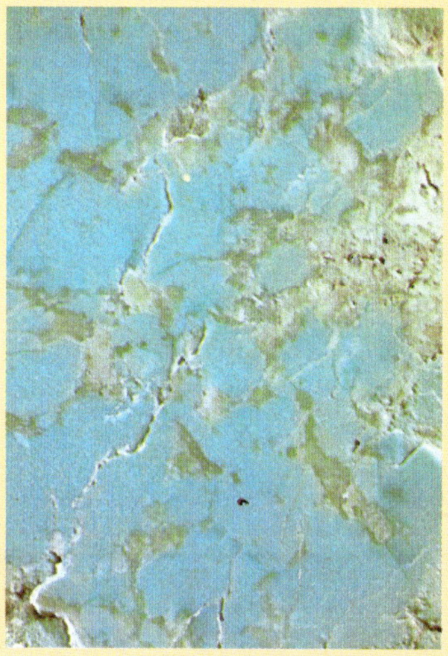

Türkis (USA).

BERÜHMTE TÜRKISE

Türkise kommen selten in großen Stücken vor. Zu den größten zählt der Türkis aus dem Besitz des Großherzogs der Toskana. In diesen Stein ist der Kopf von Julius Cäsar geschnitten. Weitere berühmte Stücke sind der ebenfalls mit einer Gravur versehene Türkis des Herzogs von Orleans und die Steine aus dem Schatz des Schahs von Persien. Im Orient findet man häufig Türkise, in die Suren aus dem Koran eingraviert sind. Als besonders wertvoll gilt die berühmte Statuette „Kwanyin" aus dem Jahre 1450 (Ming-Dynastie). Das mit einem Korallenzweig verzierte Kunstwerk ist 820 Gramm schwer und besteht ganz aus Türkis.

IMITATIONEN

Der Türkis ist ein sehr begehrter Stein, der wegen seines hohen Preises oft nachgeahmt worden ist. Heute sind zwei Arten dieser Imitationen im Handel – die synthetische und eine Fälschung des natürlichen Steins.

Der synthetische Stein zeigt ein schönes Äußeres und ist dem natürlichen sehr ähnlich. Man kann ihn jedoch anhand des unter der Lupe sichtbaren Netzmusters von einem echten Türkis unterscheiden. Die zweite Art der Imitation entsteht aus Türkisen, die aufgrund ihrer hohen Porosität nicht edelsteinwürdig sind. Zur Verbesserung ihrer ästhetischen Eigenschaften behandelt man sie mit gefärbten Harzen. Sie sind jedoch mit Hilfe einer Lupe und etwas Erfahrung als Fälschungen zu erkennen.

Kleinodien aus Türkis.

ERYTHRIN
(KOBALTBLÜTE)

FORMEL: $Co_3(AsO_4)_2 \cdot 8H_2O$ hydratisiertes Kobaltarsenat.
KRISTALLFORM: Monoklines System, prismatische Klasse. In kleinen, häufig in radialfaserigen Aggregaten angeordneten prismatischen Kristallen; in erdigen Massen und in Patinas („Kobaltblüte").
FARBE: Von karminrot bis violettrot; durch Zersetzung perlgrau.
HÄRTE: 1,5 – 2,5.
DICHTEZAHL: 3,07.
GLANZ: Glasartig bis perlmuttglänzend.
ENTSTEHUNG UND VORKOMMEN: Durch Umwandlung in den Oxidationszonen von Kobaltsulfidlagerstätten entstandenes Sekundärmineral.
BEGLEITMINERALIEN UND FUNDSTÄTTEN: Mit Adamin, Azurit, Malachit, Corodit, Symplesit. Berühmte Fundstätten in Marokko, im Iran, in Kanada, den USA, in Deutschland und Frankreich.
NUTZUNG: Wegen seiner leuchtenden Färbung ausgezeichnetes Leitmineral bei der Suche nach Kobaltmineralien.
WEITERE MERKMALE: Auf die Mineralfarbe hinweisender Name ist griechischen Ursprungs („rot"). Leicht schmelzbar; färbt sich bei Erhitzen blau; löslich in Säuren, bildet dabei rote Lösung; nicht fluoreszierend.

▼ *Erythrin (etwa 0,4 fach), Marokko.*

AUTUNIT
(KALKURANGLIMMER)

FORMEL: $Ca(UO_2)_2(PO_4)_2 \cdot 10H_2O$ Calciumuranatphosphat.
KRISTALLFORM: Tetragonales System, ditetragonal-dipyramidale Klasse. In tafeligen und blätterigen Kristallen, sehr leicht spaltbar, fast glimmerähnlich; in fächerförmigen Aggregaten.
FARBE: Leuchtend gelb, grünlichgelb.
HÄRTE: 2 – 2,5.
DICHTEZAHL: 3,05 – 3,19.
GLANZ: Glasartig bis perlmuttglänzend.
ENTSTEHUNG UND VORKOMMEN: Durch Umwandlung primärer Uranmineralien entstandenes Sekundärmineral; in Pegmatiten und hydrothermalen Gängen.
BEGLEITMINERALIEN UND FUNDSTÄTTEN: Mit Torbernit und Zeunerit. Sehr schöne Fundstücke aus den USA, aus Australien, Zaire, Frankreich und Portugal.
NUTZUNG: Wichtiges Uranmineral, jedoch selten in abbauwürdigen Lagerstätten.
WEITERE MERKMALE: Nach dem französischen Autun benannt, wo das Mineral erstmals beschrieben wurde. Vertreter der Uranglimmer-Gruppe, die wegen ihrer vollkommenen Spaltbarkeit und wegen des Uranyl-Ions so genannt wird; wandelt sich in trockener Luft in Meta-Autunit um, dessen Gitter eine veränderliche Zahl von Wassermolekülen (0 – 6) enthält; schmelzbar; löslich in Säuren; in ultraviolettem Licht gelblichgrün fluoreszierend; hochradioaktiv.

▼ *Autunit (etwa 2 fach), Lurisia, Cuneo, Italien.*

TÜRKIS

FORMEL: $CuAl_6(PO_4)_4(OH)_8 \cdot 5H_2O$ hydratisiertes Kupferaluminiumphosphat.
KRISTALLFORM: Triklines System, pinakoidale Klasse. Sehr selten in Kristallen, normalerweise in Knollen und feinkristallinen Adern mit nieriger Oberfläche; in kompakten, mitunter erdigen Massen.
FARBE: Sanft himmelblau, hellgrün.
HÄRTE: 5 – 6.
DICHTEZAHL: 2,6 – 2,83.
GLANZ: Seidig.
ENTSTEHUNG UND VORKOMMEN: Durch Umwandlung aluminiumreicher Erstarrungsgesteine entstandenes Sekundärmineral.
BEGLEITMINERALIEN UND FUNDSTÄTTEN: Mit Limonit, Chalcedon, Kaolinit. Berühmte Fundpunkte im Iran, in Ägypten, Mexiko und den USA.
NUTZUNG: Kräftig himmelblaue Türkise ohne Schattierungen sehr wertvoll als Schmucksteine.
WEITERE MERKMALE: Nach den Türken („türkischer Stein") benannt, die den Stein im Abendland verbreiteten. Auch als Kallait bekannt. Nicht schmelzbar; bei Erhitzen in Salzsäure löslich, mit Ammoniak behandelte Lösung färbt sich blau; bei Erhitzen in geschlossenem Gefäß Braun- oder Schwarzfärbung; in ultraviolettem Licht mit wechselnder Intensität grün fluoreszierend; häufig Imitationen, darunter der „abendländische Türkis" oder Odontholit, der aus fossiler, mit Vivianit und Türkispaste gefärbter Zahnsubstanz besteht. (Siehe Kasten auf Seite 56.)

▲ *Türkis (etwa 3 fach), Iran.*

WAVELLIT

FORMEL: $Al_3(PO_4)_2(OH, F)_3 \cdot 5H_2O$ hydratisiertes Aluminiumphosphat.
KRISTALLFORM: Orthorhombisches System, dipyramidale Klasse. Selten in rhombischen, nadeligen Kristallen; normalerweise in feinkristallinen Aggregaten entweder scheibenförmiger oder nieriger Form und radialfaseriger Struktur.
FARBE: Weiß, gelb, braun, blau, blaßgrau.
HÄRTE: 3,5 – 4.
DICHTEZAHL: 2,35.
GLANZ: Glasartig bis seidig.
ENTSTEHUNG UND VORKOMMEN: Sekundärmineral niedriger Entstehungstemperatur, in apatitreichen regionalmetamorphen Gesteinen niedrigen Umwandlungsgrades und auf Klüften in aluminiumreichen Gesteinen; in Limonit- oder Phosphatlagerstätten.
BEGLEITMINERALIEN UND FUNDSTÄTTEN: Mit Türkis, Limonit, Quarz. Schöne Fundstücke aus Brasilien, Bolivien, den USA und aus Großbritannien.
NUTZUNG: Bei abbauwürdigen Vorkommen als Ausgangsmaterial für Phosphatdünger verwendet.
WEITERE MERKMALE: Nach seinem Entdecker, dem englischen Arzt William Wavell, benannt. Nicht schmelzbar, bläht sich bei Erhitzen auf und zerkrümelt; grüne Flammenfärbung; löslich in starken Säuren; nicht fluoreszierend.

▼ *Wavellit (etwa 1,5 fach), Vogtland, Deutschland.*

OLIVIN

FORMEL: $(Mg,Fe)_2SiO_4$ Eisenmagnesiumnesosilikat.
KRISTALLFORM: Orthorhombisches System, dipyramidale Klasse. In prismatischen, tafeligen Kristallen; mitunter in feinkristallinen Massen.
FARBE: Olivgrün, gelbgrün, dunkelgrün, bräunlichgelb, eisenreiche Endglieder schwarz.
HÄRTE: 6,5 – 7.
DICHTEZAHL: 3,16 – 4,39.
GLANZ: Glasartig.
ENTSTEHUNG UND VORKOMMEN: Magnesiumhaltige Endglieder der Mischkristallreihe Forsterit-Fayalit als akzessorische Gemengteile in vielen Erstarrungsgesteinen, Hauptbestandteil von Perioditen und anderen ultrabasischen Gesteinen; in Gesteinen mit starkem Metamorphosegrad (Dolomitmarmore); eisenhaltige Endglieder der Reihe seltener und gelegentlich in Graniten und Pegmatiten.
BEGLEITMINERALIEN UND FUNDSTÄTTEN: In Geoden, häufig ohne Begleitmineralien, in ultrabasischen Gesteinen oder sogar großen, eingesprengten Kristallen. Schöne Fundstücke aus Deutschland, aus dem Ural, den USA, aus Ägypten, Myanmar usw.
NUTZUNG: Goldgelbe, transparente Varietät Chrysolith zu wertvollen Schmucksteinen verarbeitet; an magnesiumhaltigem Olivin reiche Gesteine zur Magnesiumgewinnung und zur Herstellung von Feuerfesterzeugnissen verwendet.
WEITERE MERKMALE: Auf die Mineralfarbe hindeutender Name; auch als Peridot bezeichnet. Mischkristall von Forsterit ($Mg_2(SiO_4)$) und Fayalit ($Fe_2(SiO_4)$), Bestandteile unbegrenzt mischbar; wandelt sich leicht in Serpentin, Chlorit; Eigenschaften vom Eisen- und Magnesiumgehalt abhängig; mit wachsendem Eisenanteil Brechungsindex und Löslichkeit in Säuren höher, Schmelzpunkt dagegen sinkend; nicht fluoreszierend.

▼ *Olivin (etwa 1,4 fach), Sabargad, Rotes Meer, Ägypten.*

ZIRKON

FORMEL: $Zr(SiO_4)$ Zirkoniumnesosilikat.
KRISTALLFORM: Tetragonales System, ditetragonale Klasse. In prismatischen, kurzsäuligen, mitunter dipyramidalen Kristallen.
FARBE: Farblos, gelb, grün, braun, grau, rötlich durch Anteil an Seltenerdelementen (Varietät Alvit).
HÄRTE: 7,5.
DICHTEZAHL: 3,9 – 4,86.
GLANZ: Diamanten.
ENTSTEHUNG UND VORKOMMEN: Akzessorischer Gemengteil in sauren Tiefen- und Umwandlungsgesteinen; in pneumatolytischen Gängen und Pegmatiten; aufgrund seiner Härte in alluvialen Ablagerungen.
BEGLEITMINERALIEN UND FUNDSTÄTTEN: Mit Quarz, Beryll, Turmalin, Glimmer usw. Schöne Fundstücke aus Brasilien, Sri Lanka, Japan, den USA und aus dem Ural.
NUTZUNG: Zur Zirkoniumgewinnung und für die Herstellung von Feuerfestmaterialien (Thorium, Hafnium) verwendet.
WEITERE MERKMALE: Herkunft des Namens unklar, möglicherweise von der Bezeichnung „Jargon“ für die in Sri Lanka vorkommende farblose oder rauchfarbene Varietät abgeleitet oder persischen Ursprungs (*zargun* – goldfarben). Erstmals von dem deutschen Naturforscher A. G. Werner (1750 – 1817) beschrieben. Nicht schmelzbar; löslich in konzentrierter Schwefelsäure; einige Arten in ultraviolettem Licht orangerot oder blaßblau fluoreszierend; Ersetzung des Elements Zirkonium durch Hafnium, Uran und andere Seltenerdmetalle möglich, verändert jedoch Gitterstruktur (Mineral wird metamikt) und physikalische Eigenschaften, wie z. B. Verringerung der Dichte und Doppelbrechung. (Siehe Kasten auf Seite 59.)

▲ *Zirkon (etwa natürliche Größe), Jusel, Seiland, Norwegen.*

SPHEN
(TITANIT)

FORMEL: $CaTiSiO_5$ Kalziumtitannesosilikat.
KRISTALLFORM: Monoklines System, prismatische Klasse. In prismatischen, lamellenartigen, keilförmigen, kurzsäuligen und stengligen Kristallen; häufig als Berührungs- und Durchdringungszwillinge und in feinkristallinen Aggregaten.
FARBE: Selten farblos; weiß, gelb, grün, dunkelbraun, schwarz, rosa durch Mangananteil (Greenovit).
HÄRTE: 5 – 5,5.
DICHTEZAHL: 3,4 – 3,6.
GLANZ: Diamanten bis harzartig.
ENTSTEHUNG UND VORKOMMEN: Akzessorischer Gemengteil in vielen intrusiven (Syenite, Diorite) und extrusiven Erstarrungsgesteinen (Porphyre, quarzreiche Gesteine und Rhyolite); auch in metamorphen Gesteinen (Gneis, Amphibolite und Glimmerschiefer); Anhäufung in alluvialen Sanden, wo die Mineralkörnchen eine chlorithaltige Patina haben.
BEGLEITMINERALIEN UND FUNDSTÄTTEN: Mit Granat, Diopsid, Apatit usw. Schöne Fundstücke aus den USA, aus Kanada, Norwegen, Madagaskar und Italien.
NUTZUNG: Abbau reicher Vorkommen zur Titangewinnung; teure Schmucksteine aus cabochon geschliffenen hellen und farbigen Varietäten.
WEITERE MERKMALE: Gegen Ende des 18. Jahrhunderts von dem deutschen Mineralogen M. H. Klaproth entdeckt. Von dem Abt Hauy wegen des keilförmigen Äußeren der Kristalle „Sphen“ genannt (nach dem griechischen Wort für „Keil“). Leicht schmelzbar zu einer dunkelgrünen Glasmasse; kaum angegriffen von Salzsäure, wird in konzentrierter Schwefelsäure und bei Erwärmen zersetzt; Lösung färbt sich in mit Sauerstoff angereichertem Wasser aufgrund des Titangehalts blau; leicht bläulichgrau fluoreszierend.

▼ *Sphen (etwa 0,5 fach), Hofenhorn, Binntal, Schweiz.*

ALMANDIN

FORMEL: $Fe_3^{2+}Al_2(SiO_4)_3$ Eisenaluminiumnesosilikat
KRISTALLFORM: Kubisches System, hexakisoktaedrische Klasse. In rhombischdodekaedrischen Kristallen, mitunter kombiniert mit Hexakisoktaeder und Trapezoeder.
FARBE: Rot, dunkelrot mit Violettönen.
HÄRTE: 7.
DICHTEZAHL: 4,1 – 4,3.
GLANZ: Glasartig bis harzig und diamanten.
ENTSTEHUNG UND VORKOMMEN: Typisches Mineral regionalmetamorpher Schiefer, auch in kontaktmetamorphen Gesteinen; akzessorischer Bestandteil von Eruptivgesteinen (Granite, Andesite, Diorite); aufgrund seiner Widerstandsfähigkeit gegen Umwandlung in sedimentären Lagerstätten konzentriert.
BEGLEITMINERALIEN UND FUNDSTÄTTEN: Mit Quarz, Muskovit, Biotit, Zirkon, Andalusit, Cordierit, Epidot. Recht häufig vorkommendes Mineral, sehr schöne Fundstücke aus Sri Lanka, Indien, Japan, Brasilien, Mexiko, den USA, aus Grönland, Madagaskar, Australien, Norwegen, Schweden, der Schweiz, aus Italien und Rußland.
NUTZUNG: Schleifmittel mittlerer Härte für die Textil- und Papierherstellung; rote und weinrote Varietäten zu preiswerten Edelsteinen (meist mit Smaragdschliff) verarbeitet.
WEITERE MERKMALE: Nach der antiken kleinasiatischen Stadt Alabanda benannt, wo das Mineral vielfach verwendet wurde; auch unter der Bezeichnung „Edelgranat“ bekannt. Vertreter der Familie der Granatmineralien, die aus zwei Reihen von Mineralien mit vollständiger Mischbarkeit ihrer Bestandteile gebildet wird; leicht schmelzbar; nicht löslich in Säuren; nicht fluoreszierend. (Siehe Kasten auf Seite 63.)

▼ *Rhombisch-dodekaedrischer Almandin (etwa natürliche Größe), Tirol, Österreich.*

ANDRADIT

FORMEL: $Ca_3Fe_2^{3+}(SiO_4)_3$ Kalziumeisen-nesosilikat.

KRISTALLFORM: Kubisches System, hexakisoktaedrische Klasse. In rhombischdodekaedrischen Kristallen, mitunter in Kombination mit Hexakisoktaeder und Trapezoeder.

FARBE: Braun, rötlich, schwarz (Melanit), gelb (Topazolith), grün (Demantoid).

HÄRTE: 6 – 6,5.

DICHTEZAHL: 3,7 – 3,9.

GLANZ: Glasartig bis diamanten.

ENTSTEHUNG UND VORKOMMEN: In kontaktmetamorphen Kalksteinen und in Skarnen; Melanit in vulkanischem Gestein; Demantoid und Topazolith in Serpentingesteinen.

BEGLEITMINERALIEN UND FUNDSTÄTTEN: Andradit zusammen mit Hedenbergit, Magnetit, Wollastonit, Quarz, Topazolith; Demantoid zusammen mit Chlorit, Serpentin, Talk; Melanit zusammen mit Nephelin und Feldspäten. Schöne Fundstücke aus Norwegen, Italien, der Schweiz, den USA und aus Rußland.

NUTZUNG: Demantoid und Topazolith mit Smaragdschliff zu Schmucksteinen mittlerer Preisklasse verarbeitet.

WEITERE MERKMALE: Nach dem portugiesischen Mineralogen D'Andrada benannt. Vertreter einer Mineralfamilie, die aus zwei Reihen von Mineralien mit vollständiger Mischbarkeit der Komponenten besteht. Name Demantoid deutet auf Brillanz und Lichteffekte hin, die denen von Diamant ähneln. Leicht schmelzbar zu einer schwarzen magnetischen Kugel; wird in Säuren allmählich angeätzt; sendet bei ultravioletter Bestrahlung mitunter orangerotes Licht aus. (Siehe Kasten auf Seite 63.)

▼ *Andradit auf Demantoid (etwa natürliche Größe), Val Malenco, Sondrio, Italien.*

FALSCHER DIAMANT

DER ZIRKON

Zirkon kommt in einer großen Farbenvielfalt vor – blau, rot, gelb, grün. Dennoch ist der vielleicht am besten bekannte, obschon nicht am weitesten verbreitete unter diesen Steinen der farblose Zirkon. Wegen seiner Brillanz ist dieses Mineral als hauptsächlicher Ersatz für den Diamanten beliebt.

GESCHICHTE UND LEGENDE

Früher wurde der Zirkon (siehe Seite 58) „Hyazinth“ genannt, und man unterschied zwei Varietäten – eine rote und eine blaue. Wahrscheinlich wurde der Name zur Kennzeichnung von Mineralien benutzt, die sich in ihrer Zusammensetzung oder Farbe unterschieden. Die blaue Varietät des Hyazinth war möglicherweise sogar ein Saphir (Korund). Bei Scrodero wird der Hyazinth als ein leuchtender Edelstein beschrieben, dessen Farbe sich schwach zwischen Rot und Gelb wandle und der die Flammen des Feuers nachahme. Diese Beschreibung paßt gut auf das Erscheinungsbild der roten Zirkon-Varietät. Bis zum Ende des 18. Jahrhunderts hielt man das Mineral für selten. In dieser Zeit wies Klaproth die Übereinstimmung zwischen der roten Varietät und dem „Ceylon-Hyazinth“ nach. In der Vergangenheit trug man den Zirkon als Amulett, um sich damit vor der Pest zu schützen.

Ehering mit Zirkonen und Rubinen.

Den unterschiedlich gefärbten Steinen wurden auch unterschiedliche Kräfte zugeschrieben. Der violette Zirkon galt als Wahrzeichen der Weisheit, der rote symbolisierte Zorn und Wildheit; er wurde bei Zauberriten zur Besänftigung eines Menschen benutzt, während die farblose Varietät gegen den bösen Blick und gegen Anfälle helfen sollte. Nach der katholischen Tradition war der farblose Zirkon auch das Symbol der Sittsamkeit und Bescheidenheit.

SEINE EIGENSCHAFTEN

Aufgrund seiner bemerkenswerten Farbenvielfalt hat der Zirkon große Ähnlichkeit mit dem Korund. Er unterscheidet sich allerdings von diesem durch seine geringere Härte (7,5 gegenüber 9) und durch seinen höheren Brechungsindex (1,92 gegenüber 1,77). Zirkon kann zwar einige radioaktive Elemente enthalten, die im Handel angebotenen Steine sind in der Schönheit ihrer Farbe und Transparenz durch die radioaktive Strahlung jedoch nicht beeinträchtigt und werden deshalb „Hoch-Zirkone“ genannt.

Einfarbige Zirkone unterschiedlicher Größe.

Wegen ihres hohen Brechungsindexes wurde die farblose Varietät des Zirkon oft als Ersatz für den Diamant verwendet. Vom Diamanten, der eine einfache Lichtbrechung zeigt, unterscheidet sie sich allerdings durch ihre Eigenschaft der Doppelbrechung. Den Unterschied kann man bereits mit Hilfe einer Lupe feststellen, indem man den Blick durch die Tafel in der Vorderseite des Steins auf die unteren Kanten richtet, die dann doppelt erscheinen.

SEINE FARBEN

Ohne Zweifel ist die bekannteste Varietät des Zirkon die transparente; sie läßt sich auch durch Wärmebehandlung einiger brauner und roter Varietäten erzeugen. Im Handel kann man auch Zirkonimitate finden. Dazu gehören der synthetische Spinell, der YAG (Yttriumaluminiumgranat) und der „kubische Zirkon“, der trotz des ähnlichen Namens nicht mit dem natürlichen Stein verwandt ist.

Die blaue oder himmelblaue Varietät bezeichnet man – abgeleitet von dem englische Wort für „Stern“ – als Starlit. Auch sie kann aus farbigen Zirkonen, die man einer Wärmebehandlung unterzieht, hergestellt werden. Als Schmucksteine bevorzugt man die recht häufig anzutreffenden stahlblauen Steine mit einer leicht grünlichen Nuance.

Die rote Varietät wurde in der Vergangenheit nach dem griechischen *hyacinthos* oder nach dem arabischen *zarkun* Hyazinth genannt. Sie kann mit einigen Arten des Spinells oder des Granats, die allerdings nur eine einfache Lichtbrechung zeigen, verwechselt werden. Die starke Doppelbrechung unterscheidet den roten Zirkon auch vom Rubin (Korund).

Der vom persischen *zargùn* abgeleitete Name Jargon bezeichnet die gelbe Varietät. Die grüne Abart, der Malakon,

Blauer Zirkon.

kommt relativ häufig vor; sie zeigt aufgrund verschiedener metamikter Zustände wechselnde optische Eigenschaften. Da klare Zirkone stark doppelbrechend sind, sind sie vom grünen Saphir, vom Olivin und von grünen Turmalinen gut zu unterscheiden. Stark metamikte Zirkone zeigen ein milchiges Aussehen und dichte parallele Streifungen.

Grüner (oben) und rötlicher Zirkon (unten).

UWAROWIT

FORMEL: $Ca_3Cr_2(SiO_4)_3$ Kalziumchromnesosilikat.
KRISTALLFORM: Kubisches System, hexakisoktaedrische Klasse. In kleinen Kristallen komplexer Form.
FARBE: Smaragdgrün, dunkelgrün.
HÄRTE: 7,5.
DICHTEZAHL: 3,41 – 3,52.
GLANZ: Glasartig bis harzig.
ENTSTEHUNG UND VORKOMMEN: In Serpentingesteinen und Skarnen.
BEGLEITMINERALIEN UND FUNDSTÄTTEN: Mit Talk, Chlorit, Serpentin, Chromit, Calcit, Diopsid, Quarz. Schöne Kristalle aus der Türkei, aus Rußland, Italien und Kanada.
NUTZUNG: Mit Smaragdschliff zu Schmucksteinen verarbeitet.
WEITERE MERKMALE: Nach dem Grafen Uwarow (1785 – 1855) benannt, der Minister am Hofe des Zaren und Mineraliensammler war. Gehört zur Familie der Granate, die aus zwei Reihen von Mineralien mit vollständiger Mischbarkeit ihrer Bestandteile besteht. Leicht schmelzbar, säureresistent; nicht fluoreszierend. (Siehe Kasten auf Seite 63.)

▲ *Uwarowit (etwa 0,5 fach), Finnland.*

ANDALUSIT

FORMEL: Al_2SiO_5 Aluminiumnesosilikat.
KRISTALLFORM: Orthorhombisches System, dipyramidale Klasse. In prismatischen, kurzsäuligen Kristallen, mitunter stengelig und mit quadratischem Schnitt; häufig nadelige und stäbchenförmige Aggregate.
FABRE: Farblos, weiß, grau, gelb, braun, rosig, grünbraun durch kohlige Einschlüsse in der Varietät Chiasolith.
HÄRTE: 7,5.
DICHTEZAHL: 3,16 – 3,20.
GLANZ: Glasartig.
ENTSTEHUNG UND VORKOMMEN: In Tongesteinen regionalmetamorpher oder kontaktmetamorpher Bereiche.
BEGLEITMINERALIEN UND FUNDSTÄTTEN: Mit Cordierit, Quarz, Calcit. Schöne Kristalle aus Spanien, Österreich, Brasilien, den USA und aus Australien.
NUTZUNG: Zur Herstellung von feuerfesten Materialien und säurebeständigen keramischen Produkten; transparente Varietäten zu preiswerten Schmucksteinen verarbeitet.
WEITERE MERKMALE: Nach der spanischen Region Andalusien benannt. Verbindung Al_2SiO_5 trimorph mit Cyanit und Sillimanit; Andalusit ist ein bei niedrigem Druck stabiler Polymorph; nicht schmelzbar; säureresistent; bei Elektronenbeschuß (Katodenstrahlung) grünlichgelb fluoreszierend.

▼ *Andalusit (etwa natürliche Größe), Vipiteno, Bozen, Italien.*

CYANIT
(DISTHEN)

FORMEL: Al_2SiO_5 Aluminiumnesosilikat.
KRISTALLFORM: Triklines System, pinakoidale Klasse. Meist in stengeligen oder abgeflachten Kristallen, mitunter verzwillingt; in faserigen Aggregaten, leicht gekrümmt und mit strahliger Struktur (Varietät Rhätizit).
FARBE: Meist blau mit weißlichen oder gelblichbraunen Flecken.
HÄRTE: 5 – 7,5.
DICHTEZAHL: 3,59.
GLANZ: Glasartig.
ENTSTEHUNG UND VORKOMMEN: Bei mittleren Temperaturen und unter hohem Druck in metamorphen Gesteinen (Glimmerschiefer, Gneis, Amphibolit und mitunter Eklogit) aus sedimentärem aluminiumreichen Pelitgestein entstanden; seltener als Sekundärmineral in korundreichen alluvialen Sanden.
BEGLEITMINERALIEN UND FUNDSTÄTTEN: Häufig mit Staurolith, Granat, Korund, Paragonit. Schöne Fundstücke aus Indien, Myanmar, Brasilien, den USA, aus Madagaskar, Italien usw.
NUTZUNG: Ausgangsmineral für die Porzellan- und Feuerfestindustrie; für Isolatoren und säureresistente Erzeugnisse. Transparente blaue Varietäten mitunter zu preiswerten Schmucksteinen (Sapparé) verarbeitet.
WEITERE MERKMALE: Auf die Mineralfarbe hindeutender Name ist griechischen Ursprungs („blau"). Erstmals von dem deutschen Mineralogen A. G. Werner (1750 – 1817) beschrieben. Hochdruckpolymorph von Al_2SiO_5; nicht schmelzbar; unlöslich in Säuren; bei Bestrahlung mit ultraviolettem Licht schwach fluoreszierend; Härtegrad parallel zur Längserstreckung des Kristalls hoch, aber rechtwinklig dazu deutlich geringer.

▼ *Cyanit in Glimmerschiefer (etwa natürliche Größe), Pizzo Forno, Tessin, Schweiz.*

TOPAS

FORMEL: $Al_2(SiO_4)(F, OH)_2$ wäßriges Fluoraluminiumnesosilikat.
KRISTALLFORM: Orthorhombisches System, dipyramidale Klasse. In kurzsäuligen, prismatischen Kristallen, mitunter gestreift; selten in stäbchenförmigen Aggregaten mit radialfaseriger Struktur.
FARBE: Farblos, gelb, elfenbeinweiß, rosa, blau, rötlich.
HÄRTE: 8.
DICHTEZAHL: 3,49 – 3,57.
GLANZ: Glasartig bis diamanten.
ENTSTEHUNG UND VORKOMMEN: Charakteristisches Mineral in pneumatolytischen Gängen und Pegmatiten; aufgrund seiner Härte und Verwitterungsresistenz in Seifen konzentriert.
BEGLEITMINERALIEN UND FUNDSTÄTTEN: Mit Quarz, Turmalin, Beryll, Kassiterit. Schöne Fundstücke aus Brasilien, Myanmar, Sri Lanka, Mexiko, den USA und aus dem Ural.
NUTZUNG: Kein industrieller Nutzen; hochgeschätzte und sehr teure Schmucksteine aus transparenten Varietäten mit einheitlicher und satter Färbung (dunkelgelb und blau).
WEITERE MERKMALE: Wahrscheinlich nach der Insel Topasos im Roten Meer benannt, von der die Römer in der Antike verschiedene farbige Edelsteine bekamen. Nicht schmelzbar; langsam löslich in Säure; einige Varietäten schwach grün oder rötlich fluoreszierend; gelbe Topase färben sich bei Erhitzen auf 300 – 450 °C rosig-rötlich (gebrannter Topas); pyroelektrisch. (Siehe Kasten auf Seite 61.)

▼ *Topas (etwa 1,5 fach), Sachsen, Deutschland.*

STAUROLITH

FORMEL: $(Fe, Mg, Zn)_2Al_9(Si, Al)_4O_{22}(OH)_2$ Eisenaluminiumnesosilikat.
KRISTALLFORM: Orthorhombisches System, dipyramidale Klasse. In prismatischen, mitunter kurzsäuligen Kristallen; häufig Durchdringungszwillinge in Form eines griechischen Kreuzes oder eines Andreaskreuzes.
FARBE: Rot, rotbraun, schwarz.
HÄRTE: 7 – 7,5.
DICHTEZAHL: 3,65 – 3,80.
GLANZ: Glasähnlich.
ENTSTEHUNG UND VORKOMMEN: Häufiges Begleitmineral in regionalmetamorphen Gesteinen mittlerer Entstehungstemperatur (z. B. Glimmerschiefer), wegen seiner Verwitterungsresistenz auch in Sedimente eingesprengt.
BEGLEITMINERALIEN UND FUNDSTÄTTEN: Mit Almandin, Granat und Cyanit; in Bereichen niedrigen Druckes mit Cordierit, Andalusit und Sillimanit. Schöne Kristalle aus den USA, aus Brasilien, der Schweiz, aus Schottland, Bayern, Frankreich usw.
NUTZUNG: Für Forscher und Sammler interessant.
WEITERE MERKMALE: Auf das charakteristische Äußere von Staurolithzwillingen hindeutender Name ist griechischen Ursprungs („Kreuz" und „Stein"); aufgrund dieser Zwillingsform früher auch *lapis crucifer* genannt. In einigen Gegenden Amerikas auch Amulette aus kreuzförmigen Staurolithen. Unter Normalbedingungen nicht schmelzbar; von Säuren nurgeringfügig angegriffen; nicht fluoreszierend.

▼ *Staurolith: Zwillingskristall (oben) und Einzelkristall (unten), (etwa natürliche Größe), Brasilien.*

GESCHLIFFENE EDELSTEINE

DER TOPAS

Entgegen der allgemeinen Auffassung kommt der Topas in der Natur nicht nur – wie es sein Name andeutet – in einer gelben Färbung vor. Erst im 18. Jahrhundert wurde das edle Mineral genau beschrieben und so die moderne Nutzung des Topas eingeleitet.

GESCHICHTE UND LEGENDE

Der Topas war offensichtlich bereits im Altertum bekannt; es ist allerdings wahrscheinlich, daß es damals zu Verwechslungen zwischen unterschiedlichen

Farbloser Topas, 1,95 Karat (Brasilien).

Steinen gelber Färbung kam. Nach Angaben des griechischen Philosophen Archelaos von Milet wurde das Mineral von schiffbrüchigen Piraten, die auf der Insel Cytis in Höhlen hausten, gefunden. Diese Legende steht in Verbindung mit einem der möglichen Ursprünge des Mineralnamens, dem zufolge der Mineralname von der Insel Topasos (heute Sabargat, Rotes Meer) abgeleitet ist. Nach der jüdischen Kabbala konnte der zweite Name Gottes (Gomel – der Eine, der vergilt) nur auf einen Topas geschrieben werden. Auch in der katholischen Tradition spielte das Mineral eine Rolle. Der Topas galt hier als Sinnbild der Weisheit, und im Mittelalter war er einer der sieben Steine, die die Gaben des Heiligen Geistes symbolisierten. Der Topas sollte auch vor der Pest bewahren oder die Menschen von ihr heilen können. Man sagt, der Papst Clemens VI. habe an seiner Hand einen großen Topas getragen, mit dem er Pestkranke berührt und sie damit in kurzer Zeit anscheinend geheilt habe. Wie F. Hermann berichtet, schrieb man dem Topas eine weitere Kraft zu. Er rief angeblich Abscheu vor Blut hervor, und folglich sollten alle Männer, die mächtig genug waren, Kriege zu entfachen, einen Topas besitzen.

BERÜHMTE SCHMUCKSTEINE

Topase findet man oft in Kristallen von beachtlicher Größe. Der größte Topas der Welt befindet sich im New Yorker American Museum of Natural History. Er zeigt eine blaue Färbung und wiegt über 300 kg. Im British Museum in London sind zwei Topase aufbewahrt – ein blauer 614karätiger Stein mit Treppenschliff und ein farbloser, 1300 Karat schwerer Stein mit ovalem Brillantschliff. Das Natural History Museum in Chicago besitzt einen Topas von 5890 Karat, den man aus einem über 10 000 Karat schweren Rohtopas herausgeschliffen hat. Auch in anderen Museen der Welt sind große Steine von mehreren Hundert Karat zu sehen. Topase werden in verschiedene Formen geschliffen; am häufigsten sind Quadrate, Rechtecke oder Ovale, die alle eine Vielzahl von Facetten aufweisen.

SEINE FARBEN

Die für den Topas typische Farbe ist Honiggelb, von dem es viele mehr oder weniger kräftige Schattierungen gibt. Nach der herkömmlichen Werteskala ist der goldfarbene, zartrosa getönte Kaisertopas der begehrteste. Andere Topase werden aufgrund ihrer gelben Tönung Goldtopas (gelb), Sherrytopas (sattgelb, fast braun) und Madeirastein (karamelfarben) genannt. Blaue Steine – von Natur aus meist in zarten Farbschattierungen – sind ebenfalls sehr schön. Farblosen oder sanft getönten Topasen kann man durch Strahlen-

Gelber Topas, 150 Karat (Brasilien).

Rosafarbener Topas, 12,50 Karat.

behandlung ebenfalls eine blaue Farbe geben. Ein solcher Stein kann dann mit dem Aquamarin (Beryll) verwechselt werden. Die natürlich rosarot gefärbte Varietät ist wegen ihrer Seltenheit am teuersten. Hier ist eine Verwechslung mit dem Kunzit möglich. Eine Zeitlang war es weithin üblich, rosarote Topase herzustellen, indem man gelbe Steine, die eine rosa Tönung zeigten, erhitzte. In der Gemmologie wird diese Praxis oftmals akzeptiert und nicht als Betrug angesehen. Am häufigsten sind farblose Topase anzutreffen; ihr Preis ist entsprechend niedrig. Sie sind mit Steinen zu verwechseln, die ein ähnliches Aussehen zeigen. Hier kann durch die Messung des Brechungsindexes ein Irrtum ausgeschlossen werden.

Blauer Topas.

Goldene Halskette mit Diamant und blauem Topas (Phantasieschliff).

PHENAKIT

FORMEL: $Be_2(SiO_4)$ Berylliumnesosilikat.
KRISTALLFORM: Trigonales System, rhomboedrische Klasse. In prismatischen, kurzsäuligen, häufig rhomboedrischen Kristallen, gewöhnlich mit vielen glänzenden Flächen; häufig Zwillinge und Verwachsungen.
FARBE: Farblos, weiß, gelb, rosa.
HÄRTE: 7,5 – 8.
DICHTEZAHL: 2,97 – 3.
GLANZ: Glasartig bis diamanten.
ENTSTEHUNG UND VORKOMMEN: In Pegmatiten hoher Entstehungstemperatur und in Glimmerschiefern.
BEGLEITMINERALIEN UND FUNDSTÄTTEN: Mit Quarz, Chrysoberyll, Beryll, Apatit, Topas. Schöne Fundstücke aus Brasilien, Mexiko, Sri Lanka, Tansania, den USA, aus dem Ural und aus Norwegen.
NUTZUNG: Klare und transparente Fundstücke zu preiswerten Schmucksteinen verarbeitet.
WEITERE MERKMALE: Name griechischen Ursprungs („Betrüger"), mit anderen Mineralien leicht zu verwechseln. Nicht schmelzbar; unlöslich; farbige Steine in ultraviolettem Licht schwach grün fluoreszierend; mitunter Katzenaugeneffekt durch nadelförmige Einschlüsse.

▼ *Phenakit (etwa 1,5fach), Minas Gerais, Brasilien.*

DATOLITH

FORMEL: $CaB(SiO_4)(OH)$ wäßriges Kalziumbornesosilikat.
KRISTALLFORM: Monoklines System, prismatische Klasse. In flächenreichen kurzsäuligen Kristallen; in feinkristallinen Aggregaten mit porzellanähnlichem Aussehen.
FARBE: Farblos, weiß, gelblich, grün, rötlich.
HÄRTE: 5 – 5,5.
DICHTEZAHL: 2,99.
GLANZ: Glasartig.
ENTSTEHUNG UND VORKOMMEN: Sekundärmineral hydrothermalen Ursprungs, auf Gängen und in Hohlräumen in kieselsäurearmen Gesteinen (Diabas, Basalt, Serpentin) zu finden.
BEGLEITMINERALIEN UND FUNDSTÄTTEN: Mit Zeolith, Prehnit, Calcit. Schöne Fundstücke aus Deutschland, Norwegen, den USA und aus Italien.
NUTZUNG: Ausbeutung abbauwürdiger Lagerstätten zur Borgewinnung; zu Schmucksteinen (cabochon oder in Facetten geschliffen) von geringem Wert verarbeitet; interessant für Sammler.
WEITERE MERKMALE: Auf die körnige Varietät des Minerals hinweisender Name ist griechischen Ursprungs („zerfallen"). Leicht schmelzbar; grüne Flammenfärbung durch Boranteil; löslich in starken Säuren unter Bildung von Kieselgel; einige Varietäten in ultraviolettem Licht blau fluoreszierend; bildet zusammen mit Homilit und Gadolinit die Datolith-Gruppe, die keine intermediären Mischungen aufweist und deren Vertreter ähnliche Gitterstrukturen, jedoch einen unterschiedlichen Chemismus haben.

Hemimorphit (etwa 0,7fach), Mexiko. ►

▼ *Datolith (etwa natürliche Größe), Ciano Val d'Enza, Reggio nell'Emilia, Italien.*

HEMIMORPHIT
(KIESELZINKERZ)

FORMEL: $Zn_4(Si_2O_7)(OH)_2 \cdot H_2O$ wäßriges Zinksorosilikat.
KRISTALLFORM: Orthorhombisches System, pyramidale Klasse. Selten und in kleinen, häufig prismatischen oder tafeligen Kristallen mit verschiedenen Flächenkombinationen an den Enden (Hemimorphie); häufiger in körnigen und kompakten Massen oder als Stalaktiten.
FARBE: Farblos, gelb, grün, blau, braun.
HÄRTE: 4,5 – 5.
DICHTEZAHL: 3,4 – 3,5.
GLANZ: Glasartig.
ENTSTEHUNG UND VORKOMMEN: Sekundärmineral in den Oxidationszonen von Blei- und Zinksulfidlagerstätten.
BEGLEITMINERALIEN UND FUNDSTÄTTEN: Mit Smithsonit, Cerussit, Anglesit, Sphalerit, Galenit. Schöne Fundstücke aus Mexiko, den USA, aus Rumänien, Österreich, Großbritannien usw.
NUTZUNG: Zur Zinkgewinnung verwendet.
WEITERE MERKMALE: Früherer Mineralname Kalamin war ursprünglich griechischer Herkunft („Cadmiumstein"), später nach dem lateinischen *calamus* benannt. Heutiger Name Hemimorphit deutet auf die unterschiedlich geformten Kristallenden hin. Schwer schmelzbar; löslich in starken Säuren unter Bildung von Kieselgel; nicht fluoreszierend; wird bei Erhitzen pyroelektrisch, unter Druck piezoelektrisch, da es an den Enden der vertikalen Kristallachse entgegengesetzte elektrische Ladungen aufbaut.

ILVAIT

FORMEL: $CaFe^{2+}{}_2Fe^{3+}(Si_2O_7)O(OH)$ wäßriges Kalziumeisen(II)-und(III)-sorosilikat.
KRISTALLFORM: Orthorhombisches System, dipyramidale Klasse. In prismatischen, stengeligen und gestreiften Kristallen; in kompakten Massen und in stäbchenförmigen Aggregaten mit radialfaseriger Struktur.
FARBE: Dunkelgrau bis schwarz.
HÄRTE: 5,5 – 6.
DICHTEZAHL: 4,03.
GLANZ: Halbmetallisch bis glasartig.
ENTSTEHUNG UND VORKOMMEN: In kontaktmetamorphen Gesteinen und metasomatischen Skarnlagerstätten vorkommend; selten als akzessorischer Gemengteil in Syeniten.
BEGLEITMINERALIEN UND FUNDSTÄTTEN: Mit Hedenbergit, Magnetit, Andradit, Pyrit. Schöne Fundstücke von Grönland, aus den USA, dem Ural, aus Griechenland, Italien usw.
NUTZUNG: Für Forscher und Sammler interessant.
WEITERE MERKMALE: Nach *Ilva*, dem antiken lateinischen Namen für die Insel Elba benannt, wo das Mineral von Fleurian de Bellevue 1796 entdeckt wurde. Auch Lievrit genannt. Leicht schmelzbar, dabei in eine schwarze, glasartig aussehende magnetische Masse übergehend; löslich in Salzsäure unter Bildung von Kieselgel; nicht fluoreszierend.

▼ *Ilvait (etwa 1,2fach), Campiglia, Livorno, Italien.*

EPIDOT

FORMEL: $Ca_2Fe^{3+}Al_2O(SiO_4)(Si_2O_7)OH$ wäßriges Kalziumeisenaluminiumsorosilikat.
KRISTALLFORM: Monoklines System, prismatische Klasse. In länglichen prismatischen Kristallen mit glänzenden, gestreiften Kristallflächen; in körnigen Massen sowie in stäbchenförmigen und radialfaserigen Aggregaten.
FARBE: Pistaziengrün, gelbgrün, fast schwarz, grün bei hohem Eisengehalt, rosenrot.
HÄRTE: 6.
DICHTEZAHL: 3,38 – 3,49.
GLANZ: Glasartig bis harzig.
ENTSTEHUNG UND FUNDSTÄTTEN: Akzessorischer Gemengteil in regionalmetamorphen (Amphibolit, Gneis, Prasinit) und kontaktmetamorphen Gesteinen; in Erstarrungsgesteinen durch Umwandlung von Plagioklas (Saussuritisierung).
BEGLEITMINERALIEN UND FUNDSTÄTTEN: Mit Amphibol, Apatit, Asbest. Schöne Fundstücke aus Madagaskar, Grönland, Brasilien, den USA und aus Frankreich.
NUTZUNG: Transparente Steine oft mit Smaragdschliff versehen, aber von geringem Wert; für Forscher und Sammler interessant.
WEITERE MERKMALE: Name griechischen Ursprungs („Zugabe"), von dem Mineralogen Haüy vorgeschlagen. Auch unter dem Namen Pistazit bekannt. Schwer schmelzbar, in Säuren unlöslich; nicht fluoreszierend.

▼ *Epidot (etwa 0,7fach), Bramberg, Knappenwand, Salzburg, Österreich.*

WIE SAMEN DES GRANATAPFELBAUMS

GRANATE

Der Begriff „Granat" bezeichnet nicht ein einzelnes Mineral, sondern vielmehr eine ganze Mineralfamilie, deren Mitglieder sich in ihrer chemischen Zusammensetzung und in ihrer Kristallstruktur ähnlich sind.

Die Bezeichnung wurde im 12. Jahrhundert von dem Philosophen Albertus Magnus geprägt. Sie bezog sich auf die äußere Ähnlichkeit zwischen roten Granatsteinen und den Samen des Granatapfelbaums. Die zur Granat-Gruppe gehörenden Mineralien sind Pyrop, Almandin (siehe Seite 58), Spessartin, Uwarowit (siehe Seite 60), Grossular und Andradit (siehe Seite 59).

GESCHICHTE UND LEGENDE

Im Altertum nannte man die roten Granate, die am häufigsten vorkamen, Karfunkel. Sie wurden bereits im alten Ägypten als Schmucksteine geschätzt und als Zeichen des Wohlergehens und des Familienglücks betrachtet. Griechen und Römer glaubten, daß eine Person, die über lange Zeit ein Schmuckstück mit Granatbesatz trage,

Tsavorit, 0,72 Karat (Tansania).

Grüner Grossular, 1,70 Karat (Tansania).

bei Erbschaften begünstigt würde. Nach Plinius dem Älteren erweckten diese Steine Glück und Freude. In der jüdischen Kabbala war der Karfunkel derjenige Stein, auf den einer der Namen des Ewigen – *Eloha*, was bedeutet „Gott ist mächtig" – geschrieben werden konnte. Er war das Wahrzeichen der Stadt Granada in der Zeit der Besetzung durch die Mauren. Im Europa des 19. Jahrhunderts war der Granat recht weit verbreitet. Sein Preis war gering, und ein solcher Stein konnte zudem bei der damaligen Vorliebe für einen hellen Teint richtig zur Wirkung kommen.

DIE GRANATFAMILIEN

Die Granate werden in zwei Hauptgruppen unterteilt – in die Pyralspit- und die Ugrandit-Gruppe. Diese Bezeichnungen sind Akronyme der Namen der Hauptvertreter jeder Gruppe. Pyralspit ist aus den Mineralnamen *Pyr*op, *Al*mandin, *Sp*essart*it*, Ugrandit aus den Namen *U*warowit, *Gr*ossular und *Andradit* abgeleitet. In die Pyralspit-Gruppe gehört auch die intensiv rosa gefärbte Varietät Rhodonit, die bezüglich ihrer Zusammensetzung zwischen dem Pyrop und dem Almandin steht. In der Ugrandit-Gruppe sind zahlreiche Varietäten mit charakteristischer Färbung zu finden.

Oben: Essonit.
Unten: Ring mit klassischem dunkelrotem Almandin (Trapezschliff).

VESUVIAN
(IDOKRAS)

FORMEL: $Ca_{10}(Mg, Fe)_2Al_4(SiO_4)_5 \cdot (Si_2O_7)_2(OH)_4$ wäßriges Kalziummagnesiumeisenaluminiumsorosilikat.
KRISTALLFORM: Tetragonales System, ditetragonal-dipyramidale Klasse. In prismatischen, kurzsäuligen Kristallen, auch mit dipyramidalen Endstücken; häufig längsgestreifte Kristallflächen; in feinkristallinen Massen.
FARBE: Braun, gelb, hellgrün bei Boranteil (Varietät Wiluit), selten blau bei Kupferanteil (Varietät Cyprin).
HÄRTE: 6 – 7.
DICHTEZAHL: 3,27 – 3,45.
GLANZ: Glasartig bis harzig.
ENTSTEHUNG UND VORKOMMEN: Kontaktmetamorph in Kalkgesteinen und in Skarnen; in Nephelinsyeniten und in metasomatisch verwitterten basischen Erstarrungsgesteinen.
BEGLEITMINERALIEN UND FUNDSTÄTTEN: Mit Grossular, Andradit, Wollastonit, Diopsid. Schöne Fundstücke aus Mexiko, Kanada, den USA, aus dem Ural, aus Italien und der Schweiz.
NUTZUNG: Transparente, hell gefärbte Varietäten, besonders der kompakte grüne, jadeähnliche Vesuvian, zu Ziergegenständen und Schmucksteinen mittlerer Preislage verarbeitet.
WEITERE MERKMALE: Nach dem Vesuv benannt, wo das Mineral erstmals gefunden wurde. Leicht schmelzbar zu einem braunen oder grünlichen, blasigen Glas; in Säuren unlöslich; nicht fluoreszierend.

▼ *Vesuvian (etwa 1,5fach), Bellecombe, Aosta, Italien.*

AXINIT

FORMEL: $Ca_2(Fe, Mn)Al_2BO_3(Si_4O_{12})(OH)$ wäßriges Kalziumeisenmanganaluminiumborcyclosilikat.
KRISTALLFORM: Triklines System, pinakoidale Klasse. In keilförmigen, scharfkantigen Kristallen; in feinkristallinen Massen, körnigen und blätterigen Aggregaten.
FARBE: Rötlichbraun, hellviolett, kastanienbraun, gelb bei hohem Mangananteil, grünlich bei Überzügen aus winzigen Chloritblättchen.
HÄRTE: 6,5 – 7.
DICHTEZAHL: 3,27 – 3,29.
GLANZ: Glasartig.
ENTSTEHUNG UND VORKOMMEN: In Marmoren, die in Kontaktzonen zu sauren Magmen umgewandelt wurden; selten in metamorphem Gestein in grüner Schieferfazies.
BEGLEITMINERALIEN UND FUNDSTÄTTEN: Mit Prehnit, Zoisit, Datolith, Pumpellyit, Turmalin, Aktinolith, Calcit. Schöne Fundstücke aus Japan, Tasmanien, den USA, aus Frankreich, der Schweiz usw.
NUTZUNG: Für Forscher und Sammler interessant.
WEITERE MERKMALE: Auf die sehr scharfen Kristallkanten hinweisender Name ist griechischen Ursprungs (*axine* – Beil). Leicht schmelzbar; grüne Flammenfärbung durch Boranteil; in Säuren unlöslich; einige Varietäten in ultraviolettem Licht schwach rot fluoreszierend; lädt sich durch Reiben elektrisch auf und ist pyroelektrisch.

▼ *Axinit (etwa 0,4 fach), Bourg d'Oisans, Balme d'Auris, Dauphiné, Frankreich.*

BENITOIT

FORMEL: $BaTi(Si_3O_9)$ Bariumtitancyclosilikat.
KRISTALLFORM: Trigonales System, ditrigonal-dipyramidale Klasse. In kurzsäuligen Kristallen mit dipyramidalem Habitus.
FARBE: Blau, blauviolett.
HÄRTE: 6 – 6,5.
DICHTEZAHL: 3,64 – 3,65.
GLANZ: Glasartig.
ENTSTEHUNG UND VORKOMMEN: Sehr seltenes Mineral; in kleinen Gängen im Glaukophanschiefer, mit Serpentineinlagerungen.
BEGLEITMINERALIEN UND FUNDSTÄTTEN: Nur im Diabologebirge (Kalifornien) gefunden; mit Natrolith und Neptunit.
NUTZUNG: Wegen seiner Seltenheit und Schönheit in den USA zu sehr wertvollen Schmucksteinen mit Smaragdschliff verarbeitet.
WEITRE MERKMALE: Nach dem Bezirk San Benito (Kalifornien) benannt, wo es 1907 erstmals gefunden wurde.Leicht schmelzbar zu einer glänzenden, farblosen Masse; löslich in Salzsäure und in Flußsäure; bei Bestrahlung mit ultraviolettem Licht leuchtend blau fluoreszierend; bemerkenswerte, mit bloßem Auge sichtbare Mehrfarbigkeit (Pleochroismus): Kristall erscheint durch die Prismenflächen blau, durch die Grundfläche hindurch farblos.

▼ *Benitoit (etwa natürliche Größe), San Benito, Kalifornien, USA.*

BERYLL

FORMEL: $Be_3Al_2(Si_6O_{18})$ Berylliumaluminiumcyclosilikat.
KRISTALLFORM: Hexagonales System, dihexagonal-dipyramidale Klasse. In hexagonal-prismatischen Kristallen, am Ende abgestumpft oder mit hexagonalen Dipyramiden kombiniert; Prismenflächen häufig parallel zur Längsausdehnung gestreift.
FARBE: Farblos, weiß, gelblich, rosarot, grün bei Chrom- und Vanadiumgehalt, blau bei Eisengehalt.
HÄRTE: 7,5 – 8.
DICHTEZAHL: 2,63 – 2,8.
GLANZ: Glasartig bis harzig.
ENTSTEHUNG UND VORKOMMEN: In Drusenhohlräumen in Graniten und Pegmatiten, wo die Kristalle eine beachtliche Größe erreichen können; in metamorphen Gesteinen (Glimmerschiefer, Marmore); wegen seiner Verwitterungsbeständigkeit in alluvialen Ablagerungen.
BEGLEITMINERALIEN UND FUNDSTÄTTEN: Mit Quarz, Feldspat, Muskovit, Lepidolith, Topas, Turmalin, Spodumen, Kassiterit, Tantalit. Sehr schöne Fundstücke aus Kolumbien, Brasilien, Madagaskar, Indien und den USA.
NUTZUNG: Gewinnung von Beryllium aus trüben und opaken Fundstücken; in der Luftfahrt- und Atomindustrie; Herstellung wertvoller und begehrter Schmucksteine aus klaren und transparenten grünen (Smaragd) und blauen (Aquamarin) Varietäten.
WEITERE MERKMALE: Name griechischer Herkunft. Weitere hoch geschätzte farbige Varietäten neben Smaragd und Aquamarin sind Morganit, Heliodor und Goldberyll; schwer schmelzbar, in Säuren unlöslich; einige Stücke bei Bestrahlung mit ultraviolettem Licht blau oder grün fluoreszierend. (Siehe Kasten auf Seite 65.)

▼ *Beryll (etwa natürliche Größe), Val Codera, Sondrio, Italien.*

CORDIERIT

(DICHROIT)

FORMEL: $(Mg, Fe)_2Al_2Si(Si_4Al_2O_{18}) \cdot nH_2O$ hydratisiertes Magnesiumeisenaluminiumcyclosilikat.
KRISTALLFORM: Orthorhombisches System, dipyramidale Klasse. In prismatischen, kurzsäuligen Kristallen; häufig Durchdringungszwillinge, die hexagonale Symmetrie vortäuschen; in feinkristallinen Aggregaten.
FARBE: Weißlich, blau, blauviolett, gelb.
HÄRTE: 7 – 7,5.
DICHTEZAHL: 2,53 – 2,78.
GLANZ: Glasartig.
ENTSTEHUNG UND VORKOMMEN: Häufig als akzessorischer Gemengteil in kontaktmetamorphen (Hornfels) und regionalmetamorphen Gesteinen (Glimmerschiefer, Gneis); seltener in Erstarrungsgesteinen.
BEGLEITMINERALIEN UND FUNDSTÄTTEN: Mit Granat, Sillimanit, Spinell, Feldspat, Sapphirin. Schöne Fundstücke aus Brasilien, Madagaskar, Sri Lanka, Norwegen und Finnland.
NUTZUNG: Herstellung preiswerter Schmucksteine mit Smaragdschliff aus klaren und transparenten Kristallen, die wegen ihrer hellen Färbung und ihrer Mehrfarbigkeit geschätzt sind.
WEITERE MERKMALE: Auch als Iolit bekannt. Typische Mehrfarbigkeit ist beachtenswert: Prismatischer Kristall erscheint durch seine Grundfläche blau oder violett, senkrecht dazu betrachtet farblos. Der Sage nach benutzten die Wikinger den „Sonnenstein" (wie sie Cordierit nannten) bei der Navigation: Wurde er in Richtung Sonne gehalten – auch bei bewölktem Himmel – soll er klar erschienen sein und so als fester Bezugspunkt gedient haben. Schwer schmelzbar; in Säuren teilweise löslich; in ultraviolettem Licht grünlichblau fluoreszierend.

▼ *Cordierit (etwa 1,5 fach), Kragerö, Norwegen.*

AUS KÖNIG SALOMOS BERGWERKEN

BERYLL

Dieses Mineral (siehe Seite 64) tritt in zwei Varietäten auf, die als Schmucksteine hoch geschätzt sind. Es handelt sich hierbei um den Smaragd und den weniger wertvollen Aquamarin. Zusammen mit dem Diamant, dem Rubin und dem Saphir gehört der Smaragd zu den vier kostbarsten Edelsteinen.Die schönsten Smaragde kommen aus der Grube von Muzo in Kolumbien.

GESCHICHTE UND LEGENDE

Der Smaragd ist seit dem Altertum bekannt. Die Ägypter förderten ihn in König Salomos Bergwerken am Roten Meer und schätzten ihn wegen seiner angenehmen und bezaubernden Farbe sehr hoch. Nach der jüdischen Kabbale mußte der dritte Name Gottes (*Adar* – der Herrliche) in einen Smaragd eingeschnitten sein. Aristoteles schrieb dem Stein und dem aus ihm gewonnenen Pulver eine Vielzahl von heilenden Kräften zu: Man benutzte den Smaragd als Mittel gegen Gift, zur Heilung von Bissen sowie zur Behandlung von Haarausfall und Epilepsie. In Indien wurde er von den Mächtigen geschätzt, weil man glaubte, er könne Verräter entlarven. Angeblich war auch der in Christi Abendmahlschüssel eingearbeitete Stein ein Smaragd.

Obwohl Smaragdbergwerke in Europa seit der Antike bekannt waren, erlangte der Stein erst mit Beginn der Eroberung Mexikos durch Cortez und mit der Entdeckung Mittel- und Südamerikas Bedeutung. Im Mantutal in Peru verehrten die Indianer früher einen Smaragd von der Größe eines Straußeneis, den sie „Göttin Smaragd" und „Göttin der Keuschheit" nannten. Die Priester, die die Naivität der Eingeborenen ausnutzten, ließen sich die in ihrem Territorium gefundenen Smaragde aushändigen und erklärten, daß die Göttin diese Steine liebe und daß die smaragdenen Geschenke die Keuschheit junger Mädchen und die eheliche Treue verheirateter Frauen bewahre. Während der spanischen Invasion wurde die „Smaragdgöttin" von den Priestern versteckt. Der Stein wurde nie wiedergefunden.

Der Aquamarin war bereits zu Zeiten Plinius'des Älteren, der ihn Beryll nannte, bekannt. Plinius zufolge waren die schönsten Smaragde diejenigen, die – in Meerwasser getaucht – unsichtbar wurden. Nach Albertus Magnus garantierte der Stein den Sieg über Feinde und vertrieb Kummer und Sorgen. Der Papst Julius II. trug an seiner Tiara einen Aquamarin von fünf Zentimetern Durchmesser.

BERÜHMTE STEINE

Schöne Smaragde kommen nicht allein aus Kolumbien, sondern sind auch in Brasilien, Südafrika, Simbabwe, Sambia, Pakistan und Rußland zu finden. Die für Smaragd und Aquamarin gleichermaßen schönste Schliffform ist der Smaragdschliff, bei dem die rechtwinkligen Tafelecken abgeschliffen werden und der nun achteckige Stein mit einer Reihe parallel liegender Facetten versehen wird. Aquamarine erhalten häufig jedoch auch andere Formen. Einer der schönsten und größten Smaragde (2 205 Karat) befindet sich im Kronschatz von Wien. Zudem ist im Kunsthistorischen Museum der Stadt ein kleines Pomadegefäß (2 680 Karat) zu sehen, das 1642 von Dionisio Misseroni für die Habsburger aus einem Smaragd gearbeitet wurde. Ein großer Rohkristall aus Kolumbien mit hexagonal-prismatischer Form, der 632 Karat wiegt, ist im New Yorker American Museum of Natural History ausgestellt.

Ein Smaragd von 1 400 Karat, der eines der Kleider des Sultans schmückt, wird im Topkapi Sarayi in Istanbul gezeigt.

Im St. Petersburger Bergbaumuseum werden einige bemerkenswerte Aquamarine aufbewahrt, unter denen sich auch ein Stein von 3 629 kg Gewicht befindet. Im Museo di Storia della Scienza in Florenz ist ein 98 kg schwerer Rohaquamarin mit azurblau-grüner Färbung zu sehen, und unter den Ausstellungsstücken des British Museum in London wird auch ein oval geschliffener Stein von 875 Karat Gewicht gezeigt.

Oben: Goldberyll, 1,37 Karat (Brasilien).
Unten: Bixbyit, 0,85 Karat (USA).

DIE GERINGEREN SCHWESTERN

Der durch seinen Chromgehalt grün gefärbte Smaragd und der Aquamarin, dessen blaue Farbe von Eisen herrührt, stellen mit ihrer Berühmtheit alle anderen farbigen Varietäten des Berylls in den Schatten. Die andersfarbigen Berylle sind trotz ihres niedrigeren Preises und der Ähnlichkeit mit anderen Schmucksteinen ebenfalls von hoher Qualität.

Oben: Aquamarin
Links: Ohrschmuck mit zwei kolumbianischen, tropfenförmig geschliffenen Smaragden von je 7 Karat.

TURMALIN

FORMEL: (Na, Ca)(Mg, Fe^{2+}, Fe^{3+}, Al, Mn, Li)$_3$Al$_6$(BO$_3$)$_3$(Si$_6$O$_{18}$)(OH, F)$_4$ wäßriges Alkali-und-Erdalkalialuminiumborcyclosilikat.

KRISTALLFORM: Trigonales System, ditrigonal-pyramidale Klasse. In stengeligen und gestreiften Kristallen mit prismatischer Form; gelegentlich an den Enden der dreizähligen oder der vertikalen Achse unterschiedlich ausgebildet; in parallelen oder radial-stäbchenförmigen Aggregaten.

FARBE: Schwarz und blau durch Eisenanteil, verschiedene gelbbraune Tönungen durch Magnesiumgehalt, rosarot durch Lithiumanteil; außerdem farblos, rot und polychrom grün in konzentrischen Bändern oder entlang der Längserstreckung des Kristalls.

HÄRTE: 7 – 7,5.

DICHTEZAHL: 3 – 3,2.

GLANZ: Glasartig bis harzig.

ENTSTEHUNG UND VORKOMMEN: Sehr weit verbreiteter akzessorischer Gemengteil. Eisenreiche Vertreter häufig in Graniten sowie in Pegmatiten und auf pneumatolytischen Gängen in Verbindung mit Granit; magnesiumreiche Vertreter in metamorphen Gesteinen und metasomatischen Lagerstätten; wegen seiner Verwitterungsfestigkeit in klastischen Sedimenten konzentriert.

BEGLEITMINERALIEN UND FUNDSTÄTTEN: Mit Quarz, Topas, Lepidolith, Spodumen, Fluorit, Apatit. Schöne Fundstücke aus Brasilien, Sri Lanka, Namibia, Madagaskar und den USA.

NUTZUNG: Herstellung von halbedlen Schmucksteinen aus einigen klaren und transparenten Varietäten. Begehrte Varietäten sind Rubellit (rot) und Indigolith (blau).

WEITERE MERKMALE: Gehört zu einer Gruppe von Mineralien, die aus isomorphen Mischungen sehr verschiedenartiger Zusammensetzung bestehen. Wichtigste Vertreter sind Elbait (rosa, mit Lithium und Aluminium), Dravit (braun, mit Magnesium) und Schörl (schwarz, mit Eisen und Mangan). Schwer schmelzbar; in Säuren unlöslich; gewöhnlich nicht fluoreszierend; stark pyro- und piezoelektrisch.

▼ *Polychromer Turmalin (etwa 1,5 fach), Elba, Livorno, Italien.*

DIOPTAS

FORMEL: $Cu_6(Si_6O_{18}) \cdot 6H_2O$ wäßriges Kupfercyclosilikat.
KRISTALLFORM: Trigonales System, rhomboedrische Klasse. Kurzsäulige Kristalle mit prismatischer Form, gelegentlich rhomboedrischer Abschluß an den Enden.
FARBE: Smaragdgrün.
HÄRTE: 5.
DICHTEZAHL: 3,28 – 3,35.
GLANZ: Glasartig.
ENTSTEHUNG UND VORKOMMEN: In Oxidationszonen von Kupferlagerstätten entstandenes Sekundärmineral.
BEGLEITMINERALIEN UND FUNDSTÄTTEN: Mit Limonit und Chrysokoll. Schöne Fundstücke aus Namibia, dem Kongo, aus Chile, Zaire und den USA..
NUTZUNG: Seltenes und schönes Mineral, dem Smaragd ähnlich, jedoch von geringer Härte und leicht spaltbar; zu begehrten Schmucksteinen verarbeitet und von Sammlern geschätzt.
WEITERE MERKMALE: Name griechischen Ursprungs (*diopteia* – Hindurchsehen), bezieht sich auf die im Kristall befindlichen Risse. Nicht schmelzbar; wird bei Erhitzen schwarz, bläht sich auf und gibt Wasser ab; in Salzsäure löslich, dabei Bildung von Kieselgel; löslich in Salmiakgeist; nicht fluoreszierend.

▼ *Dioptas (etwa 0,7fach), Südafrika.*

SILLIMANIT

FORMEL: $Al_2O(SiO_4)$ Aluminiumnesosilikat.
KRISTALLFORM: Orthorhombisches System, dipyramidale Klasse. In stengeligen oder nadeligen prismatischen Kristallen und in seidig-faserigen Aggregaten (Varietät Fibrolith); nadelige Kristalle oft in anderen Mineralien (Quarz, Feldspäte) eingeschlossen.
FARBE: Farblos, weiß, grünlich, braun, grau.
HÄRTE: 6,5 – 7,5.
DICHTEZAHL: 3,23 – 3,24.
GLANZ: Glasartig.
ENTSTEHUNG UND VORKOMMEN: Als akzessorischer Gemengteil in metamorphen Pelitgesteinen (Gneis, Hornfels), die starker Regionalmetamorphose oder Kontaktmetamorphose unterworfen sind.
BEGLEITMINERALIEN UND FUNDSTÄTTEN: Mit Cordierit, Quarz, Biotit, Korund. Schöne Fundstücke aus Myanmar, Indien, Sri Lanka, den USA, aus Brasilien, Deutschland usw.
NUTZUNG: Zur Herstellung von feuerfesten Materialien; nur blaue und grüne Varietäten mit Katzenaugeneffekt gelegentlich zu Schmucksteinen verarbeitet.
WEITERE MERKMALE: 1824 von Bowen entdeckt und nach dem amerikanischen Chemiker Benjamin Silliman benannt; bei hohen Temperaturen entstandener Polymorph von Al_2SiO_5. Nicht schmelzbar; unlöslich; nicht fluoreszierend; zersetzt sich bei Erhitzen auf 1545 °C und läßt Mullit (Aluminiumsilikat) entstehen.

▼ *Sillimanit (etwa natürliche Größe), Herkunft unbekannt.*

ENSTATIT

FORMEL: $Mg_2Si_2O_6$ Magnesiuminosilikat (Pyroxen).
KRISTALLFORM: Orthorhombisches System, dipyramidale Klasse. In kurzsäuligen prismatischen Kristallen selten; häufiger in lamellenartigen und radialfaserigen Aggregaten.
FARBE: Farblos, gelblichgrau, grün, olivbraun.
HÄRTE: 5 – 6.
DICHTEZAHL: 3,2 – 3,9.
GLANZ: Glasartig bis perlmuttglänzend.
ENTSTEHUNG UND VORKOMMEN: Häufig in Tiefengesteinen (Gabbros, Peridodite) und in vulkanischen Gesteinen (Basalte, Andesite) basischer oder ultrabasischer Zusammensetzung; in Gesteinen mit hohem Metamorphosegrad (Granulite).
BEGLEITMINERALIEN UND FUNDSTÄTTEN: Mit Olivin, Diopsid, Spinell. Schöne Fundstücke aus Myanmar, Indien, Südafrika, den USA, aus Grönland und der Schweiz.
NUTZUNG: Steine mit vielen Einschlüssen, die Katzenaugeneffekt und einen schönen vierstrahligen Asterismus zeigen, erhalten Cabochonschliff; interessant für Forscher und Sammler.
WEITERE MERKMALE: Name griechischen Ursprungs (*enstates* – Gegner). Bildet zusammen mit Orthoferrosilikat (eisenreiches Endglied) eine Orthopyroxen-Mischkristallreihe, deren Zwischenglieder Bronzit (70 – 88% Enstatit) und Hypersthen (50 – 70% Enstatit) sind; orthorhombische Pyroxene (besonders die magnesiumreichen) wandeln sich zu Serpentin und Talk; schwer schmelzbar; zersetzt sich langsam in kalter Flußsäure; nicht fluoreszierend.

Diopsid (etwa 0,4fach), Madagaskar. ►

▼ *Enstatit (etwa 1,5fach), Grönland.*

DIOPSID

FORMEL: $CaMg(Si_2O_6)$ Kalziummagnesiuminosilikat (Pyroxen).
KRISTALLFORM: Monoklines System, prismatische Klasse. In prismatischen Kristallen, mitunter gestreift, kurzsäulig; in stäbchenförmigen oder radialfaserigen Aggregaten.
FARBE: Grün, weißlich, gelblich, violett in manganreicher Varietät Violan, dunkelgrün bei Chromgehalt (Chromdiopsid) oder bei Vanadiumanteil (Lawrowit).
HÄRTE: 5 – 6.
DICHTEZAHL: 3,2 – 3,38.
GLANZ: Glasartig.
ENTSTEHUNG UND VORKOMMEN: Typisches Mineral kontaktmetamorpher Kalksteine und Dolomiten (Marmore) und basischer Gesteine; auch in Kimberlit und in Skarnen vorhanden.
BEGLEITMINERALIEN UND FUNDSTÄTTEN: Mit Albit, Epidot, Wollastonit, Serpentin, Talk. Schöne Fundstücke aus Österreich, der Schweiz, aus Schweden, dem Ural und aus den USA.
NUTZUNG: Für Forscher und Sammler interessant.
WEITERE MERKMALE: Name griechischen Ursprungs (*dis* – doppelt und *opsis* – Anblick). Bildet zusammen mit Hedenbergit (eisenreiches Endglied) eine vollständige Mischkristallreihe, deren Zwischenglieder Salit (magnesiumreich) und Ferrosalit (eisenreich) sind; schwer schmelzbar; löslich in Flußsäure; in ultraviolettem Licht dunkelviolett fluoreszierend.

HEDENBERGIT

FORMEL: $CaFe(Si_2O_6)$ Kalziumeiseninosilikat (Pyroxen).
KRISTALLFORM: Monoklines System, prismatische Klasse. Selten in Kristallen mit prismatischem und kurzsäuligem Habitus; häufig in stäbchenförmigen und strahligen Aggregaten.
FARBE: Dunkelgrün bis braun und fast schwarz.
HÄRTE: 6.
DICHTEZAHL: 3,5 – 3,6.
GLANZ: Glasartig bis halbmetallisch.
ENTSTEHUNG UND VORKOMMEN: In kontaktmetamorphen Gesteinen, die andere eisenschüssige Mineralien enthalten, in Skarnen.
BEGLEITMINERALIEN UND FUNDSTÄTTEN: Mit Ilvait, Granat, Sulfiden, Epidot und Calcit. Schöne Fundstücke aus Japan, Nigeria, Australien, Norwegen und Italien.
NUTZUNG: Für Forscher und Sammler interessant.
WEITERE MERKMALE: Nach dem schwedischen Chemiker Ludwig Hedenberg benannt. Bildet mit Diopsid (magnesiumreiches Endglied) eine vollständige Mischkristallreihe (siehe auch Angaben zu Diopsid); relativ leicht schmelzbar zu schwarzem magnetischem Korn; löslich in Flußsäure; nicht fluoreszierend.

▼ *Hedenbergit (etwa 2 fach), Zillertal, Greiner, Tirol, Österreich.*

EIN FARBENREICHER STEIN

DER TURMALIN

Dank der Vielfalt seiner Farben und Tönungen ist der Turmalin einer der prächtigsten Edelsteine. Sein auffallender Pleochroismus läßt das Mineral – aus unterschiedlichen Richtungen betrachtet – stets in einer anderen Farbe erscheinen.

GESCHICHTE UND LEGENDE

Seit dem Altertum bekannt, wahrscheinlich jedoch oft mit anderen Steinen verwechselt, wurde der Turmalin *(siehe Seite 65)* in der *Historia naturalis* von Plinius dem Älteren unter dem Namen Luchsstein beschrieben. In Indien war nämlich die Überzeugung verbreitet, daß das Mineral aus dem Urin der Luchse entstehe. Zu Beginn des 18. Jahrhunderts wurde das Mineral von den Holländern nach Europa gebracht. Aufgrund seiner Fähigkeit, eine elektrische Ladung aufzubauen, wurde der Turmalin zur Reinigung von Tabakspfeifen („Aschenzieher") verwendet. Gegen Ende des 19. Jahrhunderts lernte man ihn als Schmuckstein schätzen. In der heutigen Zeit hat man das Mineral wiederentdeckt, und es erfreut sich derselben Beliebtheit wie vor hundert Jahren.

Turmalinkristalle (Melonenstein)

SEINE EIGENSCHAFTEN

Bevor man Edelsteine synthetisch herstellen konnte, wurden aus dem Mineral die berühmten Turmalinzangen produziert, die als einfacher Apparat zur Polarisation von Licht dienten. Licht wird polarisiert durch starke Absorption von Lichtanteilen einer bestimmten Schwingungsrichtung, was sich bei manchen Turmalinen als deutlich hervortretende Mehrfarbigkeit zeigt.

SEINE FARBEN UND VARIETÄTEN

Als Ursache für die bemerkenswerte Farbenvielfalt des Turmalins ist die Substitution jeweils eines bestimmten Elements des Minerals durch ein anderes anzusehen. Das Mineral tritt deshalb in einer Anzahl farblich unterschiedlicher Varietäten auf. Die Kristalle des seltenen Achroit sind, wie es der aus dem Griechischen hergeleitete Name sagt, farblos. Der nach dem Fluß Drau (Drava) benannte Dravit ist gelb bis dunkelgelb oder kastanienbraun. Der sehr selten vorkommende Indigolith zeigt eine grünlichblaue bis dunkelblaue Färbung; sein Handelsname ist „Brasilianischer Saphir". Der Name des Rubellit hat einen ähnlichen Ursprung wie der des Rubin (vom lateinischen *rubescere* – rot werden). Der Stein ist rosarot bis rot und hat den Handelsnamen „Sibirischer Rubin". Der Schörl hat eine schwarze Farbe. Am häufigsten und am schönsten sind die grünen, pistaziengrünen und dunkelgrünen Varietäten. Sie haben keine gesonderten Namen, waren jedoch in der Vergangenheit als Brasilianischer Smaragd, Chrysolith oder Ceylon-Peridot bekannt.

Die hier aufgeführten Turmalin-Varietäten deuten den Farbenreichtum dieses Minerals eigentlich nur an. Eine besondere Erscheinung unter den polychromen Steinen stellen die „Mohrenkopf"-Turmaline dar.

Gelber Turmalin, 1 Karat (Moçambique).

Polychromer Turmalin, 4 Karat (Brasilien).

AUGIT

FORMEL: $(Ca, Na)(Mg,Fe,Al,Ti)(SiAl)_2O_6$ Kalziummagnesiumeisenaluminiuminosilikat (Pyroxen).
KRISTALLFORM: Monoklines System, prismatische Klasse. In prismatischen, meist kurzsäuligen Kristallen; recht häufig als Berührungszwillinge.
FARBE: Grün, gelbgrün, braun, violett, schwarz.
HÄRTE: 5 – 6.
DICHTEZAHL: 3,2 – 3,6.
GLANZ: Glasartig bis harzig.
ENTSTEHUNG UND VORKOMMEN: In der Natur am weitesten verbreitetes Pyroxen. Wichtiger Bestandteil basischer Erstarrungsgesteine (Gabbros, Basalte), häufig auch in ultrabasischen Gesteinen (Peridodite, Pyroxenite); in Gesteinen mit hohem Metamorphosegrad (Granulite), in kontaktmetamorphen und pyroklastischen Gesteinen vorkommend.
BEGLEITMINERALIEN UND FUNDSTÄTTEN: Mit Plagioklas, Olivin u.a. Schöne Fundstücke aus Südafrika, Grönland, den USA und aus Italien.
NUTZUNG: Für Forscher und Sammler interessant.
WEITERE MERKMALE: Relativ schwer schmelzbar zu schwarzer, magnetischer Kugel; mit Ausnahme der titanhaltigen Varietät Titanaugit, die sich in Salzsäure langsam auflöst, in Säuren unlöslich; nicht fluoreszierend; wandelt sich häufig zu Uralit, einem blauen Hornblendeamphibol, oder zu Chlorit um; weitere Umwandlungsprodukte sind Epidot und Karbonate; Vertreter der Diopsid-Hedenbergit-Gruppe und der Ägirin-Augit-Mischkristallreihe.

▼ *Augit (etwa 1,5 fach), Ariccia, Rom, Italien.*

ÄGIRIN

FORMEL: $NaFe^{3+}(Si_2O_6)$ Natriumeisen(III)-inosilikat (Pyroxen).

KRISTALLFORM: Monoklines System, prismatische Klasse. In prismatischen, stengeligen und gelegentlich gestreiften Kristallen mit unregelmäßig ausgebildeten oder spitzen Enden; in radialfaserigen Aggregaten.

FARBE: Grün, schwarz; meist sanduhrförmige zonare Struktur (nur im Dünnschliff unter dem Polarisationsmikroskop sichtbar).

HÄRTE: 6 – 6,5.

DICHTEZAHL: 3,5 – 3,6.

GLANZ: Glasartig bis harzig.

ENTSTEHUNG UND VORKOMMEN: Häufiges Mineral in alkalischen Erstarrungsgesteinen (Syenite, Nephelinsyenite, Phonolithe); auch in regionalmetamorphosen, unter hohem Druck entstandenen Gesteinen (Glaukophanschiefer und Granulite).

BEGLEITMINERALIEN UND FUNDSTÄTTEN: Mit natriumreichem Amphibol, Alkalifeldspat, Nephelin, Sodalith. Schöne Fundstücke aus Kanada, Grönland und den USA.

NUTZUNG: Für Forscher und Sammler interessant.

WEITERE MERKMALE: Leicht schmelzbar zu leicht magnetischer Kugel; gelbe Flammenfärbung durch Natrium; von Säuren wenig angegriffen; nicht fluoreszierend; bildet zusammen mit Augit eine Mischkristallreihe (Ägirin-Augit).

▼ *Ägirin (etwa natürliche Größe), Egersund, Norwegen.*

JADEIT

FORMEL: $NaAl(Si_2O_6)$ Natriumaluminiuminosilikat.

KRISTALLFORM: Monoklines System, prismatische Klasse. Kristalle extrem selten; meist in unregelmäßigen, kompakten Massen von wachsartigem Aussehen, in denen Kristalle in faserigen oder lamellenartigen Aggregaten auftreten.

FARBE: Farblos, weiß mit smaragdgrünen Flecken, grün, grünlichblau, eisenreiche Varietät Chloromelanit dunkelblau bis schwarz.

HÄRTE: 6,5.

DICHTEZAHL: 3,3 – 3,5.

GLANZ: Glasähnlich bis perlmuttglänzend.

ENTSTEHUNG UND VORKOMMEN: In metamorphen, bei niedrigem Druck und hohen Temperaturen entstandenen Gesteinen (blaue Schieferfazies).

BEGLEITMINERALIEN UND FUNDSTÄTTEN: Mit Albit, Glaukophan, Lawsonit, Pumpellyit. Schöne Fundstücke aus Myanmar, China, Japan, Mexiko, Venezuela, Costa Rica, den USA und aus Neuseeland.

NUTZUNG: Auch unter der Handelsbezeichnung Jade bekannt; geschätztes Material, das besonders im Orient zur Herstellung sehr wertvoller Zier- und Schmuckgegenstände verwendet wird.

WEITERE MERKMALE: Name spanischen Ursprungs (*piedra de la ijada* oder *hijada* – Stein der Weiche (oder Lenden)); Jadestücke wurden als Mittel zur Behandlung von Nierenerkrankungen angesehen. Angebliche Jadegegenstände bestehen mitunter aus weniger wertvollen Mineralien, wie Nephrit, einer Varietät des Aktinolith. Relativ leicht schmelzbar zu fast durchsichtiger Kugel; in Säuren unlöslich; in ultraviolettem Licht schwach bläulichgrau fluoreszierend. (*Siehe Kasten auf Seite 70.*)

▼ *Jadeit (etwa 2 fach), orientalische Handwerksarbeit, Mineralogisches Museum Bologna, Italien.*

SPODUMEN

FORMEL: $LiAl(Si_2O_6)$ Lithiumaluminiuminosilikat (Pyroxen).

KRISTALLFORM: Monoklines System, prismatische Klasse. In prismatischen, längsgestreiften Kristallen von mitunter beachtlicher Größe; auch in feinkristallinen Massen und stäbchenförmigen Aggregaten.

FARBE: Farblos, weiß, gräulich, magnesiumhaltige Varietät Kunzit violettrosa, chromhaltige Varietät Hibbenit smaragdgrün.

HÄRTE: 6,5 – 7.

DICHTEZAHL: 3,2.

GLANZ: Glasartig.

ENTSTEHUNG UND VORKOMMEN: Typisches Mineral in lithiumreichen granitischen Pegmatiten.

BEGLEITMINERALIEN UND FUNDSTÄTTEN: Mit Quarz, Albit, Lepidolith, Beryll, Turmalin, Petalit. Schöne Fundstücke aus Brasilien, Madagaskar, den USA, aus Kanada, Mexiko, Schweden usw.

NUTZUNG: Wichtiges Mineral zur Lithiumgewinnung, in der metallurgischen und pharmazeutischen Industrie und zur Herstellung von Keramiken und Schmiermitteln verwendet; klare Farbsteine (Kunzit, Hibbenit) zu Schmucksteinen verarbeitet.

WEITERE MERKMALE: Auf die meist blasse Färbung des Minerals hindeutender Name ist griechischen Ursprungs (*spodies* – aschgrau). Leicht schmelzbar, schöne karminrote Flammenfärbung durch Lithium; in Säuren unlöslich; nicht fluoreszierend mit Ausnahme von Kunzit, das in ultraviolettem Licht intensiv rötlichgelbes Licht emittiert.

▼ *Spodumen, Varietät Kunzit (etwa 1,5 fach), Brasilien.*

TREMOLIT
(GRAMMATIT)

FORMEL: $Ca_2Mg_5(Si_8O_{22})(OH)_2$ wäßriges Kalziummagnesiuminosilikat (Amphibol).

KRISTALLFORM: Monoklines System, prismatische Klasse. In stengeligen, prismatischen Kristallen, meist in faserigen Aggregaten mit strahliger Struktur (Amphibolasbest).

FARBE: Farblos, weiß, graugrün.

HÄRTE: 5 – 6.

DICHTEZAHL: 3.

GLANZ: Glasartig, in faserigen Aggregaten seidig.

ENTSTEHUNG UND VORKOMMEN: In kontaktmetamorphosen oder regionalmetamorphosen Kalksteinen mit geringem Umwandlungsgrad (Marmore, Tremolitschiefer).

BEGLEITMINERALIEN UND FUNDSTÄTTEN: Mit Calcit, Magnesit, Talk, Serpentin. Schöne Fundstücke aus der Schweiz, dem Ural, aus Italien und den USA.

NUTZUNG: Für Forscher und Sammler von Interesse.

WEITERE MERKMALE: Von dem Physiker Pini nach dem Val Tremola (Schweiz, Gotthard-Paß) benannt, wo das Mineral besonders häufig auftritt. Relativ schwer schmelzbar; färbt sich bei Erhitzen rot; löslich nur in Flußsäure; nicht fluoreszierend.

▼ *Tremolit (etwa 0,6 fach), Schweiz.*

AKTINOLITH

FORMEL: $Ca_2(Mg, Fe)_5(Si_8O_{22})(OH)_2$ wäßriges Kalziummagnesiumeisen(II)-inosilikat.
KRISTALLFORM: Monoklines System, prismatische Klasse. In prismatischen, stengeligen, mitunter gestreiften Kristallen; in faserigen Aggregaten.
FARBE: Leuchtend grün, graugrün.
HÄRTE: 5 – 6.
DICHTEZAHL: 3 – 3,4.
GLANZ: Glasartig.
ENTSTEHUNG UND VORKOMMEN: Sehr weit verbreitetes metamorphes Mineral; in kontaktmetamorphen kalkigen Gesteinen (Kalkschiefer, Marmore) und in basischen, bei niedrigem Druck und mittleren Temperaturen entstandenen Umwandlungsgesteinen (Prasinite, Amphibolite); in Gabbros und Diabasen durch Umwandlung von Pyroxenen.
BEGLEITMINERALIEN UND FUNDSTÄTTEN: Mit Epidot, Chlorit, Hornblende. Schöne Fundstücke aus Österreich, Polen, Italien, Deutschland, den USA usw.
NUTZUNG: Für Forscher und Sammler interessant. Die sehr widerstandsfähige grünliche, feinkristalline Varietät Nephrit zu Schmuck- und Ziergegenständen verarbeitet, weniger wertvoll als Jadeit.
WEITERE MERKMALE: Name griechischen Ursprungs (*aktis* – Strahl und *lithos* – Stein). Zwischenglied einer Mischkristallreihe mit den Endgliedern Tremolit und Ferroaktinolith ($Ca_2Fe_5(Si_8O_{22})(OH)_2$).

▼ *Aktinolith (etwa 0,5fach), Arendal, Norwegen.*

HORNBLENDE

FORMEL: $(Ca, Na)_2(Mg, Fe, Al)_5(AlSi)_8O_{22}(OH, F)_2$ wäßriges Kalziummagnesiumeisen(II)-aluminiuminosilikat (Amphibol).
KRISTALLFORM: Monoklines System, prismatische Klasse. In prismatischen Kristallen mit nadelförmigem oder kurzsäuligem Habitus; in faserigen oder parallelen Aggregaten.
FARBE: Grün, grünbraun, schwarz.
HÄRTE: 5 – 6.
DICHTEZAHL: 2,9 – 3,4.
GLANZ: Glasartig bis harzig.
ENTSTEHUNG UND VORKOMMEN: Sehr weit verbreitetes Mineral: in Umwandlungsgesteinen mittleren (Amphibolite) und hohen Umwandlungsgrades (Granulite); in intermediären Tiefengesteinen (Gabbros, Diorite), aber auch in ultrabasischen (Hornblendite) und sauren Tiefengesteinen; in vulkanischen Gesteinen (Basalte).
BEGLEITMINERALIEN UND FUNDSTÄTTEN: Mit Anthophyllit, Cummingtonit, Plagioklas, Olivin, Pyroxen. Schöne Fundstücke aus Japan, Grönland, den USA, aus Kanada, Finnland und Deutschland.
NUTZUNG: Für Forscher und Sammler interessant.
WEITERE MERKMALE: Auf die Farbe und die wirtschaftliche Bedeutungslosigkeit des Minerals hinweisender Name ist deutschen Ursprungs. Veränderliche Zusammensetzung, da Natrium, Kalium, dreiwertiges Eisen und Aluminium in vielen Fällen andere Elemente in der Formel ersetzen; Varietäten sind das hellgrüne, eisenarme Edenit und die basaltische braune, eisenreiche Hornblende, die in vulkanischen Gesteinen (Andesiten) auftritt.

▼ *Hornblende (etwa natürliche Größe), Predazzo, Trient, Italien.*

GLAUKOPHAN

FORMEL: $Na_2Mg_3Al_2(Si_8O_{22})(OH)_2$ wäßriges Natriummagnesiumaluminiuminosilikat (Amphibole).
KRISTALLFORM: Monoklines System, prismatische Klasse. In prismatischen, längsgestreiften Kristallen; in faserigen und stäbchenförmigen Aggregaten.
FARBE: Farblos, lavendelblau, dunkelblau.
HÄRTE: 6.
DICHTEZAHL: 3,08 – 3,30.
GLANZ: Glasartig bis perlmuttglänzend.
ENTSTEHUNG UND VORKOMMEN: In basaltischen, bei niedrigen Temperaturen und hohem Druck entstandenen regionalmetamorphen Gesteinen vorkommend; wichtiger Bestandteil von Glaukophanschiefern; auch in Eklogit.
BEGLEITMINERALIEN UND FUNDSTÄTTEN: Mit Lawsonit, Jadeit, Epidot, Pumpellyit, Omphacit. Schöne Fundstücke aus Italien, Norwegen, Frankeich, den USA usw.
WEITERE MERKMALE: Auf die Mineralfarbe hinweisender Name ist griechischen Ursprungs (*glaukós* – blau glänzend und *diaphanés* – durchscheinen). Bildet mit Riebeckit eine vollständige Mischkristallreihe, bei der Magnesium durch zweiwertiges Eisen und Aluminium durch dreiwertiges Eisen ersetzt wird; Zwischenglied Crossit; ziemlich leicht schmelzbar; in Säuren unlöslich; nicht fluoreszierend.

▼ *Glaukophan (etwa 1,5fach), Piemont, Italien.*

RIEBECKIT

FORMEL: $Na_2Fe_3^{2+}Fe_2^{3+}(Si_8O_{22})(OH)_2$ wäßriges Natriumeisen(II)-und(III)-inosilikat (Amphibol).
KRISTALLFORM: Monoklines System, prismatische Klasse. In prismatischen, stengeligen Kristallen; in blätterigen oder stäbchenförmigen Aggregaten; Varietät Krokydolith in faserigen Aggregaten.
FARBE: Blau bis schwarz.
HÄRTE: 5,5 – 6.
DICHTEZAHL: 3,38.
GLANZ: Glasartig bis seidig.
ENTSTEHUNG UND VORKOMMEN: In regionalmetamorphen, bei niedrigen Temperaturen und mittlerem Druck entstandenen Gesteinen vorkommend; als akzessorischer Gemengteil in natriumreichen sauren Tiefengesteinen (Granite und alkalische Syenite); Krokydolith auf Gängen in Verbindung mit gebändertem Eisenquarzit.
BEGLEITMINERALIEN UND FUNDSTÄTTEN: Mit Quarz, Alkalifeldspat. Schöne Fundstücke aus den USA und aus Spanien.
NUTZUNG: Für Forscher und Sammler interessant. Krokydolith mitunter durch Quarz (Tigeraugenquarz) ersetzt; faserige Textur verleiht dem Tigerauge einen schönen Katzenaugeneffekt.
WEITERE MERKMALE: Nach dem Mineralogen Emil Riebeck benannt. Bildet mit Glaukophan eine Mischkristallreihe (siehe Angaben zu Glaukophan); leicht schmelzbar; grüne Flammenfärbung durch Natriumanteil; säurefest; nicht fluoreszierend.

▼ *Riebeckit, Varietät Krokydolith (etwa 0,4fach), Südafrika*

WOLLASTONIT

FORMEL: $Ca(SiO_3)$ Kalziuminosilikat.
KRISTALLFORM: Triklines System, pinakoidale Klasse. In stengeligen und tafeligen Kristallen; mitunter in faserigen oder nadeligen Massen.
FARBE: Meist weiß, farblos, blaßgrün, grau.
HÄRTE: 4,5 – 5.
DICHTEZAHL: 2,87 – 3,09.
GLANZ: Glasartig bis perlmuttglänzend und seidig bei faseriger Ausbildung.
ENTSTEHUNG UND VORKOMMEN: Typisches Mineral in kontaktmetamorphen Kalksteinen; selten in regionalmetamorphen, bei niedrigen bis mittleren Temperaturen und geringem Druck entstandenen Gesteinen (Amphibolite).
BEGLEITMINERALIEN UND FUNDSTÄTTEN: Mit Tremolit, Diopsid, Anorthit, Skapolith, Calcit. Schöne Fundstücke aus Mexiko, den USA, aus Deutschland, Frankreich und Rumänien.
NUTZUNG: In der keramischen Industrie verwendet.
WEITERE MERKMALE: Nach dem englischen Chemiker und Mineralogen W. H. Wollaston (1766 – 1828) benannt. Zwei weitere Polymorphe von $Ca(SiO_3)$ sind Parawollastonit (monoklin), das wie Wollastonit bei Temperaturen unter 1126 °C stabil bleibt, sowie Pseudowollastonit (triklin), das oberhalb 1126 °C stabil bleibt; leicht schmelzbar unter Bildung von Kieselgel; löslich in starken Säuren; nicht fluoreszierend.

▼ *Wollastonit (etwa 1,5fach), Monte Somma, Neapel, Italien.*

DER STEIN DER UNSTERBLICHKEIT

JADEIT

Jadeit ist ein Natriumpyroxen, das – in feinkristallinen Massen vorkommend – den hauptsächlichen Bestandteil des allgemein als Jade bekannten Materials darstellt. Heute ist Jade in guter Qualität recht selten geworden.

ÄHNLICHE STEINE

Unter der Bezeichnung Jade sind im Handel eine Reihe Materialien zu finden, die lediglich in Form und Farbe dem Jadeit ähnlich sind. Sie unterscheiden sich von Jadeit durch ihre Zusammensetzung; auch kommen sie häufiger vor. Anstelle von Jade wird meist Nephrit (ein Amphibol) oder seltener auch Serpentin (ein Phyllosilikat) verwendet. Selbst im Altertum gebrauchte man diese Ersatzstoffe, wenn sie in besonders schönen Stücken auftraten. Die außergewöhnliche Ähnlichkeit zwischen Nephrit und Jadeit (siehe Seite 68) kann zu unbeabsichtigten Verwechslungen führen. Beide Mineralien zeichnen sich durch einen hohen Grad an Härte und Zähigkeit aus, wie man ihn sonst bei Metallen findet. Erst 1863 erkannte ein französischer Mineraloge, daß nicht alle Jadegegenstände aus eben diesem Material hergestellt waren. Heute sind diese zu Schmuckzwecken verwendeten Mineralien unter den Namen Jadeit-Jade und Nephrit-Jade bekannt.

GESCHICHTE UND LEGENDE

Wie altsteinzeitliche Funde in Europa und Neuseeland belegen, ist Jade den Menschen seit ihrer frühesten Vergangenheit bekannt. In China verkörperte Jade die fünf Hauptugenden Barmherzigkeit, Bescheidenheit, Mut, Gerechtigkeit und Weisheit. Man glaubte auch, daß Jade Unsterblichkeit schenken könne. Der Philosoph Chi Van Gungh behauptete, daß die Qualitäten des Jadesteins die des Menschen widerspiegelten – die Sanftheit seines Aussehens symbolisierte Güte, seine Geschmeidigkeit stand für das Wissen, seine Stabilität für Gerechtigkeit, seine Unschuld für Tugendhaftigkeit; sein fleckenloses Äußeres verkörperte Reinheit, seine Härte Standhaftigkeit, die Sichtbarkeit aller Fehler im Stein stand für Offenheit, seine makellose Formbarkeit für Rechtschaffenheit, und schließlich verkörperte der tönende Jadestein die innere Harmonie des Menschen.

Die alten Chinesen glaubten, daß Jade das Leben über den Tod hinaus verlängern könne; deshalb verwendeten sie ihn bei der Fertigung von Grabgewändern. In der berühmten Ausgrabungsstätte von Mancheng fand man zwei menschliche Körper aus der Zeit von vor ungefähr zweitausend Jahren, die in Gewänder aus kleinen, mit Goldfäden zusammengenähten Jadeplättchen gehüllt waren.

In Mittelamerika war Jade kostbarer als Gold, und der Wert eines Menschen wurde nach Zahl und Qualität der Jadesteine, die er besaß, bemessen.

Oben: Kleines Amulett aus Kaiserjade, der seltensten, mitunter an den Kanten durchscheinenden Jadeart mit sattgrüner Färbung. Links: Blätter und kleine Vögel verzieren diese orientalische Skulptur, bei deren Gestaltung die unterschiedlichen Farbschattierungen des Minerals ausgenutzt wurden.

RHODONIT

FORMEL: $(Mn, Fe, Mg)(SiO_3)$ Manganeisen(II)-magnesiuminosilikat.
KRISTALLFORM: Triklines System, pinakoidale Klasse. Seltene, tafelige Kristalle; meist in kompakten Massen mit schwarzen Adern durch Manganoxidation.
FARBE: Rosa, braunrot.
HÄRTE: 5,5 – 6,5.
DICHTEZAHL: 3,40 – 3,68.
GLANZ: Glasartig.
ENTSTEHUNG UND VORKOMMEN: Als metamorphes und metasomatisches Produkt von Manganlagerstätten zu finden.
BEGLEITMINERALIEN UND FUNDSTÄTTEN: Mit Manganit, Hausmannit, Braunit, Pyrolusit, Quarz, Calcit. Schöne Fundstücke aus Brasilien, Australien, Indien, Japan, dem Ural, aus Schweden und Italien.
NUTZUNG: Zu Wandverkleidungen oder sehr schönen Ziergegenständen verarbeitet; transparente und farbige Varietäten mit Cabochonschliff in Halsketten eingearbeitet.
WEITERE MERKMALE: Auf die Mineralfarbe hindeutender Name ist griechischen Ursprungs (*rhodon* – Rose). Leicht schmelzbar; wird bei Erhitzen und durch Oxidation von Mangan an der Luft dunkel; in Säuren unlöslich, zersetzt sich langsam in Salzsäure; nicht fluoreszierend.

▼ *Rhodonit (etwa natürliche Größe), Sussex Co., Franklin Furnace, New Jersey, USA.*

APOPHYLLIT

FORMEL: $KCa_4(Si_4O_{10})_2F \cdot 8H_2O$ hydratisiertes Fluorkaliumkalziumphyllosilikat.

KRISTALLFORM: Tetragonales System, ditetragonale Klasse. Kombination von Prisma und Pinakoid in Kristallen, Kristallform wird von der jeweils besser ausgebildeten geometrischen Form bestimmt.

FARBE: Farblos, weiß, rosa, gelb, grün.

HÄRTE: 4,5 – 5.

DICHTEZAHL: 2,33 – 2,37.

GLANZ: Glasartig, auf pinakoiden Flächen perlmuttglänzend.

ENTSTEHUNG UND VORKOMMEN: Sekundärmineral in Blasenhohlräumen von basaltischen Gesteinen; Produkt hydrothermaler Umwandlung in Skarnen.

BEGLEITMINERALIEN UND FUNDSTÄTTEN: Mit Stilbit, Skolezit, Zeolith, Prehnit, Datolith, Calcit. Schöne Fundstücke aus Grönland, Island, Deutschland, Kanada, Brasilien usw.

NUTZUNG: Für Forscher und Sammler interessant.

WEITERE MERKMALE: Von dem französischen Mineralogen Haüy nach dem griechischen Wort *apophyllizein* – abblättern benannt, da das Mineral sich bei Erhitzen blätterartig aufbläht. Leicht schmelzbar; violette Flammenfärbung durch Kalium; löslich in Salzsäure, bildet dabei Kieselgel; nicht fluoreszierend.

▼ Apophyllit (etwa 1,5 fach), Poona, Indien.

PREHNIT

FORMEL: $Ca_2Al(AlSi_3O_{10})(OH)_2$ wäßriges Kalziumaluminiumphyllosilikat.

KRISTALLFORM: Orthorhombisches System, pyramidale Klasse. Kristalle selten, meist tafelig, gelegentlich in fächer- oder rosettenförmigen Aggregaten; meist in kugeligen, traubigen oder stalaktitischen, feinkristallinen Massen.

FARBE: Farblos, weiß, grau, gelblich-blaßgrün.

HÄRTE: 6 – 6,5.

DICHTEZAHL: 2,80 – 2,95.

GLANZ: Glasartig.

ENTSTEHUNG UND VORKOMMEN: Sekundärmineral in Blasenhohlräumen von basischen Vulkangesteinen; auf Gängen in Tiefengesteinen; meist bei versenkungsmetamorphen Vorgängen in Grauwacke und Argilliten, in regionalmetamorphen Absenkungen.

BEGLEITMINERALIEN UND FUNDSTÄTTEN: Mit Zeolithen und Calciten in vulkanischen Blasenhohlräumen; mit Quarz, Pumpellyit, Lawsonit, Laumontit in metamorphen Gesteinen. Schöne Fundstücke aus den USA, aus Südafrika, Frankreich und Italien.

NUTZUNG: Für Forscher und Sammler interessant.

WEITERE MERKMALE: Nach dem niederländischen Obersten van Prehn benannt, der das Mineral 1783 am Kap der Guten Hoffnung fand. Leicht schmelzbar zu einer blasig aussehenden, glasigen Masse von gelblichweißer Färbung; löst sich langsam in Salzsäure auf; nicht fluoreszierend.

▲ Pyrophyllit (etwa 0,7 fach), Belgien.

▼ Prehnit (etwa natürliche Größe), Alpen, Bozen, Italien.

PYROPHYLLIT

FORMEL: $Al_2(Si_4O_{10})(OH)_2$ wäßriges Aluminiumphyllosilikat.

KRISTALLFORM: Monoklines System, prismatische Klasse. Nie in Einzelkristallen; meist in lamellenartigen, schuppigen, strahligen Aggregaten oder in kompakten Massen (Agalmatolith).

FARBE: Weiß, gelblich, hellgrün, braungrün.

HÄRTE: 1,5.

DICHTEZAHL: 2,79.

GLANZ: Perlmuttglänzend bis fettig.

ENTSTEHUNG UND VORKOMMEN: In aluminiumreichen regionalmetamorphen Gesteinen niedrigen Umwandlungsgrades (Metapelite, Metabauxite); hydrothermales Umwandlungsprodukt von Muskovit und Feldspäten.

BEGLEITMINERALIEN UND FUNDSTÄTTEN: Mit Quarz, Glimmern, Cyanit. Schöne Fundstücke aus Südafrika, China und den USA.

NUTZUNG: In der Papier- und Textilindustrie und der keramischen Industrie verwendet; zur Wärme- und Elektroisolation; Steine der Varietät Agalmatolith zu Zier- und Schmuckgegenständen verarbeitet.

WEITERE MERKMALE: Name griechischen Ursprungs (*pyr* – Feuer, *phyllon* – Blatt), deutet auf die Eigenschaft des Minerals hin, sich bei Erhitzen blätterartig aufzublähen. Nicht schmelzbar; langsam löslich in Schwefel- oder Flußsäure; fettig anzufühlen; nicht fluoreszierend; von Talk durch Röntgendiffraktion oder chemische Analyse zu unterscheiden; mit einer Kobaltnitratlösung getränktes und rotglühend erhitztes Pyrophyllit nimmt eine blaue, Talk eine hellviolette Färbung an.

TALK

FORMEL: $Mg_3(Si_4O_{10})(OH)_2$ wäßriges Magnesiumphyllosilikat.

KRISTALLFORM: Monoklines System, prismatische Klasse. Nie in Einzelkristallen; meist in pseudohexagonalen Blättern, in schuppigen, dünnschaligen, sternförmigen Aggregaten oder in filzigen, kompakten Massen (Steatit oder Speckstein).

FARBE: Weiß, grünlich, grau, bräunlich.

HÄRTE: 1.

DICHTEZAHL: 2,78.

GLANZ: Perlmuttglänzend bis fettig.

ENTSTEHUNG UND VORKOMMEN: Produkt hydrothermaler Zersetzung von Magnesiumsilikaten (Olivin, Serpentin) bei mittleren Temperaturen in ultrabasischen Gesteinen oder von metasomatischen Vorgängen in Dolomitmarmoren; wichtiger Bestandteil von Talkschiefern.

BEGLEITMINERALIEN UND FUNDSTÄTTEN: Mit Tremolit, Anthophyllit, Dolomit, Quarz. In großen Massen in Kanada, den USA, in Indien, Korea, Australien, Österreich und Spanien zu finden.

NUTZUNG: Zur Wärme- und Elektroisolation; in der Papier-, Textil-, Kosmetik- und Farbenindustrie verwendet; kompakte Varietät zu Schmuckgegenständen verarbeitet.

WEITERE MERKMALE: Nicht schmelzbar; in Säuren unlöslich; nicht fluoreszierend; schlechter Wärmeleiter; fettig anzufühlen (vergleiche Pyrophyllit).

▼ Talk (etwa natürliche Größe), Rußland.

MUSKOVIT

FORMEL: $KAl_2(AlSi_3O_{10})(OH)_2$ wäßriges Kalialuminiumphyllosilikat (weißer Glimmer).
KRISTALLFORM: Monoklines System, prismatische Klasse. In tafeligen, mitunter großen Kristallen mit pseudohexagonaler oder dreieckiger Silhouette und gestreiften Prismenflächen; in schuppigen, lamellenartigen, blätterigen Aggregaten.
FARBE: Silberweiß, weißgelb, braun durch Einschlüsse von Rutilnadeln.
HÄRTE: 2 – 2,5.
DICHTEZAHL: 2,83.
GLANZ: Glasartig bis seidig.
ENTSTEHUNG UND VORKOMMEN: Sehr häufig vorkommend; hauptsächlich in metamorphen Gesteinen unterschiedlichen Umwandlungsgrades (Schiefer, Phyllite, Amphibolite); in kieselsäure- und aluminiumreichen Tiefengesteinen (aluminiumübersättigte Granite) und Pegmatiten; seltener in sauren Ergußgesteinen (Rhyolite); als akzessorischer Gemengteil in Absatzgesteinen (Sandstein, Mergel).
BEGLEITMINERALIEN UND FUNDSTÄTTEN: Mit einer großen Anzahl anderer Mineralien vorkommend. Schöne Fundstücke aus Brasilien, Indien, Kanada und den USA..
NUTZUNG: Zur Wärme- und Elektroisolation; in der Papier- und Gummiindustrie; als Schmiermittel; in keramischen Produkten verwendet.
WEITERE MERKMALE: Muskovit und Biotit, weißer bzw. schwarzer Glimmer genannt, sind die am häufigsten vorkommenden Glimmer. Beispiel für Polytypismus, d. h. Muskovit kristallisiert nach unterschiedlichen Gittertypen, während es Atomanordnung und chemische Zusammensetzung beibehält; bei teilweisem Ersetzen von Aluminium durch andere Elemente entstehen die Varietäten Fuchsit (mit Chrom), Roscoelith (mit Vanadium) und Phengit (mit Eisen, Magnesium und Silicium).

▼ *Muskovit (etwa 0,5 fach), Valtellina, Alpe Sommafiume M.ra, Sondrio, Italien.*

PARAGONIT
(NATRONGLIMMER)

FORMEL: $NaAl_2(AlSi_3O_{10})(OH)_2$ wäßriges Natriumaluminiumphyllosilikat (weißer Glimmer).
KRISTALLFORM: Monoklines System, prismatische Klasse. In kleinen Lamellen mit pseudohexagonaler Silhouette; in lamellenartigen, schuppigen Aggregaten.
FARBE: Farblos, hellgelb.
HÄRTE: 2,5.
DICHTEZAHL: 2,89.
GLANZ: Glasartig bis perlmuttglänzend.
ENTSTEHUNG UND VORKOMMEN: In regionalmetamorphen, bei mittleren Temperaturen und Drücken entstandenen Gesteinen vorkommend (Schiefer, Phyllite, Gneise).
BEGLEITMINERALIEN UND FUNDSTÄTTEN: Mit Quarz, Muskovit, Pyrophyllit, Staurolith, Cyanit. Schöne Fundstücke aus Italien und der Schweiz.
NUTZUNG: Für Forscher und Sammler von Interesse.
WEITERE MERKMALE: Gehört zur Muskovit-Familie; recht häufiger Bestandteil von Gesteinen; Beispiel für Polytypismus (siehe Angaben zu Muskovit); bildet bei hohen Temperaturen mit Muskovit eine vollständige Mischkristallreihe, Substitution von Kalium und Natrium bei niedrigen oder mittleren Temperaturen ist dagegen schwieriger; schwer schmelzbar; in Säuren unlöslich; nicht fluoreszierend.

▲ *Paragonit (etwa 0,8 fach), Pizzo Forno, Tessin, Schweiz.*

ZINNWALDIT

FORMEL: $K(Li, Al, Fe)_3(AlSi_3O_{10})(OH, F)_2$ wäßriges Kaliumlithiumeisen(III)-aluminiumphyllosilikat.
KRISTALLFORM: Monoklines System, domatische Klasse. In pseudohexagonalen Lamellen oder in parallel-lamellaren oder strahlig angeordneten Aggregaten.
FARBE: Silbergrau bis braun.
HÄRTE: 2,5 – 4.
DICHTEZAHL: 2,97.
GLANZ: Glasartig bis perlmuttglänzend.
ENTSTEHUNG UND VORKOMMEN: Seltenes Mineral in granitischen Pegmatiten und auf zinnreichen Gängen.
BEGLEITMINERALIEN UND FUNDSTÄTTEN: Mit Spodumen, Topas, Beryll, Turmalin, Monazit, Fluorit, Kassiterit. Schöne Fundstücke aus Kanada, Grönland, den USA, aus Madagaskar, Deutschland usw.
NUTZUNG: Wichtiges Mineral zur Lithiumgewinnung.
WEITERE MERKMALE: Beispiel für Polytypismus (siehe Angaben zu Muskovit). Leicht schmelzbar zu einer (wenn eisenreich) leicht magnetischen, schwärzlichen Kugel; bei Erhitzen rote Flammenfärbung durch Lithium; von starken Säuren angegriffen; nicht fluoreszierend.

▼ *Zinnwaldit (etwa 1,5 fach), Zinnwald, Deutschland.*

BIOTIT

FORMEL: $K(Mg, Fe)_3(AlSi_3O_{10})(OH, F)_2$ wäßriges Kaliummagnesiumeisen(II)-phyllosilikat (Glimmer).
KRISTALLFORM: Monoklines System, prismatische Klasse. In tafeligen Kristallen von gelegentlich beachtlicher Größe mit pseudohexagonaler Silhouette; in unregelmäßigen Lamellen und schuppigen Aggregaten.
FARBE: Schwarz, braun, dunkelgrün, gelb.
HÄRTE: 2,5 – 3.
DICHTEZAHL: 2,9 – 3,3.
GLANZ: Glasartig.
ENTSTEHUNG UND VORKOMMEN: Sehr weit verbreitetes Mineral; in vielen Erstarrungsgesteinen und regionalmetamorphen Gesteinen; als Nebenmineral in sedimentären Trümmergesteinen.
BEGLEITMINERALIEN UND FUNDSTÄTTEN: Aufgrund des Vorkommens in verschiedenen Gesteinsarten viele Begleitmineralien. Schöne Fundstücke aus Brasilien, den USA, aus Grönland, Madagaskar, Skandinavien usw.
NUTZUNG: Für Forscher und Sammler von Interesse.
WEITERE MERKMALE: Nach dem französischen Physiker und Astronomen J.-B. Biot benannt. Mineralzusammensetzung ist komplexer als oben beschrieben, da kleine Mengen anderer Elemente wie Titan, Mangan und dreiwertiges Eisen beigemengt sein können; an der Luft und in Wasser leicht oxidierend; Übergang in andere Mineralien, am häufigsten in Chlorit; drei Polytypen; bildet mit Phlogopit eine Mischkristallreihe, in der Eisen durch Magnesium ersetzt wird; schwer schmelzbar; löslich nur in heißer konzentrierter Schwefelsäure; nicht fluoreszierend.

▼ *Biotit (etwa 0,8 fach), Vesuv, Neapel, Italien.*

KAOLINIT

FORMEL: $Al(Si_2O_5)(OH)_4$ wäßriges Aluminiumphyllosilikat (Tonmineral).
KRISTALLFORM: Triklines System, pinakoidale Klasse. In mikroskopisch kleinen, pseudohexagonalen, lamellenartigen Kristallen; meist in erdigen, kompakten Massen; fettig anzufühlen.
FARBE: Weiß, grau, gelblich, braun.
HÄRTE: 2 – 2,5.
DICHTEZAHL: 2,63.
GLANZ: In kristalliner Form perlmuttglänzend, sonst erdig-stumpf.
ENTSTEHUNG UND VORKOMMEN: Sehr häufig vorkommendes Mineral; in tonreichen Gesteinen, in Erstarrungsgesteinen durch niedrigtemperierte hydrothermale Umwandlung von Feldspäten und anderen aluminiumreichen Silikaten; Bildung der größten Lagerstätten in Tonen des Lagunen- und Flußdeltamilieus.
BEGLEITMINERALIEN UND FUNDSTÄTTEN: Mit anderen Tonmineralien vorkommend. Große Lagerstätten in China, Frankreich, Deutschland, England usw.
NUTZUNG: Rohstoff für die Herstellung von Porzellan und Feinkeramik; Verwendung in der Papierindustrie.
WEITERE MERKMALE: Hauptvertreter der Tonmineralgruppe (Kaolinit-Montmorillonit-Gruppe), zu der die seltenen Polymorphe Dickit und Nakrit gehören; hydratisierte Form von Kaolinit ist Halloysit; nicht schmelzbar; Wasserabspaltung bei 390 – 450 °C; mit Wasser vermischt plastisch und formbar; nur in heißer konzentrierter Schwefelsäure löslich; nicht fluoreszierend.

▼ *Kaolinit (etwa natürliche Größe), Frankreich.*

SERPENTIN

FORMEL: $Mg_3(Si_2O_5)(OH)_4$ wäßriges Magnesiumphyllosilikat.
KRISTALLFORM: Monoklines oder orthorhombisches System. In drei Strukturvarietäten vorkommend: Antigorit (monoklin und orthorhombisch) blätterig oder in schuppigen Aggregaten; Chrysotil (monoklin und orthorhombisch) in seidigen Fasern; Lizardit (orthorhombisch) feinfaserig, in kompakten Aggregaten.
FARBE: Grün, schwärzlichgrün, gelblichweiß, gelblichbraun, grau.
HÄRTE: 2,5 – 3,5.
DICHTEZAHL: 2,55 – 2,6.
GLANZ: Seidig bis harzartig.
ENTSTEHUNG UND VORKOMMEN: Produkt von durch hydrothermale Zersetzung von Magnesiumsilikaten (Olivin, Pyroxen) hervorgerufenen Umwandlungsprozessen; als Auskleidung in Blasenhohlräumen oder in Verkrustungen an ultrabasischen Gesteinen; Hauptbestandteil von Serpentinit.
BEGLEITMINERALIEN UND FUNDSTÄTTEN: Mit Talk, Brucit, Chlorit, Magnetit. Große Serpentinmassen in orogenen Gebirgsketten; wichtige Fundstätten u. a. in Kanada, den USA, im Ural und in Italien.
NUTZUNG: Faserige Varietät Serpentinasbest früher zur Wärme- und Elektroisolation verwendet; Verwendung wegen seiner gesundheitsschädigenden Wirkung heute verboten.
WEITERE MERKMALE: Name spielt auf das schlangenhautähnliche Aussehen serpentinführender Gesteine an. Varietät Edelserpentin besteht aus einer kompakten, durchscheinenden mikrokristallinen Masse mit blaßolivgrüner Färbung, wurde früher zu Halsketten und Ziergegenständen verarbeitet; mit Ausnahme von Antigorit, das nur an den Kanten schmilzt, im allgemeinen nicht schmelzbar; löslich in Säuren; nicht fluoreszierend.

▼ *Edelserpentin (etwa natürliche Größe), Val Malenco, Sondrio, Italien.*

CHRYSOTIL

FORMEL: $Mg_3(Si_2O_5)(OH)_4$ wäßriges Magnesiumphyllosilikat.
KRISTALLFORM: Als monokline und orthorhombische Strukturvarietät vorkommend; in biegsamen Fasern, gelegentlich zu dünnen, sehr feinen Fäden gestreckt (Asbest oder Amianth).
FARBE: Weiß, grüngrau, gelblich.
HÄRTE: 3 – 4.
DICHTEZAHL: 2,51.
GLANZ: Seidig.
ENTSTEHUNG UND VORKOMMEN: Sekundärmineral (siehe Serpentin); als dichte, wirrfaserige Auskleidungen parallel oder senkrecht zu Brüchen in ultrabasischen Gesteinen.
BEGLEITMINERALIEN UND FUNDSTÄTTEN: Mit Antigorit, Talk, Brucit, Chlorit, Demantoid, Magnetit. Lagerstätten in Serpentingesteinen in Kanada, Simbabwe, Zypern, den USA und im Ural.
NUTZUNG: Für Forscher und Sammler interessant.
WEITERE MERKMALE: Auf das Aussehen des Minerals hindeutender Name ist griechischen Ursprungs (*chrysos* – Gold, *tilos* – Faser). Wegen seiner isolierenden Wirkung früher in vielen Industriezweigen verwendet; wegen der stark gesundheitsschädigenden Wirkung von Asbestfasern in der Atemluft heute in den westlichen Ländern verboten; ersatzweise Verwendung von sythetischem Asbest; nicht schmelzbar; in starken Säuren unter Bildung von Kieselgel löslich; nicht fluoreszierend.

▼ *Chrysolith, Varietät Amianth (etwa 0,4 fach), Val Malenco, Sondrio, Italien.*

CHLORIT

FORMEL: $(Mg, Fe, Al)_6(Si, Al)_4O_{10}(OH)_8$ wäßriges Magnesiumeisenaluminiumphyllosilikat.
KRISTALLFORM: Monoklines System, prismatische Klasse. In lamellenartigen Kristallen mit pseudohexagonaler Silhouette, in kompakten, schuppigen oder parallel-lamellaren Aggregaten.
FARBE: Farblos, grüngrau, bläulichgrün, oxidierte Varietäten braun.
HÄRTE: 2 – 2,5.
DICHTEZAHL: 2,64 – 2,74.
GLANZ: Glasartig bis perlmuttglänzend.
ENTSTEHUNG UND VORKOMMEN: Sehr häufig in metamorphen Gesteinen niedrigen bis mittleren Umwandlungsgrades (Chloritschiefer, Phyllite, Prasinite); in Erstarrungsgesteinen aus hydrothermaler Umwandlung von Eisenmagnesiumsilikaten (Biotit, Amphibole); in tonigen Gesteinen und eisenreichen Sedimenten.
BEGLEITMINERALIEN UND FUNDSTÄTTEN: Mit Muskovit, Stilbit, Aktinolith, Albit, Epidot, Quarz. Schöne Fundstücke aus Italien, der Schweiz, aus Österreich und den USA.
NUTZUNG: Für Forscher und Sammler interessant.
WEITERE MERKMALE: Auf die Mineralfarbe hindeutender Name ist griechischen Ursprungs (*chloros* – hellgrün). Chlorite sind eine Gruppe von Mineralien unterschiedlicher Zusammensetzung; die häufigsten Varietäten sind Klinochlor und Pennin (magnesiumreich), Pennatit (manganreich) und Chamosit (eisenreich); nicht schmelzbar; löslich in heißer Schwefelsäure (eisenreiche Varietäten auch in Salzsäure); nicht fluoreszierend.

▼ *Chlorit, Varietät Klinochlor (etwa 1,5 fach), Brewster, New York, USA.*

QUARZ

FORMEL: SiO_2 Siliziumdioxid, Tektosilikat.
KRISTALLFORM: Trigonales System, trapezoedrische Klasse. Meist in prismatischen, hexagonalen Kristallen, in einem Doppelrhomboeder, der eine hexagonale Dipyramide vortäuscht, endend; Prismenflächen mitunter gestreift; bildet meist feinkristalline, kompakte Massen oder Adern.
FARBE: Farblos, weiß, rosa, violett, gelb, braun, rot, grün.
HÄRTE: 7.
DICHTEZAHL: 2,65.
GLANZ: Glasartig.
ENTSTEHUNG UND VORKOMMEN: Durchläufermineral, bildet etwa 12% vom Volumen der Erdkruste. In sauren Erstarrungs-, Umwandlungs- und Absatzgesteinen; Gangmineral in Erzgängen.
BEGLEITMINERALIEN UND FUNDSTÄTTEN: Mit zahlreichen Mineralien vorkommend. Sehr schöne Fundstücke aus den Alpen, aus Brasilien, Madagaskar, den USA, aus Rußland, China und Japan.
NUTZUNG: Rohstoff für die Herstellung von Glas, Email, Schleifmitteln (Siliziumkarbid), feuerfesten Materialen, Maschinenteilen (Speziallager aus Achat) und für fortschrittliche Technologien, die die Mineraleigenschaften (Piezoelektrizität, Zirkularpolarisation, Durchlässigkeit für Röntgenstrahlen usw.) nutzen; auch zur Herstellung halbedler Schmuckstücke.
WEITERE MERKMALE: Name wahrscheinlich deutschen Ursprungs. Nicht schmelzbar; löslich nur in Flußsäure; nicht fluoreszierend. (*Siehe Kasten auf Seite 75.*)

TRIDYMIT

FORMEL: SiO_2 Siliziumdioxid, Tektosilikat.
KRISTALLFORM: Orthorhombisches (α-Trimydit) oder hexagonales System (β-Trimydit). In dünnen sechsseitigen Tafeln; häufig in strahlig angeordneten Drillingen mit kugeligem Aussehen.
FARBE: Farblos, weiß.
HÄRTE: 6,5 – 7.
DICHTEZAHL: 2,28.
GLANZ: Glasartig bis perlmuttglänzend.
ENTSTEHUNG UND VORKOMMEN: Sublimat in Hohlräumen und Lavaporen saurer vulkanischer Gesteine (Rhyolithe, Obsidian, Trachyte); häufig in verunreinigten Kalksteinen oder in Arkose, die durch Einschlüsse basischer Magma umgewandelt ist.
BEGLEITMINERALIEN UND FUNDSTÄTTEN: Mit Sanidin, gelegentlich mit Augit und Fayalit. Schöne Fundstücke aus Italien, Frankreich, Deutschland, Mexiko usw.
NUTZUNG: Vorläufig nur für Forscher und Sammler interessant. Künstlich hergestellter Tridymit zur Produktion von feuerfesten Materialien und hochtemperaturfesten Keramiken verwendet.
WEITERE MERKMALE: Strukturvarietät der SiO_2 -Verbindung. Zwei Formen: das bei niedrigen Temperaturen stabile α-Tridymit und das bei hohen Temperaturen stabile β-Tridymit. α-Tridymit bildet sich anfangs als β-Tridymit und wandelt sich nach Abkühlung um; nicht schmelzbar; löslich in Flußsäure; nicht fluoreszierend.

OPAL

FORMEL: $SiO_2 \cdot nH_2O$ hydratisiertes Siliziumdioxid.
KRISTALLFORM: Nichtkristallin; in formlosen Massen.
FARBE: Farblos, milchweiß, gelb, rot, grün, blau, schwarz.
HÄRTE: 5,5 – 6,5.
DICHTEZAHL: 2,01 – 2,16.
GLANZ: Glasartig bis perlmuttglänzend.
ENTSTEHUNG UND VORKOMMEN: In vulkanischen Gesteinen im Verlauf hydrothermaler Zersetzung von Silikaten entstanden; krustenförmige Ausscheidungen an heißen Quellen; Bestandteil lebender Organismen, wie die Panzer von Kieselalgen im Plankton und die Skelettnadeln von Strahlentierchen, deren Überreste wichtige sedimentäre Lagerstätten (fossiles Mehl) bilden; bei verkieseltem Holz entstehende Opalablagerungen (Holzopal).
BEGLEITMINERALIEN UND FUNDSTÄTTEN: Schöne Fundstücke aus Australien, den USA, aus Mexiko, Ägypten, der Türkei, aus Italien usw.
NUTZUNG: Einige Varietäten zu wertvollen Schmucksteinen verarbeitet: der dunkelgrau bis schwarz gefärbte Edelopal mit irisierenden Effekten; der transparente Feueropal mit seinem roten Farbenspiel; der graue oder blauschwarze Harlekinopal.
WEITERE MERKMALE: Name aus dem Sanskrit (*upala* – Edelstein). Kein Mineral im strengen Sinne, da ohne kristalline Struktur; neigt zu Übergang in Chalcedon oder kryptokristallinen Quarz.
(*Siehe Kasten auf Seite 76.*)

SANIDIN

FORMEL: $KAlSi_3O_8$ Kaliumtektosilikat (Alkalifeldspat).
KRISTALLFORM: Monoklines System, prismatische Klasse. In prismatischen, tafeligen Kristallen; häufig verzwillingt, meist Durchdringungszwillinge nach dem Karlsbader Gesetz.
FARBE: Farblos, weißlich, grau, hellgelb.
HÄRTE: 6.
DICHTEZAHL: 2,53 – 2,56.
GLANZ: Glasartig.
ENTSTEHUNG UND VORKOMMEN: Typisches Mineral in sauren oder intermediären Ergußgesteinen (Trachyt, Syenit); in feinkristalliner Grundmasse von basischen Ergußgesteinen (Bassanit, Shonkinite) und in manchen Lamprophyren zu finden.
BEGLEITMINERALIEN UND FUNDSTÄTTEN: Mit Plagioklasen, Biotit, Diopsid, Leucit. Schöne Fundstücke aus Italien, Deutschland, dem Kaukasus usw.
NUTZUNG: Für Forscher und Sammler von Interesse.
WEITERE MERKMALE: Auf die charakteristische tafelige Form der Kristalle hindeutender Name ist griechischen Ursprungs. Hochtemperaturmodifikation von Kalifeldspat; mit gestörter Kristallstruktur; bildet bei hohen Temperaturen vollständige isomorphe Mischung mit Albit (Natronfeldspat); nicht schmelzbar; zersetzt sich vollständig in Flußsäure; nicht fluoreszierend.

◄ *Rauchquarz (etwa natürliche Größe), Sankt Gotthard, Schweiz.*

▼ *Tridymit in Trachyt (etwa 2 fach), Zovon, Padua, Italien.*

▲ *Opal, Varietät Feueropal (etwa natürliche Größe), Queretaro, Mexiko.*

▼ *Sanidin (etwa 0,7 fach), Val della Madonna, Trient, Italien.*

ORTHOKLAS

FORMEL: $KAlSi_3O_8$ Kaliumtektosilikat (Alkalifeldspat).
KRISTALLFORM: Monoklines System, prismatische Klasse. In prismatischen, stengeligen und tafeligen Kristallen, häufig Berührungszwillinge (nach dem Manebacher oder Bavenoer Gesetz) oder Durchwachsungszwillinge (nach dem Karlsbader Gesetz); in kompakten, feinkristallinen Massen.
FARBE: Farblos, weißlich, grau, rötlich.
HÄRTE: 6 – 6,5.
DICHTEZAHL: 2,56.
GLANZ: Glasartig bis perlmuttglänzend.
ENTSTEHUNG UND VORKOMMEN: Sehr weit verbreitetes Mineral; wichtiger Bestandteil saurer und alkalischer Tiefengesteine (Granite, Syenite, Monzonite); in Pegmatiten; häufig in metamorphen Gesteinen mittleren bis hohen Umwandlungsgrades (Gneis, Migmatite) und in sedimentären Trümmergesteinen.
BEGLEITMINERALIEN UND FUNDSTÄTTEN: Mit Quarz, Albit, Biotit, Muskovit und akzessorischen Gemengteilen wie Beryll, Apatit, Topas, Zirkon. Schöne Fundstücke aus Brasilien, Madagaskar, Deutschland, Italien usw.
NUTZUNG: In der Porzellanindustrie: feuchte Mischung aus Orthoklas, Quarz und Kaolinpuder wird modelliert, bei 1100 – 1300 °C verglüht und anschließend gargebrannt, läßt ein nicht sehr poröses Material (Porzellan) entstehen. Klare und transparente goldgelbe und zitronengelbe Varietäten können mit Smaragdschliff versehen werden.
WEITERE MERKMALE: Auf die rechtwinklig zueinander liegenden Spaltflächen hinweisender Name ist griechischen Ursprungs (*ortho* und *klas* – rechtwinklig Spaltender). Bildet bei mittleren Temperaturen Strukturvarietät zu Kalifeldspat; besitzt eine teilweise geordnete Kristallstruktur; geht leicht in Kaolin, Sericit, Epidot und Zeolith über; schwer schmelzbar; violette Flammenfärbung durch Kalium; nur in Flußsäure löslich; nicht fluoreszierend.

▼ *Orthoklas (etwa 0,7 fach), Brasilien.*

DAS HÄUFIGSTE MINERAL

QUARZ

Quarz ist neben Calcit das Mineral, das in der Erdkruste am häufigsten vertreten ist. Seine Allgegenwart ist der Tatsache zu verdanken, daß Quarz unter beliebigen Bedingungen kristallisieren kann – in magmatischem, metamorphem und sedimentärem Milieu.

GESCHICHTE UND LEGENDE

Es hat bisher zahlreiche Funde aus altsteinzeitlichem Feuerstein (Hornstein oder feinkristalliner Quarz) gegeben, einem Material, aus dem unsere Vorfahren Waffen herzustellen pflegten, die ihnen die Nahrungssuche erleichterten oder mit denen sie sich gegen die Gefahren ihrer Umgebung schützten. Das Mineral tritt in zahlreichen Kristallformen und einer breiten Vielfalt an Färbungen auf, so daß sich darunter auch einige Quarzvarietäten (siehe Seite 74) fanden, die zu Schmuckzwecken verwendet wurden. In der hebräischen Tradition verkörpern zwölf in das Schild des Hohepriesters eingearbeitete Steine die zwölf Attribute Gottes. Darunter waren nicht weniger als sechs Varietäten des Quarz: Der Sarder verkörperte *Melek* (den König), Jaspis entsprach *Tolchai* (dem lebendigen Gott), ein Karneol stellte *Elohim* (den allmächtigen Gott) dar, ein Achat symbolisierte *El* (stark), ein Amethyst stand für *Iaho* (Gott, Jehova), und ein Onyx bedeutete *Adonai* (Gebieter).

Brosche mit einer Kaskade aus brasilianischen Amethysten.

Quarz ist ein Mineral, das in fast allen Zeitaltern als Schmuck und Zierde diente. Daran ändert auch die Tatsache nichts, daß seine Varietäten in der Vergangenheit wegen ihrer farblichen Ähnlichkeit mit anderen Mineralien oft verwechselt wurden. Man sagt, daß Kaiser Nero schöne Pokale und Tafeln aus Bergkristall besessen habe, in die Episoden aus der Ilias eingraviert waren. Im Mittelalter hatten Vorstellungen von den Kräften des Bergkristalls ihre Blütezeit. Einem weitverbreiteten Glauben zufolge war das Mineral – pulverisiert und mit Honig vermischt – ein ausgezeichnetes Anregungsmittel für die Milchbildung bei Säugammen.

Mit Korallen, Onyx und Diamanten besetzte Brosche aus Bergkristall.

Die wahrscheinlich am besten bekannte Quarzvarietät ist der Amethyst. Er kann früher durchaus mit anderen, ähnlich gefärbten Steinen verwechselt worden sein. Ihm schrieb man verschiedene Eigenschaften zu; er sollte einen Menschen vor Trunkenheit bewahren, die Felder vor Heuschreckenplagen und Sturm schützen und, am rechten Mittelfinger getragen, Wut und Leidenschaft vertreiben. In der katholischen Tradition wird angenommen, daß der Stein, den Joseph der Jungfrau Maria zum Zeichen seiner Treue gab, ein Amethyst gewesen ist. Aus diesem Grund ist er der einzige Edelstein, der von den Kirchenfürsten getragen wird. Im Mittelalter und in der Zeit der Renaissance wurde der Amethyst als edler Schmuckstein und als Material für wunderbare Skulpturen, Vasen und Pokale gleichermaßen geschätzt.

EIN GANZ BESONDERES MINERAL

Quarz verfügt über zwei wichtige Eigenschaften – Pyroelektrizität und Piezoelektrizität, die bei der Umwandlung von Wärme bzw. von mechanischer Energie in elektrische Energie ausgenutzt werden; im ersten Fall ist die Erhitzung des Quarzes und im zweiten der Druck auf zwei jeweils gegenüberliegende Kristallflächen erforderlich. Die bei weitem am häufigsten genutzte Eigenschaft der Piezoelektrizität wurde bekannt durch die Gasfeuerzeuge, bei denen durch einfachen Druck auf einen entsprechend gelagerten Quarzkristall ein enormer Spannungsunterschied hervorgerufen wurde, der Funken erzeugte. Obgleich das Gasfeuerzeug mit seinem piezoelektrischen Quarzkristall inzwischen ein Museumsobjekt ist, findet das Mineral heute Verwendung in vielen Bereichen der modernen Technologie. So beruht die Funktionsweise von Oszillatoren, Radios, Uhren usw. auf seiner Fähigkeit, bei Anregung durch Wechselstrom zu vibrieren. Um der Schwierigkeit, Quarz in der Natur zu finden, zu begegnen, hat man Verfahren zur Synthese seiner Kristalle entwickelt. Mit Hilfe dieser Verfahren entstehen praktisch makellose Kristalle im Labor.

SEINE FARBEN

Im Reinzustand ist ein Quarzkristall klar und durchsichtig; ein solcher Stein wird Bergkristall genannt. Große Kristalle haben stets die Phantasie von Künstlern beschäftigt, die aus ihnen dann oft legendäre Kunst- und Schmuckgegenstände entstehen ließen. Verschiedenartige Pokale, Vasen, Gläser und andere Stücke waren das Ergebnis geduldigen Schleifens und Schneidens an einem solchen Kristall. Heute werden Gegenstände dieser Art auf andere Weise hergestellt. Das berühmte böhmische Kristall besteht – obwohl schön anzuschauen – nur aus Glas. Dieses Glas wird durch Schmelzen sehr reiner Siliziumsande erzeugt, denen spezielle Zusätze beigemengt werden, um eine angenehme Färbung des Glases zu erzielen. In verunreinigtem Zustand kann Quarz sehr verschiedene Farben annehmen. Transparente Kristalle oder Massen können zu Schmucksteinen verschliffen werden.

Kleine Statue aus Amethyst.

MIKROKLIN

FORMEL: $KAlSi_3O_8$ Kaliumtektosilikat (Alkalifeldspat).
KRISTALLFORM: Triklines System, pinakoidale Klasse. In prismatischen, kurzsäuligen Kristallen; häufig polysynthetische Mineralzwillinge nach dem Albit-Periklin-Gesetz.
FARBE: Weiß, grau, blaßgelb, rosa; Varietät Amazonit blaugrün.
HÄRTE: 6 – 6,5.
DICHTEZAHL: 2,56.
GLANZ: Glasartig bis perlmuttglänzend.
ENTSTEHUNG UND VORKOMMEN: In sauren Tiefengesteinen (Granite) und in Pegmatiten; in hochmetamorphem Gestein (Gneis); in sedimentären Trümmergesteinen (Sande und Sandsteine).
BEGLEITMINERALIEN UND FUNDSTÄTTEN: Mit Quarz, Orthoklas, Biotit, Zirkon, Pyrit, Turmalin. Schöne Fundstücke aus Brasilien, Indien, Madagaskar, Tansania, Kanada, den USA, aus Frankreich usw.
NUTZUNG: Für Forscher und Sammler von Interesse. Schöne blaugrün gefärbte Varietät Amazonit, auch Amazonenstein genannt, wird als Ornamentstein geschätzt und mit Cabochonschliff zu Schmuckstein verarbeitet.
WEITERE MERKMALE: Varietät Amazonit im alten Ägypten zu Pokalen und kleinen Statuen verarbeitet; mit 700 kg Gewicht größter Kristall ist im Musée d'histoire naturelle von Paris zu sehen. Mikroklin ist ein niedrigtemperierter Polymorph von Kalifeldspat; wie auch der Orthoklas mit Quarz und Albit verwachsen; nicht schmelzbar; nicht fluoreszierend.

▼ *Mikrolin, Varietät Amazonit (etwa 6 fach), Teller Co., Cripple Creek, Colorado, USA.*

ALBIT

FORMEL: $NaAlSi_3O_8$ Natriumtektosilikat (Alkalifeldspat).
KRISTALLFORM: Triklines System, pinakoidale Klasse. In prismatischen, tafeligen, mitunter stengeligen Kristallen; häufig Zwillingsbildung aus zwei oder mehr lamellenartigen Individuen nach einfachen und komplexen Gesetzen (Albit- und Periklingesetz, Manebacher Gesetz, Albit-Karlsbader Gesetz).
FARBE: Farblos, weiß, hellgrau.
HÄRTE: 6 – 6,5.
DICHTEZAHL: 2,62 – 2,65.
GLANZ: Glasartig bis perlmuttglänzend.
ENTSTEHUNG UND VORKOMMEN: Durch Primärkristallisation oder Umwandlung (Albitisierung) von kalziumreichen Plagioklasen entstanden; wichtiger Bestandteil vieler magmatischer, intrusiver und extrusiver Gesteine; in regionalmetamorphen Gesteinen niedrigen Umwandlungsgrades; als Verwitterungsschutt oder autogenes Mineral in Absatzgesteinen.
BEGLEITMINERALIEN UND FUNDSTÄTTEN: Mit Quarz, anderen Feldspäten, Biotit, Chlorit, Calcit, Epidot. Schöne Fundstücke aus Brasilien, den USA, aus Italien, der Schweiz, aus Österreich usw.
NUTZUNG: Zur Herstellung von feuerfesten Materialien verwendet.
WEITERE MERKMALE: Name lateinischen Ursprungs (*albus* – weiß). Bildet mit Anorthit isomorphe Plagioklas-Mischkristallreihe; Zwischenglieder werden üblicherweise anhand ihres Prozentgehalts an Anorthit (kalziumreiches Endglied) beschrieben: Albit (0 – 10%), Oligoklas (10 – 30%), Labradorit (50 – 70%), Bytownit (70 – 90%), Anorthit (90 – 100%); löslich in Flußsäure; schwer schmelzbar; gelbe Flammenfärbung; nicht fluoreszierend.

▼ *Albit (etwa 0,7 fach), Schweiz.*

DER STEIN DER GÖTTER

OPAL UND CHALCEDON

Der Opal ist einer der bezauberndsten und auch am häufigsten nachgeahmten Steine; der Edelopal und die schwarze Varietät besitzen einen sehr hohen Wert. Der Name des Minerals ist aus dem Sanskrit hergeleitet und bedeutet „Stein". Der Opal wurde in Indien als Stein der Götter geheiligt.

DER OPAL

Der Opal (siehe Seite 74) wird auch als amorphes Kieselsäuregel bezeichnet; er ist mit dem Quarz verwandt. Das Mineral neigt dazu, Wasser abzugeben, und geht dabei in die kryptokristalline Kieselsäureform Chalcedon über. Chalcedon und Quarz sind sich bezüglich ihrer physikalischen Eigenschaften sehr ähnlich.

Aufgrund seiner veränderlichen Zusammensetzung und möglicher Verunreinigungen kann der Opal verschiedene Tönungen und unterschiedliches Farbenspiel entwickeln. So besitzt der Edelopal eine milchweiße Färbung (selten gelb, rot oder grün) mit großen buntschillernden Flecken, während der onyxschwarze oder graue Opal ein zartes Farbenspiel erkennen läßt. Der Harlekinopal wiederum zeigt sich grau oder blauschwarz mit kleinen schillernden Flecken. Der fast farblose Girasol fällt durch seinen wogenden blauen Lichtschein auf. Die Steine der Varietät Feueropal sind gelborange oder rötlich gefärbt und zeigen ein schwaches Farbenspiel, und der gemeine Opal sieht weiß oder zartgrau aus. Er wird seit dem Altertum als Schmuckstein verwendet; sein Wert allerdings war früher sicherlich höher als heute.

Schwarzer Opal, 1,30 Karat (Australien).

DER CHALCEDON

Der Chalcedon ist im allgemeinen semitransparent. Seine Färbung ist recht homogen und zeigt eine bemerkenswerte Vielfalt: Grün (Chrysopras), Gelbbraun (Sarder), Rot (Karneol) und selbst Braun, Azurblau, Blau, Weiß oder Grau mit Schwarz wechselnd (Onyx). Vielfarbige Arten (Achat) entstehen durch verschiedenartige Verunreinigungen während der Ablagerung kleiner, nadelförmiger Kristalle, die senkrecht zur Oberfläche, auf der sie kristallisieren, angeordnet sind. Chalcedon wurde stets als Dekorstein, oft auch zur Herstellung wertvoller Einrichtungsgegenstände verwendet. Heute verarbeitet man ihn meist zu halbedlen Schmucksteinen.

Einen weiteren Kunstgriff der Natur stellt die Verkieselung fossiler Hölzer dar. Hierbei wird die Substanz von abgestorbenen Gewächsen mit der Zeit durch Opal ersetzt (Holzopal), der sich später in Chalcedon umwandelt. Er kann unterschiedlich gefärbt sein und zeigt, da die Pflanzenstruktur bei der Verkieselung erhalten geblieben ist, auch im versteinerten Zustand noch viele Einzelheiten der Ausgangsmaterie.

Achat

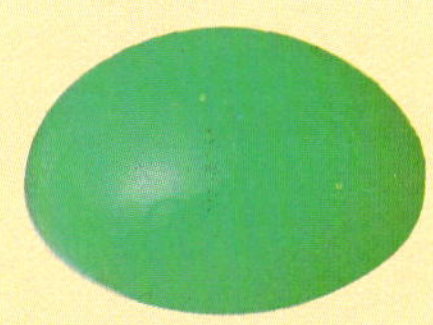

Chrysopras

Onyx

Achatkamee.

LABRADORIT

FORMEL: $CaAl_2Si_2O_8 - NaAlSi_3O_8$ Kalziumnatriumtektosilikat (Plagioklas).
KRISTALLFORM: Triklines System, pinakoidale Klasse. In prismatischen, tafeligen, häufig verzwillingten Kristallen; in Massen von mitunter beachtlicher Größe.
FARBE: Grau, häufig mit bläulichen Lichtreflexen (Labradoreszenz), die von der Mineralstruktur und winzigen Sphen-, Magnetit- und Ilmeniteinschlüssen herrühren.
HÄRTE: 6 – 6,5.
DICHTEZAHL: 2,70 – 2,72.
GLANZ: Perlmuttglänzend bis glasartig.
ENTSTEHUNG UND VORKOMMEN: Meist in basischen Intrusiv- und Extrusivgesteinen (Gabbros, Norite, Anorthosite, Basalte); in metamorphem Gestein mittleren Umwandlungsgrades (Gneis).
BEGLEITMINERALIEN UND FUNDSTÄTTEN: Mit Olivin, Pyroxenen, Chromit, Magnetit, Ilmenit, Apatit. Schöne Fundstücke aus Kanada, Madagaskar, Finnland und Norwegen.
NUTZUNG: In der Keramik- und Feuerfestindustrie, für Wandverkleidung im Bauwesen verwendet; Verarbeitung irisierender Steine zu Schmuckgegenständen.
WEITERE MERKMALE: Nach der kanadischen Halbinsel Labrador (Neufundland) benannt, wo das Mineral 1770 erstmals gefunden wurde. Löslich in Flußsäure und (langsam) in Salzsäure; relativ schwer schmelzbar; nicht fluoreszierend; Zwischenglied in der Plagioklas-Reihe mit mittlerem Anorthitanteil (50 – 70 %).

▼ *Labradorit (etwa 0,6 fach), Labrador, Kanada.*

ANORTHIT

FORMEL: $CaAl_2Si_2O_8$ Kalziumtektosilikat (Plagioklas).
KRISTALLFORM: Triklines System, pinakoidale Klasse. In seltenen prismatischen, tafeligen, mitunter stengeligen und nach dem Albitgesetz und dem Karlsbader Gesetz verzwillingten Kristallen.
FARBE: Weiß, grau, grünlich, rosa.
HÄRTE: 6 – 6,5.
DICHTEZAHL: 2,74 – 2,76.
GLANZ: Glasartig.
ENTSTEHUNG UND VORKOMMEN: In regionalmetamorphen Gesteinen und in manchen Basalten.
BEGLEITMINERALIEN UND FUNDSTÄTTEN: Mit Feldspatoiden, Pyroxenen, Biotit. Schöne Fundstücke aus Japan und Italien.
NUTZUNG: Im allgemeinen für Forscher und Sammler interessant.
WEITERE MERKMALE: Auf trikline Mineralstruktur hindeutender Name ist griechischen Ursprungs („schräg"). Klare, hellfarbige Varietäten schleifwürdig; eine rosafarbene, schleifwürdige Varietät vereinzelt im Val di Fassa gefunden; ist wie Albit ein Endglied der Plagioklas-Reihe; schwer schmelzbar; löslich in Flußsäure und Salzsäure, bildet dabei Kieselgel; nicht fluoreszierend.

▲ *Anorthit (etwa natürliche Größe), Japan.*

HYALOPHAN

FORMEL: $(K, Ba)(Si, Al)_3O_8$ Kaliumbariumtektosilikat (Alkalifeldspat).
KRISTALLFORM: Monoklines System, prismatische Klasse. In prismatischen Kristallen.
FARBE: Farblos, weiß, hellrot.
HÄRTE: 6 – 6,5.
DICHTEZAHL: 2,58 – 2,82.
GLANZ: Glasartig.
ENTSTEHUNG UND VORKOMMEN: Seltenes Mineral; in Manganvorkommen, auch als Gemengteil in manchen Gneisen.
BEGLEITMINERALIEN UND FUNDSTÄTTEN: Mit Dolomit, Pyrolusit, Manganit. Schöne Fundstücke aus Japan, Österreich, Kanada, den USA und aus der Schweiz.
NUTZUNG: Für Forscher und Sammler interessant.
WEITERE MERKMALE: Name griechischen Ursprungs (*phanos* – hell, leuchtend). Wie auch Adular Zwischenglied zwischen Orthoklas (Kalifeldspat) und Celsian (Bariumfeldspat); schwer schmelzend; löslich in Flußsäure; nicht fluoreszierend.

▼ *Hyalophan (etwa 2 fach), Courmayeur, Tour des Romains, Aosta, Italien.*

DANBURIT

FORMEL: $CaB_2(SiO_4)_2$ Kalziumbortektosilikat.
KRISTALLFORM: Orthorhombisches System, dipyramidale Klasse. In prismatischen Kristallen, häufig mit keilförmigen Enden, längsgestreift.
FARBE: Farblos, gelb, weißlich, braun.
HÄRTE: 7 – 7,5.
DICHTEZAHL: 2,97 – 3,02.
GLANZ: Glasartig.
ENTSTEHUNG UND VORKOMMEN: Seltenes Gangmineral, auf Metallgängen; in manchen Dolomiten mit hydrothermalem Quarz; in manchen Verdampfungssedimenten.
BEGLEITMINERALIEN UND FUNDSTÄTTEN: Mit Quarz, Kassiterit, Orthoklas, Fluorit, Wollastonit, Andradit. Schöne Fundstücke aus den USA, aus Mexiko, Madagaskar, Myanmar, Japan, der Schweiz usw.
NUTZUNG: Im allgemeinen für Forscher und Sammler interessant. Klare und transparente, unterschiedlich gelb getönte Steine zu Schmucksteinen verschliffen.
WEITERE MERKMALE: Nach der Ortschaft Danbury in Connecticut (USA) benannt, wo das Mineral im vergangenen Jahrhundert entdeckt wurde. In Farbe und Kristallstruktur dem Topas und dem Citrin ähnlich; leicht schmelzbar zu farblosem Glas, grüne Flammenfärbung; löslich nur in Salzsäure, bildet dabei (wenn zuvor kalziniert) Kieselgel; nicht fluoreszierend, bei Erhitzen jedoch rötlich phosphoreszierend.

▼ *Danburit (etwa 1,5 fach), Rußland.*

SKAPOLITH

FORMEL: Mischkristall zwischen *Marialith* $Na_4(Al_3Si_9O_{24})Cl$ und *Mejonit* $Ca_4(Al_6Si_6O_{24})CO_3$.
KRISTALLFORM: Tetragonales System, dipyramidale Klasse. In prismatischen, stengeligen, mitunter gestreiften Kristallen; in feinkristallinen Massen und in faserigen Aggregaten.
FARBE: Farblos, weißlich, gelblich, bläulich, grau, rosafarben, violett.
HÄRTE: 5,5 – 6.
DICHTEZAHL: 2,5 – 2,8.
GLANZ: Glasartig.
ENTSTEHUNG UND VORKOMMEN: Im allgemeinen in metamorphen Gesteinen vorkommend; in Skarnen; Sekundärmineral aus hydrothermaler Zersetzung basischer Erstarrungsgesteine; selten in Pegmatiten.
BEGLEITMINERALIEN UND FUNDSTÄTTEN: Mit Almandin, Wollastonit, Calcit, Diopsid, Andradit und Aktinolith. Schöne Fundstücke aus Kanada, den USA, aus Madagaskar, Namibia, Brasilien usw.
NUTZUNG: Für Forscher und Sammler interessant. Seltene rosafarbene und gelbe transparente Kristalle gelegentlich zu Schmucksteinen verschliffen; mehrfarbig violette Varietät erst in jüngster Vergangenheit entdeckt.
WEITERE MERKMALE: Auf die gestreckte Kristallform hindeutender Name ist griechischen Ursprungs (*skapos* – Stab). Natriumreicher Skapolith praktisch unlöslich in Salzsäure; kalziumreicher Skapolith hingegen zersetzt sich darin und bildet Kieselgel; schmelzbar zu blasiger Masse; in ultraviolettem Licht rosa und bläulich fluoreszierend; mitunter aventureszierend (durch Hämatiteinschlüsse schillernd).

◄ *Skapolith (etwa 0,6fach), Arendal, Norwegen.*

NEPHELIN

FORMEL: $(Na, K)AlSiO_4$ Natriumtektosilikat (Feldspatoid).
KRISTALLFORM: Hexagonales System, dipyramidale Klasse. In hexagonal-prismatischen Kristallen; in kompakten Aggregaten.
FARBE: Farblos, weiß, grau, grün, feinkristalline Varietät Eläolith ziegelrot.
HÄRTE: 5,5 – 6.
DICHTEZAHL: 2,55 – 2,65.
GLANZ: Glasartig.
ENTSTEHUNG UND VORKOMMEN: In kieselsäurearmen magmatischen, extrusiven und intrusiven Gesteinen typisches Mineral; Produkt metasomatischer Vorgänge in Kalksteinen und Gneis.
BEGLEITMINERALIEN UND FUNDSTÄTTEN: Mit Analcim, Zeolithen, Apatit, Albit. Ausgedehnte Vorkommen nephelinführender Gesteine in Kanada, den USA, in Südafrika und Norwegen. Sehr schöne Kristalle in Eruptionsblöcken aus dem Vesuv (Italien).
NUTZUNG: In der Keramik-, Farben-, Textil- und Glasindustrie verwendet.
WEITERE MERKMALE: Name griechischen Ursprungs (*nephele* – Wolke); bezieht sich auf das Verhalten des Minerals beim Lösen in Salzsäure (Abscheidung einer Kieselgelwolke). Schwer schmelzbar zu farbloser glasiger, blasiger Masse, gelbe Flammenfärbung; nicht fluoreszierend; geht leicht in Analcim, Cancrinit und Sodalith über.

▼ *Nephelin (etwa natürliche Größe), Monte Somma, Neapel, Italien.*

LEUCIT

FORMEL: $KAlSi_2O_6$ Kaliumtektosilikat (Feldspatoid).
KRISTALLFORM: Tetragonales System, dipyramidale Klasse. In pseudokubischen, rundlichen Kristallen mit trapezoedrischem Habitus und Streifungen auf den Kristallflächen.
FARBE: Weiß.
HÄRTE: 5,5 – 6.
DICHTEZAHL: 2,45 – 2,50.
GLANZ: Glasartig.
ENTSTEHUNG UND VORKOMMEN: Für kaliumreiche basische und ultrabasische Extrusivgesteine (Bassanite, Leucit, Tephroite, Leucitite) charakteristisches Mineral; nicht in alten Laven vorkommend.
BEGLEITMINERALIEN UND FUNDSTÄTTEN: Mit Augit, Haüyn, Analcim, Nephelin, Olivin. Schöne Fundstücke aus Australien, den USA, aus Zaire, Uganda, Italien usw.
NUTZUNG: Für Forscher und Sammler interessant; früher als Düngemittel verwendet.
WEITERE MERKMALE: Auf das Äußere des Kristalls hinweisender Name ist griechischen Ursprungs (*leucos* – hell, weiß). Dimorph (kubische Form bei über 605 °C stabil, tetragonale Form stabil bei niedrigeren Temperaturen); bei hohen Temperaturen in Magmen entstandener kubischer Kristall bildet sich bei Temperaturverringerung um, entwickelt dabei tetraedrische Symmetrie, behält aber kubische Morphologie bei; nicht schmelzbar; löslich in heißer Salzsäure unter Ausfällung von Kieselgel sowie in kalter Schwefelsäure; nicht fluoreszierend; geht leicht in Analcim oder Kaolin über.

▼ *Leucit (etwa natürliche Größe), Ariccia, Rom, Italien.*

ANALCIM

FORMEL: $Na(AlSi_2O_6) \cdot H_2O$ Natriumtektosilikat (Feldspatvertreter).
KRISTALLFORM: Kubisches System, hexakisoktaedrische Klasse. In ikositetraedrischen Kristallen, gelegentlich kubisch mit von Ikositetraedern abgestumpften Spitzen; in strahligen Aggregaten und feinkristallinen Massen.
FARBE: Farblos, weiß, rosa, gräulich.
HÄRTE: 5,5.
DICHTEZAHL: 2,25.
GLANZ: Glasartig.
ENTSTEHUNG UND VORKOMMEN: Primärmineral in kieselsäurearmen Intrusivgesteinen; als Ausfüllung von Hohlräumen in vulkanischem Gestein; autogenes Mineral in klastischen Gesteinen (Sandsteine).
BEGLEITMINERALIEN UND FUNDSTÄTTEN: Mit Zeolithen, Calcit, Prehnit. Schöne Stücke aus Italien, den USA, aus Australien, Island usw.
NUTZUNG: Für Forscher und Sammler interessant.
WEITERE MERKMALE: Name griechischen Ursprungs (*análkimos* – kraftlos, schwach), bezieht sich auf die schwache, durch Erhitzen oder Reiben hervorgerufene Pyroelektrizität des Minerals; leicht schmelzbar zu farblosem Glas, beim Erhitzen gelbe Flammenfärbung durch Natrium; löslich in Salzsäure, bildet dabei Kieselgel; nicht fluoreszierend.

▼ *Analcim (etwa natürliche Größe), Alpen, Bozen, Italien.*

SODALITH

FORMEL: $Na_4Al_3Si_3O_{12}Cl$ Natriumtektosilikat (Feldspatoid).
KRISTALLFORM: Kubisches System, hexakistetraedrische Klasse. In seltenen rhombisch-dodekaedrischen Kristallen; meist in kompakten Aggregaten.
FARBE: Blaßrosa, grau, gelb, blau, grün.
HÄRTE: 5–6.
DICHTEZAHL: 2,30.
GLANZ: Glasartig.
ENTSTEHUNG UND VORKOMMEN: In kieselsäurearmen Tiefengesteinen (Nephelinsyenite, Phonolithe) vorkommend; in kalkigen, metasomatischen Vorgängen ausgesetzten Gesteinen.
BEGLEITMINERALIEN UND FUNDSTÄTTEN: Mit Nephelin, Leucit, Cancrinit, Melanit, Fluorit. Ausgedehnte Vorkommen in Kanada, den USA, in Brasilien, Bolivien, Grönland und Myanmar.
NUTZUNG: Einfarbige kompakte Massen zu Halsketten, Armbändern und anderen Schmuckgegenständen verarbeitet; Funde präkolumbianischer Gegenstände aus Sodalith in der alten Stadt Tiahuanaco im Hochland von Bolivien.
WEITERE MERKMALE: Vertreter der Gruppe isomorpher Mineralien, zu der auch Nosean, Haüyn und Lasurit gehören; kompakte Massen mit azurblauer Färbung; Verwechslung mit Lazurit (Lapislazuli) möglich, im Unterschied zu diesem zeigt polierter Sodalith violette Färbung; leicht schmelzbar zu farblosem Glas; bei Erhitzen gelbe Flammenfärbung durch Natrium; zersetzt sich in Salzsäure unter Ausfällung von Kieselgel; nicht fluoreszierend; geht leicht in Natrolith, Kaolin, Sericit und Calcit über; Varietät Hackmanit zeigt das Phänomen der Tenebreszenz (rosa Färbung bei frischem Schliff verblaßt bei Lichteinwirkung); ursprüngliche Färbung kehrt bei mehrwöchiger Aufbewahrung des Steins im Dunkeln oder durch Beschuß mit Röntgenstrahlen zurück.

▼ *Sodalith (etwa 0,4 fach), Herculanum, Neapel, Italien.*

HAÜYN

FORMEL: $(Na, Ca)_{4-8}Al_6Si_6O_{24}(SO_4, S)_{1-2}$ Kalziumnatriumtektosilikat (Feldspatoid).
KRISTALLFORM: Kubisches System, hexakistetraedrische Klasse. Seltene Kristalle mit oktaedrischem oder rhombisch-dodekaedrischem Habitus; häufig in gerundeten Körnern.
FARBE: Weiß, grau, grün, blau, rot, gelb.
HÄRTE: 5–6.
DICHTEZAHL: 2,4–2,5.
GLANZ: Glasartig.
ENTSTEHUNG UND VORKOMMEN: In kieselsäurearmen alkalischen Extrusivgesteinen (Phonolite, Syenit, Nephelin); Bestandteil der Haüynophyre (haüynreiche vulkanische Gesteine).
BEGLEITMINERALIEN UND FUNDSTÄTTEN: Mit Granaten, Leucit, Melilith. Schöne Fundstücke aus Italien, Frankreich, Marokko, Deutschland usw.
NUTZUNG: Für Forscher und Sammler interessant.
WEITERE MERKMALE: Nach dem französischen Mineralogen und Geistlichen René Just Haüy benannt. Vertreter der Sodalith-Reihe; unterscheidet sich von Sodalith dadurch, daß dieses – in Salpetersäure gelöst – beim Verdampfen der Lösung Kalziumchloritkristalle, Haüyn aber kleine Gipsnadeln bildet; leicht schmelzbar zu glasiger Masse von grünlichblauer Färbung; zersetzt sich in Salzsäure unter Ausfällung von Kieselgel; nicht fluoreszierend.

▼ *Haüyn (etwa natürliche Größe), Ariccia, Rom, Italien.*

LASURIT

FORMEL: $(Na, Ca)_8(Al, Si)_{12}O_{24}(S, SO_4)$ Kalziumnatriumtektosilikat (Feldspatoid).
KRISTALLFORM: Kubisches System, hexakistetraedrische Klasse. Oktaedrische Kristalle sehr selten; häufig in kompakten, mikrokristallinen Massen.
FARBE: Satt hellblau, gelegentlich mit grünlichen Lichtreflexen (Lapislazuli), selten violett; sehr häufige Pyrit- und Calciteinschlüsse bewirken ungleichmäßige Färbung feinkristalliner Massen.
HÄRTE: 5,5–6.
DICHTEZAHL: 2,38–2,42.
GLANZ: Glasartig.
ENTSTEHUNG UND VORKOMMEN: In kontaktmetamorphen kalkigen Gesteinen und in Hochtemperaturgranuliten zu finden.
BEGLEITMINERALIEN UND FUNDSTÄTTEN: Mit Calcit, Pyrit, Diopsid. Lagerstätten in Afghanistan, China, den chilenischen Anden, im Iran, in Kanada, den USA, in Myanmar und Angola.
NUTZUNG: Verarbeitung feinkristalliner kompakter Massen zu hochwertigen Schmuck- und Ziergegenständen; früher in Pulverform als Farbstoff (Ultramontanblau) verwendet.
WEITERE MERKMALE: Auf die Mineralfarbe hinweisender Name ist arabischen Ursprungs (*lazaward* – Azur). Wesentlicher Bestandteil des aus Lasurit, Calcit, Pyroxenen und Pyrit bestehenden Lapislazuli („blauer Stein"); Vertreter der Sodalith-Reihe; relativ leicht schmelzbar zu weißlicher, glasiger Masse; zersetzt sich schnell in Säuren, dabei durch Pyriteinschlüsse hervorgerufene Entwicklung von Schwefelsäure; nicht fluoreszierend.

▼ *Lasurit (etwa natürliche Größe), Afghanistan.*

NATROLITH

FORMEL: $Na_2Al_2Si_3O_{10} \cdot 2H_2O$ Natriumtektosilikat (Zeolith).
KRISTALLFORM: Orthorhombisches System, pyramidale Klasse. In gestreiften, schlanken prismatischen Kristallen; häufig in sphärolithischen Aggregaten mit faseriger Struktur oder in kompakten Aggregaten von filzigem Aussehen.
FARBE: Farblos, weiß, rosa, gelb.
HÄRTE: 5–5,5.
DICHTEZAHL: 2,2.
GLANZ: Glasartig bis perlmuttglänzend.
ENTSTEHUNG UND VORKOMMEN: In basaltischen Laven als Ausfüllung von Mandeln; durch Umwandlung von Plagioklasen in Syenite und Aplite und in basischen Extrusivgesteinen durch Umwandlung von Sodalith in Nephelin entstanden.
BEGLEITMINERALIEN UND FUNDSTÄTTEN: Mit Calcit, Prehnit, Zeolithen. Schöne Fundstücke von mitunter beachtlicher Größe aus Kanada, den USA, aus Brasilien, Grönland und Indien.
NUTZUNG: Industrielle Nutzung aufgrund der strukturbedingten Mineraleigenschaft, molekulare Flüssigkeiten zu filtern (zeolithische Molekularsiebe zur Reinigung organischer Endprodukte u. a.).
WEITERE MERKMALE: Auf den Natriumgehalt des Minerals hinweisender Name ist lateinischen Ursprungs (*natrium*). Vertreter einer Mineralgruppe aus der Zeolith-Familie, zu der auch Mesolith, Thomsonit, Skolezit, Gonnardit und Edingtonit gehören. Zeolithe besitzen relativ offene Kristallstruktur mit kanalartigen Verknüpfungen, die den Durchgang organischer Moleküle gestatten. Leicht schmelzbar zu farbloser, glasiger Masse; gelbe Flammenfärbung beim Erhitzen; löslich in Salzsäure mit Ausfällung von Kieselgel; mitunter orange fluoreszierend; bei Erhitzen über 300 °C Wasserabgabe und Übergang in Metanatrolith; nimmt in feuchter Luft leicht Wasser auf.

▼ *Natrolith in Basalt (etwa natürliche Größe), Gambellara, Vicenza, Italien.*

MESOLITH

FORMEL: $Na_2Ca_2Al_6Si_9O_{30} \cdot 8H_2O$ Natriumkalziumtektosilikat (Zeolith).
KRISTALLFORM: Monoklines System, sphenoidische Klasse. In prismatischen, stengeligen und nadelförmigen Kristallen; in Aggregaten mit radialfaseriger Struktur.
FARBE: Weiß, grau, gelblich.
HÄRTE: 5.
DICHTEZAHL: 2,2 – 2,4.
GLANZ: Glasartig bis seidig.
ENTSTEHUNG UND VORKOMMEN: Als Ausfüllungen von Hohlräumen in basaltischen Vulkangesteinen.
BEGLEITMINERALIEN UND FUNDSTÄTTEN: Mit Datolith, Prehnit, Calcit und anderen Zeolithen. Schöne Fundstücke aus den USA, aus Schottland, Sibirien usw.
NUTZUNG: Industrielle Nutzung aufgrund der Eigenschaft der Kristallstruktur, molekulare Flüssigkeiten zu filtern; zur Geruchsabsorption, Reinigung von Erdölprodukten, Entfernung radioaktiver Isotope aus radioaktivem Abfall, als Schleifkörper in fluorierten Zahncremes, als Futterzusatz in der Schweine- und Geflügelhaltung und zur Reinigung von Erdgas mit geringem Wärmeinhalt verwendet. Heute jedoch durch synthetische Produkte ersetzt.
WEITERE MERKMALE: Vertreter der Natrolith-Gruppe mit einer zwischen Natrolith und Skolezit liegenden Zusammensetzung; nadelförmige kristalline Aggregate mit filzigem Aussehen von den Engländern „cotton stone" (Baumwollstein) genannt; leicht schmelzbar; löslich in Salzsäure; nicht fluoreszierend.

◄ *Mesolith (etwa natürliche Größe), Poona, Indien.*

SKOLEZIT

FORMEL: $Ca(Al_2Si_3O_{10}) \cdot 3H_2O$ Kalziumtektosilikat (Zeolith).
KRISTALLFORM: Monoklines System, sphenoidische Klasse. In prismatischen, stengeligen und gestreiften Kristallen, gelegentlich Zwillinge mit pseudohexagonaler Symmetrie; in Aggregaten mit radialfaseriger Struktur.
FARBE: Farblos, weiß.
HÄRTE: 5 – 5,5.
DICHTEZAHL: 2,3.
GLANZ: Glasartig bis seidig.
ENTSTEHUNG UND VORKOMMEN: Meist als Ausfüllungen von Hohlräumen in basaltischen Vulkangesteinen; mitunter auf Klüften in kontaktmetamorphen kalkigen Gesteinen oder als Umwandlungsprodukt in Drusen syenitischer Gesteine.
BEGLEITMINERALIEN UND FUNDSTÄTTEN: Mit Calcit und anderen Zeolithen. Schöne Fundstücke aus Island, Schottland, den USA, aus Indien und Brasilien.
NUTZUNG: Industrielle Nutzung aufgrund der strukturbedingten Mineraleigenschaft, molekulare Flüssigkeiten zu filtern. *(Siehe Mesolith)*.
WEITERE MERKMALE: Name griechischen Ursprungs (*skolekites* – wurmähnlich), von der Eigenschaft des Minerals abgeleitet, sich bei entsprechend hohen Temperaturen zu verdrehten, wurmähnlich aussehenden Formen zu kräuseln, ehe es zu blasigem Glas schmilzt. Vertreter der Natrolith-Gruppe; leicht löslich in Salzsäure mit Ausfällung von Kieselgel; nicht fluoreszierend; bei Erhitzen Übergang in stark pyroelektrischen Metaskolezit.

▼ *Skolezit (etwa 0,3 fach), S. Catarina, Brasilien.*

THOMSONIT

FORMEL: $NaCa_2Al_5Si_5O_{20} \cdot 6H_2O$ Natriumkalziumtektosilikat (Zeolith).
KRISTALLFORM: Orthorhombisches System, dipyramidale Klasse. In prismatischen, nadeligen Kristallen, mitunter lamellenartig, meist in Aggregaten mit radialfaseriger Struktur zusammenstehend.
HÄRTE: 5 – 5,5.
DICHTEZAHL: 2,3.
GLANZ: Glasartig bis perlmuttglänzend.
ENTSTEHUNG UND VORKOMMEN: Meist als Ausfüllungen von Drusen in basaltischen Vulkangesteinen oder in kieselsäurearmen alkalischen Extrusivgesteinen (Phonolithe).
BEGLEITMINERALIEN UND FUNDSTÄTTEN: Mit Calcit, Analcim und anderen Mineralien der Zeolith-Familie. Schöne Fundstücke aus Schottland, von den Färöer Inseln, aus Grönland und den USA.
NUTZUNG: Industrielle Verwendung aufgrund der strukturbedingten Mineraleigenschaft, molekulare Flüssigkeiten zu filtern (*siehe Mesolith*).
WEITERE MERKMALE: Auch als Comptonit oder Färöelit bekannt; Vertreter der Natrolith-Gruppe; leicht schmelzbar; löslich in Salzsäure unter Abscheidung von Kieselgel; nicht fluoreszierend; dehydrierte Varietät als Metathomsonit bezeichnet.

▲ *Thomsonit (etwa natürliche Größe), Puy de Dome, Chaux de Bergonne, Frankreich.*

LAUMONTIT

FORMEL: $Ca(Al_2Si_4O_{12}) \cdot 4H_2O$ Kalziumtektosilikat (Zeolith).
KRISTALLFORM: Monoklines System, prismatische Klasse. In prismatischen, stengeligen Kristallen, Prismenflächen längsgestreift; in faserigen Aggregaten.
FARBE: Weiß, gelb, rosa.
HÄRTE: 3 – 3,5.
DICHTEZAHL: 2,3.
GLANZ: Glasartig.
ENTSTEHUNG UND VORKOMMEN: Als Auffüllung in Drusen und Geoden in sauren Intrusivgesteinen (Basalte, Diabase); in Blasenhohlräumen basischer Vulkangesteine (Basalte, Diabase); in metamorphen Gesteinsgängen und auf Metallgängen.
BEGLEITMINERALIEN UND FUNDSTÄTTEN: Mit Calcit, Analcim und anderen Zeolithen. Schöne Fundstücke aus den USA, aus Neuseeland, Norwegen usw.
NUTZUNG: Industrielle Nutzung aufgrund der strukturbedingten Mineraleigenschaft, molekulare Flüssigkeiten zu filtern.
WEITERE MERKMALE: Nach dem französischen Mineralogen Gillet de Laumont (1747 – 1834) benannt, der das Mineral 1785 in Huelgoat in der Bretagne (Frankreich) entdeckte. Bildet mit Mordenit und Dachiardit die Laumontit-Gruppe; leicht schmelzbar; löslich in Salzsäure unter Ausfällung von Kieselgel; nicht fluoreszierend; gibt bei Erhitzen oder an trockener Luft und bei Lichteinwirkung leicht Wasser ab und geht in opake und krümelige Varietät Leonhardtit über.

▼ *Weißer Laumontit mit Chabasit (etwa natürliche Größe), New Jersey, USA.*

HEULANDIT

FORMEL: $(Ca, Na_2, K_2)(Al_2Si_7O_{18}) \cdot 6H_2O$ Kalziumnatriumkaliumtektosilikat (Zeolith).
KRISTALLFORM: Monoklines System, prismatische Klasse. In tafeligen Kristallen und parallelen Aggregaten.
FARBE: Farblos, weiß, gelb, grün, rotorange.
HÄRTE: 3,5 – 4.
DICHTEZAHL: 2,20.
GLANZ: Glasartig bis perlmuttglänzend.
ENTSTEHUNG UND VORKOMMEN: Als Ausfüllungen in Hohlräumen basischer Vulkangesteine (Basalte, Diabase, Andesite); in metamorphen Gesteinsgängen (Schiefer, Gneis) und auf Erzgängen.
BEGLEITMINERALIEN UND FUNDSTÄTTEN: Mit Calcit und anderen Mineralien der Zeolith-Familie. Schöne Fundstücke aus den USA, aus Kanada, Brasilien, Indien, Island usw.
NUTZUNG: Industrielle Nutzung aufgrund der strukturbedingten Mineraleigenschaft, molekulare Flüssigkeiten zu filtern (*siehe Mesolith, Seite 80*).
WEITERE MERKMALE: Nach dem englischen Mineraliensammler Henry Heuland benannt. Sog. Heulandit-Gruppe, zu der Stilbit, Clinoptilolith, Ferrierit und Brewsterit gehören, ist nach dem Mineral benannt; leicht schmelzbar, bläht sich durch Wasserverlust bei Erhitzen auf; löslich in Salzsäure unter Bildung von Kieselgel; nicht fluoreszierend.

▲ *Heulandit (etwa natürliche Größe), Teigarhorn, Island.*

STILBIT
(DESMIN)

FORMEL: $NaCa_2Al_5Si_{13}O_{36} \cdot 14H_2O$ Natriumkalziumtektosilikat (Zeolith).
KRISTALLFORM: Monoklines System, prismatische Klasse. In prismatischen Kristallen; häufig in garbenförmigen Aggregaten; in faserigen, sphärolithischen Aggregaten; in kreuzförmigen, pseudorhombische Symmetrie vortäuschenden Zwillingen.
FARBE: Weiß, grau, braun, rötlich.
HÄRTE: 3,5 – 4.
DICHTEZAHL: 2,15.
GLANZ: Glasartig bis perlmuttglänzend.
ENTSTEHUNG UND VORKOMMEN: Als Ausfüllung von Mandeln in Basaltgesteinen; seltener in Spalten der metamorphen Gesteine.
BEGLEITMINERALIEN UND FUNDSTÄTTEN: Mit Calcit und anderen Mineralien der Zeolith-Familie. Schöne Fundstücke aus den USA, aus Kanada, Brasilien, Indien, Island, Schottland usw.
NUTZUNG: Industrielle Nutzung aufgrund der strukturbedingten Mineraleigenschaft, molekulare Flüssigkeiten zu filtern (*siehe Mesolith, Seite 80*).
WEITERE MERKMALE: Auf den Mineralglanz hindeutender Name ist griechischen Ursprungs („scheinen"). Vertreter der Heulandit-Gruppe; leicht schmelzbar zu opaker glasiger Masse mit weißer Färbung; leicht löslich in Salzsäure unter Ausscheidung von Kieselgel; nicht fluoreszierend.

▼ *Stilbit (etwa 0,5fach), Rio das Antas, Rio Grande do Sul, Brasilien.*

PHILLIPSIT

FORMEL: $(Ca_{0,5}, Na, K)_3(Al_3Si_5O_{16}) \cdot 6H_2O$ Kaliumkalziumnatriumtektosilikat (Zeolith).
KRISTALLFORM: Monoklines System, prismatische Klasse. In prismatischen, stäbchenförmigen, kurzsäuligen Kristallen, häufig in kreuzförmigen, dünn gestreiften Zwillingen.
FARBE: Farblos, weiß, gelblich, gräulich.
HÄRTE: 4 – 4,5.
DICHTEZAHL: 2,15.
GLANZ: Glasartig.
ENTSTEHUNG UND VORKOMMEN: Als Ausfüllung von Hohlräumen in basischen Vulkangesteinen (Basalte); in Tiefseesedimenten als Umwandlungsprodukt von Feldspäten oder vulkanischer Asche.
BEGLEITMINERALIEN UND FUNDSTÄTTEN: Mit Chabasit, Calcit und anderen Mineralien der Zeolith-Familie. Schöne Fundstücke aus Deutschland, Island und den USA; im Pazifik als Kern in Eisenmanganknollen.
NUTZUNG: Industrielle Nutzung aufgrund der strukturbedingten Mineraleigenschaft, molekulare Flüssigkeiten zu filtern (*siehe Mesolith, Seite 80*).
WEITERE MERKMALE: Nach dem englischen Mineralogen W. Phillips benannt. Bildet mit Harmotom und Gismondin die Phillipsit-Gruppe; bläht sich bei Erhitzen auf und schmilzt schließlich zu weißer, glasiger Masse; löslich in Salzsäure unter Ausfällung von Kieselgel; nicht fluoreszierend.

Phillipsit (etwa 1,5fach), Aci Castello, Catania, Italien. ▶

CHABASIT

FORMEL: $CaAl_2Si_4O_{12} \cdot 6H_2O$ Kalziumtektosilikat (Zeolith).
KRISTALLFORM: Trigonales System, ditrigonal-skalenoedrische Klasse. In rhomboedrischen, pseudokubischen Kristallen, die Durchdringungszwillinge bilden.
FARBE: Weiß, grünlich, rötlich.
HÄRTE: 4 – 5.
DICHTEZAHL: 2,10.
GLANZ: Glasartig.
ENTSTEHUNG UND VORKOMMEN: Als Ausfüllung von Hohlräumen in basischen Extrusivgesteinen (Basalte); als Verkrustungen an heißen Quellen.
BEGLEITMINERALIEN UND FUNDSTÄTTEN: Mit Calcit, Analcim und anderen Mineralien der Zeolith-Familie. Schöne Fundstücke aus Deutschland, Schottland, von den Färöer Inseln, aus Kanada, den USA und aus Australien.
NUTZUNG: Industrielle Nutzung aufgrund der strukturbedingten Mineraleigenschaft, molekulare Flüssigkeiten zu filtern (*siehe Mesolith, Seite 80*).
WEITERE MERKMALE: Name griechischen Ursprungs (*chalasías* – Hagelstein). Sog. Chabasit-Gruppe, zu der auch Erionit und Gmelinit gehören, ist nach dem Mineral benannt; sehr selten vorkommender Zeolith; leicht schmelzbar, bläht sich dabei auf und bildet weiße glasige, blasige Masse; löslich in Salzsäure unter Ausfällung von Kieselgel; nicht fluoreszierend.

▼ *Chabazit (etwa 0,4fach), Laneariz, Böhmen, Tschechische Republik.*

OPAKE MINERALIEN

OPAKE MINERALIEN

Oben: Fundstück und polierter Anschliff von Antimonit.
Unten: Schnitt durch ein Auflichtmikroskop (Schema). Im oberen Teil des Mikroskops befindet sich die Lichtquelle. Die Lichtstrahlen werden durch ein Prisma reflektiert, von oben auf die vorbereitete Probe geleitet; von da wird das Licht zum Okular zurückgeworfen.

Mineralprobe mit schönen Antimonitkristallen. Rechts einige Kristalle in einem kleinen, mit Harz ausgegossenen Zylinder, deren Oberfläche für die Untersuchung mit dem Auflichtmikroskop auf Spiegelglanz poliert wurde (Anschliff).

Seit jeher schon beschäftigen Mineralien die Aufmerksamkeit des Menschen; lassen sich doch aus ihnen sowohl nützliche Metalle als auch schöne Edelsteine gewinnen. Auch das Zermahlen von Mineralien zu Pulver für Färbemittel und Malfarben ist ein Verfahren, das seit undenklichen Zeiten angewendet wird. Der Gebrauch von Gegenständen aus bestimmten, über geschichtliche Perioden hinweg typischen Mineralien hat die Gelehrten dazu veranlaßt, ganze Zeitalter, die stets eine Entwicklungsstufe in der Evolution des Menschen darstellten, nach eben diesen Materialien zu benennen. Auf die Steinzeit folgte die Kupferzeit, an die sich die Bronzezeit – benannt nach der hauptsächlich verwendeten Legierung aus Kupfer und Zinn – und schließlich die Eisenzeit anschloß.

Wenn wir die Entwicklung der Hochkulturen des Altertums analysieren, dann stellen wir fest, daß einige von ihnen eben durch die Entdeckung von Minerallagerstätten, die sich zu unmittelbar eigenem Nutzen und zur Herstellung wertvoller Handelsgüter ausbeuten ließen, mächtig wurden. Ägypten beispielsweise erlebte eine Zeit der Expansion unmittelbar nach der Entdeckung der Goldvorkommen am Oberen Nil. Die hellenistische Zivilisation profitierte von der Silberförderung in den Minen des Berglands von Laurion (ehem. Demos Sunion), die sich im Besitz Athens befanden. Die Etrusker verfügten über reiche Eisenerzvorkommen in der Toskana, wo es auch das einzige Bergwerk der Apenninenhalbinsel gab, in dem Kassiterit (ein zinnhaltiges Mineral) gefördert wurde.

Die Römer wiederum eroberten mitunter Gebiete ferner Länder mit dem Ziel, in den Besitz der dortigen Mineralvorkommen zu gelangen und diese auszubeuten. Wie von Plinius dem Älteren überliefert ist, war das wichtigste Mineral für die römische Zivilisation Gold, das man damals in gediegener Form als Goldkörner oder -nuggets kannte. Dem Gold folgten entsprechend dem Grad ihrer Bedeutung der silberhaltige Galenit, die Kupfermineralien, die Eisenmineralien, darunter der besonders wegen seiner erstaunlichen magnetischen Kräfte geschätzte Magnetit, und schließlich der Kassiterit.

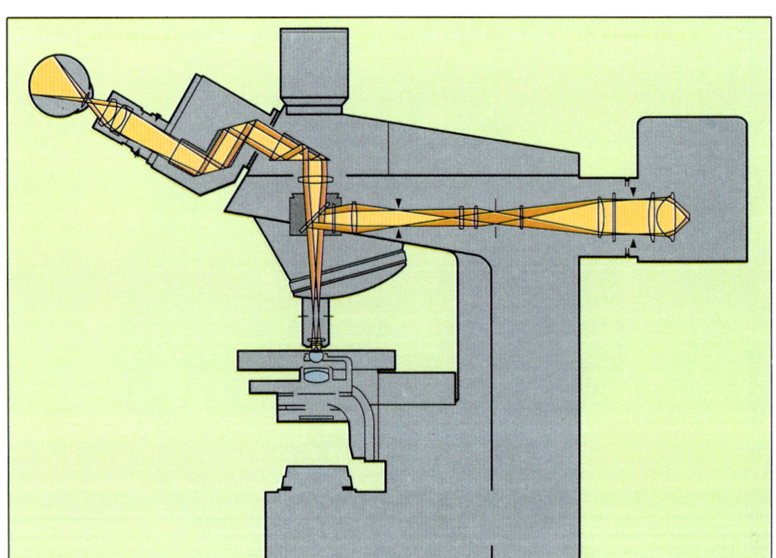

Viele der wichtigsten Vorkommen waren bereits vor der Zeit der römischen Eroberungen entdeckt worden. So waren die Galenitgruben auf Sardinien und auf der Iberischen Halbinsel, in denen man auch Gold fand, schon weithin bekannt. Die bedeutendsten Eisenerzlager gab es auf der Insel Elba; das aus Kassiterit gewonnene und zur Herstellung von Bronze benötigte Zinn kam aus Cornwall. Territorien, die nicht über diese Reichtümer verfügten, waren bedeutungslos und gerieten in Vergessenheit.

Die Politik der Eroberung hat sich bis in die heutigen Tage erhalten, obwohl sie jetzt weniger offen von multinationalen Unternehmen betrieben wird. Dennoch läßt sich unser Zeitalter mit seinen – wenn auch seltenen – Kriegen von ähnlichen Motiven leiten wie das antike Rom. Es ist allgemein bekannt, daß der jüngste Krieg am Persischen Golf um den Besitz der kuweitischen Ölfelder geführt wurde. Erdgas und Erdöl gehören zwar nicht zu den Mineralien, sind aber nichtsdestoweniger äußerst wertvolle natürliche Ressourcen.

Aufgrund des großen und seit langem bestehenden Interesses an wirtschaftlich bedeutenden Mineralien hat die Wissenschaft versucht, die Vorgänge im Zusammenhang mit der Entstehung und der Erkundung von Mineralvorkommen zu erforschen. Die angewandte Geologie, ein Zweig der Geologie, beschäftigt sich speziell mit der Erkundung von Lagerstätten und mit der Erforschung ihrer Genese. Einen großen Teil der in den Lagerstätten vorkommenden Substanzen stellen die opaken Mineralien dar. Zu ihnen gehören die gediegenen Elemente und die Sulfid- und Oxidmineralien.

Die Bezeichnung „opake Mineralien" besagt, daß diese Stoffe nicht lichtdurchlässig sind; selbst eine extrem dünne Schicht kann von Licht nicht durchstrahlt werden. Diese Eigenschaft unterscheidet sie von den transparenten Mineralien. Allerdings absorbieren und reflektieren opake Mineralien genau wie die transparenten einen Teil des einfallenden Lichts.

Dabei hat jede Mineralart ein bestimmtes Reflexionsvermögen. Wie bei der Untersuchung transparenter Mineralien, so ist auch hier das Polarisationsmikroskop ein häufig benutztes Hilfsmittel. Um ein opakes Mineral zu untersuchen, stellt man das Mikroskop so auf, daß das Licht auf die Mineraloberfläche fällt und der dort reflektierte Lichtanteil durch das Okular an das Auge des Beobachters gelangt. Die für die Untersuchung bestimmte Mineralprobe wird als „Anschliff" präpariert, d. h. man legt ein Mineralstück in eine zylindri-

Rechts: Bergmann bei der Arbeit vor Ort.
Unten: Proben von opaken Mineralien.

sche Form, gießt diese mit Harz aus und läßt sie stehen, bis die Masse fest geworden ist. Die Form wird nun parallel zur Bodenfläche durchgeschnitten, so daß man zwei von einer kreisförmigen, ebenen Fläche begrenzte Mineralstücke erhält. Diese neugeschaffene Oberfläche poliert man auf Hochglanz; dabei muß selbst der kleinste Kratzer entfernt werden. Als Poliermittel dient Diamantpaste, eine Schleifpaste auf Ölbasis.

Die Untersuchung der optischen Eigenschaften von opaken Mineralien mit Hilfe eines Auflichtmikroskops dient u. a. der Mineralbestimmung. Genau wie bei transparenten Mineralien, so hängen die optischen Eigenschaften auch der opaken Mineralien von ihrer chemischen Zusammensetzung und ihrer Kristallstruktur ab. Weitere Eigenschaften, wie Dichte, Härte, Farbe usw. bestimmt man wie bei den transparenten Mineralien.

Aus einigen opaken Mineralien, den *Erzen*, lassen sich Metalle gewinnen, deren Verwendung – ob nun häufig oder selten – der technologische Standard einer Gesellschaft erfordert. Häufig eingesetzte Metalle, wie Eisen, Kupfer, Zink und Blei, gewinnt man aus Mineralien wie Hämatit, Magnetit, Chalkopyrit, Cuprit, Chalkosin, Sphalerit, Smithsonit und Galenit. Diese Mineralien sind in den Gesteinen der Erdkruste in unterschiedlich reichen Vorkommen zu finden. Eine Ausbeutung der Lagerstätten ist dann wirtschaftlich sinnvoll, wenn die nutzbaren Substanzen einen überdurchschnittlich hohen Anteil am jeweiligen Gesteinsverband haben und der Metallgehalt über einem bestimmten, von der Metallart abhängigen Prozentsatz liegt. Bei Kupfer und Zinn beispielsweise genügt eine Konzentration von einem Masseprozent, bei Blei und Zink – vier Masseprozent; Eisen muß mit mindestens 25 Masseprozent vorhanden sein. Liegen in einem Gesteinsverband Metalle in diesen verhältnismäßig hohen Konzentrationen vor, dann spricht man von *Erzlagerstätten*.

Bei seltenen Mineralien wie Gold, Silber und Platin gelten bereits Vorkommen mit einer scheinbar geringen Konzentration als abbauwürdig. So wird zum Beispiel eine Goldkonzentration von weniger als 0,001 Masseprozent vom Gestein als ausreichend betrachtet. Diese Menge ist sehr klein, und das Metall ist so verstreut in den Lagerstätten, daß es mit bloßem Auge kaum zu erkennen ist. Sichtbare Aggregate wie Körner und kleine Nuggets kommen sehr selten vor. Daran ist zu erkennen, daß das berühmte Goldfieber vergangener Zeiten nur noch Stoff für Legenden bietet.

Zu Beginn sammelten die Goldschürfer nur größere, ohne weiteres sichtbare Stücke, die sie mit sehr einfachen Hilfsmitteln – *Pfanne* oder *Waschtrog* – einer vor allem in Südamerika benutzten, konisch zulaufenden Form aus Holz oder Eisen, vom Flußkies trennten. Schließlich lernten sie, beim Goldwaschen Quecksilber zu verwenden – die einzige Substanz, die sich bei niedrigen Temperaturen mit Gold leicht zu einer Legierung verbinden kann. Das Gold wurde dann abgeschieden, indem man die Metallverbindung einfach erhitzte und das Quecksilber verdampfte. Die Goldgewinnung wurde effektiver, als man kleine, schräg gelagerte Waschrinnen verwendete, in denen das goldhaltige Material beim Durchlaufen *gewaschen* werden konnte.

Die unter der Bezeichnung „Goldseifen" bekannten Lagerstätten sind ganz unverwechselbarer Natur: Jahrtausendelang sind Bäche und Flüsse über Gesteine, die sehr oft Goldpartikel in geringer Konzentration enthielten, hinweggeflossen, haben sie erodiert und die Bruchstücke stromabwärts getragen. Wegen seiner hohen Dichte konzentrierte sich das Gold in der Folge überall dort, wo es vom Wasser wegen zu geringer Strömungsgeschwindigkeit nicht länger transportiert wurde.

Lagerstätten bestehen im allgemeinen aus vielen Mineralien, die in manchen Fällen unter ähnlichen Entstehungsbedingungen kristallisierten. Die wirtschaftlich *nutzbaren* Mineralien, die abgebaut werden sollen, sind zusammen mit anderen, weniger nutzbaren und als Gangmineralien bezeichneten Substanzen in einem Gesteinsverband enthalten. Der Ausdruck „abbauen" bedeutet Gewinnung aus der Anreicherungsschicht der jeweiligen Materialart entweder unter Tage oder im Tagebau.

Silber mit Kupfer, Mexiko.

Meneghinit, Bottino, Lucca, Italien.

Oktaedrischer Magnetit, Binntal, Schweiz.

GOLD

FORMEL: Au *gediegen Gold.*
KRISTALLFORM: Kubisches System, hexakisoktaedrische Klasse. Selten in oktaedrischen, rhombisch-dodekaedrischen und kubischen Kristallen; häufig in feinschichtigen, auch in dendritischen Aggregaten; in Fäden, Körnern und kleinen gerundeten Massen (Nuggets).
FARBE: Goldgelb.
HÄRTE: 2,5 – 3.
DICHTEZAHL: 15,2 – 19,3.
GLANZ: Metallisch.
ENTSTEHUNG UND VORKOMMEN: In hydrothermalen Gängen in Verbindung mit sauren Vulkangesteinen; in geologisch jungen (fluviale Sande) und alten, zu festem Gestein verhärteten Seifenlagerstätten.
BEGLEITMINERALIEN UND FUNDSTÄTTEN: Mit Quarz, Pyrit, Pyrrhotin, Sphalerit und Schwermineralien. Größte Vorkommen in altem Festgestein u. a. in Südafrika, den USA, in Kanada, Mexiko, Sibirien; bedeutende hydrothermale Lagerstätten in Brasilien, Japan und Australien.
NUTZUNG: Hauptgolderz; zur Schmuckherstellung, für Münzen und als Währungsstandard, in der Zahntechnik, für elektronischen und wissenschaftlichen Gerätebau.
WEITERE MERKMALE: Gruppe von Mineralien mit ähnlichem Aufbau und Chemismus (Gold, Blei, Silber, Kupfer) ist nach dem Mineral benannt. In der Natur selten gediegen vorkommend, häufiger als natürliche Legierung mit anderen Elementen: Silber (Elektrum), Palladium (Porpezit), Rhodium (Rhodit). Schmelzbar bei 1061 °C; unlöslich in Säuren (mit Ausnahme von Königswasser); nicht fluoreszierend; ausgezeichneter Elektrizitäts- und Wärmeleiter. *(Siehe Kasten auf Seite 87.)*

▲ *Gold (etwa 7 fach), Sandhurst, Victoria, Australien.*

Gediegen Silber auf ▶ *Calcit (etwa natürliche Größe), Köngsberg, Norwegen.*

SILBER

FORMEL: Ag *gediegen Silber.*
KRISTALLFORM: Kubisches System, hexakisoktaedrische Klasse. Selten in kleinen oktaedrischen, rhombisch-dodekaedrischen und kubischen Kristallen, gewöhnlich von unregelmäßigem Äußeren; häufig in fädigen, merkwürdig geformten Massen sowie in baum- und sternförmigen Aggregaten.
FARBE: Silberweiß, Oberfläche oft durch Sulfidpatina angelaufen.
HÄRTE: 2,5 – 3.
DICHTEZAHL: 10,1 – 11,1.
GLANZ: Metallisch.
ENTSTEHUNG UND VORKOMMEN: In Zementationszonen von Silbersalzlagerstätten; in hydrothermalen Gängen niedriger und hoher Entstehungstemperatur.
BEGLEITMINERALIEN UND FUNDSTÄTTEN: Mit verschiedenen Sulfiden, gediegen Kupfer, Calcit, Uraninit. Schöne Fundstücke aus Norwegen, Mexiko, Bolivien, den USA, aus Kanada und Australien.
NUTZUNG: Ausgezeichnetes Silbererz, jedoch recht selten vorkommend; in der chemischen und elektronischen Industrie, zur Schmuckherstellung und in Legierungen für die Münzherstellung verwendet.
WEITERE MERKMALE: Ursprung des Namens unbekannt, möglicherweise angelsächsische Ableitung. Sehr biegsam und geschmeidig, bester natürlicher elektrischer Elektrizitäts- und Wärmeleiter mit einem der höchsten Reflexionsvermögen (95 %); schmelzbar bei 960 °C; löslich in Salpetersäure, in entstehender Lösung wird durch Zugabe von Salzsäure Silberchlorid ausgefällt, dessen anfangs weiße Farbe unter Lichteinwirkung nachdunkelt; nicht fluoreszierend. *(Siehe Kasten auf Seite 87.)*

KUPFER

FORMEL: Cu *gediegen Kupfer.*
KRISTALLFORM: Kubisches System, hexakisoktaedrische Klasse. Selten in kubischen, oktaedrischen und tetrahexaedrischen Kristallen, meist mit gerundeten Kanten; häufig in kompakten oder porösen Massen, in baumähnlichen Aggregaten; mitunter als Pseudomorph nach Calcit oder Cuprit.
FARBE: Typische kupferrote Farbe, häufig mit grünlicher (Malachit-) oder schwärzlicher Verwitterungspatina.
HÄRTE: 2,5 – 3.
DICHTEZAHL: 8,95.
GLANZ: Metallisch.
ENTSTEHUNG UND VORKOMMEN: In Oxidationszonen von Kupfersulfidlagerstätten; selten in Hohlräumen von basaltischem Gestein.
BEGLEITMINERALIEN UND FUNDSTÄTTEN: Mit Cuprit, Bornit, Calcit, Malachit, Azurit, Epidot und Zeolithen. Schöne Fundstücke aus den USA, aus Kanada, Chile, Bolivien, Sambia, dem Ural, aus Schweden usw.
NUTZUNG: Selten in abbauwürdigen Konzentrationen; in der Elektrotechnik, zur Schmuckherstellung und in Legierungen (Messing, Bronze) verwendet.
WEITERE MERKMALE: Name abgeleitet von „Cyprus", was im Lateinischen zu *cuprum* wurde (vgl. auch Cu als chemisches Symbol für das Element Kupfer). Entwicklungsabschnitt der menschlichen Zivilisation nach dem Mineral benannt (Kupferzeit, Aeneolithikum). Sehr biegsam und geschmeidig; ausgezeichneter Elektrizitäts- und Wärmeleiter; schmelzbar bei 1081 °C, grüne Flammenfärbung; löslich in Salpetersäure, Lösung färbt sich bei Zugabe von Ammoniak blau; nicht fluoreszierend.

Gediegen ▶ *Kupfer (etwa natürliche Größe), New Mexico, USA.*

PLATIN

FORMEL: Pt *gediegen Platin.*
KRISTALLFORM: Kubisches System, hexakisoktaedrische Klasse. Sehr seltene Kristalle mit würfeligem Habitus, unvollkommen geformt; meist in Körnern und dünnen Schichten; selten in Nuggets.
FARBE: Silbergrau.
HÄRTE: 4 – 4,5.
DICHTEZAHL: 21,47.
GLANZ: Metallisch.
ENTSTEHUNG UND VORKOMMEN: Seltenes Mineral in basischen (Noriten) und ultrabasischen (Duniten) Gesteinen; gewöhnlich in alluvialen Seifen konzentriert.
BEGLEITMINERALIEN UND FUNDSTÄTTEN: Mit Chromit, Olivin, Enstatit sowie Nickel- und Kobaltsulfiden. Bedeutende Vorkommen in Südafrika, im Ural, in den USA, in Kanada, Kolumbien, Peru und Neuseeland.
NUTZUNG: Wichtiges Platinerz; zur Schmuckherstellung, als Katalysator und für Hochtechnologieausrüstungen verwendet.
WEITERE MERKMALE: Gruppe chemisch verwandter Mineralien (Platin, Palladium, Iridium, Osmium) ist nach dem Mineral benannt. In der Natur sehr selten im Reinzustand vorkommend, tritt auf in natürlichen Legierungen mit anderen Elementen wie Palladium (bis zu 37 % Anteil), Kupfer (bis zu 13 %), Iridium und Eisen (beide in einigen Varietäten mit bis zu 30 % Anteil, daher schwach magnetische Eigenschaften und geringere Dichte des Minerals); schmelzbar bei 1750 °C; löslich nur in Königswasser; nicht fluoreszierend; guter Wärme- und Elektrizitätsleiter.

▼ *Nugget aus gediegen Platin (etwa 3 fach), Sibirien.*

EDELMETALLE

GOLD UND SILBER

Gold und Silber gehören zu den Mineralien, die als erste von den Menschen entdeckt wurden. Seit undenklichen Zeiten ist die menschliche Aufmerksamkeit und Habsucht auf das gelbe Metall gerichtet.

NICHTS IST WERTVOLLER

Gold (Seite 86), das viel seltener als Silber (Seite 86) vorkommt, entwickelte sich schnell zu einem Symbol der Macht; ein König wurde nur als Herrscher anerkannt, wenn er im Besitz großer Mengen dieses Metalls war. Die wertvollsten Münzen waren in Gold geprägt. Auch seine Formbarkeit und sein Glanz machten das Metall sehr anziehend, und man stellte es – zu Schmuck verarbeitet – prahlerisch zur Schau.

Goldbrosche mit Topasen.

Bei den alten Völkern besaß Gold nicht allein im Diesseits einen Wert. Man bestattete die sterblichen Überreste von Fürsten und Königen zusammen mit den kostbarsten Gegenständen, mit denen die Herrscher sich zu ihren Lebzeiten umgeben hatten. Man braucht nur an das Grab des Tut-ench-Amun zu denken, in dem unzählige Gegenstände aus Gold gefunden wurden. Darunter befand sich auch der innere der drei ineinandergesetzten Mumiensärge, der aus massivem Gold besteht und ein Gewicht von 110 kg hat.

Viele Kriege im Verlauf der Geschichte endeten damit, daß der Sieger die Schätze des Verlierers als „Kriegsbeute" beschlagnahmte. Mit der Eroberung Ägyptens brachte Alexander der Große Gold in einer Menge von 60 bis 80 Tonnen in seinen Besitz. Die spanischen *Konquistadoren* stahlen noch mehr; sie brachten etwa 450 Tonnen von Amerika nach Europa.

GOLDFIEBER

Die Anziehungskraft, die das Gold mit seinem materiellen und symbolischen Wert auf die Menschen ausübt, sucht ihresgleichen. In der Vergangenheit befanden sich die Goldminen ausnahmslos in den Händen der Mächtigen. Während der Besiedelung des „Wilden Westens" ließen sich viele Leute aus einfachen Verhältnissen von der Vorstellung des schnellen Reichtums blenden und vom berühmten „Goldfieber" anstecken, das 1848 mit der Entdeckung der Vorkommen in Kalifornien seinen ersten und 1896 am Klondike in Kanada, wo mindestens 30 000 Menschen an der Suche nach Gold beteiligt waren, seinen letzten Höhepunkt hatte. Auch Australien erlebte seinen Goldrausch – 1851 in New South Wales.

Von der enormen Macht des Goldes zeugen auch die staatlichen Goldreserven der einzelnen Nationen. Hier lagern riesige Mengen Goldbarren, die den Gegenwert zur Menge des jeweils zirkulierenden Papiergeldes bzw. eines Teils davon darstellen.

Obwohl Silber als der „arme Verwandte" des Goldes gilt, wird seit eh und je Silberbergbau betrieben.

DIE EIGENSCHAFTEN

Im Gegensatz zum leicht oxidierenden Silber behält Gold seinen charakteristischen, durch Oxidation nicht beeinträchtigten Glanz bei. Von Unkundigen wird nicht selten Pyrit (Katzengold) mit dem edlen Metall verwechselt. Das goldgelbe Pyrit kommt in Ganglagerstätten oft zusammen mit Gold vor. Es unterscheidet sich von diesem durch größere Härte und seinen grauschwarzen Strich (die Farbe, die das zu Pulver zermahlene Mineral hat).

Kleiner Goldsarkophag aus dem Grab des Tut-ench-Amun (Ägyptisches Museum, Kairo).

DIE WERKZEUGE DER GOLDGRÄBER

Die wahrscheinlich am besten bekannten Werkzeuge sind die *Pfanne* und der *Waschtrog*, die der Goldgräber mit Wasser und Sediment aus einem Fluß füllt. Durch kreisendes Bewegen des Gefäßes werden die leichteren Mineralien weggespült, während die schweren Bestandteile – darunter Goldkörner, selten auch Nuggets – sich am Boden der Pfanne absetzen.

Mittelfußschale aus Silber, Vermeil, Halbedelsteinen und Email.

QUECKSILBER

FORMEL: Hg *gediegen Quecksilber.*

KRISTALLFORM: Als einziges Mineral bei Raumtemperatur flüssig; in kleinen Tropfen oder Kugeln in zinnoberhaltigem Gestein verteilt; erstarrt bei -39°C im trigonalen System und in der hexagonal-skalenoedrischen Klasse.

FARBE: Silberweiß.

HÄRTE: Unter normalen Temperaturbedingungen flüssig.

DICHTEZAHL: 13,6.

GLANZ: Metallisch.

ENTSTEHUNG UND VORKOMMEN: In Reduktionszonen von Zinnoberlagerstätten, entweder in Asphaltkalksteinen oder Vulkangesteinen; sammelt sich häufig in natürlichen Hohlräumen, rufen bei Bergbauarbeiten gelegentlich störende „Quecksilberschauer" hervor.

BEGLEITMINERALIEN UND FUNDSTÄTTEN: Mit Zinnober (Cinnabarit) in Spanien, Deutschland und den USA; Vorkommen in Italien nur historisch von Bedeutung.

NUTZUNG: In der Vergangenheit zur Gold- und Silbergewinnung verwendet; in der Elektrotechnik, zur Herstellung von Sprengstoffen, Medikamenten (Kalomel) und Fungiziden verwendet.

WEITERE MERKMALE: Bildet in der Natur leicht Legierungen (Amalgame) mit Edelmetallen wie Gold (Goldamalgam), Silber (Kongsbergit und Landsbergit), Palladium (Potarit); ausgezeichneter Wärme- und Elektrizitätsleiter; löslich in Salpetersäure; bei Temperaturen über 662°C gasförmig.

▼ *Quecksilber (etwa 0,8fach), Idria, Carniola, Slowenien.*

ARSEN

FORMEL: Formel: As *gediegen Arsen.*
KRISTALLFORM: Trigonales System, hexagonal-skalenoedrische Klasse. Selten in pseudokubischen Kristallen; in feinkristallinen Massen, meist mit zonar-konzentrischem Aussehen, mitunter stalaktitisch.
FARBE: Am frischen Bruch weiß, bei Oberflächenverwitterung grau.
HÄRTE: 3–3,5.
DICHTEZAHL: 5,4–5,9.
GLANZ: Metallisch.
ENTSTEHUNG UND VORKOMMEN: In hydrothermalen Gängen.
BEGLEITMINERALIEN UND FUNDSTÄTTEN: Mit Arseniden und Sulfiden von Silber, Nickel und Kobalt. In Massen von beachtlicher Größe in Sibirien; auch in Deutschland, Frankreich, Rumänien und Italien.
NUTZUNG: Als Rohstoff und Arsenerz ohne Bedeutung.
WEITERE MERKMALE: Gruppe von chemisch ähnlichen Metallen (Arsen, Antimon, Wismut) ist nach dem Mineral benannt. Nicht schmelzbar, verflüchtigt sich bei einer Temperatur von 450°C (vor Erreichen der Schmelztemperatur) unter Abgabe weißer Dämpfe mit charakteristischem Knoblauchgeruch; Halbmetall mit hohem Reflexionsvermögen (52,6%) und guter elektrischer Leitfähigkeit, im Gegensatz zu Metallen jedoch sehr spröde; enthält mitunter Antimon, mit dem es in festem Zustand bei hohen Temperaturen eine Mischung, bei niedrigen Temperaturen die halbmetallische Verbindung AsSb (Allemonit) bildet; kann auch in geringen Mengen Kupfer, Silber und Nickel enthalten.

▼ *Arsen (etwa 0,9fach), Zellerfeld, Deutschland.*

ANTIMON

FORMEL: Sb *gediegen Antimon.*
KRISTALLFORM: Trigonales System, hexagonal-skalenoedrische Klasse. Selten in Kristallen mit pseudokubischem, tafeligem Habitus, mitunter verzwillingt; häufig in feinkristallinen Massen oder strahlig angeordneten Knollen.
FARBE: Silberweiß.
HÄRTE: 3–3,5.
DICHTEZAHL: 6,61–6,72.
GLANZ: Metallisch.
ENTSTEHUNG UND VORKOMMEN: In hydrothermalen Gängen als Reduktionsprodukt von Sulfoarseniden und Sulfoantimoniden.
BEGLEITMINERALIEN UND FUNDSTÄTTEN: Mit Sphalerit, Niccolit, Antimonit. Kleine Massen auf Borneo, in Kanada, den USA, Portugal, Deutschland und Schweden.
NUTZUNG: Für Forscher und Sammler interessant. Gewinnung von Antimon aus Antimonit (Antimonsulfid).
WEITERE MERKMALE: Name lateinischen Ursprungs (*antimonium*). Vertreter der Arsengruppe, Eigenschaften eines Halbmetalls: gute Leitfähigkeit, hohes Reflexionsvermögen (74,4%), jedoch auch sehr spröde; bildet mit Arsenik die isomorphe Verbindung Allemonit (AsSb); schmilzt bei 630°C, dabei grünlichblaue Flammenfärbung; unlöslich in Säuren.

▼ *Antimon (etwa 0,7fach), Spanien.*

GRAPHIT

FORMEL: C *gediegen Kohlenstoff.*
KRISTALLFORM: Hexagonales System, dihexagonal-dipyramidale Klasse. Häufig in kleinen, dicht gestreiften Lamellen mit hexagonalem Umriß; in blätterigen Massen.
FARBE: Dunkelgrau, bleigrau.
HÄRTE: 1–2.
DICHTEZAHL: 2,1–2,3.
GLANZ: Metallisch bis halbmetallisch.
ENTSTEHUNG UND VORKOMMEN: In Umwandlungsgesteinen, die bei hoher Temperatur und niedrigem bis mäßigem Druck aus Sedimenten mit hohem Anteil an organischem Material entstanden sind; selten in Pegmatiten und hydrothermalen Gängen.
BEGLEITMINERALIEN UND FUNDSTÄTTEN: Mit Quarz, Muskovit, Calcit. Bedeutende Vorkommen in Sri Lanka, Madagaskar, Mexiko, den USA usw.
NUTZUNG: In der Elektronikindustrie, als Trockenschmiermittel, in der Farbstoff- und Feuerfestindustrie, zur Herstellung von Bleistiftminen verwendet.
WEITERE MERKMALE: Name griechischen Ursprungs (*grapho* – ich schreibe); Mineral hinterläßt beim Reiben auf Papier eine gräuliche Spur. Wie auch Diamant ein Polymorph des Karbon mit einem dihexagonalen und einem ditrigonalen Polytyp; nicht schmelzbar; geht in heißer konzentrierter Salpetersäure bei Zugabe von K_2CO_3 in eine gelbe kristalline Substanz („Graphitsäure") über; guter elektrischer Leiter; schwer oxidierbar; fühlt sich fettig an.

CHALKOSIN
(KUPFERGLANZ)

FORMEL: Cu_2S *Kupfersulfid.*
KRISTALLFORM: Orthorhombisches System, rhombisch-dipyramidale Klasse. Selten in Kristallen mit pseudohexagonalem Habitus, gestreift; häufig in kompakten, feinkristallinen Massen.
FARBE: Bleigrau, schwärzlich mit bläulichen Lichtreflexen.
HÄRTE: 2,5–3.
DICHTEZAHL: 5,5–5,8.
GLANZ: Metallisch.
ENTSTEHUNG UND VORKOMMEN: In hydrothermalen Gängen; in Oxidationszonen von Kupferlagerstätten.
BEGLEITMINERALIEN UND FUNDSTÄTTEN: Mit Bornit, Covellin, Chalkopyrit, Pyrit, Quarz, Cuprit, Azurit, Malachit, Calcit. Schöne Fundstücke aus Südafrika, den USA, Namibia, Chile, Peru und Mexiko.
NUTZUNG: Wichtiges Kupfererz (79,85 Masseprozent in reinem Erz).
WEITERE MERKMALE: Name griechischen Ursprungs (*chalkos* – Kupfer). Tritt in einer orthorhombischen, bei Temperaturen unter 103°C stabilen und einer dihexagonalen, bei über 103°C stabilen Strukturvarietät auf; wandelt sich leicht in basische Kupferkarbonate um; leicht schmelzbar, gibt bei Erhitzen lästige Schwefeldioxiddämpfe ab; grüne Flammenfärbung; löslich in Salpetersäure.

▼ *Chalkosin (etwa natürliche Größe), Kolwezi, Musonoi, Shaba, Zaire.*

Graphit (etwa 0,7fach), Herkunft unbekannt. ►

BORNIT
(BUNTKUPFERKIES)

FORMEL: Cu_5FeS_4 *Kupfereisensulfid.*
KRISTALLFORM: Kubisches System, hexakisoktaedrische Klasse. Selten in Kristallen mit kubischem, dodekaedrischem oder oktaedrischem Habitus; meist in kompakten, feinkristallinen Massen.
FARBE: Rötlich, bronzefarben mit feiner, violett oder blau irisierender Patina (deshalb Buntkupferkies).
HÄRTE: 3.
DICHTEZAHL: 5,06–5,08.
GLANZ: Metallisch.
ENTSTEHUNG UND VORKOMMEN: Primärmineral in basischen Gesteinen; in Pegmatiten; in hydrothermalen Gängen hoher Entstehungstemperatur; in metasomatischen Lagerstätten wie Skarn; als Umwandlungsprodukt in Kupferlagerstätten.
BEGLEITMINERALIEN UND FUNDSTÄTTEN: Mit Chalkopyrit, Pyrit, Quarz, Malachit, Calcit. Schöne Fundstücke aus Namibia, den USA, aus Mexiko, Chile, Peru, Australien usw.
NUTZUNG: Mit 63,73 Masseprozent im reinen Erz eines der Hauptmineralien für die Kupfergewinnung.
WEITERE MERKMALE: Nach dem österreichischen Hüttenfachmann Ignaz Edler von Born (1742–1791) benannt. Tritt in drei Polymorphen auf: in der kubischen Varietät, die bei Temperaturen über 228°C stabil ist; in der tetragonalen, bei unter 228°C stabilen Strukturvarietät, die in Erzlagerstätten am häufigsten anzutreffen ist sowie in der trigonalen Übergangsform. Relativ leicht schmelzbar zu schwach magnetischer Kugel; löslich in starken Säuren unter Entwicklung von Schwefel; nicht fluoreszierend.

▼ *Bornit mit Malachit (etwa 1,5fach), Montecatini, Val di Cecina, Pisa, Italien.*

ARGENTIT/AKANTHIT
(SILBERGLANZ)

FORMEL: Ag_2S *Silbersulfid.*
KRISTALLFORM: Kubisches System, hexakisoktaedrische Klasse. In kubischen und oktaedrischen Kristallen; in fädigen, verzweigten kristallinen Aggregaten oder in körnigen Massen.
FARBE: Bleigrau, am frischen Bruch metallglänzend, unter Lichteinwirkung anlaufend.
HÄRTE: 2–2,5.
DICHTEZAHL: 7,2–7,4.
GLANZ: Metallisch.
ENTSTEHUNG UND VORKOMMEN: In hydrothermalen Gängen niedriger Entstehungstemperatur; in manchen Blei- und Zinklagerstätten.
BEGLEITMINERALIEN UND FUNDSTÄTTEN: Mit Proustit, Pyrargyrit, Galenit, Cerussit, gediegen Silber. Schöne Fundstücke aus Mexiko, Bolivien, Peru, Honduras, den USA, aus Norwegen, Deutschland usw.
NUTZUNG: Hauptquelle für die Silbergewinnung (87 Masseprozent im reinen Erz).
WEITERE MERKMALE: Tritt in drei Polymorphen auf: in Akanthit (monoklin), das bei unter 179°C stabil ist, in der hexakisoktaedrischen, zwischen 179°C und 586°C stabilen Form und einer kubischen, bei noch höheren Temperaturen stabilen Form unbekannter Struktur; Kristalle mit kubischer Symmetrie werden Argentit genannt; sehr weiches, mit dem Messer schneidbares Mineral; leicht schmelzbar zu einer Kugel aus metallischem Silber; gibt bei Erhitzen lästige Sulfiddämpfe ab; löslich in Säuren; nicht fluoreszierend.

▼ *Argentit (etwa 2fach), Sardinien, Italien.*

CHALKOPYRIT
(KUPFERKIES)

FORMEL: $CuFeS_2$ *Kupfereisensulfid.*
KRISTALLFORM: Tetragonales System, skalenoedrische Klasse. Selten in Kristallen mit disphenoidischem Habitus und pseudotetraedrischer Gestalt; häufig in kompakten, feinkristallinen Massen; gelegentlich mit nierigem oder traubigem Äußeren.
FARBE: Messinggelb mit grünlichen Tönen, häufig schön irisierend durch Patina unterschiedlicher Färbung.
HÄRTE: 3,5–4.
DICHTEZAHL: 4,1–4,3.
GLANZ: Metallisch.
ENTSTEHUNG UND VORKOMMEN: In Pegmatiten und hydrothermalen Gängen hoher Entstehungstemperatur.
BEGLEITMINERALIEN UND FUNDSTÄTTEN: Mit Pyrit, Bornit, Molybdänit, Chalkosin, Gold. Ausgedehnte Vorkommen in Kanada, den USA, in Chile, Sambia und im Ural.
NUTZUNG: Wichtigstes Kupfererz (34,6 Masseprozent); auch zur Gewinnung von Gold und Silber (Nebenprodukte).
WEITERE MERKMALE: Name griechischen Ursprungs („Kupfer" und „Feuer"), Hammerschläge auf das Mineral lassen Funken entstehen. In Form und Farbe dem Pyrit ähnlich, mit dem es häufig vergesellschaftet ist; unterschiedliche Strichfarbe als Unterscheidungsmerkmal: Chalkopyrit – grün, Pyrit – schwarz; weltweit etwa 80% der Kupferproduktion aus der Verarbeitung von Chalkopyrit; leicht schmelzbar unter Abgabe giftiger Dämpfe; grüne Flammenfärbung; langsam löslich in Salpetersäure unter Abscheidung von Schwefel; nicht fluoreszierend. (*Siehe Kasten auf Seite 92.*)

▼ *Chalkopyrit (etwa 1,2fach), Tri-State District, Kansas, USA.*

ENARGIT

FORMEL: Cu_3AsS_4 *Kupferarsensulfid.*
KRISTALLFORM: Orthorhombisches System, pyramidale Klasse. Selten in prismatischen, tafeligen Kristallen, mitunter längsgestreift; normalerweise in strahlig angeordneten dünnschichtigen Aggregaten und in feinkristallinen Massen.
FARBE: Grau, eisenschwarz.
HÄRTE: 3.
DICHTEZAHL: 4,4–4,5.
GLANZ: Metallisch.
ENTSTEHUNG UND VORKOMMEN: In hydrothermalen Gängen mittlerer Entstehungstemperatur.
BEGLEITMINERALIEN UND FUNDSTÄTTEN: Mit Bornit, Tetraedrit, Covellin. Vorkommen von beachtlicher Größe in Chile, Peru, Mexiko, Bolivien, den USA, in Namibia und auf den Philippinen.
NUTZUNG: Wichtiges Mineral für die Gewinnung von Kupfer (48,4 Masseprozent) und Arsen.
WEITERE MERKMALE: Auf die vollkommene Spaltbarkeit des Minerals hinweisender Name ist griechischen Ursprungs (*enarges* – sichtbar, deutlich). Leicht schmelzbar, löslich in Salpetersäure unter Bildung von Schwefelflocken in der Lösung; nicht fluoreszierend; mitunter Entstehung der Strukturvarietät Tennanit („grüner Enargit").

▼ *Enargit (etwa 0,7fach), Peru.*

MILLERIT
(HAARKIES)

FORMEL: NiS *Nickelsulfid.*
KRISTALLFORM: Trigonales System, hexagonal-skalenoedrische Klasse. In strahligen, nadeligen Kristallen, häufig in Kalktuffen mit filzigem Aussehen oder in samten aussehenden Überkrustungen.
FARBE: Messinggelb bis bronzefarben.
HÄRTE: 3–3,5.
DICHTEZAHL: 5,3–5,7.
GLANZ: Metallisch.
ENTSTEHUNG UND VORKOMMEN: In hydrothermalen Gängen niedriger Entstehungstemperatur; als Umwandlungsprodukt anderer Nickelmineralien.
BEGLEITMINERALIEN UND FUNDSTÄTTEN: Mit Chalkopyrit, Siderit, Hämatit, Calcit, Quarz. Schöne Fundstücke aus Deutschland, Großbritannien, Italien, Böhmen, den USA usw.
NUTZUNG: Trotz hohen Nickelgehalts nur in nicht abbauwürdigen Konzentrationen, deshalb Nickelerz von geringer Bedeutung.
WEITERE MERKMALE: Nach dem englischen Mineralogen W. H. Miller (1801–1880) benannt. Bei Temperaturen von über 396°C Übergang in eine dem Pyrrhotin ähnliche Strukturvarietät; guter elektrischer Leiter, hohes Reflexionsvermögen (ca. 55%); gestreckte Kristalle leicht elastisch; leicht schmelzbar zu magnetischer Kugel; löslich in Königswasser; nicht fluoreszierend.

▼ *Nadeliger Millerit (etwa 2 fach), Harz, Deutschland.*

GALENIT
(BLEIGLANZ)

FORMEL: PbS *Bleisulfid.*
KRISTALLFORM: Kubisches System, hexakisoktaedrische Klasse. In kubischen, seltener in kubisch- oktaedrischen Kristallen; meist in kompakten, feinkristallinen oder spätigen Massen.
FARBE: Bleigrau.
HÄRTE: 2,5.
DICHTEZAHL: 7,4–7,59.
GLANZ: Metallisch.
ENTSTEHUNG UND VORKOMMEN: In hydrothermalen Gängen mittlerer Entstehungstemperatur; in metasomatischen Lagerstätten wie Skarnen; Bleimineralisierungen zusammen mit Kalksilikaten und Kalksteinen vorkommend; selten in Laven.
BEGLEITMINERALIEN UND FUNDSTÄTTEN: Mit Sphalerit, Argentit, Bornit, Pyrit, Quarz, Fluorit, Calcit. Schöne Fundstücke aus den USA, aus Australien, Mexiko, Deutschland, England usw.
NUTZUNG: Wichtigstes Bleierz (bis zu 86,6 Masseprozent in reinem Erz); Gewinnung von Silber als Nebenprodukt.
WEITERE MERKMALE: Name lateinischen Ursprungs (*galena* – Bleierz). Leicht schmelzbar bei 1115°C zu einem gelben, aus Bleimonoxid bestehenden Rückstand; löslich in verdünnter Salpetersäure unter Bildung von Bleisulfat und winzigen Schwefelflocken und unter Bildung von Schwefelwasserstoff mitunter fluoreszierend; sehr spröde, mit vollkommener Spaltbarkeit; gutes Reflexionsvermögen (35%); unter Lufteinwirkung häufig Umwandlung zu Bleikarbonat (Cerussit), Bleisulfat (Anglesit) und seltener zu Bleioxiden. (*Siehe Kasten auf Seite 92.*)

▼ *Galenit (etwa 0,7 fach), Seravezza, Lucca, Italien.*

NICKELIN
(ROTNICKELKIES)

FORMEL: NiAs *Nickelarsenid.*
KRISTALLFORM: Hexagonales System, dihexagonal-dipyramidale Klasse. Selten in Kristallen mit pyramidalem oder tafeligem Habitus; gewöhnlich in kompakten, feinkristallinen Massen von traubigem Aussehen.
FARBE: Kupferrot, meist mit hell- oder dunkelgrüner Verwitterungspatina.
HÄRTE: 5–5,5.
DICHTEZAHL: 7,66–7,78.
GLANZ: Metallisch.
ENTSTEHUNG UND VORKOMMEN: In hydrothermalen Gängen hoher Entstehungstemperatur; als Nebenmineral in basischen Gesteinen (Noritgabbros).
BEGLEITMINERALIEN UND FUNDSTÄTTEN: Mit Pyrrhotin, Chalkopyrit, Arsenopyrit, Pentlandit. Schöne Fundstücke aus Argentinien, Japan, Deutschland usw.
NUTZUNG: Zur Gewinnung von Nickel abgebaut.
WEITERE MERKMALE: Auf die Mineralzusammensetzung hinweisender Name ist lateinischen Ursprungs (*nicolum* – Nickel); früher unter der Bezeichnung Kupfernickel bekannt. Sprödes Mineral mit gutem Reflexionsvermögen (ca. 50%); Varietäten mit ca. 6% Antimongehalt werden Arit genannt; leicht schmelzbar, gibt bei Erhitzen arsenhaltige Dämpfe mit starkem Knoblauchgeruch ab; löslich in Salpetersäure, färbt entstehende Lösung grün; nicht fluoreszierend.

◀ *Massiver Nickelin (etwa 1,5 fach), Mansfeld, Deutschland.*

PYRRHOTIN
(MAGNETKIES)

FORMEL: $Fe_{1-x}S$ *Eisensulfid.*
KRISTALLFORM: Hexagonales System, dihexagonal-dipyramidale Klasse. Seltene prismatische, tafelige und pyramidale Kristalle; meist in kompakten Massen.
FARBE: Bronzefarben bis rötlich, mitunter irisierend.
HÄRTE: 3,5–4,5.
DICHTEZAHL: 4,58–4,65.
GLANZ: Metallisch.
ENTSTEHUNG UND VORKOMMEN: Primärmineral in basischen und ultrabasischen Erstarrungsgesteinen, besonders in Noriten; in hochgradigen Umwandlungsgesteinen; in hydrothermalen Gängen hoher Entstehungstemperatur.
BEGLEITMINERALIEN UND FUNDSTÄTTEN: Mit Pentlandit, Pyrit, Markasit, Chalkopyrit, Sphalerit. Schöne Fundstücke aus Kanada, den USA, aus Mexiko, Bolivien, Brasilien und Südafrika.
NUTZUNG: Eisenerz von geringer Bedeutung; Pyrrhotinmassen mit Einschlüssen von Pentlandit ($(Fe, Ni)_9S_8$) wichtig wegen ihres Nickel-, Kobalt- und Platingehalts.
WEITERE MERKMALE: Auf die Mineralfarbe hindeutender Name ist griechischen Ursprungs (*pyrrhos* – feuerfarben). Im Unterschied zu Pyrit magnetisch; leicht schmelzbar zu stark magnetischem, schwarzem Rückstand; löslich in Salzsäure unter Entwicklung von Schwefelsäure; nicht fluoreszierend.

Pyrrhotin (etwa natürliche Größe), Kisbanja, Rumänien. ▶

COVELLIN
(KUPFERINDIG)

FORMEL: CuS *Kupfersulfid.*
KRISTALLFORM: Hexagonales System, dihexagonal-dipyramidale Klasse. In lamellenartigen Kristallen, mitunter in rosenblütenförmigen Aggregaten zusammenstehend; gewöhnlich in kompakten, feinkristallinen oder erdigen Massen.
FARBE: Indigoblau, Kristalle häufig irisierend.
HÄRTE: 1,5 – 2.
DICHTEZAHL: 4,60 – 4,76.
GLANZ: Halbmetallisch bis harzartig.
ENTSTEHUNG UND VORKOMMEN: In hydrothermalen Gängen; selten als Sublimat von vulkanischen Gasen.
BEGLEITMINERALIEN UND FUNDSTÄTTEN: Mit Pyrit, Chalkopyrit, Bornit. Schöne Fundstücke aus den USA, aus Bolivien, Chile, Italien usw.
NUTZUNG: Wichtiges Kupfererz (66,4 Masseprozent in reinem Erz).
WEITERE MERKMALE: Nach dem italienischen Chemiker und Mineralogen Nicola Covelli (1790 – 1829) benannt, der das Mineral an den Hängen des Vesuv fand. Schöne, sehr berühmte Fundstücke kamen früher aus den Bergwerken auf Sardinien (Alghero), die heute jedoch geschlossen sind. Leicht schmelzbar unter Abgabe von Schwefeldioxiddämpfen; blaue Flammenfärbung; löslich in Salzsäure; nicht fluoreszierend.

▼ *Covellin (etwa 0,6 fach), Calabona, Sassari, Italien.*

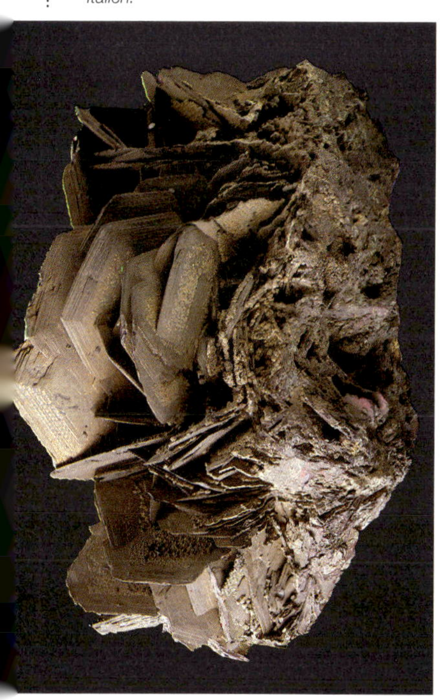

PYRIT
(SCHWEFELKIES)

FORMEL: FeS *Eisensulfid.*
KRISTALLFORM: Kubisches System, disdodekaedrische Klasse. In kubischen Kristallen mit typischen Kombinationsstreifungen an jeweils drei lotrecht aufeinanderstehenden Flächen oder in für das Mineral typischen pentagonal-dodekaedrischen Kristallen (Pyritoeder); seltener in Oktaedern; in kompakten Massen.
FARBE: Messinggelb, goldgelb.
HÄRTE: 6 – 6,5.
DICHTEZAHL: 4,9 – 5.
GLANZ: Metallisch.
ENTSTEHUNG UND VORKOMMEN: Weit verbreitetes Mineral, entsteht in sehr unterschiedlichen geologischen Milieus: in sedimentärem (als Abscheidungen aus natürlichen Gewässern), in metamorphem (stabil bis Granulitfazies) und in magmatischem (in Verbindung mit basischen Gesteinen); größte Vorkommen hydrothermalen Ursprungs (bei mittleren Temperaturen).
BEGLEITMINERALIEN UND FUNDSTÄTTEN: Mit vielen Mineralien, besonders Sphalerit, Galenit, Gold (goldhaltiger Pyrit). Wichtigste Vorkommen in den USA, in Japan, Spanien, Deutschland und Italien.
NUTZUNG: Zur Herstellung von Schwefelsäure verwendet; Gewinnung von Gold, Kupfer, Nickel und Eisen als Nebenprodukte.
WEITERE MERKMALE: Name griechischen Ursprungs (*pyr* – Feuer), Hammerschläge auf das Mineral lassen Funken entstehen. Häufigstes Sulfid in der Erdkruste; wandelt sich unter Lufteinwirkung leicht zu Eisenoxiden und -hydroxiden (Limonit) um, die in Oxidationszonen von Sulfidlagerstätten mitunter große Massen („Eiserner Hut") bilden; gelegentlich Pseudomorphosen nach fossilen organischen Überresten; nicht löslich in Salzsäure; pulverisiertes Pyrit wird von Salpetersäure zersetzt; schmelzbar unter Abgabe schwefelhaltiger Dämpfe. (*Siehe Kasten auf Seite 92.*)

◄ *Pyritwürfel (etwa 2,5 fach), Gavorrano, Grosseto, Italien.*

HAUERIT

FORMEL: MnS_2 *Mangansulfid.*
KRISTALLFORM: Kubisches System, disdodekaedrische Klasse. In gutausgebildeten Kristallen mit oktaedrischem Habitus, selten kubisch.
FARBE: Kastanienbraun oder schwärzlich.
HÄRTE: 4.
DICHTEZAHL: 3,46.
GLANZ: Metallisch bis diamanten.
ENTSTEHUNG UND VORKOMMEN: In Eindampfungssedimenten einschließlich des Hutgesteins von Salzdomen; in Eisenmanganknollen auf dem Meeresboden.
BEGLEITMINERALIEN UND FUNDSTÄTTEN: Mit Gips, Calcit, gediegen Schwefel. Schöne Fundstücke aus Italien, den USA, aus Rußland usw.
NUTZUNG: Nur in der Forschung und als Sammelobjekt.
WEITERE MERKMALE: Vertreter der Pyritgruppe, besitzt jedoch keine metallischen Eigenschaften, unterscheidet sich durch gesteinsähnliche äußere Erscheinung und Farbe sowie beträchtliche magnetische Suszeptibilität von übrigen Vertretern der Gruppe; löslich in Salzsäure; relativ leicht schmelzbar; bildet in geschlossenem Kolben ein Schwefelsublimat, in offenem Kolben dagegen Schwefeldioxid.

▼ *Hauerit (etwa 2 fach), Raddusa, Catania, Italien.*

COBALTIN
(KOBALTGLANZ)

FORMEL: CoAsS *Kobaltarsenosulfid.*
KRISTALLFORM: Orthorhombisches System, rhombisch-pyramidale Klasse. In pseudoisometrischen, selten in schönen Kristallen mit pentagonaldodekaedrischem (pyritoedrischem) Habitus.
FARBE: Weißgrau, durch Verwitterung von Kobalt häufig leicht rosig.
HÄRTE: 5,5.
DICHTEZAHL: 6,33.
GLANZ: Metallisch.
ENTSTEHUNG UND VORKOMMEN: Als Nebenmineral in kobalt- und nickelreichen Erzlagerstätten.
BEGLEITMINERALIEN UND FUNDSTÄTTEN: Mit Chalkopyrit, Pyrit. Schöne Fundstücke aus Norwegen, Schweden, Italien, dem Kaukasus, aus Kanada usw.
NUTZUNG: Nur in der Forschung und als Sammelobjekt.
WEITERE MERKMALE: Name deutschen Ursprungs (Kobold); deutet darauf hin, daß Kobaltlagerstätten häufig an ihrem typischen Geruch zu erkennen sind. Enthält ca. 35,5% Kobalt, tritt jedoch trotz weiter Verbreitung nicht in abbauwürdigen Konzentrationen auf; leicht schmelzbar; löslich in Salpetersäure unter Abscheidung von Arsensulfiden und -oxiden; isomorph mit Gersdorffit (Nickelarsenosulfid); nicht fluoreszierend.

▼ *Cobaltin (etwa 7,5 fach), Modum, Norwegen.*

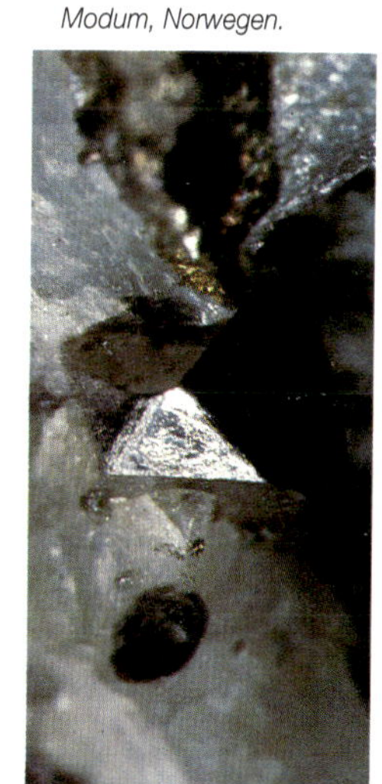

MARKASIT

FORMEL: FeS_2 *Eisensulfid.*
KRISTALLFORM: Orthorhombisches System, dipyramidale Klasse. Selten in schönen Einzelkristallen mit prismatischem, tafeligem Habitus; Zwillingsbildungen („Kammkies“); in Knollen und radialfaserigen Massen.
FARBE: Goldgelb, messinggelb.
HÄRTE: 6 – 6,5.
DICHTEZAHL: 4,6 – 4,9.
GLANZ: Metallisch.
ENTSTEHUNG UND VORKOMMEN: In hydrothermalen Gängen niedriger Entstehungstemperatur; in Absatzgesteinen in reduzierendem Milieu als chemischer Niederschlag; Umwandlungsprodukt in Reduktionszonen von Pyrrhotinlagerstätten.
BEGLEITMINERALIEN UND FUNDSTÄTTEN: Mit Bornit, Galenit, Pyrit, Chalkosin, Quarz. Schöne Fundstücke aus den USA, aus England, Deutschland usw.
NUTZUNG: Zur Herstellung von Schwefelsäure, früher wegen seiner Farbbrillanz zur Herstellung von Modeschmuck verwendet.
WEITERE MERKMALE: Name arabischen Ursprungs. Unter Lufteinwirkung sehr leicht verwitternd zu weißlichen Eisensulfatflekken (Melanterit), später zu pulverigem Produkt zerfallend; dem Pyrit sehr ähnlich, jedoch etwas hellere Färbung mit grünen Lichtreflexen; kolloide Varietät Melnikovit-Markasit; relativ leicht schmelzbar; löslich in Salzsäure und Salpetersäure, in der es sich unter Bildung von Schwefelflocken zersetzt; nicht fluoreszierend.

▼ *Markasit (etwa natürliche Größe), Österreich.*

VIELE METALLE AUS EINEM BERGWERK

GEMISCHTE SULFIDLAGERSTÄTTEN

Die am häufigsten verwendeten Metalle werden im allgemeinen aus ihren Schwefelverbindungen – den Sulfiden – gewonnen. Einige dieser Sulfide sind unter annähernd gleichen Bedingungen entstanden und kommen in ein und derselben Lagerstätte vor; mit ihnen zusammen treten mitunter auch gediegene Elemente auf.

Der Tagebau im Bingham Canyon - der größte von Menschenhand gegrabene Krater.

Zu den am häufigsten vorkommenden Sulfiden zählen die Schwefelverbindungen von Blei (Galenit, siehe Seite 90), Zink (Sphalerit, siehe Seite 34), Kupfer (Chalkopyrit, siehe Seite 89) und Eisen (Pyrit, siehe Seite 91), die oft zusammen auftreten und sehr große Lagerstätten bilden können. Gemischte Sulfidlagerstätten können unter sehr unterschiedlichen Bedingungen entstehen, brauchen dazu jedoch stets eine Wärmequelle und Erzbildner, so wie sie bei der Vererzung an Intrusionskörpern vorliegen. Zur Vereinfachung wollen wir sie einteilen in Sulfide, die von Skarnen begleitet sind, sowie in Sulfide, die in Verbindung mit Porphyrkupferlagerstätten entstehen.

SKARNE

Ein Skarn ist das Produkt einer metasomatischen Umwandlung von Gesteinen, die einen Intrusionskörper umgeben. Lagerstätten dieser Art entwickeln sich häufig in Karbonatgesteinen, die zu den Materialien gehören, die mit eindringenden Erzbildnern am besten reagieren. Die umgewandelten Gesteine oder Skarne bestehen im wesentlichen aus Kalksilikatmineralien, darunter Hedenbergit, Grossular, Vesuvian, Epidot, Aktinolith, Wollastonit, Diopsid und Anorthit. Auch Marmore – metamorphe Kalksteine, die nicht auf chemischem Wege umgewandelt worden sind – treten gewöhnlich in Verbindung mit Skarnen auf. Häufig vorkommende Mineralien in Formationen mit niedrigem Eisengehalt sind Sphalerit und Galenit. In anderen Fällen, wo Eisen vorherrschend ist, können in reichem Maße Pyrit und Chalkopyrit auftreten. Diese Lagerstätten weisen im allgemeinen eine hohe Konzentration an wirtschaftlich nutzbaren Mineralien auf, sind jedoch von nur geringer Größe. Die Ausbeute beträgt bestenfalls einige Dutzend Millionen Tonnen, und der Abbau erfolgt meist in Bergwerken mit klassischem Stollensystem.

PORPHYRKUPFER

Lagerstätten des *Porphyrkupfer*typs wurden erstmals zu Beginn des 19. Jahrhunderts in den USA, in Chile und Peru entdeckt. Aber wegen ihres relativ geringen Gehalts an verwertbaren Mineralien begann man mit ihrem Abbau erst Anfang des 20. Jahrhunderts, als der technische Fortschritt die Förderung dieser Mineralien wirtschaftlich sinnvoll machte. Der Abbau von Porphyrkupferlagerstätten mit geringen Konzentrationen von Kupfer oder Molybdän, die über große Gesteinsmassen verteilt sind, erfolgt im Tagebau (siehe Abbildung oben). Meist gibt es hier eine Oberflächenschicht, in der sekundäre Mineralien auftreten, die durch Umwandlung von Primärgestein aus größeren Tiefen entstanden sind. In den weniger festen Bereichen sind kleine Erzkörper mit einer guten Konzentration von verwertbaren Mineralien vorhanden. Die meisten jedoch sind in riesigen Gesteinskörpern eingesprengt, so daß eine Lagerstätte bei einem Kupfergehalt von 0.1 Masseprozent mindestens zwanzig Millionen Tonnen Erz enthalten muß, um als abbauwürdig zu gelten. Ein ausgedehntes Vorkommen enthält etwa eine Milliarde Tonnen Erz mit 0,8 bis 3 Masseprozent Kupfer. Aus einer guten Lagerstätte lassen sich etwa dreißig Millionen Tonnen Kupfer gewinnen. In jüngster Zeit ist das Interesse an diesen Lagerstätten gestiegen, da man entdeckt hat, daß sie gewisse Mengen an Gold und Silber enthalten.

ARSENOPYRIT

FORMEL: FeAsS *Eisenarsensulfid.*
KRISTALLFORM: Monoklines System, prismatische Klasse. In stengeligen, gestreiften Kristallen mit prismatischem Habitus; Zwillingsbildung ergibt häufig pseudoorthorhombischen Habitus mit lanzenspitzenähnlicher Form (*fer-de-lance*), bei Mehrfachzwillingsbildung Sternform; in kompakten oder körnigen Massen.
FARBE: Zinnweiß, stahlgrau.
HÄRTE: 5,5 – 6.
DICHTEZAHL: 5,92 – 6,22.
GLANZ: Metallisch.
ENTSTEHUNG UND VORKOMMEN: In hydrothermalen Gängen hoher Entstehungstemperatur.
BEGLEITMINERALIEN UND FUNDSTÄTTEN: Mit Chalkopyrit, Gold, Quarz, Orthoklas. Größte Vorkommen in Schweden, Norwegen, Mexiko, Kanada und den USA.
NUTZUNG: Wichtigstes Mineral zur Arsengewinnung (46 Masseprozent), auch Gewinnung von Gold, Silber, Zinn und Kobalt als Nebenprodukte.
WEITERE MERKMALE: Wegen seiner Ähnlichkeit mit Pyrit früher „arsenhaltiges Pyrit" genannt; jetziger Mineralname entstand aus der Zusammenführung dieser beiden Wörter, Mineral aber auch unter der Bezeichnung „Mißpickel" bekannt; Hammerschläge auf ein Mineralstück lassen Funken entstehen; leicht schmelzbar unter Abgabe von Dämpfen mit Knoblauchgeruch; löslich in Salpetersäure unter Abscheidung von Schwefel; nicht fluoreszierend.

▼ *Arsenopyrit (etwa natürliche Größe), Panasqueira, Portugal.*

GLAUKODOT

FORMEL: (Fe, Co)AsS *Eisenkobaltarsensulfid.*
KRISTALLFORM: Monoklines System, prismatische Klasse. In prismatischen Kristallen; in feinkristallinen Massen mit radialfaseriger Struktur.
FARBE: Zinnweiß, hellgrau, gelegentlich mit rosa Flecken (Erythringehalt).
HÄRTE: 5.
DICHTEZAHL: 5,92 – 6,14.
GLANZ: Metallisch.
ENTSTEHUNG UND VORKOMMEN: In pneumatolytischen und hochtemperierten hydrothermalen Gängen; selten in metamorphen, aus basischem Vulkangestein entstandenen Gesteinen (Grünschiefer).
BEGLEITMINERALIEN UND FUNDSTÄTTEN: Mit Arsenopyrit, Pyrit, Chalkopyrit, Galenit. Sehr schöne Fundstücke aus Schweden, Rumänien, Norwegen, Chile und Tasmanien.
NUTZUNG: Wichtiges Mineral zur Kobaltgewinnung (durchschnittlich 25 Masseprozent).
WEITERE MERKMALE: Zusammen mit Gudmundit (FeSbS) und Arsenopyrit Vertreter der Arsenopyrit-Reihe; unter Hitzeeinwirkung Abgabe weißlicher Dämpfe mit Knoblauchgeruch; löslich in Salpetersäure unter Entwicklung von Schwefel; nicht fluoreszierend.

MOLYBDÄNIT

FORMEL: MoS_2 *Molybdänsulfid.*
KRISTALLFORM: Hexagonales System, dihexagonal-dipyramidale Klasse. Selten in tafeligen Kristallen mit hexagonaler Form; häufig in feinschichtigen Aggregaten von blätterigem Aussehen.
FARBE: Bleigrau.
HÄRTE: 1 – 1,5.
DICHTEZAHL: 4,62 – 4,73.
GLANZ: Metallisch.
ENTSTEHUNG UND VORKOMMEN: Als Nebenmineral in vielen Erstarrungsgesteinen (von Graniten bis zu Basalten); in Pegmatiten und pneumatolytischen Gängen wie Skarn.
BEGLEITMINERALIEN UND FUNDSTÄTTEN: Mit Chalkopyrit, Kassiterit, Pyrit, Scheelit, Granaten, Quarz. Schöne Fundstücke aus Australien, den USA, aus Bolivien, Norwegen usw.
NUTZUNG: Hauptmineral zur Gewinnung von Molybdän (60 Masseprozent); für Speziallegierungen und als hochtemperaturbeständiges Trockenschmiermittel verwendet.
WEITERE MERKMALE: Sehr sprödes Mineral; fühlt sich fettig an; graugrüne Strichfarbe auf Papier; nicht schmelzbar; teilweise löslich in Salpetersäure; zersetzt sich in Königswasser; nicht fluoreszierend.

▼ *Molybdänit (etwa 0,5fach), Australien.*

▼ *Glaukodot (etwa 1,5fach), Haakonsboda, Schweden.*

SYLVANIT

FORMEL: $AuAgTe_4$ *Silbergoldtellurid.*
KRISTALLFORM: Monoklines System, prismatische Klasse. In kurzsäuligen Kristallen, häufiger in baum- oder blattförmigen Aggregaten; in feinkristallinen oder feinschichtigen Massen.
FARBE: Gelblichweiß, fahlgelb.
HÄRTE: 1,5 – 2.
DICHTEZAHL: 8,161.
GLANZ: Metallisch.
ENTSTEHUNG UND VORKOMMEN: In hydrothermalen Gängen niedriger Entstehungstemperatur.
BEGLEITMINERALIEN UND FUNDSTÄTTEN: Recht selten; mit gediegen Gold, Calaverit, anderen Telluriden und Gangmineralien vorkommend. Sehr schöne Fundstücke aus Rumänien, Australien, den USA usw.
NUTZUNG: Wichtiges Mineral zur Gewinnung von Gold (24 Masseprozent), Silber (13 Masseprozent) und Tellur.
WEITERE MERKMALE: Vertreter der Calaverit-Reihe ($(Au, Ag)Te_2$); sehr weiches Schwermineral mit gutem Reflexionsvermögen (46 – 57 %); in dendritischen Aggregaten zusammenstehende Einzelkristalle erinnern an Schrift, daher auch die Bezeichnung „Schrifterz"; leicht schmelzbar, läßt dabei gelblichweiße, metallische Kugel aus Gold und Silber entstehen; löslich in Salpetersäure unter Bildung eines gelben Rückstands (Gold), zersetzt sich dagegen in heißer Schwefelsäure und färbt Lösung dunkelrot (Telluranteil); nicht fluoreszierend.

Sylvanit ► *(etwa 2fach), Nagyag, Rumänien.*

SKUTTERUDIT
(SMALTIN, SPEISKOBALT)

FORMEL: $CoAs_3$ *Kobaltarsenid.*
KRISTALLFORM: Kubisches System, disdodekaedrische Klasse. Selten in Kristallen mit kubischem oder oktaedrischem Habitus oder als Kombination beider Formen; gewöhnlich in körnigen Massen.
FARBE: Zinnweiß, stahlgrau mit irisierender Patina.
HÄRTE: 5,5 – 6.
DICHTEZAHL: 6,1 – 6,9.
GLANZ: Metallisch.
ENTSTEHUNG UND VORKOMMEN: In hydrothermalen Gängen mittlerer und hoher Entstehungstemperatur.
BEGLEITMINERALIEN UND FUNDSTÄTTEN: Mit Arsenopyrit, gediegen Silber und Wismut, Kobaltin, Niccolit, Calcit. Schöne Fundstücke aus Norwegen, Spanien, Deutschland, Marokko, den USA und aus Kanada.
NUTZUNG: Wichtiges Mineral zur Gewinnung von Kobalt, Arsen und Nickel.
WEITERE MERKMALE: Nach dem norwegischen Bergbauort Skutterud benannt, wo das Mineral entdeckt wurde; bezeichnet auch eine Gruppe isomorpher Mineralien, zu der neben Skutterudit auch Chloanthit ($NiAs_3$) und Chathamit ($(Co, Ni, Fe)As_3$) gehören; besonders nickelreiche Varietät Smaltin (mit einem Masseprozentgehalt von Arsen unter den stöchiometrischen Vorgaben); Skutterudit ist leicht schmelzbar zu magnetischer Kugel; bei Erhitzen Abgabe von arsenhaltigen Dämpfen mit typischem Knoblauchgeruch; löslich in heißer Salpetersäure, färbt die Lösung rosa; nicht fluoreszierend.

◄ *Skutterudit (etwa natürliche Größe), Huelva, Spanien.*

BOURNONIT

FORMEL: $PbCuSbS_3$ *Bleikupferantimonsulfid.*
KRISTALLFORM: Orthorhombisches System, dipyramidale Klasse. In seltenen prismatischen, kurzsäuligen gestreiften Kristallen, gelegentlich kreuzförmige Zwillingsbildungen; meist in körnigen Aggregaten.
FARBE: Bleigrau, stahlgrau, eisenschwarz.
HÄRTE: 2,5 – 3.
DICHTEZAHL: 5,8 – 5,86.
GLANZ: Metallisch.
ENTSTEHUNG UND VORKOMMEN: In hydrothermalen Gängen mittlerer Entstehungstemperatur.
BEGLEITMINERALIEN UND FUNDSTÄTTEN: Mit Galenit, Tetraedrit, Chalkopyrit, Pyrit, Sphalerit, Quarz. Schöne Fundstücke aus Deutschland, Bolivien, Mexiko, den USA usw.
NUTZUNG: Mineral von untergeordneter Bedeutung zur Gewinnung von Blei, Kupfer und Antimon.
WEITERE MERKMALE: Nach dem französischen Kristallographen J. L. Graf von Bournon (1751 – 1825) benannt. Von gleicher Struktur wie das seltener vorkommende $PbCuAsS_3$ (Seligmannit), mit dem es teilweise isomorphe Mischungen bilden kann; leicht schmelzbar; löslich in Salpetersäure, färbt die Lösung grün und hinterläßt einen Rückstand aus Schwefel, Antimon und Bleipulver; nicht fluoreszierend.

◄ *Bournonit (etwa 1,5 fach), Horhausen, Deutschland.*

TETRAEDRIT

FORMEL: $Cu_{12}(SbS_3)_4S$ *Kupfersulfantimonid.*
KRISTALLFORM: Kubisches System, hexakistetraedrische Klasse. Sehr flächenreiche Kristalle mit tetraedrischem Habitus; meist in kompakten oder körnigen Massen.
FARBE: Stahlgrau, eisenschwarz.
HÄRTE: 3 – 4,5.
DICHTEZAHL: 4,6 – 5,1.
GLANZ: Metallisch.
ENTSTEHUNG UND VORKOMMEN: In hydrothermalen Gängen niedriger oder mittlerer Entstehungstemperatur.
BEGLEITMINERALIEN UND FUNDSTÄTTEN: Mit Galenit, Bornit, Pyrit, Chalkopyrit, Quarz. Schöne Fundstücke aus Namibia, Bolivien, Chile, Peru, den USA, aus Rumänien und Schweden.
NUTZUNG: Wichtiges Mineral zur Gewinnung von Kupfer (ca. 46 Masseprozent) und weiterer Elemente, wie Silber, Quecksilber und Antimon.
WEITERE MERKMALE: Name weist auf die typische tetraedrische Form des Minerals hin. Isotyp mit Tennanit [$Cu_{12}(AsS_3)_4S$], mit dem es Mischungen bildet, in denen Antimon durch Wismut ersetzt sein kann; daraus entstehen zahlreiche Zwischenformen, zu denen Annivit mit Wismut, Freibergit mit Silber (in einigen Proben bis zu 18%) und Schwazit mit Quecksilber gehören; leicht schmelzbar; zerfällt in Salpetersäure unter Abscheidung von Schwefel sowie Arsen- und Antimonoxiden; nicht fluoreszierend.

▲ *Tetraedrit (etwa 3 fach), Baia-Mela, Rumänien.*

GEOKRONIT

FORMEL: $Pb_5Sb_2S_8$ *Bleiantimonsulfid.*
KRISTALLFORM: Monoklines System, prismatische Klasse. Sehr selten in kurzsäuligen, prismatischen Kristallen; selten in körnigen Massen.
FARBE: Bleigrau bis bläulichgrau.
HÄRTE: 2,5.
DICHTEZAHL: 6,3 – 6,5.
GLANZ: Metallisch.
ENTSTEHUNG UND VORKOMMEN: Als Nebenmineral von Blei- und Zinnmineralisationen in hydrothermalen Gängen.
BEGLEITMINERALIEN UND FUNDSTÄTTEN: Mit Galenit und Quarz. Schöne Fundstücke aus Schweden, der Schweiz, aus Italien usw.
NUTZUNG: Nur in der Forschung und als Sammelobjekt.
WEITERE MERKMALE: Isotyp, teilweise isomorph mit Jordanit ($Pb_5As_2S_8$); Verhältnisanteile bestimmter Elemente in diesen Mineralien nicht mit Sicherheit bekannt, in beiden können Arsen und Antimon einander ersetzen; leicht schmelzbar; löslich in heißer Salzsäure unter Bildung von Schwefelwasserstoff und Abscheidung von Bleichlorid; nicht fluoreszierend.

▼ *Geokronit (etwa natürliche Größe), Seravezza, Buca della Vena, Lucca, Italien.*

JAMESONIT

FORMEL: $Pb_4FeSb_6S_{14}$ *Bleieisenantimonsulfid.*
KRISTALLFORM: Monoklines System, prismatische Klasse. Selten in Kristallen mit prismatischem, nadelförmigem Habitus; meist in Aggregaten von filzigem Aussehen, die aus schlanken, miteinander verschlungenen Kristallen bestehen; in faserigen Massen.
FARBE: Gräulichschwarz.
HÄRTE: 2,5.
DICHTEZAHL: 5,48–5,72.
GLANZ: Metallisch.
ENTSTEHUNG UND VORKOMMEN: In hydrothermalen Gängen mittlerer Entstehungstemperatur.
BEGLEITMINERALIEN UND FUNDSTÄTTEN: Mit Tetraedrit, Pyrit, Antimonit, Gold, Quarz. Schöne Fundstücke aus Rumänien, Böhmen, Mexiko, den USA und aus Kanada.
NUTZUNG: Mineral untergeordneter Bedeutung für die Gewinnung von Blei.
WEITERE MERKMALE: Nach dem Schotten Robert Jameson (1774–1854) benannt, der das Mineral als erster beschrieb. Leicht schmelzbar; löslich in Salpetersäure unter Abscheidung von Sb_2O_3 (Valentinit) und Bleisulfat; nadelige, wie Federn aussehende Massen (Plumosit) früher als Jamesonit-Varietät angesehen, durch Röntgenanalyse jedoch als Art des Boulangerit ($Pb_5Sb_4S_{11}$) erkannt.

▼ *Jamesonit (etwa 1,4 fach), Bottino, Lucca, Italien.*

ANTIMONIT (STIBNIT, ANTIMONGLANZ)

FORMEL: Sb_2S_3 *Antimonsulfid.*
KRISTALLFORM: Orthorhombisches System, dipyramidale Klasse. In nadeligen, prismatischen Kristallen, häufig gestreift und röhrenförmig gestreckt; in parallel angeordneten oder radialstrahligen Aggregaten; in kompakten, feinkristallinen oder filzig aussehenden Massen.
FARBE: Bleigrau mit rötlicher oder gelblicher, leicht zerkrümelnder Patina (Kermesit oder andere sekundäre Antimonmineralien).
HÄRTE: 2.
DICHTEZAHL: 4,61–4,65.
GLANZ: Metallisch.
ENTSTEHUNG UND VORKOMMEN: In hydrothermalen Gängen niedriger Entstehungstemperatur; als chemischer Niederschlag von heißen Quellen.
BEGLEITMINERALIEN UND FUNDSTÄTTEN: Mit Realgar, Auripiment, Cinnabarit, Calcit. Schöne Fundstücke aus China, Peru, Mexiko und Bolivien, wo es die ausgedehntesten Vorkommen gibt.
NUTZUNG: Hauptmineral zur Gewinnung von Antimon (71,7 Masseprozent in reinem Erz); in Legierungen, Feuerwerkskörpern und elektrischen Batterien; Antimonsalze werden in der Textilindustrie und bei der Glasherstellung verwendet.
WEITERE MERKMALE: Name wahrscheinlich von dem griechischen Wort für Antimon abgeleitet. Kristalle biegsam, jedoch nicht elastisch; isomorph mit Bismuthinit (Bi_2S_3); leicht schmelzbar bei 550°C (es genügt ein Wachszündholz, um sehr kleine Mineralflocken zu schmelzen); blaue Flammenfärbung; löslich in konzentrierter Salzsäure, ergibt mit Ätzkali gemischt gelborange Lösung.

▼ *Antimonit (etwa natürliche Größe), Felsobajna, Rumänien.*

BISMUTHINIT (WISMUTGLANZ)

FORMEL: Bi_2S_3 *Wismutsulfid.*
KRISTALLFORM: Orthorhombisches System, dipyramidale Klasse. In prismatischen, stengeligen Kristallen mit gestreiften Flächen; in kompakten körnigen oder strahligen Aggregaten.
FARBE: Bleigrau, zinnweiß, stumpfgelb.
HÄRTE: 2.
DICHTEZAHL: 6,75–6,81.
GLANZ: Metallisch.
ENTSTEHUNG UND VORKOMMEN: Als akzessorischer Gemengteil in Mineralisationen von hochtemperierten hydrothermalen Gängen.
BEGLEITMINERALIEN UND FUNDSTÄTTEN: Mit Arsenopyrit, Chalkopyrit, Gold, Quarz. Schöne Fundstücke aus Bolivien, Peru, Australien, den USA, aus Kanada, Mexiko usw.
NUTZUNG: Hauptmineral für die Wismutgewinnung.
WEITERE MERKMALE: Isomorph mit Antimonit (Sb_2S_3), dem es in Aussehen und physikalischen Eigenschaften ähnelt; leicht, jedoch nicht in der Flamme eines Wachszündholzes schmelzbar (Test zur Unterscheidung von Antimonit); löslich in Salpetersäure unter Abscheidung von winzigen Schwefelflocken.

Bismuthinit (etwa 0,8 fach), La Roja, Peru. ►

TENORIT

FORMEL: CuO *Kupferoxid.*
KRISTALLFORM: Monoklines System, prismatische Klasse. In sehr dünnen Schichten mit pseudohexagonaler Silhouette; in pulvrigen, erdigen Massen.
FARBE: Schwarz, eisengrau.
HÄRTE: 3,5.
DICHTEZAHL: 5,8–6,5.
GLANZ: Metallisch.
ENTSTEHUNG UND VORKOMMEN: In Oxidationszonen von Kupferlagerstätten; als Sublimat von vulkanischen Fumarolen.
BEGLEITMINERALIEN UND FUNDSTÄTTEN: Mit Cuprit, gediegen Kupfer, Cotunnit, Melanothallit, Paratakamit. Schöne Kristalle vom Vesuv, aus Deutschland und den USA.
NUTZUNG: Schwarze Varietät Melakonit in abbauwürdigen Vorkommen, gutes Sekundärmineral zur Gewinnung von Kupfer (79,8 Masseprozent).
WEITERE MERKMALE: Nach dem italienischen Botaniker M. Tenore benannt. Varietät Paratenorit ist eine polymorphe Modifikation mit tetragonaler Symmetrie; nicht schmelzbar; löslich in verdünnter Salzsäure und Salpetersäure; nicht fluoreszierend.

▼ *Tenorit (etwa 2 fach), Vesuv, Neapel, Italien.*

CHROMIT
(CHROMEISENSTEIN)

FORMEL: $FeCr_2O_4$ *Eisenchromat.*
KRISTALLFORM: Kubisches System, hexakisoktaedrische Klasse. Sehr selten in Kristallen, stets klein und mit oktaedrischem oder dodekaedrischem Habitus; meist in feinkristallinen Massen oder eingesprengten Körnern.
FARBE: Grau bis grauschwarz oder schwarzkastanienbraun.
HÄRTE: 5,5.
DICHTEZAHL: 4,5 – 4,8.
GLANZ: Halbmetallisch bis metallisch.
ENTSTEHUNG UND VORKOMMEN: In basischen oder ultrabasischen Erstarrungsgesteinen; in Serpentingesteinen; in detritischen Lagerstätten wie Seifen; in Meteoriten.
BEGLEITMINERALIEN UND FUNDSTÄTTEN: Mit Olivin, Pyroxenen, Uwarowit. Schöne Fundstücke aus Namibia, Südafrika, von den Philippinen, aus Kuba und dem Ural.
NUTZUNG: Hauptmineral für die Chromgewinnung; in der Eisen- und Stahlindustrie, bei der Herstellung von Spezialfarben und zum Gerben von Häuten verwendet.
WEITERE MERKMALE: Auf den Chromgehalt des Minerals hindeutender Name ist lateinischen Ursprungs (*chroma*). Bezeichnet eine der drei Reihen der Spinellgruppe (Chromit-Reihe, Spinell-Reihe und Magnetit-Reihe); nicht schmelzbar; unlöslich in Säuren; schwach magnetisch; nicht fluoreszierend.

▼ *Chromit (etwa 0,8fach), Böhmen, Tschechische Republik.*

MAGNETIT

FORMEL: $Fe^{2+}Fe^{3+}{}_2O_4$ *Eisenoxid.*
KRISTALLFORM: Kubisches System, hexakisoktaedrische Klasse. Kristalle mit oktaedrischem, rhombisch-dodekaedrischem Habitus, Kristallflächen gestreift; meist in kompakten und körnigen Massen.
FARBE: Schwarz, mitunter eisengrau.
HÄRTE: 5,5 – 6,5.
DICHTEZAHL: 5,17 – 5,18.
GLANZ: Metallisch.
ENTSTEHUNG UND VORKOMMEN: Tritt in allen Tiefenzonen metamorpher Gesteine auf (sog. Durchläufer); Nebenmineral in basischen und ultrabasischen Erstarrungsgesteinen (kann in sehr ausgedehnten Schichten konzentriert sein); in kontaktmetamorphen Gesteinen; in metasomatischen Lagerstätten wie Skarn; bildet große Ansammlungen in alluvialen und marinen Sanden.
BEGLEITMINERALIEN UND FUNDSTÄTTEN: Mit Andradit, Almandin, Chlorit, Apatit. Große Vorkommen in Südafrika, den USA, in Schweden, im Ural usw.
NUTZUNG: Hauptmineral für die Eisengewinnung (71,5 Masseprozent in reinem Erz).
WEITERE MERKMALE: Nach Magnesia, einer Region in Mazedonien, benannt. Verliert bei Erhitzen auf 578°C seinen Magnetismus; einige Varietäten enthalten Chrom (Chromomagnetit) oder Titan (Titanomagnetit); bezeichnet eine der drei Mineralreihen der Spinellgruppe (Magnetit- Reihe, Spinell-Reihe, Chromit-Reihe); schmelzbar bei 1594°C unter Abscheidung von Hämatit; löslich in konzentrierter Salzsäure; nicht fluoreszierend.

▼ *Magnetit (etwa 1,4fach), Traversella, Turin, Italien.*

HÄMATIT
(EISENGLANZ, ROTEISENSTEIN)

FORMEL: Fe_2O_3 *Eisenoxid.*
KRISTALLFORM: Trigonales System, ditrigonal-skalenoedrische Klasse. In rhomboedrischen, kurzsäuligen (Roteisenstein), geschichteten Kristallen, mitunter in rosettenförmigen Aggregaten zusammenstehend (Eisenglimmer oder Eisenrose); in kompakten Massen mit radialfaseriger Struktur und traubigem Aussehen (Roter Glaskopf); in erdigen, feinkristallinen Massen mit oolithischer oder pisolithischer Struktur (Rötel).
FARBE: Braun, leuchtend- bis stumpfrot; eisengrau, fast schwarz und blau, grün und rot irisierend.
HÄRTE: 5 – 6.
DICHTEZAHL: 5.
GLANZ: Halbmetallisch bis metallisch.
ENTSTEHUNG UND VORKOMMEN: Als Nebenmineral in Erstarrungsgesteinen; in Pegmatiten und hydrothermalen Gängen; in schwachgradig metamorphen Gesteinen; häufig in Absatzgesteinen, die durch Diagenese oder Metasomatose in eisenreichen Sedimenten entstanden sind.
BEGLEITMINERALIEN UND FUNDSTÄTTEN: Mit Magnetit, Siderit, Diopsid, Epidot, Quarz. Schöne Fundstücke aus Venezuela, Brasilien, Kanada, den USA, aus Indien, Italien usw.
NUTZUNG: Wichtig für die Eisengewinnung (69,9 Masseprozent); als Pigment (Eisenocker oder Tierra di Siena gebrannt) verwendet.
WEITERE MERKMALE: Name griechischen Ursprungs (*hämateios* – blutig), bezieht sich auf hellrote Farbe des Hämatitpulvers, die das Mineral von Magnetit und Ilmenit (schwarzes Pulver) unterscheidet; Sedimentgesteine durch eingesprengtes feinkristallines Hämatit rötlich gefärbt; pseudomorphe Varietät nach Magnetit heißt Martit; Hämatit nicht schmelzbar; löslich in konzentrierter Salzsäure; wird in reduzierender Flamme magnetisch; nicht fluoreszierend.

Hämatit (etwa natürliche Größe), Insel Elba, Livorno, Italien. ►

ILMENIT
(TITANEISEN)

FORMEL: $FeTiO_3$ *Titaneisenoxid.*
KRISTALLFORM: Trigonales System, rhomboedrische Klasse. In rhombischen, tafeligen Kristallen; in rosettenförmig angeordneten feinschichtigen Aggregaten; in kompakten Massen.
FARBE: Eisenschwarz, schwarzrot.
HÄRTE: 5 – 6.
DICHTEZAHL: 4,72.
GLANZ: Halbmetallisch bis metallisch.
ENTSTEHUNG UND VORKOMMEN: Als Nebenmineral in Tiefengesteinen (Gabbros, Norite) und in Umwandlungsgesteinen (Gneis, Granulite); magnesiumhaltige Varietät ist wichtiger Bestandteil der in Kimberliten enthaltenen Knollen und Xenolithe; in marinen Sanden.
BEGLEITMINERALIEN UND FUNDSTÄTTEN: Mit Magnetit, Hornblende, Glimmern, Rutil, Diopsid. Schöne Fundstücke aus Norwegen, Rußland, Indien, Kanada usw.
NUTZUNG: Zur Titangewinnung.
WEITERE MERKMALE: Nach dem Ilmengebirge (Südural, Rußland) benannt, wo es entdeckt wurde. Schwach magnetisch, bildet im Unterschied zu Magnetit gelegentlich Umwandlungsprodukt Leukoxen (Rutil und Pseudorutil); von Hämatit durch schwarze Färbung des Mineralpulvers zu unterscheiden; nicht schmelzbar; schwer löslich in konzentrierter Salzsäure; nicht fluoreszierend.

▲ *Ilmenit (etwa 0,7fach), Norwegen.*

PYROLUSIT

FORMEL: MnO_2 *Manganoxid.*
KRISTALLFORM: Tetragonales System, ditetragonal-dipyramidale Klasse. Sehr selten in prismatischen Kristallen; meist in radialfaserigen Aggregaten und in kompakten, erdigen oder pulverigen Massen.
FARBE: Eisenschwarz, dunkelgrau.
HÄRTE: 6 – 6,5.
DICHTEZAHL: 5,06.
GLANZ: Halbmetallisch bis metallisch.
ENTSTEHUNG UND VORKOMMEN: Als chemischer Niederschlag in sedimentärem Milieu (Seen oder Küstengewässer); Umwandlungsprodukt in manganhaltigen Mineralien.
BEGLEITMINERALIEN UND FUNDSTÄTTEN: Mit anderen Manganoxiden (Wad), Hämatit, Baryt, Calcit. Ausgedehnte Vorkommen in Indien, Brasilien, Südafrika, Georgien, Deutschland und Böhmen.
NUTZUNG: Wichtiges Mineral für die Mangangewinnung; in der Eisenindustrie und zur Glasherstellung verwendet.
WEITERE MERKMALE: Name griechischen Ursprungs („Feuer“ und „das Waschen“), bezieht sich auf den Gebrauch des Minerals als Bleichmittel für Glas. Die o. g. Härte- und Dichtewerte beziehen sich auf Kristalle, feinkristalline Massen haben veränderliche Werte: Härte 1 – 6 und Dichte 4,4 – 5 g/cm³; erdige Varietät ist sehr weich, fühlt sich fettig an, zeigt schwarze Strichfarbe auf rauhem Untergrund; nicht schmelzbar, löslich in Salzsäure unter Abgabe beißender Chlordämpfe; nicht fluoreszierend.

URANINIT

FORMEL: UO_2 *Uranoxid.*
KRISTALLFORM: Kubisches System, hexakisoktaedrische Klasse. In Kristallen mit oktaedrischem, kubischem oder selten rhombisch-dodekaedrischem Habitus; häufig in kompakten, kryptokristallinen Massen von pechähnlichem Aussehen (Varietät Pechblende); gelegentlich mit traubigen oder verwachsenen Oberflächen; pseudomorph nach organischem Material wie Holz oder Knochen.
FARBE: Schwarz, grau, grün, kastanienbraun.
HÄRTE: 5 – 6.
DICHTEZAHL: 8 – 10,6.
GLANZ: Fettig-halbmetallisch.
ENTSTEHUNG UND VORKOMMEN: In Pegmatiten, in hydrothermalen Gängen mittlerer und hoher Entstehungstemperatur; detritisches Mineral (in der Matrix von Konglomeraten) oder autogenes Mineral in Absatzgesteinen wie Sandsteinen.
BEGLEITMINERALIEN UND FUNDSTÄTTEN: Mit Pyrit, Galenit, Markasit, Chalkopyrit, Kassiterit, Gold. Schöne Fundstücke aus Kanada, den USA, aus Südafrika, Portugal, Böhmen usw.
NUTZUNG: Hauptmineral für die Urangewinnung; in Kernreaktoren zur Produktion von Elektroenergie und zur Produktion von spaltbarem Material für militärische Zwecke verwendet; Gewinnung von Radium als Nebenprodukt.
WEITERE MERKMALE: Hoch radioaktiv. 1898 entdeckten Pierre und Marie Curie bei der Analyse von Pechblende die Elemente Polonium und Radium.

COLUMBIT

FORMEL: $FeNb_2O_6$ *Niobeisenoxid.*
KRISTALLFORM: Orthorhombisches System, dipyramidale Klasse. In kleinen prismatischen, kurzsäuligen Kristallen, häufig als herzförmige Mineralzwillinge und gestreift; in massiven Aggregaten und eingesprengten Körnern.
FARBE: Eisenschwarz, schwarzbraun, gelegentlich mit rötlichen Tönen.
HÄRTE: 6.
DICHTEZAHL: 5,2.
GLANZ: Halbmetallisch.
ENTSTEHUNG UND VORKOMMEN: In Pegmatiten, die besonders reich sind an Silikaten und Lithiumphosphaten; häufig in Seifen konzentriert.
BEGLEITMINERALIEN UND FUNDSTÄTTEN: Mit Spodumen, Lepidolith, Beryll, Kryolith, Korund, Quarz. Schöne Fundstücke aus Australien, Zaire, Madagaskar, Brasilien, Kanada, Norwegen usw.
NUTZUNG: Hauptmineral für die Gewinnung von Niob und Tantal (als Substitut für Niob vorhanden) und zum Bau von Hochtechnologiegeräten verwendet.
WEITERE MERKMALE: Um 1600 erstmals in Amerika gefunden, nach dem Entdecker der Neuen Welt benannt (Originalprobe in den Sammlungen des British Museum). Mäßig magnetisch; nicht schmelzbar; löslich nur in Schwefelsäure; nicht fluoreszierend.

GOETHIT

(NADELEISENERZ)

FORMEL: FeO(OH) *wäßriges Eisenoxid.*
KRISTALLFORM: Orthorhombisches System, dipyramidale Klasse. Sehr selten in stengeligen Kristallen mit prismatischem Habitus und senkrechten Streifungen; meist in stalaktitischen Massen mit radialfaseriger Struktur, die aus nadeligen Kristallen bestehen; in erdigen und porösen Massen (Varietät gelber Ocker).
FARBE: Grauschwarz, braunrot, hellgelb (gelber Ocker).
HÄRTE: 5 – 5,5.
DICHTEZAHL: 3,3 – 4,3.
GLANZ: Halbmetallisch.
ENTSTEHUNG UND VORKOMMEN: Typisches Mineral in Oxidationszonen (Eisenhut) von eisenschüssigen Ansammlungen; Hauptkomponente in Limonitlagerstätten.
BEGLEITMINERALIEN UND FUNDSTÄTTEN: Mit Psilomelan, Manganit, Hämatit, Calcit, Quarz. Schöne Fundstücke aus Kanada, den USA, Kuba, Deutschland und Großbritannien.
NUTZUNG: Wichtiges Mineral zur Eisengewinnung (62 Masseprozent in reinem Erz); einige gelbe Ocker als Färbemittel verwendet.
WEITERE MERKMALE: Nach dem deutschen Dichter J. W. von Goethe (1749 – 1832) benannt. Mineral wird bei langandauernder Erhitzung magnetisch; bei Erhitzen in geschlossenem Kolben Wasserverlust und Übergang nach Hämatit; nicht schmelzbar; löslich in Salzsäure; nicht fluoreszierend.

◄ *Pyrolusit (etwa natürliche Größe), Ilfeld, Harz, Deutschland.*

▲ *Uraninit (etwa 2fach), Tschechoslowakei.*

Columbit (etwa natürliche Größe), Raahe, Finnland. ►

Goethit (etwa 1,5fach), Marokko. ►

ERSTARRUNGS-GESTEINE

ERSTARRUNGSGESTEINE

Oben: Capo d'Orso, Sardinien. Durch Winderosion bizarr geformter Granitblock.

Unten: Klassifikationsdiagramme und Nomenklatur der Extrusivgesteine.

Das Gefüge ist eine wichtige physische Eigenschaft von Gesteinen, anhand derer sich intrusive und extrusive Erstarrungsgesteine schon am Fundort einigermaßen leicht unterscheiden lassen. Der Begriff „Gefüge" bezieht sich auf Form, Größe und Anordnung der Kristalle in einem Gestein.

Charakteristisch für Intrusivgesteine ist ihre ganzkristalline Struktur, d. h. die Gesteine bestehen aus Kristallen, die mit bloßem Auge sichtbar sind. Diese Kristalle sind im allgemeinen von gleicher Größe. Eine Ausnahme bilden beispielsweise einige Granite, die Orthoklas in größeren Kristallen enthalten als in andere Mineralien, was dem Gestein eine porphyrische Struktur verleiht. Das milchig aussehende Mineral zeigt eine meist rosa oder sogar dunkelrote Färbung, die von Eisenoxideinschlüssen herrührt. Ein porphyrisches Gefüge haben auch einige Diorite (Gesteine von meist dunklerer Farbe als Granite), in denen größere Einsprenglinge von Plagioklas zu finden sind.

Saure Extrusivgesteine haben, da in ihnen Quarz und Feldspäte vorherrschen, eine helle Farbe. Sie zeigen meistenteils eine körnigé, ganzkristalline porphyrische Struktur, in der gelegentlich auftretende Fließlinien Aufschluß über die Bewegung der Lavamasse geben. Die größeren Kristalle sind in eine feinkristalline oder glasige Grundmasse eingebettet, deren einzelne Kristalle aufgrund ihrer geringen Abmessungen nicht zu erkennen sind.

Basische Extrusivgesteine haben gewöhnlich eine sehr dunkle Farbe und zeigen ein feinkörniges Gefüge. Die Mineralkristalle sind mit bloßem Auge nicht sichtbar, und sie lassen sich auch unter der Lupe meist nicht erkennen. Diese Gesteine weisen eine Porphyr- oder eine Fließstruktur, teilweise auch eine glasige, von der schnellen Abkühlung des Magmas herrührende Struktur auf. In vulkanischen Gesteinen befinden sich mitunter kleine Blasenhohlräume, die durch Entgasung der Gesteinsschmelze oder durch die Umwandlung von Mineralien entstanden sind.

Wir wollen uns nun mit der Unterscheidung der Intrusivgesteine befassen. Die Art und Weise der Gesteinsbildung sowie die Vielfalt des äußeren Erscheinungsbildes der Gesteine – verwittert oder unverwittert, fein- oder grobkörnig usw. – erschweren häufig ihre Bestimmung.

Wir wollen deshalb zu einigen Vereinfachungen greifen und nur die hauptsächlich vorkommenden und mit bloßem Auge oder durch ein Vergrößerungsglas sichtbaren Mineralien in unsere Betrachtung einbeziehen.

Da sich von der Zusammensetzung eines Gesteins die Art des Magmas ablesen läßt, aus dem es entstanden ist, kann man anhand der enthaltenen Mineralien nicht nur die Unterschiede zwischen bestimmten Gesteinsarten feststellen, sondern zugleich Rück-

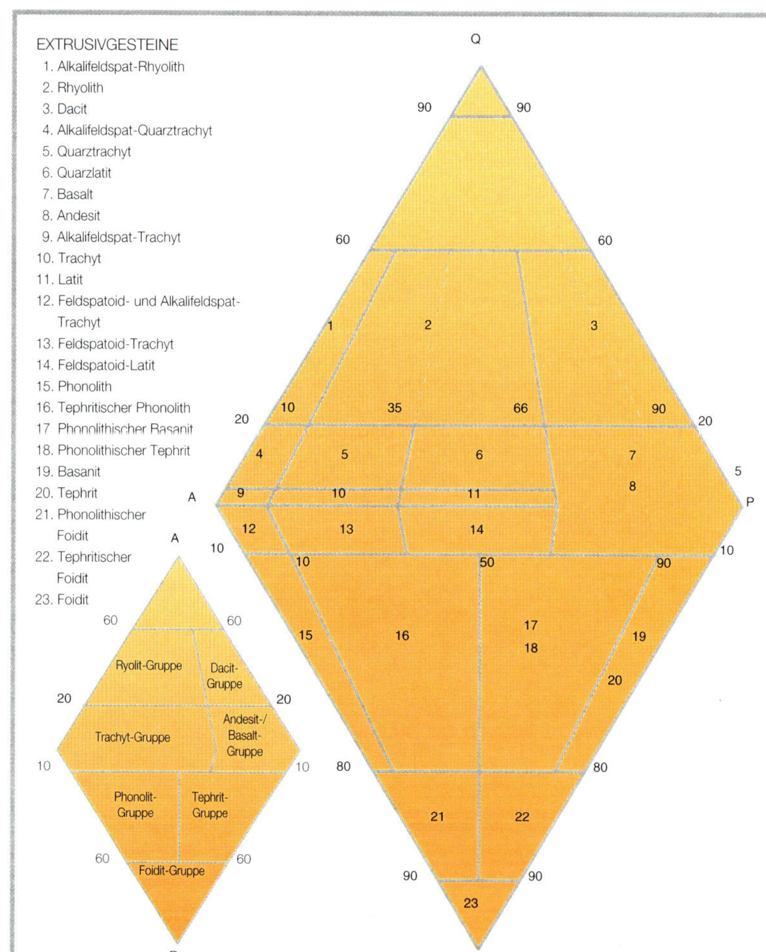

Unten: Klassifikationsdiagramme und Nomenklatur der Intrusivgesteine. Eckbezeichnungen: Q – Quarze; A – Alkalifeldspäte (einschließlich Albit); P – Plagioklase; F – Feldspatvertreter.

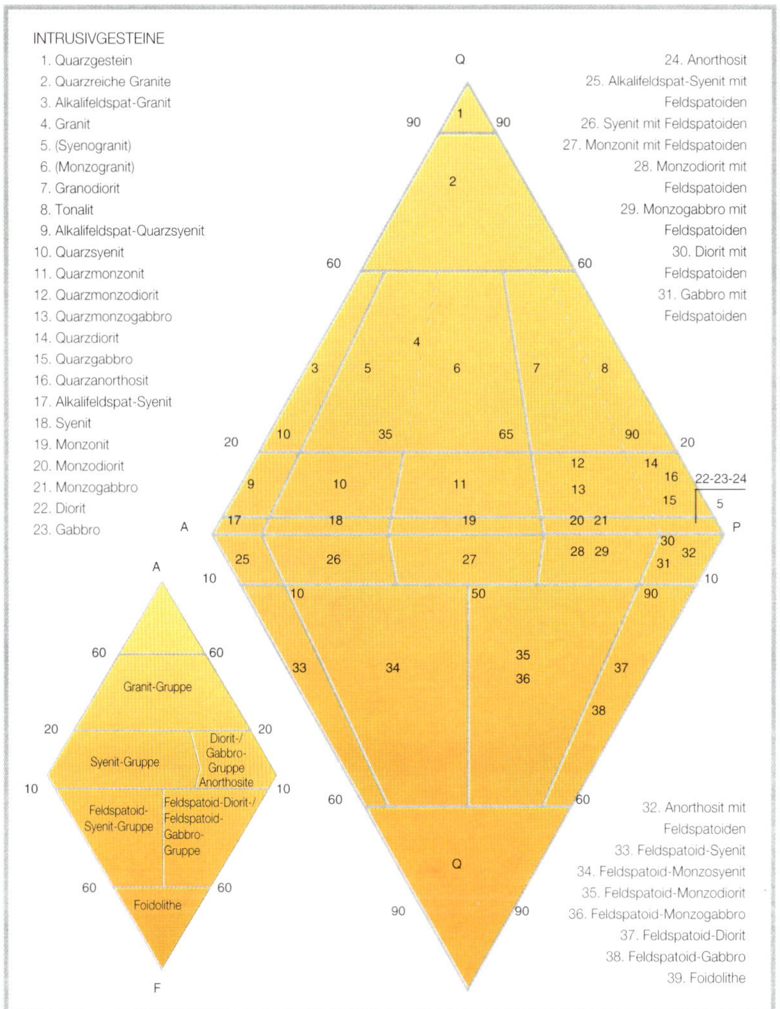

Unten: Intrusivgesteine und ihre extrusiven Äquivalente. Die Farbe ändert sich mit abnehmendem Anteil heller Mineralien (Quarze und Feldspäte) von Hell (Granit, Rhyolith) nach Dunkel (Gabbro, Basalt).

schlüsse auf deren Herkunft und Entstehung ziehen.

Zu den wichtigen Mineralien, die man zur Klassifizierung der Erstarrungsgesteine heranzieht, gehören die Alkalifeldspäte (Orthoklas, Sanidin, Mikroklin und Albit), die Plagioklase sowie die Feldspatvertreter (Feldspatoide). Alkalifeldspäte, Albit und Quarz sind saure Gesteine, die kalziumreicheren Plagioklase sind sauer-intermediär bis basisch, und die Feldspatoide haben basischen Charakter.

Die häufig verwendeten Klassifizierungsdiagramme haben eine aus jeweils zwei gleichschenkligen Dreiecken zusammengesetzte rhombische Form (siehe Abbildung). Quarz sowie die drei anderen Mineralgruppen haben ihren Platz an den Rhombusspitzen; entsprechend ihren Entstehungsbedingungen und Eigenschaften sind Quarz und Feldspatvertreter hier an entgegengesetzten Seiten zu finden. Aus dieser Anordnung läßt sich ablesen, daß beide theoretisch nicht in ein und demselben Gestein vorkommen können.

Um die Bestimmung von Intrusiv- und Extrusivgesteinen im Gelände zu erleichtern, kann man ein vereinfachtes Klassifikationsdiagramm zu Hilfe nehmen, in dem die Gesteine in große, ohne weiteres bestimmbare Gruppen unterteilt sind. Anhand ihres Mineralbestandes lassen sich dann saure, d. h. mit Kieselsäure übersättigte von basischen und ultrabasischen (mit Kieselsäure gesättigten bis ungesättigten) Gesteinen leicht unterscheiden. Im Diagramm sind die übersättigten, sauren Gesteine oberhalb der Trennlinie zwischen den beiden Dreiecken, die untersättigten Gesteine darunter und die gesättigten Gesteine schließlich (in der Theorie) entlang der Trennlinie angeordnet. In der Praxis handelt es sich bei letzteren um intermediäre Gesteine, die entweder leicht über- oder untersättigt sein können, und die deshalb im Diagramm in einem schmalen Band beiderseits der Trennlinie zu finden sind.

Der Einfachheit halber hat man die verschiedenen Arten von Plagioklasen und Feldspatoiden in diesem Klassifikationsdiagramm nicht weiter unterteilt, und die ferromagnesischen (mafischen) Mineralien, die ebenfalls wichtige Anhaltspunkte für die Gesteinsbestimmung bieten, unberücksichtigt gelassen. Erhöht sich der Anteil an mafischen Mineralien (stets dunkel gefärbt), dann nehmen die Gesteine ihrer veränderten Zusammensetzung entsprechend einen basischen oder ultrabasischen Charakter an.

Einen deutlichen Hinweis auf den Kieselsäuregehalt eines Intrusivgesteins liefert die Färbung eines Fundstückes: helle oder von dunklen Partikeln (mafische Mineralien) leicht gesprenkelte Gesteine sind sauer; stark gesprenkelte sind intermediär bis basisch; eine überwiegend dunkle Färbung zeigt den basischen bis ultrabasischen Charakter eines Gesteins an. Für die Bestimmung von Extrusivgesteinen lassen sich im allgemeinen dieselben Regeln anwenden. Da es sich bei ihnen jedoch um recht feinkörnige Gesteine handelt, ist eine Bestimmung allein anhand der Farbe nicht zuverlässig.

Die fast ausschließlich aus dunklen Mineralien (>90%) bestehenden ultramafischen Gesteine wie Amphibole, Pyroxene und Olivin sind in der Klassifikation nicht enthalten. Diese Gesteine zeigen eine charakteristische grüne Färbung, wenn der Olivinanteil überwiegt, und sie sind schwarz oder schwärzlich gefleckt, wenn innerhalb des Mineralbestandes Amphibole und Pyroxene vorherrschend sind.

INTRUSIVGESTEINE

EXTRUSIVGESTEINE

Weißer Granit (S. Fedelino, Novara, Italien).

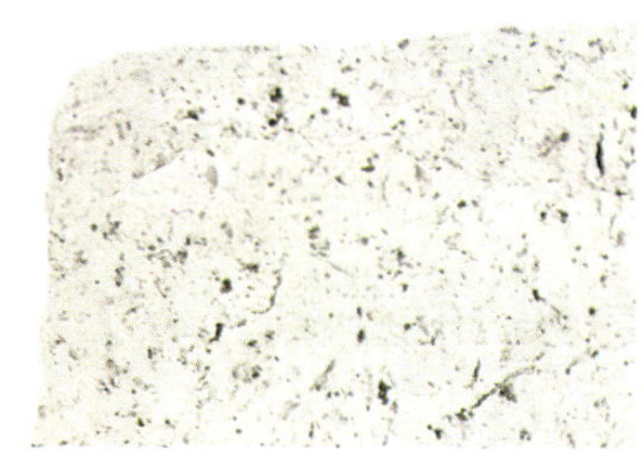

Rhyolith (Colli Euganei, Padua, Italien).

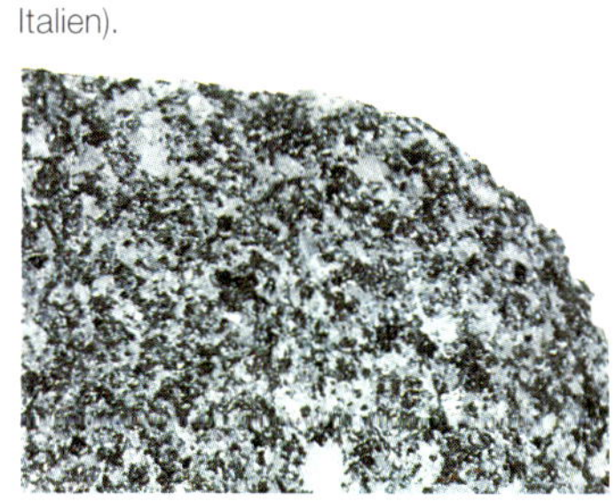

Diorit (Sondalo, Sondrio, Italien).

Trachyt (Colli Euganei, Padua, Italien).

Gabbro, Varietät Norit (App. Emiliano, Italien).

Basalt

ALKALIFELDSPATGRANIT

CHEMISMUS: Sauer.
HAUPTMINERALIEN: Quarz, kaliumhaltige Feldspäte (Orthoklas, Mikroklin), Albit.
NEBENMINERALIEN: Biotit, Pyrit, Zirkon, Monazit, Turmalin, Granate, mitunter Hornblende.
GEFÜGE: Mittel- bis grobkörnig; massige Struktur mit seltenen Drusenhohlräumen; Textur hypidiomorph-körnig, nach idiomorph und porphyrisch übergehend.
FARBE: Hell bis rosig, auch mit bläulichem Farbton.
GEOLOGISCHES MILIEU: In bereits differenzierten Gesteinskörpern zusammen mit Plutonen, die in großen Tiefen erstarrt sind.
VORKOMMEN: Relativ häufig vorkommendes Gestein; bekannte Intrusionen in Norwegen (Byttelet), Finnland, Portugal und Kanada.
NUTZUNG: Als polierte Fliesen und Platten verwendet.
WEITERE MERKMALE: Je nach Erstarrungsablauf und Chemismus treten Granite in zahlreichen, in Körnung und Farbe verschiedenen Varietäten auf. Alkalifeldspatgranit mit sehr heller Färbung und seltenen kleinen, dunklen Flecken (mafische Mineralien); hat im Unterschied zu Graniten höheren Alkalifeldspatanteil (>90%), gemessen am gesamten Feldspatanteil; Begriff Alkaligranit bezeichnet granitische Gesteine mit basischen Amphibolen oder Pyroxenen als Nebengemengteile; rote Färbung einiger Alkalifeldspatgranite durch Oxidation von Eisen, das in geringen Mengen im Feldspat enthalten ist.

▼ *Alkalifeldspat-Granit (etwa natürliche Größe), Norwegen.*

GRANIT

CHEMISMUS: Sauer.
HAUPTMINERALIEN: Quarz, kaliumhaltige Feldspäte (Orthoklas, Mikroklin), Plagioklase (Albitoligoklas), Biotit.
NEBENMINERALIEN: Magnetit, Apatit, Pyrit, Zirkon, Allanit (Epidot), Turmalin; auch mit Muskovit, Hornblende, Granaten und selten mit Pyroxenen (Augit).
GEFÜGE: Mittel- bis grobkörnig; massige Struktur; Textur hypidiomorph-körnig, durch Entwicklung von kaliumhaltigem Feldspat nach porphyrisch übergehend.
FARBE: Je nach Anteil mafischer (dunkler) Mineralien unterschiedlich; weiß, hellgrau, rosig, blaßgelb, selten grünlich durch Verwitterung.
GEOLOGISCHES MILIEU: In großen Batholithen in präkambrischen Schilden; in Gebirgswurzeln und in orogenen Ketten; seltener in Quergängen und Lagergängen unterschiedlicher Größe, die in Absatzgesteine eingeschoben sind.
VORKOMMEN: Mengenmäßig häufigstes Gestein der Erdkruste; große Gesteinskörper (Batholithe) in Skandinavien, den USA, in Kanada, Afrika, Indien und Sibirien.
NUTZUNG: In der Bauindustrie als einfache Werksteine und polierte Platten verwendet.
WEITERE MERKMALE: In modernen Klassifikationsdiagrammen zwei Gruppen: Syenogranite und Monzogranite; gehören beide zu leukokraten Gesteinen, Syenogranite haben jedoch höheren Anteil an Alkalifeldspäten und geringere Mengen mafischer Mineralien, deshalb helle Färbung mit kleinen dunklen Flecken, Monzogranite (früher auch Adamellite genannt) dagegen mit größerem Anteil mafischer (dunkler) Mineralien; manche Granite sind durch Oxidation von Eisen, das in geringen Mengen in Feldspat enthalten ist, rot gefärbt; war früher wegen seiner Härte nur schwer zu bearbeiten, deshalb nur als rohbehauene Quadern verwendet; Granitbauten wegen hoher Verwitterungsresistenz gut erhalten.

GRANODIORIT

CHEMISMUS: Sauer.
HAUPTMINERALIEN: Quarz, Oligoklas (seltener Andesin) und geringere Mengen von Alkalifeldspäten, Hornblende und Biotit.
NEBENMINERALIEN: Augit, Apatit, Magnetit, Sphen.
GEFÜGE: Mittel- bis feinkörnig; hypidiomorph-körnige Textur; auch mit Fließbänderung oder mit in Rändern von Plutonen sichtbaren Fremdeinschlüssen; selten mit Drusenhohlräumen oder sphäroidischen Strukturen.
FARBE: Hellgrau mit kleinen dunklen Flecken
GEOLOGISCHES MILIEU: In Plutonen; in Differentiationszonen an Randbereichen von Batholithen.
VORKOMMEN: In orogenen Ketten; schöne Fundstücke aus den USA, aus Japan, Norwegen, Rumänien und Österreich.
NUTZUNG: Als Baumaterial und als polierte Platten verwendet.
WEITERE MERKMALE: Gehört zu den am weitesten verbreiteten Intrusivgesteinen; mit Graniten zu verwechseln; genaue Klassifizierung nur durch petrographische Analyse möglich; bei Bestimmung im Gelände deshalb zunächst als Granitoid einzuordnen.

▲ *Granodiorit (etwa 0,6 fach), Vogesen, Frankreich.*

◄ *Weißer Granit (etwa natürliche Größe), Montorfano, Novara, Italien.*

TONALIT

CHEMISMUS: Sauer.
HAUPTMINERALIEN: Natronplagioklase (Oligoklas, Andesin), Quarz, Hornblende, Biotit.
NEBENMINERALIEN: Orthoklas, Apatit, Sphen, Magnetit, Zirkon, monoklines und orthorhombisches Pyroxen, Allanit (Epidot).
GEFÜGE: Grobkörnig; massige Struktur, selten Fließstruktur; Textur hypidiomorph-körnig, manchmal durch Entwicklung von Hornblende nach porphyrisch übergehend.
FARBE: Schwärzlichgrau.
GEOLOGISCHES MILIEU: In Verbindung mit Batholithen granitischer Zusammensetzung.
VORKOMMEN: In Italien, den USA, in Kanada, Norwegen usw.
NUTZUNG: Unbehauen (als Werkstein) oder in Form polierter Platten in der Bauindustrie verwendet.
WEITERE MERKMALE: Nach dem in der Nähe des Adamellomassivs gelegenen Tonalepass benannt. Mit hellfarbigem Untergrund und zahlreichen dunklen Flecken; schwer von Granodioriten zu unterscheiden, deshalb bei Bestimmung am Entnahmeort zunächst den Granitoiden zuzuordnen; genaue Klassifikation nur durch petrographische Analyse möglich; Trondhjemit und Plagiogranit sind Synonyme, bezeichnen leukokrate Tonalite (mit niedrigem Anteil an mafischen Mineralien).

▼ *Tonalit (etwa 0,7 fach), Schottland, Großbritannien.*

ALKALIFELDSPATSYENIT

CHEMISMUS: Intermediär-sauer.
HAUPTMINERALIEN: Alkalifeldspäte (Orthoklas).
NEBENMINERALIEN: Quarz, Plagioklase (Albit), Ägirin, Nephelin, Sphen, Pyrrhotin, Allanit (Epidot), Anorthoklas.
GEFÜGE: Grobkörnig; massige Struktur, nach Fließstruktur übergehend; hypidiomorph-körnige Textur.
FARBE: Hell- bis dunkelgrau mit bläulichen Färbungen.
GEOLOGISCHES MILIEU: In kleinen Plutonen, Lakkolithen, Lagergängen; in Randzonen von Syeniten und Monzoniten; aus lokalen Differentiationen stammend, die anscheinend nicht auf tektonische Vorgänge zurückzuführen sind.
VORKOMMEN: In Norwegen, Grönland, Kanada usw.
NUTZUNG: Als Dekorstein und Baumaterial.
WEITERE MERKMALE: Große Ähnlichkeit mit Syeniten und Quarzsyeniten, jedoch im Unterschied zu Syeniten mit höherem Anteil an Alkalifeldspat (>90%) und gegenüber Quarzsyeniten mit geringerem Quarzanteil (<5%); Unterscheidung dieser Gesteine am Entnahmeort oder anhand makroskopischer Proben oft schwierig; bei vorläufiger Klassifizierung als Syenitvertreter (zur Bezeichnung syenitischer und monzonitischer Gesteine) einzuordnen; fehlerfreie Klassifizierung nur durch petrographische Analyse möglich.

▼ *Alkalifeldspat-Syenit (etwa 0,6 fach), Böhmen.*

QUARZSYENIT

CHEMISMUS: Sauer-intermediär.
HAUPTMINERALIEN: Alkalifeldspäte, Plagioklase, Biotit, Quarz.
NEBENMINERALIEN: Pyroxen, Amphibol, Sphen, Muskovit, Apatit, Korund.
GEFÜGE: Mittelgroße Körnung; massige Struktur, häufig Drusenhohlräume und Fließstrukturen; Textur hypidiomorph-körnig, häufig nach porphyrisch übergehend.
FARBE: Rosa, weiß, hellgrau mit dunkelgrünen oder schwarzen Tupfen (durch mafische Mineralien).
GEOLOGISCHES MILIEU: In kleinen Intrusivkörpern; häufig in Differentiationszonen von Plutonen.
VORKOMMEN: In Deutschland, den USA, in Norwegen usw.
NUTZUNG: In Form polierter Platten verwendet.
WEITERE MERKMALE: Große Ähnlichkeit mit Syenit, jedoch mit höherem Quarzanteil als Syenit (5 – 20 %); Quarzkörner sind anhand ihres durchscheinenden Aussehens und ihrer hellgrauen Färbung mit geübtem Auge erkennbar, bei Bestimmung am Entnahmeort zunächst jedoch als Syenitvertreter (als Bezeichnung für syenitische und monzonitische Gesteine) einzuordnen; korrekte Benennung erst nach petrographischer Analyse möglich.

◄ *Quarzsyenit (etwa 0,8 fach), USA.*

SYENIT

CHEMISMUS: Intermediär.
HAUPTMINERALIEN: Alkalifeldspäte, Plagioklase (Andesin, Labradorit), Biotit, Pyroxen, Amphibol.
NEBENMINERALIEN: Quarz, Nephelin, Sphen, Muskovit, Apatit, Korund.
GEFÜGE: Mittelgroße Körnung; massige Struktur, häufig Drusenhohlräume und Fließstrukturen, selten sphäroidische Strukturen; Textur hypidiomorph, meist nach porphyrisch übergehend.
FARBE: Rosa, weiß, hellgrau, blaßviolett, blaßgrün, mit dunkelgrünen oder schwarzen Flecken (durch mafische Mineralien).
GEOLOGISCHES MILIEU: In kleinen Intrusivkörpern; häufig in Differentiationszonen von basischen Plutonen oder schichtförmigen Intrusionen.
VORKOMMEN: In Deutschland, den USA, in Norwegen und Italien, wo Oropasyenit (Teil eines granitischen, in seinen Randzonen zu Syenit und im peripheren Bereich zu Monzonit auskristallisierten Gesteinskörpers) als Dekorstein bekannt ist.
NUTZUNG: In Form polierter Platten verwendet.
WEITERE MERKMALE: Nach der antiken ägyptischen Stadt Syene (heute Assuan) benannt, wo ein Ausbiß von Amphibolgranit auftritt, das als Ornamentstein breite Verwendung fand; leicht mit Syenit zu verwechseln; fehlerfreie Bestimmung nur durch petrographische Analyse möglich; Syenit erkennbar an geringem Quarzgehalt (<5%); Unterscheidung am Fundort oder anhand makroskopischer Proben oft schwierig, deshalb bei vorläufiger Klassifikation oft unter dem Begriff „Syenitvertreter" eingeordnet (zur Bezeichnung von syenitischen und monzonitischen Gesteinen).

▼ *Syenit (etwa natürliche Größe), Balma, Vercelli, Italien.*

QUARZMONZONIT

CHEMISMUS: Intermediär.
HAUPTMINERALIEN: Alkalifeldspäte (Mikroklin, Orthoklas), Plagioklase (Oligoklas, seltener Andesin), Quarz, Biotit, Hornblende.
NEBENMINERALIEN: Augit, Apatit, Magnetit, Ilmenit, Zirkon.
GEFÜGE: Grobkörnig; massige Struktur, häufig Fließstruktur; häufig Drusenhohlräume; Textur hypidiomorph-körnig mit idiomorphem Plagioklas; auch große Kalifeldspatkristalle, die mafische Mineralien oder Plagioklase enthalten.
FARBE: Grau, seltener rosa, rötlich.
GEOLOGISCHES MILIEU: In Differentiationszonen an den Rändern von kleinen plutonischen Gesteinskörpern (Lagergänge, Lakkolithe) dioritischer oder granodioritischer Zusammensetzung.
VORKOMMEN: In Italien, Norwegen und den USA.
NUTZUNG: In der Bauindustrie selten verwendet.
WEITERE MERKMALE: Große Ähnlichkeit mit Monzonit; Quarzmonzonit jedoch mit höherem Quarzgehalt (5 – 20 %), der dem Gestein eine hellere Farbe gibt; am Fundort auch Verwechslung mit Syenit möglich, nur durch petrographische Analyse eindeutig zu bestimmen; oft vorläufige Zuordnung zu Syenitvertretern; früherer Name Adamellit heute nicht mehr gebräuchlich, bezeichnete auch Quarzmonozite.

▼ *Quarzmonzonit (etwa 0,7 fach), Italien.*

MONZONIT

CHEMISMUS: Intermediär.
HAUPTMINERALIEN: Alkalifeldspäte (Mikroklin, Orthoklas), Plagioklase (Oligoklas, Labradorit, seltener Andesin), Augit, Hornblende, Biotit.
NEBENMINERALIEN: Quarz (<5%), Apatit, Magnetit, Ilmenit, Zirkon, Hypersthen (orthorhombisches Pyroxen) und Olivin.
GEFÜGE: Grobkörnig; massige Struktur, häufig Fließstruktur; häufig Drusenhohlräume;Textur hypidiomorph-körnig mit idiomorphem Plagioklas; auch große Kalifeldspatkristalle, die mafische Mineralien oder Plagioklase enthalten.
FARBE: Dunkelgrau; seltener rosa, grünlich oder rötlich.
GEOLOGISCHES MILIEU: In Differentiationszonen an den Rändern kleiner plutonischer Gesteinskörper (Lagergänge, Lakkolithe) dioritischer oder granodioritischer Zusammensetzung.
VORKOMMEN: In Italien, Norwegen, den USA usw.
NUTZUNG: In der Bauindustrie selten verwendet.
WEITERE MERKMALE: Nach dem Monzoni-Massiv (Fassa-Tal, Italien) benannt. Leukokrat bis mesokrat; Plagioklase und Alkalifeldspäte meist in gleichen Anteilen enthalten; daher hellfarbiger Untergrund, auf dem viele dunkle Flecke (mafische Mineralien) zu sehen sind; auch Olivin und Hypersthen als Nebenmineralien in Varietäten mit größerem Anteil mafischer Mineralien enthalten, färben das Gestein dunkler.

▼ *Monzonit (etwa 0,8 fach), Italien.*

QUARZMONZODIORIT

CHEMISMUS: Intermediär.
HAUPTMINERALIEN: Natronplagioklase (Andesin), Alkalifeldspäte, Quarz, Pyroxene, Hornblende, Biotit.
NEBENMINERALIEN: Apatit, Magnetit, Ilmenit, Zirkon.
GEFÜGE: Grobkörnig; massige Struktur; Textur hypidiomorph-körnig mit idiomorphem Plagioklas.
FARBE: Hellgrau, grünlich.
GEOLOGISCHES MILIEU: In Differentiationszonen an den Rändern kleiner plutonischer Gesteinskörper dioritischer oder granodioritischer Zusammensetzung.
VORKOMMEN: In Norwegen, den USA usw.
NUTZUNG: In der Bauindustrie selten verwendet.
WEITERE MERKMALE: Hellfarbiger Stein; enthält viel mehr Plagioklase als Feldspäte sowie Quarz (5 – 20%), daher hellfarbiger Untergrund, in dem dunkle mafische Mineralien erkennbar sind; wird bei vorläufiger Klassifizierung am Fundort den Dioritvertretern zugeordnet; im Gestein vorhandene Plagioklasart (Andesin) unterscheidet Quarzmonzodiorit von Monzogabbros, die Labradorit enthalten.

▲ *Quarzmonzodiorit (etwa 0,5 fach), Kalifornien, USA.*

MONZODIORIT

CHEMISMUS: Intermediär.
HAUPTMINERALIEN: Plagioklase (Andesin), Alkalifeldspäte, Pyroxene, Hornblende, Biotit.
NEBENMINERALIEN: Quarz (<5%), Apatit, Magnetit, Ilmenit, Zirkon.
GEFÜGE: Grobkörnig; massige Struktur; Textur hypidiomorph-körnig mit idiomorphem Plagioklas.
FARBE: Hellgrau, grünlich.
GEOLOGISCHES MILIEU: In Differentiationszonen an den Rändern kleiner plutonischer Gesteinskörper (Lagergänge, Lakkolithe) doritischer oder granodioritischer Zusammensetzung.
VORKOMMEN: In Italien, Norwegen, den USA usw.
NUTZUNG: In der Bauindustrie selten verwendet.
WEITERE MERKMALE: Hell- bis mittelfarbiges Gestein, das weit mehr Plagioklase als Alkalifeldspäte enthält; daher hellfarbiger Untergrund, in dem zahlreiche dunkle mafische Mineralien sichtbar sind; im Gestein vorhandene Plagioklasart (Andesin) und geringerer Anteil mafischer Mineralien unterscheidet Monzodiorit von Monzogabbros, die Labradorit enthalten; frühere Bezeichnung dieser Gesteine „Syenodiorite"; gehören zur Diorit-Gruppe.

▼ *Monzodiorit (etwa 0,7 fach), Italien.*

QUARZMONZOGABBRO

CHEMISMUS: Intermediär.
HAUPTMINERALIEN: Labradoritischer Plagioklas, Alkalifeldspäte, Quarz, Pyroxene, Hornblende, Biotit.
NEBENMINERALIEN: Apatit, Magnetit, Ilmenit, Zirkon.
GEFÜGE: Grobkörnig; massige Struktur; Textur hypidiomorph-körnig mit idiomorphem Plagioklas.
FARBE: Hellgrau, grünlich.
GEOLOGISCHES MILIEU: In Differentiationszonen an den Rändern kleiner plutonischer Gesteinskörper (Lagergänge, Lakkolithe) dioritischer Zusammensetzung.
VORKOMMEN: In Norwegen, den USA usw.
NUTZUNG: In der Bauindustrie selten verwendet.
WEITERE MERKMALE: Gestein von hauptsächlich mittlerer, mitunter auch heller Färbung; besteht aus weit mehr Plagioklasen als Alkalifeldspäten und Quarz (5 – 20%); daher hellfarbiger Untergrund, auf dem dunkle Flecke (mafische Mineralien) zu sehen sind; im Gestein enthaltene Plagioklasart (Labradorit) unterscheidet Quarzmonzogabbro von Quarzmonzodioriten, die Andesin enthalten; gehört zu einer Gruppe einander sehr ähnlicher Gesteine, die unter der Bezeichnung Anorthosite, Gabbroide oder Dioritoide bekannt sind.

▼ *Quarzmonzogabbro (etwa 0,8 fach), Kalifornien, USA.*

PHANTASIEVOLLE NATUR

DAS GEFÜGE DER ERSTARRUNGSGESTEINE

Die Textur eines Erstarrungsgesteins wird durch die Art und Weise seiner Kristallisation bestimmt. Anhand ihrer makroskopischen und mikroskopischen Merkmale lassen sich Extrusivgesteine von Intrusivgesteinen unterscheiden.

1

2

Rosa Granit (etwa 20fach), Baveno, Novara, Italien; unten - Dünnschliff unter dem Polarisationsmikroskop.

3

4

Rhyolith (etwa 15fach), Colli Euganei, Padua, Italien; unten - Dünnschliff unter dem Polarisationsmikroskop.

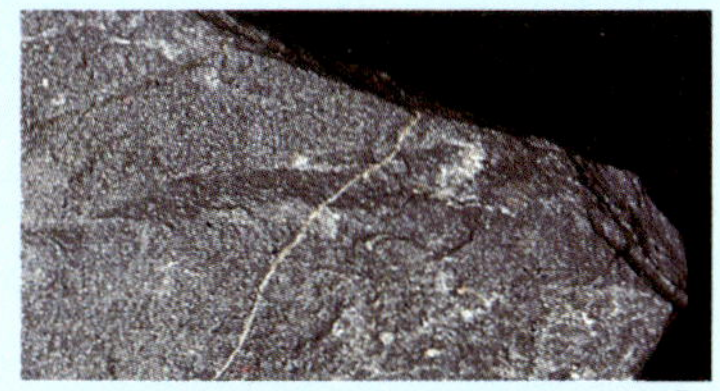
5

6

Olivinbasalt (etwa 20fach), Ätna, Italien; unten - Dünnschliff unter dem Polarisationsmikroskop.

Die Methoden, die man bei der Untersuchung von Erstarrungsgesteinen anwendet, hängen davon ab, ob die chemische oder die mineralogische Zusammensetzung eines Gesteins ermittelt werden soll. Die optische Analyse mit Hilfe eines Mikroskops ist eine häufig angewandte, schnelle Untersuchungsmethode, derer sich die Petrographie bedient, um Mineralien zu bestimmen und das Gefüge – die Mineralarten, Gestalt und Größe ihrer Kristalle und deren räumliche Anordnung – eines Gesteins festzustellen. Mit Hilfe eines Polarisationsmikroskops lassen sich die symptomatischen Eigenschaften von Mineralien und die Art der Verbindungen zwischen den einzelnen Bestandteilen beobachten und Rückschlüsse auf die Zusammensetzung des Ausgangsmagmas und die Kristallisationsbedingungen ziehen.

DIE INTRUSIVGESTEINE

Intrusivgesteine entstehen, wenn Magma unter der Erdoberfläche erstarrt. Da die Schmelze hier nur sehr langsam auskühlt, kann sich eine körnige oder ganzkristalline Struktur entwickeln; die Kristalle sind gut ausgebildet, ineinander verwachsen und sehr häufig groß genug, um mit bloßem Auge erkannt zu werden. Die *Abbildungen 1* und *2* zeigen eine makroskopische Granitprobe und einen Dünnschliff davon, wie er unter dem Mikroskop zu sehen ist. Die fleischfarbenen Flecke in *Abb. 1* und der große Kristall mit maschenwerkartigen Einschlüsse in *Abb. 2* stammen vom Orthoklas. Die hellgrauen, glasig aussehenden Stellen in *Abb. 1* und die brüchigen weißen Flecke ohne Einschlüsse in *Abb. 2* sind Quarzkristalle. Die kleinen dunklen Flecke im Handstück und die kastanienbraunen Kristalle im Dünnschliff bestehen aus Biotit. Basische und saure Intrusivgesteine können dieselbe Textur haben; sie unterscheiden sich jedoch durch ihre mineralogische Zusammensetzung.
In basischen Intrusivgesteinen fehlen die Quarzkristalle; Plagioklase und mitunter auch Feldspäte sind in meist geringeren Mengen vorhanden als mafische Mineralien, zu deren häufigsten Biotit, Pyroxene, Amphibole und Olivin zählen.

DIE EXTRUSIVGESTEINE

Extrusive Magmen bestehen aus ganz oder teilweise aufgeschmolzenen Gesteinskörpern. Da sie beim Austritt an die Erdoberfläche einem plötzlichen Temperatursturz ausgesetzt sind, erstarren sie schnell. Die unterschiedlich gefärbten Extrusivgesteine bestehen aus Mikrokristallen. In ihrer ansonsten nicht differenzierbaren Grundmasse sind gelegentlich auch größere Kristalle auszumachen. Eine Textur dieser Art bezeichnet man als „porphyrisch“. Sie tritt häufig bei sauren Magmen auf, da diese stets eine etwas niedrigere Temperatur aufweisen und viskoser sind als basische. Unter diesen Bedingungen können Kristalle ihre Eigengestalt nur entwickeln, bevor das Magma an die Erdoberfläche gelangt, wo sie dann mit dem Lavastrom abtransportiert werden.

Rhyolith *(Abb. 3)* ist ein saures Extrusivgestein, das mit seiner Zusammensetzung den (intrusiven) Granitgesteinen entspricht. Wegen seiner meist feinen Körnung zeigt es ein homogenes Aussehen und hat, da es – wie Granit – hauptsächlich aus Quarzfeldspat-Mineralien besteht, eine helle Färbung. Im Dünnschliff *(Abb. 4)* sind ein großer, hellfarbiger und gut ausgebildeter Sanidineinsprengling mit Brüchen und Einschlüssen sowie kleinere und hellere Quarzeinsprenglinge zu sehen, die in eine feinkristalline Grundmasse aus Quarz und Sanidin eingebettet sind.

Basalte sind mafische Gesteine, die aus dünnflüssigem und deshalb sehr fließfähigem basischem Magma kristallisieren. Die Gesteinsschmelze kühlt sich rasch ab und bildet dabei einen dichten Strom aus kleinen Kristallen, unter denen auch größere, bereits im Vulkanschlot entstandene Einsprenglinge von mafischen Mineralien sein können. Die Lava kann auch völlig zu Gesteinsglas (glasiger Textur) oder zu einer Mischung aus Glas und Kristallen (hypokristalline Textur) erstarren. Basalt *(Abb. 5)* zeigt ein homogenes Gefüge und eine schwarze Färbung, die entweder von einem großen Gehalt an mafischen Mineralien oder von der sehr feinen Körnung herrührt, die selbst Plagioklase dunkel aussehen läßt. Im Dünnschliff *(Abb. 6)* sind in einer Grundmasse aus Plagioklaskristallen und Glas Einsprenglinge von lebhaft gefärbtem Pyroxen und polysynthetisch verzwillingten Plagioklasen zu erkennen.

MONZOGABBRO

CHEMISMUS: Intermediär-basisch.
HAUPTMINERALIEN: Plagioklase (Labradorit), Alkalifeldspäte, Pyroxene, Hornblende, Biotit.
NEBENMINERALIEN: Quarz (<5%), Apatit, Magnetit, Ilmenit, Zirkon.
GEFÜGE: Grobkörnig; Textur hypidiomorphkörnig mit idiomorphen Plagioklasen.
FARBE: Hellgrau, grünlich.
GEOLOGISCHES MILIEU: In Differentiationszonen an den Rändern kleiner plutonischer Gesteinskörper (Lagergänge, Lakkolithe) dioritischer Zusammensetzung.
VORKOMMEN: In Italien, Norwegen, den USA usw.
NUTZUNG: In der Bauindustrie selten verwendet.
WEITERE MERKMALE: Mittel- bis hellfarbiges Gestein, das viel mehr Plagioklase als Alkalifeldspäte enthält; daher helle Untergrundfärbung, in der zahlreiche dunkle Flecke (mafische Mineralien) zu sehen sind; im Gestein vorhandene Plagiasart (Labradorit) und der größere Anteil an mafischen Mineralien unterscheidet Monzogabbro von Monzodioriten, die Andesin enthalten; frühere Bezeichnung dieser Gesteine „Syenogabbros“; gehören zu einer Gruppe einander sehr ähnlicher Gesteine, die unter den Bezeichnungen Anorthosite, Gabbroide oder Dioritoide bekannt sind.

▼ *Monzogabbro (etwa 0,8fach), Italien.*

QUARZANORTHOSIT

CHEMISMUS: Intermediär.
HAUPTMINERALIEN: Plagioklase (Labradorit, Bytownit), Quarz.
NEBENMINERALIEN: Pyroxene, Olivin, Amphibol, Chromit, Magnetit, Ilmenit, Granat.
GEFÜGE: Grobkörnig; massige Struktur; körnige Textur mit meist gestreckten Plagioklaskristallen.
FARBE: Grau; polierte Platten dunkelgrau mit bläulichen Lichtreflexen.
GEOLOGISCHES MILIEU: In kleinen schichtförmigen Plutonen in Verbindung mit Gabbros; in sehr großen Intrusivkörpern (Batholithe); in präkambrischen Umwandlungsgesteinen (Baltischer Schild, Kanadischer Schild).
VORKOMMEN: In Kanada, den USA, Brasilien, Südafrika und Skandinavien.
NUTZUNG: Wegen seiner schönen, durch Polieren verstärkten bläulichgrau irisierenden Lichtreflexe verbreitet als Dekorstein genutzt.
WEITERE MERKMALE: Große Ähnlichkeit mit Anorthosit, jedoch mit höherem Quarzgehalt (5–20%); erkennbar an seinem semitransparenten, glasigen Äußeren, der dunkelgrauen Färbung und den irisierenden Plagioklaskristallen.

ANORTHOSIT

CHEMISMUS: Intermediär-basisch.
HAUPTMINERALIEN: Plagioklase (Labradorit, Bytownit).
NEBENMINERALIEN: Pyroxene, Olivin, Amphibol, Chromit, Magnetit, Granat.
GEFÜGE: Grobkörnig; massige Struktur; körnige Textur mit meist gestreckten Plagioklaskristallen.
FARBE: Weiß oder hellgrau; polierte Platten dunkelgrau mit bläulichen Reflexen.
GEOLOGISCHES MILIEU: In kleinen, meist schichtförmigen Plutonen in Verbindung mit Gabbros; in sehr großen Intrusivkörpern (Batholithe); in präkambrischen Umwandlungsgesteinen (Baltischer Schild, Kanadischer Schild).
VORKOMMEN: In Kanada, den USA, in Brasilien, Südafrika und Skandinavien.
NUTZUNG: Zur Herstellung von feuerfesten Materialien; Labradoridit (fast ausschließlich aus Labradoritplagioklas bestehend) wegen seiner schönen, durch Polieren verstärkten bläulichgrau irisierenden Lichtreflexe verbreitet als Dekorstein genutzt.
WEITERE MERKMALE: Nahezu monogenes, hellfarbiges Gestein, besteht zu mehr als 90% aus Plagioklasen; mineralogische Zusammensetzung ähnlich der von Gabbro und Diorit; von diesen anhand seines niedrigen Anteils mafischer Mineralien zu unterscheiden; auch unter dem Namen Plagioklasit bekannt; helle Teile der Mondoberfläche bestehen aus 4–4,5 Milliarden Jahre altem anorthitreichen Anorthosit.

QUARZDIORIT

CHEMISMUS: Intermediär.
HAUPTMINERALIEN: Plagioklase (mitunter zonar; häufig polysynthetische Zwillinge), Quarz, Hornblende.
NEBENMINERALIEN: Orthoklas, monoklines oder orthorhombisches Pyroxen, Biotit, Sphen, Allanit (Epidot), Zirkon, Ilmenit, Magnetit, Hypersthen (orthorhombisches Pyroxen).
GEFÜGE: Mittel- bis grobkörnig; massige Struktur, häufig zu Fließstruktur übergehend; selten sphäroidische Strukturen; Textur hypidiomorph, nach porphyrisch übergehend durch Entwicklung von Plagioklas oder Hornblende.
FARBE: Mehr oder weniger dunkles Grau.
GEOLOGISCHES MILIEU: In Randzonen von Batholithen granitischer oder granodioritischer Zusammensetzung.
VORKOMMEN: Im Harz, auch in Rumänien, Skandinavien und den USA.
NUTZUNG: Als Wandverkleidungselemente sowie polierte Platten im Bauwesen verwendet.
WEITERE MERKMALE: Verwechslung mit Tonalit, Quarzgabbro und Quarzanorthosit möglich; unterscheidet sich von Tonalit durch geringeren Quarzanteil (<20%), von Quarzanorthosit durch höheren Anteil mafischer Mineralien (in beiden Fällen ergibt sich dunklere Färbung) und enthält mehr Andesin sowie weniger Labradorit als Quarzgabbro.

DIORIT

CHEMISMUS: Intermediär.
HAUPTMINERALIEN: Plagioklase (mitunter zonar; häufig polysynthetische Zwillinge), Hornblende (Amphibol).
NEBENMINERALIEN: Quarz (<5%), Orthoklas, monoklines oder orthorhombisches Pyroxen, Biotit, Sphen, Allanit (Epidot), Zirkon, Ilmenit, Magnetit, Hypersthen (orthorhombisches Pyroxen).
GEFÜGE: Mittel- bis grobkörnig; massige Struktur, häufig in Fließstruktur übergehend; selten sphäroidische Strukturen; Textur hypidiomorph, nach porphyrisch übergehend durch Entwicklung von Plagioklas oder Hornblende.
FARBE: Grau bis schwärzlich; selten grünlich; polierte Platten schwarz.
GEOLOGISCHES MILIEU: In Gesteinskörpern, Lagergängen und Quergängen; häufig in Randzonen von Batholithen granitischer oder granodioritischer Zusammensetzung; an Gabbrogesteinskörpern.
VORKOMMEN: Im Harz, auch in Rumänien, Skandinavien und den USA.
NUTZUNG: In der Bauindustrie als Wandverkleidungssteine und polierte Platten verwendet.
WEITERE MERKMALE: Gestein mit mittlerer Färbung; Name griechischen Ursprungs (*diorízein* – unterscheiden); ähnelt mit seiner mineralogische Zusammensetzung Gabbro und Anorthosit; enthält jedoch mehr Andesin und weniger Labradorit als Gabbro und mehr mafische Mineralien als Anorthosit; daher dunklere Färbung; läßt sich für gewöhnlich nur durch petrographische Analyse von Gabbro unterscheiden.

▲ Quarzanorthosit (etwa 0,7fach), Herkunft unbekannt.

Anorthosit (etwa 1,2fach), Kanada. ►

▲ Quarzdiorit (etwa 0,5fach), Vogesen, Frankreich.

Diorit (etwa 0,7fach), Monte Varallo, Vercelli, Italien. ►

QUARZGABBRO

CHEMISMUS: Intermediär.
HAUPTMINERALIEN: Kalziumhaltige Plagioklase (meist Labradorit, seltener Bytownit oder Anorthit), monoklines Pyroxen (Diallag – stark aluminiumhaltiger Augit), Quarz.
NEBENMINERALIEN: Ilmenit, Hämatit, Apatit, Chromit, Pyrop, Spinell, Rutil.
GEFÜGE: Mittel- bis grobkörnig; massige Struktur; hypidiomorph-körnige Textur.
FARBE: Hellgrün bis grünlichgrau, selten und je nach Gehalt an mafischen Mineralien und deren Korngröße rötlich gefärbt.
GEOLOGISCHES MILIEU: In Verbindung mit basisch-intermediären Intrusivkörpern.
VORKOMMEN: In Minnesota und Sudbury (Ontario, Kanada).
NUTZUNG: Aufgrund geringer Verwitterungsbeständigkeit und Härte nur begrenzt verwendet.
WEITERE MERKMALE: Im wesentlichen dunkel gefärbt; mit Gabbros, Monzogabbros und Quarzmonzogabbros leicht zu verwechseln; deshalb bei vorläufiger Bestimmung am Fundort als Gabbroid einzuordnen; auch Verwechslung mit Quarzmonzodioriten möglich, von denen er sich durch einen höheren Gehalt an Labradorit und einen geringeren Andesinanteil unterscheidet.

▲ *Quarzgabbro (etwa 0,6fach), Minnesota, USA.*

GABBRO

CHEMISMUS: Intermediär-basisch.
HAUPTMINERALIEN: Kalziumhaltige Plagioklase (vor allem Labradorit, seltener Bytownit oder Anorthit), monoklines Pyroxen (Diallag – stark aluminiumhaltiger Augit).
NEBENMINERALIEN: Olivin, Quarz, Ilmenit, Hämatit, Apatit, Chromit, Pyrop, Spinell, Rutil.
GEFÜGE: Mittel- bis grobkörnig; massige Struktur; oft Bänderung durch Konzentration bestimmter Mineralien; hypidiomorph-körnige Textur.
FARBE: Hellgrün bis grünlichgrau, selten und je nach Anteil an mafischen Mineralien und deren Korngröße rötlich gefärbt.
GEOLOGISCHES MILIEU: Als Batholithe in großen, mit den Nebengesteinen übereinstimmenden Intrusivkörpern (Lopolithe); in Quergängen.
VORKOMMEN: Häufig in Ophiolithen, die typisch für alte und junge Ausdehnungsgebiete (große Brüche in der Erdkruste) sind; in großen orogenen Ketten.
NUTZUNG: Wegen zu geringer Verwitterungsresistenz und Härte nur begrenzt verwendet.
WEITERE MERKMALE: Gabbros bilden Gruppe von Gesteinen, deren Zusammensetzung innerhalb bestimmter Grenzen recht veränderlich ist; Klassifizierung nach der Art der vorhandenen mafischen Mineralien in Gabbro (Plagioklase und monokline Pyroxene), Norit (Plagioklase und orthorhombische Pyroxene), Troktolith (Plagioklase und Olivin), Gabbronorit (Plagioklase mit gleichem Anteil von monoklinen und orthorhombischen Pyroxenen); typisch für Hornblendegabbro ist die Anwesenheit von Amphibol im Gestein; als Diabas bezeichnet man feinkörnige Gabbros (Mikrogabbro); jedoch enthalten alle Vertreter der Gabbro-Gruppe Plagioklas labradoritisch-bytownitischer Zusammensetzung.

▲ *Gabbro (etwa 0,9fach), Toskana, Italien.*

FELDSPATOID-SYENIT

CHEMISMUS: Basisch.
HAUPTMINERALIEN: Feldspatoide (vorwiegend Nephelin, Sodalith), Alkalifeldspäte, Natronamphibole, Natronpyroxene (Ägirin).
NEBENMINERALIEN: Cancrinit, Plagioklase (Oligoklas, Andesin), Analcim, Biotit, Fluorit, Eudialyt (selten Silikat).
GEFÜGE: Grobkörnig; massige Struktur, mitunter Fließstruktur; körnige Textur mit idiomorphen Kristallen unterschiedlicher Größe, gelegentlich porphyrisch.
FARBE: Hellgrau, selten und je nach Farbe der im Gestein enthaltenen Feldspäte und Feldspatoide rosig oder grünlich.
GEOLOGISCHES MILIEU: In kleinen Gesteinskörpern in Verbindung mit Syeniten.
VORKOMMEN: Nicht sehr verbreitet; bemerkenswerte Gesteinsausbisse in Skandinavien, Kanada und Grönland.
NUTZUNG: Tritt in Lagerstätten von Rubidium-, Caesium-, Thorium- und Uranmineralien auf.
WEITERE MERKMALE: Bezeichnet eine Gruppe von plutonischen, an Leichtmineralien reichen Gesteinen, die zur Kategorie der leukokraten Alkaligesteine gehören; Gesteine dieser Gruppe bestehen aus Feldspatoiden und vorherrschenden Alkalifeldspäten und enthalten höchstens 35% mafische Mineralien; Feldspatoide sind zur genaueren Bestimmung der Gesteinsart meist spezifiziert (Sodalithsyenit, Nephelinsyenit usw.); einige Varietäten enthalten Leucit als typischen Feldspatoid, der unter Intrusionsbedingungen instabil ist und sich zu einem Aggregat aus Orthoklas und Nephelin umwandelt, dabei jedoch seine ursprüngliche Kristallform beibehält (Pseudoleucit); in Schottland vorkommender Pseudoleucitsyenit wird Borolanit genannt; Nephelinsyenit mit trachytischer Struktur (Fließstruktur) wird heute als Foyait bezeichnet.

◄ *Feldspatoid-Syenit (etwa natürliche Größe), Bancroft, Kanada.*

SHONKINIT

CHEMISMUS: Basisch.
HAUPTMINERALIEN: Augit (hoher Anteil), Alkalifeldspäte und Feldspatoide (meist Nephelin).
NEBENMINERALIEN: Olivin, Hornblende, Biotit, Ägirin.
GEFÜGE: Grobkörnig; massige Struktur; körnige Textur mit allotriomorphen Kristallen.
FARBE: Schwärzlichgrau.
GEOLOGISCHES MILIEU: In kleinen Gesteinskörpern in Verbindung mit Alkalisyenit-Komplexen.
VORKOMMEN: Recht seltenes Gestein, in den USA vorkommend.
NUTZUNG: Von ausschließlich wissenschaftlichem Interesse.
WEITERE MERKMALE: Nach Shonkin, dem indianischen Namen für die Highwood Mountains (USA) benannt. Bezeichnet in der modernen Nomenklatur der Erstarrungsgesteine eine Vielzahl von (durch hohen Augitanteil) dunkel gefärbten Feldspatoid-Syeniten.

▲ *Shonkinit (etwa 0,8fach), Predazzo, Trient, Italien.*

FELDSPATOID-MONZODIORIT

CHEMISMUS: Basisch.
HAUPTMINERALIEN: Feldspatoide, saure Plagioklase, Pyroxene, Amphibole, Biotit.
NEBENMINERALIEN: Alkalifeldspäte, Olivin, Apatit, Magnetit, Sphen.
GEFÜGE: Fein- bis mittelkörnig; massige Struktur; hypidiomorph-körnige Textur.
FARBE: Grau bis schwärzlich.
GEOLOGISCHES MILIEU: In Gesteinskörpern, in Differentiationszonen von Plutonen gabbroartiger Zusammensetzung.
VORKOMMEN: In den USA, Kanada, Böhmen und Schottland.
NUTZUNG: Ausschließlich von wissenschaftlichem Interesse.
WEITERE MERKMALE: Große Ähnlichkeit mit Monzoniten und Dioriten; enthält im Unterschied zu diesen mehr Feldspatvertreter (10 – 60 %); Gesteine nach dem jeweils dominierenden Feldspatoid benannt; Verhältnis zwischen Feldspatoiden und Feldspäten (Leichtmineralien) sowie zwischen Feldspäten und dunklen (mafischen) Mineralien ist relativ variabel; außerdem sind Plagioklase gegenüber Kalifeldspäten vorherrschend; Feldspatoid-Monzodiorite unterscheiden sich von Feldspatoid-Monzogabbros durch die im Gestein vorhandene Plagioklasart: Andesin tritt in Feldspatoid-Monzodiorit auf und Labradorit in Feldspatoid- Monzogabbro.

▼ *Feldspatoid-Monzodiorit (etwa natürliche Größe), Rongstock, ehem. Tschechoslowakei.*

FELDSPATOID-MONZOGABBRO

CHEMISMUS: Basisch.
HAUPTMINERALIEN: Feldspatoide, kalkhaltige Plagioklase, Pyroxene, Amphibole, Biotit.
NEBENMINERALIEN: Olivin, Apatit, Magnetit, Sphen.
GEFÜGE: Fein- bis mittelkörnig; massige Struktur; hypidiomorph-körnige Textur.
FARBE: Dunkelgrau bis schwärzlich.
GEOLOGISCHES MILIEU: In Gesteinskörpern, in Differentiationszonen von Plutonen gabbroartiger Zusammensetzung.
VORKOMMEN: Mitunter in Verbindung mit Monzogabbros auftretend.
NUTZUNG: Ausschließlich von wissenschaftlichem Interesse.
WEITERE MERKMALE: Bezeichnet eine Gruppe plutonischer Gesteine, die stets Feldspatoide enthalten und mitunter eine dunklere Färbung als Feldspatoid-Monzodiorite zeigen; Verhältnis zwischen Feldspatoiden und Feldspäten (Leichtmineralien) sowie zwischen Feldspäten und den dunkleren mafischen Mineralien ist relativ variabel; außerdem sind Plagioklase gegenüber Kalifeldspäten vorherrschend; Feldspatoid-Monzogabbros unterscheiden sich von Feldspatoid-Monzodioriten dadurch, daß sie Labradorit anstelle von Andesin enthalten; es gibt für beide Gruppen entsprechende nephelinreiche Varietäten, die nach Essex County, Massachusetts (USA) als Essexite bezeichnet werden.

▼ *Feldspatoid-Monzogabbro (etwa 0,7 fach), Italien.*

FELDSPATOID-GABBRO

CHEMISMUS: Basisch.
HAUPTMINERALIEN: Augit, Labradorit, Nephelin.
NEBENMINERALIEN: Olivin, Biotit, Hornblende.
GEFÜGE: Fein- bis mittelkörnig; massige Struktur; hypidiomorph-körnige, mitunter porphyrische Textur.
FARBE: Mehr oder weniger dunkles Grau.
GEOLOGISCHES MILIEU: Meist in Lagergängen auftretend.
VORKOMMEN: Selten.
NUTZUNG: Ausschließlich von wissenschaftlichem Interesse.
WEITERE MERKMALE: Gruppe alkalischer plutonischer Gesteine, die stets Feldspatoide enthalten; Anteil der Feldspatoide kann größer sein als der der Feldspäte (vor allem Plagioklase); Feldspatoid-Gabbros unterscheiden sich von Feldspatoid-Dioriten dadurch, daß sie Labradorit anstelle von Andesin enthalten; Varietäten Teschenit und Theralit enthalten Analcim bzw. Nephelin.

Feldspatoid-Gabbro (etwa 0,6 fach), Herkunft unbekannt. ▶

ITALIT

CHEMISMUS: Basisch.
HAUPTMINERALIEN: Pseudoleucit, monoklines Pyroxen (Ägirin).
NEBENMINERALIEN: Alkaliamphibole.
GEFÜGE: Grobkörnig; ganzkristallin-körnige Textur.
FARBE: Weißlich oder blaßgelb.
GEOLOGISCHES MILIEU: In kleinen, oberflächennahen Gesteinskörpern.
VORKOMMEN: Sehr seltenes Gestein.
NUTZUNG: Ausschließlich von wissenschaftlichem Interesse.
WEITERE MERKMALE: Nach dem Land Italien benannt, wo das Gestein gefunden wurde. In der modernen Klassifikation der Erstarrungsgesteine als hellfarbige Leucit-Varietät beschrieben, die zur Gruppe der Foidolithe gehört; Foidolithe sind plutonische Gesteine, die sich durch hohen Anteil an Feldspatoiden (bis zu 60% der Leichtmineralien) auszeichnen; zur genaueren Bezeichnung werden die Gesteine nach dem jeweils vorherrschenden Feldspatoid benannt, z. B. Nephelinit, Leucitit usw.

▼ *Italit (etwa 1,8 fach), Italien.*

MISSOURIT

CHEMISMUS: Basisch.
HAUPTMINERALIEN: Pseudoleucit, monoklines Pyroxen.
NEBENMINERALIEN: Olivin, Biotit sowie metallische Mineralien.
GEFÜGE: Grobkörnig; ganzkristallin-körnige Textur.
FARBE: Grau bis schwarz.
GEOLOGISCHES MILIEU: In kleinen, oberflächennahen Gesteinskörpern.
VORKOMMEN: Sehr seltenes Gestein; in den USA vorkommend.
NUTZUNG: Ausschließlich von wissenschaftlichem Interesse.
WEITERE MERKMALE: Nach dem Fluß Missouri (USA) benannt. In der modernen Klassifikation der Erstarrungsgesteine als dunkle Foidolith-Varietät eingeordnet; Foidolithe sind plutonische Gesteine, die sich durch hohen Anteil an Feldspatoiden (bis zu 60% der Leichtmineralien) auszeichnen; zur genaueren Bezeichnung werden die Gesteine nach dem jeweils vorherrschenden Feldspatoid benannt, z. B. Nephelinit, Leucitit usw.

▼ *Missourit (etwa natürliche Größe), Italien.*

DUNIT

CHEMISMUS: Ultrabasisch.
HAUPTMINERALIEN: Olivin.
NEBENMINERALIEN: Spinell, monoklines Pyroxen, Granat, metallische Mineralien.
GEFÜGE: Mittel- bis feinkörnig; massige Struktur; häufig Unterschiede in Farbe und Korngröße; idiomorph-körnige Textur, mitunter zuckerkörnig.
FARBE: Hellgrün bis gelblich.
GEOLOGISCHES MILIEU: In mitunter sehr ausgedehnten schichtförmigen Gesteinskörpern, in Differentiationszonen im oberen Erdmantel.
VORKOMMEN: In Neuseeland, im Ural, in der Türkei, in Italien und den USA.
NUTZUNG: Ausschließlich von wissenschaftlichem Interesse.
WEITERE MERKMALE: Nach dem Mount Dun in Neuseeland benannt. Vertreter der Gruppe ultramafischer Gesteine, für die ein Anteil dunkler Mineralien von über 90% charakteristisch ist und die in Peridotite (mit >40% Olivin) und in Pyroxenite und Hornblendite (jeweils <40% Olivin) unterteilt sind; mit mehr als 90% Olivin und Spinell als Nebenmineral zeigt Dunit besondere Zusammensetzung; Dunitart Olivinit enthält als Nebenmineral Magnetit.

▼ *Dunit (etwa natürliche Größe), Neuseeland.*

LHERZOLITH

CHEMISMUS: Ultrabasisch.
HAUPTMINERALIEN: Olivin, monoklines und orthorhombisches Pyroxen.
NEBENMINERALIEN: Spinell, Pyrop (Granat), Hornblende, Chromit.
GEFÜGE: Mittelkörnig; massige Struktur; idiomorph-körnige Textur; zeigt in Ophiolithlagen deutliche tektonische Deformationsstrukturen, die mit Gebirgsdruck und -bewegung zusammenhängen.
FARBE: Dunkelgrün bis schwarz.
GEOLOGISCHES MILIEU: In Gesteinskörpern von mitunter riesiger Ausdehnung als Teil von Ophiolithkomplexen; in Randzonen von basischen und ultrabasischen Plutonen; innerhalb von präkambrischen metamorphen Grundmassen.
VORKOMMEN: In Italien, der Schweiz, auf Zypern, im Ural, in den USA, in Kanada, auf Kuba, in Neukaledonien und Südafrika.
NUTZUNG: Ausschließlich von wissenschaftlichem Interesse.
WEITERE MERKMALE: Gehört zur Gruppe der ultramafischen Gesteine, deren Vertreter einen Gehalt an dunklen Mineralien von mehr als 90% haben und die in Peridotite (Olivinanteil >40%) sowie Pyroxenite und Hornblendite (mit jeweils weniger als 40% Olivinanteil) eingeteilt sind; Lherzolith ist ein Peridotit, der aus Olivin und geringen Mengen von monoklinem und orthorhombischem Pyroxen besteht; in Ophiolithkomplexen häufig Serpentinisierung des Gesteins.

◄ *Lherzolith (etwa natürliche Größe), Lherz, Frankreich.*

PYROXENIT

CHEMISMUS: Ultrabasisch.
HAUPTMINERALIEN: Monoklines und orthorhombisches Pyroxen.
NEBENMINERALIEN: Olivin, Hornblende, Chromit, Magnetit, Pyrrhotin, Plagioklas, Biotit, Ilmenit, Granat, Apatit.
GEFÜGE: Grobkörnig; massige Struktur, mitunter geschichtet durch Schweresortierung der Kristalle; hypidiomorph- bis idiomorph-körnige Textur.
FARBE: Dunkelgrün bis bräunlich und schwarz.
GEOLOGISCHES MILIEU: In kleinen quergangartigen Gesteinskörpern; in kleinen Schichten innerhalb von ultrabasischen Gruppen in Ophiolithkomplexen.
VORKOMMEN: In Italien, Spanien, Marokko und den USA.
NUTZUNG: Einige Pyroxenite enthalten abbauwürdige Konzentrationen von Platin und Palladium.
WEITERE MERKMALE: Pyroxen bezeichnet eine Familie ultramafischer Gesteine, deren Gehalt an dunklen Mineralien (hauptsächlich Pyroxene) mehr als 90% beträgt; Einteilung der Pyroxenite entsprechend der Symmetrieklasse der mafischen Mineralien in Bronzitit (mit orthorhombischem Pyroxen), Diallagit (mit monoklinem Pyroxen) und in Websterit (mit annähernd gleichen Anteilen von monoklinem und orthorhombischem Pyroxen).

▼ *Pyroxenit (etwa natürliche Größe), Malgola, Trient, Italien.*

HORNBLENDIT

CHEMISMUS: Ultrabasisch.
HAUPTMINERALIEN: Hornblende.
NEBENMINERALIEN: Olivin, orthorhombisches oder monoklines Pyroxen, Magnetit, Chromit, Pyrrhotin.
GEFÜGE: Mittel- bis feinkörnig; massige Struktur; idiomorph-körnige Textur.
FARBE: Dunkelgrün bis schwarz.
GEOLOGISCHES MILIEU: In kleinen Gesteinskörpern innerhalb von Peridotiten oder in Differentiationszonen von Plutonen gabbroider Zusammensetzung; selten als Quergänge in Verbindung mit syenitisch-nephelinischen Gesteinen.
VORKOMMEN: In Spanien, Italien, den USA, auf Kuba, im Ural.
NUTZUNG: Ausschließlich von wissenschaftlichem Interesse.
WEITERE MERKMALE: Name weist auf den sehr hohen Hornblendeanteil (>90%) im Gestein hin; geht bei Anwesenheit anderer mafischer Mineralien in Peridotite oder Pyroxenite über; Varietät Pedrosit ist reich an Alkaliamphibolen (Riebeckit) und enthält zudem Magnetit, selten auch Albit und Analcim; Vorkommen auf der Halbinsel Kola (Rußland).

▼ *Hornblendit (etwa natürliche Größe), Valcamonica, Brescia, Italien.*

KARBONATIT

CHEMISMUS: Ultrabasisch.
HAUPTMINERALIEN: Calcit oder Dolomit.
NEBENMINERALIEN: Verschiedene Karbonate, Nephelin, Phlogopit, Olivin, Apatit, Fluorit, Perowskit (Kalziumtitanoxid), Oxide und Hydroxide von Eisen, Niob und Tantal.
GEFÜGE: Grob- bis mittel- und feinkörnig; massige Struktur; idiomorphe bis allotriomorphe Textur, meist ohne Einsprenglinge.
FARBE: Hellgrau, gelblich.
GEOLOGISCHES MILIEU: An nephelinsyenitische Intrusionen gebunden; in Quergängen und in Lavadecken.
VORKOMMEN: In Schweden, Norwegen, Rußland, Kanada, den USA und in Südafrika.
NUTZUNG: Ausschließlich von wissenschaftlichem Interesse.
WEITERE MERKMALE: Bezeichnet eine Familie von Erstarrungsgesteinen, die zum großen Teil (>50%) aus Karbonatmineralien bestehen; Karbonatite sind entweder plutonischer oder vulkanischer Herkunft.

GRANOPHYR

CHEMISMUS: Sauer.
HAUPTMINERALIEN: Kalifeldspat (Orthoklas, Mikroklin), Quarz.
NEBENMINERALIEN: Plagioklase (Albit, Oligoklas), Biotit, Amphibol, Ägirin, Muskovit, Apatit, Zirkon, Molybdänit.
GEFÜGE: Mittel- bis feinkörnig; massige Struktur, gelegentlich Drusenhohlräume; porphyrische Textur mit Verwachsungen von Quarz und Alkalifeldspat.
FARBE: Hellfarbig, häufig rötlich.
GEOLOGISCHES MILIEU: In kleinen Quergängen und Taschen in Randzonen und peripheren Bereichen granitischer, in Oberflächennähe intrudierter Plutone.
VORKOMMEN: Ebenso wie die Granite, mit denen Granophyr häufig vergesellschaftet ist, sehr weit verbreitet.
NUTZUNG: Als Pflastersteine und Dekorsteine von geringer Qualität verwendet.
WEITERE MERKMALE: Bezeichnete früher eine Vielzahl von Granitporphyren mit feinkristalliner Grundmasse; heute als Begriff für Porphyrgesteine granitischer Zusammensetzung und mikrographischer oder mikropegmatitischer Textur verwendet; sehr kompakte, feinkristalline Gesteine granitischer Zusammensetzung und ohne mikrographische Strukturen werden Felsite genannt.

▲ *Granophyr (etwa natürliche Größe), Cuasso al Monte, Varese, Italien.*

▼ *Karbonatit (etwa 0,5 fach), Oka, Kanada.*

PEGMATIT

CHEMISMUS: Sauer.
HAUPTMINERALIEN: Quarz, Alkalifeldspat (Orthoklas, Mikroklin, Albit), Muskovit, Biotit, Lepidolith (Lithiumglimmer).
NEBENMINERALIEN: Turmalin, Beryll, Topas, Zirkon, Apatit, Kassiterit, Columbit.
GEFÜGE: Sehr grobkörnig; massige Struktur mit von Kristallen besetzten Hohlräumen; pegmatitische Struktur mit Kristallen von mitunter gigantischen Ausmaßen.
FARBE: Meist hell.
GEOLOGISCHES MILIEU: In Quergängen oder kleinen Gesteinskörpern in Verbindung mit granitischen oder syenitischen Intrusionen, die reich an flüchtigen Bestandteilen sind; häufig mit Apliten vergesellschaftet.
VORKOMMEN: Zahlreiche Fundstätten wie in Brasilien, den USA, in Großbritannien, im Ural, auf Madagaskar, in Indien usw.
NUTZUNG: Pegmatite enthalten viele Arten relativ großer, gut ausgebildeter und von Sammlern sehr begehrter Mineralkristalle; einige treten in Konzentrationen auf, die eine industriemäßige Gewinnung zulassen.
WEITERE MERKMALE: Name griechischen Ursprungs (*pegmatos* – Festgewordenes), wurde von dem französischen Mineralogen Haüy als Synonym für Granite mit graphischer Textur vorgeschlagen. Kristallisationsprodukt von Restlösungen in granitischen Intrusionen, die besonders reich an Silikaten und flüchtigen Bestandteilen mit extrem niedriger Viskosität und relativ niedriger Temperatur sind und die Entwicklung sehr großer Kristalle gestatten.

▼ *Pegmatit (etwa 0,5 fach), Piona, Como, Italien.*

INTRUSIVGESTEINE

OBERFLÄCHENNAHE INTRUSIVGESTEINE

Ganggesteine entstehen, wenn Magma auf vorgebildeten Spalten innerhalb der Erdkruste auskühlt und erstarrt. In vielen Gesteinen treten große Brüche auf, die sich während der Entstehung von Gebirgsketten gebildet haben.

Man nimmt an, daß aufsteigendes Magma in vorgebildete Spalten der Erdkruste eindringt oder neue Brüche entlang der Schwächezonen der Erdkruste entstehen läßt, um dort zu neuen Gesteinskörpern unterschiedlicher Formen zu erstarren. Kristallisiert das Magma nahe der Erdoberfläche (in einer Tiefe von etwa 4 – 5 km), dann entstehen Gesteine, die man als hypabyssische Ganggesteine bezeichnet. Zu dieser Gruppe gehören auch Gesteine, die im Inneren von Vulkanschloten kristallisiert sind.

Der monumentale Ship Rock erhebt sich mehr als 400 m über den Sedimenten der Wüste in New Mexico. Er entstand durch Erstarrung von Gesteinsschmelze in einem Vulkanschlot, über den ursprünglich Magma durch die Erdkruste zum Vulkan gelangte. Durch Erosion des Vulkankegels wurde der Gesteinskörper freigelegt.

ERSCHEINUNGSFORMEN

Hypabyssische Gesteine werden nach der Form, in der sie sich im Nebengestein ausbilden, benannt. So heißen tafelige Körper, die das umgebende Gestein quer durchschneiden, Quergänge. Ihre Mächtigkeit kann zwischen einigen Zentimetern und mehreren hundert Metern liegen. Lagergänge (Sills) wiederum sind aus aufsteigendem Magma entstanden, das sich parallel zur Schichtung des Nebengesteins in der Erdkruste ausgebreitet hat. Beide breiten sich seitlich weit aus und haben so mitunter eine Längenausdehnung von mehreren Kilometern. Bei Lakkolithen handelt es sich um große Gesteinskörper von meist festumrissener, etwa kreisförmiger Gestalt. Sie sind wie die Lagergänge entlang von Schichtflächen im Nebengestein ausgebildet, haben jedoch eine nach oben gewölbte Dachfläche. Necks sind alte Vulkanschlote, die durch Erosion des Vulkankegels freigelegt worden sind. Ihre vertikal aufragenden, zylinderförmigen Körper haben einen Durchmesser von einigen Dutzend bis zu einigen hundert Metern. Während Quergänge häufig sind, treten Lagergänge, Lakkolithe und Necks seltener auf.

Zeichnung: C – Vulkanschlot. Im Schlot steckengebliebenes und durch Erosion freigelegtes Magma wird Neck genannt. D – Quergänge; L – Lakkolith; S – Lagergänge.

ZUSAMMENSETZUNG UND TEXTUR

Ganggesteine stellen ihrer Entstehung und Ausbildung nach eine Übergangsform zwischen Intrusiv- und Extrusivgesteinen dar. Sie sind leicht zu erkennen, da sie sich meist deutlich von ihren Nebengesteinen unterscheiden und eine besondere Form aufweisen. Hellfarbige Ganggesteine, die hauptsächlich aus Quarz und Feldspat bestehen, werden Aplite genannt; dunkle Ganggesteine wie Lamprophyre setzen sich aus überwiegend mafischen Mineralien zusammen.

Diese Gesteine werden durch ihren Namen, der auf ihre typische Textur und ihre Zusammensetzung hinweist, genauer beschrieben. So bezeichnen beispielsweise „Granitporphyr" und „Dioritporphyr" Gesteine mit porphyrischer Textur (große Kristalle in einer feinkörnigen Grundmasse) und saurer bzw. intermediärer Zusammensetzung. Mikrogabbro ist ein mafisches Ganggestein mit mikroskopisch kleinen, gleichdimensionierten Kristallen von Plagioklasfeldspat und Pyroxen. Granophyr ist ein Gestein granitischer Zusammensetzung, in dem Quarz und Alkalifeldspat in mikroskopisch kleinen Kristallen miteinander verwachsen sind.

Pegmatite sind grobkörnige Gesteine, die meist durch Kristallisation aus Dämpfen oder aus gasreichen Schmelzen in den Spalten der Erdkruste entstehen. Sie weisen eine saure Zusammensetzung auf und sind reich an Quarz und Feldspat. Sie sind besonders interessant, da sie oftmals eine große Zahl an sammelwürdigen Mineralien, darunter Turmalin, Fluorit, Muskovit, Topas, Beryll und Apatit enthalten. In Pegmatiten entwickeln sich mitunter sehr große Kristalle.

Necks treten, wie bereits erwähnt wurde, viel seltener auf; einige von ihnen sind sehr bekannt. Zu den schönsten gehören der Ship Rock in New Mexico (USA), der sich wie eine Kathedrale aus dem umgebenden Sedimentgestein erhebt, sowie ein Neck im französischen Le Puy. Der berühmteste Vulkanschlot ist der in Kimberley (Südafrika). Nach dieser Stadt wurde auch der Kimberlit, ein ultrabasisches Erstarrungsgestein, das direkt aus dem Erdmantel stammt und einen extrem alten und großen unterirdischen Vulkanschlot ausfüllen soll, benannt. Ein weiteres, besonderes Merkmal dieses bei Kimberley auftretenden Gesteins stellt das Mineral dar, das in ihm zu finden ist: Diamant.

APLIT

CHEMISMUS: Sauer.
HAUPTMINERALIEN: Quarz, Alkalifeldspäte (Orthoklas, Mikroklin, Albit), Muskovit, Biotit.
NEBENMINERALIEN: Turmalin.
GEFÜGE: Fein- bis extrem feinkörnig; massive oder zonare Struktur; allotriomorph-körnige oder zuckerkörnige Textur.
FARBE: Weiß oder hellgrau.
GEOLOGISCHES MILIEU: In Quergängen und kleinen Gesteinskörpern in Verbindung mit granitischen Intrusionen; bildet die Randzonen von Pegmatitquergängen.
VORKOMMEN: Tritt in fast allen granitischen Massiven auf.
NUTZUNG: Ausschließlich von wissenschaftlichem Interesse; beeinträchtigt die Granitgewinnung in Steinbrüchen.
WEITERE MERKMALE: Name griechischen Ursprungs (*haplóos* – einfach). Bezeichnung für hellfarbige Mikrogranite in gangartigen Intrusionen; Aplite ähneln in Herkunft und Zusammensetzung den Pegmatiten, haben jedoch feinere Körnung und häufig zuckerkörnige Textur.

▼ *Aplit in Gneis (etwa natürliche Größe), Val Masino, Sondrio, Italien.*

GRANITPORPHYR

CHEMISMUS: Sauer.
HAUPTMINERALIEN: Kalifeldspat (Orthoklas, Mikroklin), Quarz.
NEBENMINERALIEN: Biotit, Plagioklase (Albit, Oligoklas), Amphibol, Muskovit, Apatit, Zirkon, Xenotim (Yttriumphosphat), Kassiterit, Molybdänit.
GEFÜGE: Mittel- bis feinkörnig; massive bis zonare Struktur, häufig mit Hohlräumen; porphyrische Textur mit Quarz- und Feldspateinsprenglingen und mit fein- oder kryptokristalliner Grundmasse.
FARBE: Hellgrau, rosig, rot.
GEOLOGISCHES MILIEU: In Quergängen; in den Randzonen von oberflächennahen granitischen Intrusionen.
VORKOMMEN: Tritt in fast allen granitischen Plutonen alter Schilde oder Orogene auf.
NUTZUNG: In der Bauindustrie selten verwendet.
WEITERE MERKMALE: Weist ähnliche Zusammensetzung wie Granite auf, hat jedoch porphyrische Textur mit feinkörniger, granularer Grundmasse und größeren Feldspateinsprenglingen.

▲ *Granitporphyr (etwa natürliche Größe), Erzgebirge, Deutschland.*

Porphyr (etwa natürliche Größe), Valtellina, Sondrio, Italien. ►

DIORITPORPHYR

CHEMISMUS: Intermediär.
HAUPTMINERALIEN: Plagioklase (Andesin, Labradorit), Hornblende, Biotit, Quarz.
NEBENMINERALIEN: Monoklines Pyroxen, Epidot, Magnetit, Apatit, Sphen, Rutil, Zirkon, Monazit, Pyrit, Orthoklas, Hämatit.
GEFÜGE: Mittelkörnig; massive oder zonare Struktur mit Quarzeinsprenglingen; porphyrische Textur mit Einsprenglingen von Plagioklas (tafelig und zonar), Biotit oder Hornblende und mit feinkristalliner Grundmasse.
FARBE: Grau, grün, bläulich; bei Hämatitanteil rötlich.
GEOLOGISCHES MILIEU: In Quergängen verschiedener Größe in Verbindung mit Plutonen granitisch-granodioritischer Zusammensetzung.
VORKOMMEN: An Stellen, wo granitisch-dioritische Plutone zutagetreten.
NUTZUNG: Als Pflaster- und Fassadenstein verwendet; rote Varietät im alten Ägypten und im antiken Rom in großem Umfang für den Denkmalsbau verwendet.
WEITERE MERKMALE: Auf die Farbe des verwitterten Gesteins hindeutender Name ist griechischen Ursprungs („purpurrot"). Begriff Porphyr bezeichnet mesokrate Gesteine mit unterschiedlichem Chemismus und mit porphyrischer Textur (z. B. Monzonitporphyr).

MINETTE

CHEMISMUS: Basisch.
HAUPTMINERALIEN: Biotit, Diopsid, Orthoklas.
NEBENMINERALIEN: Olivin, Augit, Hornblende, Plagioklas, Calcit, Chlorit, selten Quarz.
GEFÜGE: Mittel- bis feinkörnig; zonare Struktur mit Lavaporen; porphyrische Textur mit Einsprenglingen von mafischen Mineralien.
FARBE: An frischem Bruch schwärzlich mit charakteristischem, durch Biotitflocken hervorgerufenem Glitzern; häufig verwittert, dann bräunlich aussehend und bröckelig.
GEOLOGISCHES MILIEU: In Quergängen und in kleinen Gesteinskörpern in Verbindung mit Intrusionen.
VORKOMMEN: Tritt relativ häufig auf; Vorkommen in Frankreich, Deutschland, Norwegen, Finnland und den USA.
NUTZUNG: Ausschließlich von wissenschaftlichem Interesse.
WEITERE MERKMALE: Nach dem Minette-Tal in den Vogesen (Frankreich) benannt. Ursprung des Wortes *minette* im Sprengbergbau: Bohrlöcher in Bergwerken wurden mit Brocken des verwitterten Gesteins verschlossen; Lamprophyr-Varietät mit typischen Einsprenglingen hauptsächlich von Biotit und mit einer aus Orthoklas und kleinen Mengen Plagioklas bestehenden Grundmasse.

▼ *Minette (etwa natürliche Größe), Vogesen, Frankreich.*

KERSANTIT

CHEMISMUS: Basisch.
HAUPTMINERALIEN: Magnesiumreicher Biotit (Phlogopit), Augit, Plagioklas (Oligoklas oder Andesin).
NEBENMINERALIEN: Olivin, Diopsid, Hornblende, Orthoklas, selten Quarz.
GEFÜGE: Mittel- bis feinkörnig; zonare Struktur mit Lavaporen; porphyrische Textur mit Einsprenglingen von mafischen Mineralien.
FARBE: Dunkel mit typischem, von Biotitflocken hervorgerufenem Glitzern.
GEOLOGISCHES MILIEU: In Quergängen und kleinen Gesteinskörpern in Verbindung mit Intrusionen.
VORKOMMEN: In Frankreich, Deutschland, Großbritannien usw.
NUTZUNG: Ausschließlich von wissenschaftlichem Interesse.
WEITERE MERKMALE: Veraltete Bezeichnung nach einer Ortschaft in der Bretagne (Frankreich) ist Kersanton. Tritt wie alle Lamprophyre mit Olivinanteil nur in Form von Einsprenglingen, nicht jedoch in der Grundmasse auf; verwittert außerdem fast immer zu Karbonaten oder Serpentin; weitere typische Merkmale der Lamprophyre sind das Auftreten von mafischen Mineralien in Form von Einsprenglingen und das Fehlen von Pyroxenen.

▼ *Kersantit (etwa natürliche Größe), Brest, Frankreich.*

SPESSARTIN

CHEMISMUS: Basisch.
HAUPTMINERALIEN: Amphibol (grüne oder braune Hornblende), Plagioklas (Andesin), Augit.
NEBENMINERALIEN: Biotit, Olivin, Diopsid, Orthoklas, selten Quarz.
GEFÜGE: Mittel- bis feinkörnig; zonare Struktur mit Lavaporen; porphyrische Textur mit Einsprenglingen von mafischen Mineralien.
FARBE: Dunkel.
GEOLOGISCHES MILIEU: In Quergängen und kleinen Gesteinskörpern in Verbindung mit Intrusionen.
VORKOMMEN: In Frankreich, Deutschland, Großbritannien usw.
NUTZUNG: Ausschließlich von wissenschaftlichem Interesse.
WEITERE MERKMALE: Nach dem Spessart (Deutschland) benannt. Lamprophyr-Varietät mit typischen Hornblende-einsprenglingen und einer Grundmasse, die mehr Plagioklas- als Orthoklaskörner enthält.

◄ *Spessartin (etwa 0,4 fach), Herkunft unbekannt.*

CAMPTONIT

CHEMISMUS: Ultrabasisch.
HAUPTMINERALIEN: Natronamphibole (Kaersutit, Barkevikit), Titanaugit, Olivin.
NEBENMINERALIEN: Titanhaltiges Biotit, Plagioklas (Andesin oder Labradorit), Orthoklas, Zeolithe.
GEFÜGE: Mittel- bis feinkörnig; zonare Struktur mit Lavaporen; porphyrische Textur mit Einsprenglingen von mafischen Mineralien.
FARBE: Dunkel.
GEOLOGISCHES MILIEU: In Quergängen und in kleinen Gesteinskörpern in Verbindung mit Intrusionen.
VORKOMMEN: In Frankreich, Deutschland, Großbritannien usw.
NUTZUNG: Ausschließlich von wissenschaftlichem Interesse.
WEITERE MERKMALE: Nach der Ortschaft Campton Falls in New Hampshire (USA) benannt. Lamprophyr-Varietät, in der Plagioklas als vorherrschender Feldspat enthalten ist; typisches Merkmal der Lamprophyre ist das starke Verwittern, so daß wahrscheinlich durch Selbstmetasomatose gebildete Sekundärmineralien wie Karbonate, Chlorit und Zeolithe häufig auftreten.

▼ *Quergang aus Camptonit in Granit (etwa 0,5 fach), Predazzo, Trient, Italien.*

KIMBERLIT

CHEMISMUS: Ultrabasisch.
HAUPTMINERALIEN: Serpentinisiertes Olivin, orthorhombisches und monoklines Pyroxen, Karbonate.
NEBENMINERALIEN: Phlogopit, Chromit, Pyrop, Ilmenit, Monticellit, Rutil, Perowskit, Diamant.
GEFÜGE: Porphyrische Textur.
FARBE: Schwarz, blau, grünlich.
GEOLOGISCHES MILIEU: In Vulkanschloten.
VORKOMMEN: Tritt vom Kongo bis Südafrika auf, in den USA, in Kanada und Brasilien.
NUTZUNG: Keine industrielle Nutzung; Hauptquelle zur Diamantengewinnung.
WEITERE MERKMALE: Nach dem südafrikanischen Ort Kimberley benannt. Sehr gründlich untersuchtes Gestein; Primärgestein, in dem natürlicher Diamant auftritt; aufgrund der Intrusion von Kimberlit in tiefen Vulkanschloten kann Diamant in Tagebauen gefördert werden; Tagebaue dieser Art haben die Form eines nach unten verjüngten Konus.

▼ *Kimberlit (etwa natürliche Größe), Südafrika.*

ALKALIFELDSPATRHYOLITH

CHEMISMUS: Sauer.
HAUPTMINERALIEN: Quarz, Sanidin, Albit, Ägirinaugit und/oder Riebeckit.
NEBENMINERALIEN: Anorthoklas, Orthoklas, Aenigmatit (Inosilikat), Magnetit, Hämatit, Zirkon.
GEFÜGE: Sehr feinkörnig; massige Struktur; häufig porphyrisch-hypokristalline Textur mit Einsprenglingen in glasiger, feinkristalliner, kristallin-filziger oder perlitischer Grundmasse.
FARBE: Weißlich, blaßgelb, grünlich, rötlich, schwarz.
GEOLOGISCHES MILIEU: In Vulkankuppen und Lavadecken; weniger ausgebreitet als basaltische Decken, da rhyolithisches Magma höhere Viskosität besitzt; einige pyroklastische Gesteine auch mit rhyolithischer Zusammensetzung.
VORKOMMEN: In vielen sauer-vulkanischen Bereichen.
NUTZUNG: Örtlich zur Herstellung von Bossenquadern und Werksteinen verwendet.
WEITERE MERKMALE: Äquivalentes Extrusivgestein zu den Alkalifeldspatgraniten; es treten verschiedene, besonders benannte Varietäten auf wie Pantellerit und Comendit; Begriff Alkalirhyolith bezeichnet die Gesteine, in denen über 90% des Feldspatgehalts Alkalifeldspäte sind; Gestein enthält außerdem Natronamphibole und/oder Pyroxene.

▼ *Alkalifeldspat-Rhyolith, Varietät Comendit (etwa natürliche Größe), Insel San Pietro, Cagliari, Italien.*

RHYOLITH

CHEMISMUS: Sauer.
HAUPTMINERALIEN: Quarz, Sanidin.
NEBENMINERALIEN: Oligoklas, Biotit, Albit, Magnetit, Tridymit, Diopsid.
GEFÜGE: Feinkörnig; variable Struktur: massiv, mit Fließstrukturen oder mit oberflächigen Lavaporen in Fließrichtung; meist porphyrisch-hypokristalline Textur mit idiomorphen Einsprenglingen in einer glasigen, sphärolithischen oder perlitischen Grundmasse; mitunter auch feinkristalline oder kristallin-filzige Grundmasse.
FARBE: Weißlich oder hellgrau; glasige Varietäten dunkel.
GEOLOGISCHES MILIEU: In Vulkankuppen, Quergängen und kleinen Lavaflüssen; einige pyroklastische Gesteine auch mit rhyolithischer Zusammensetzung.
VORKOMMEN: Sehr häufig in vulkanischen Gebieten mit saurem Magmatismus; in den USA, in Japan, Äthiopien, Rumänien, Italien und vielen anderen Ländern.
NUTZUNG: Härter als Granit, daher nur schwer und kostenaufwendig zu bearbeiten; wegen seiner Verwitterungsfestigkeit gegenüber atmosphärischen Bestandteilen zur Herstellung von Bossenquadern und Werksteinen verwendet.
WEITERE MERKMALE: Name griechischen Ursprungs (*rhyas* – flüssig). Extrusives Äquivalent zu Granit; auch als Liparit bekannt; einige hellfarbige und besonders feinkörnige Rhyolithe mit bestimmten Absatzgesteinen verwechselbar, können jedoch anhand der charakteristischen blasigen und sphärolithischen Strukturen von diesen unterschieden werden; porphyrische Gesteine rhyolithischer Zusammensetzung, die noch vor dem Tertiär entstanden sind, wurden früher besonders von Petrologen der europäischen Schule als Quarzporphyr bezeichnet.

▼ *Rhyolith (etwa natürliche Größe), Colli Euganei, Padua, Italien.*

RHYODACIT

CHEMISMUS: Sauer.
HAUPTMINERALIEN: Quarz, Plagioklas (Oligoklas, Andesin), Biotit, Hornblende, Pyroxene.
NEBENMINERALIEN: Alkalifeldspäte, Magnetit.
GEFÜGE: Feinkörnig; massige Struktur oder Fließstruktur; meist porphyrisch-hypokristalline Textur mit feinkristalliner, glasiger Grundmasse.
FARBE: Hell.
GEOLOGISCHES MILIEU: In Vulkankuppen oder kleinen Lavaströmen; einige pyroklastische Gesteine zeigen mitunter auch dacitische Zusammensetzung.
VORKOMMEN: Mit Rhyolithen und Daciten vergesellschaftet.
NUTZUNG: Zur Herstellung von Bossenquadern und Werksteinen verwendet.
WEITERE MERKMALE: Rhyodacit bezeichnet Übergangsgesteine zwischen Rhyolithen und Daciten. Varietät Toskanit wurde in der Toskana (Italien) am Monte Amiata entdeckt, besteht aus Plagioklas, Sanidin, Hypersthen und Biotit und glasiger Matrix rhyolithischer Zusammensetzung.

▲ *Rhyodacit (etwa 0,5fach), Panarea, Liparische Inseln, Messina, Italien.*

DACIT

CHEMISMUS: Sauer.
HAUPTMINERALIEN: Plagioklas (Andesin oder Labradorit), Quarz, Biotit, braune Hornblende.
NEBENMINERALIEN: Sanidin, orthorhombisches und monoklines Pyroxen, Magnetit, Ilmenit, Sphen, Granat.
GEFÜGE: Feinkörnig; massige Struktur oder Fließstruktur; meist porphyrisch-hypokristalline Textur mit glasiger oder feinkristalliner Grundmasse.
FARBE: Verschiedene Grauschattierungen.
GEOLOGISCHES MILIEU: In Lavastauungen und in Vulkankuppen; einige pyroklastische Gesteine zeigen auch dacitische Zusammensetzung.
VORKOMMEN: Recht häufig vorkommend; in vulkanischen Gebieten mit saurem Magmatismus an vielen Fundstätten, u. a. in Rumänien, Ungarn, Frankreich, in den Anden und auf den karibischen Inseln.
NUTZUNG: Zur Herstellung von Bossenquadern und Werksteinen verwendet.
WEITERE MERKMALE: Nach der alten römischen Provinz Dakien (Dacia, heute Rumänien) benannt. Dacite sind extrusive Äquivalente zu Granodioriten und Tonaliten; plagioklasreiche Dacite mitunter Quarzandesite oder Plagidacite genannt (jedoch nicht in der modernen Klassifikation verwendet); Ähnlichkeit mit Rhyolithen, jedoch anhand ihres höheren Plagioklas- und Pyroxengehalts von diesen zu unterscheiden; Pyroxen (Diopsid) als kleine dunkle Flecke sichtbar.

▼ *Dacit (etwa natürliche Größe), Transsilvanien, Rumänien.*

NATÜRLICHES FEUERWERK

VULKANISCHE PRODUKTE

Beim Aufschmelzen von Gesteinen verschiedener Zusammensetzung entstehen unterschiedliche Arten von Magma. Magma, das aus geschmolzenem Gestein aus dem oberen Erdmantel gebildet wird, ist anfangs ultrabasisch, während eine in der kontinentalen Kruste entstandene Gesteinsschmelze eine mehr saure Zusammensetzung aufweist.

Die bei einem Vulkanausbruch austretende Gesteinsschmelze ergießt sich in Lavaströmen über die Erdoberfläche, was oftmals ein sehr beeindruckendes Naturschauspiel ist. Abhängig von den chemischen und physikalischen Eigenschaften der Schmelze entstehen Lavaströme verschiedener Art. Die Viskosität der Lava, die von den chemischen Eigenschaften der glutflüssigen Masse bestimmt wird, ihre Temperatur und die Menge der gelösten Gase (Wasserdampf und flüchtige Bestandteile) bestimmen den Charakter einer Eruption.

Vulkanische Auswurfprodukte (von links nach rechts): Stricklava, Brockenlava, Kissenlava, Lapilli (Lavasteinchen), Blocklava, Asche.

FLÜSSE AUS LAVA

Ultrabasische und basische Magmen besitzen eine relativ geringe Viskosität und sind daher sehr dünnflüssig. Ihre Temperatur liegt im Bereich von 1000 bis 1200°C, und die Gase können relativ leicht entweichen. Die Eruptionen verlaufen gemäßigt, die Lava verteilt sich über die Erdoberfläche und bedeckt dabei mitunter ausgedehnte Flächen (Flutbasalte). Es kann zu kleinen Explosionen kommen, bei denen geringe Lavamengen aus dem Vulkan herausgeschleudert werden. Eruptionen dieser Art sind typisch für den Vulkanismus auf Hawaii; sie werden in den heute gebräuchlichen Klassifikationen deshalb als hawaiischer Typ bezeichnet.

Diese Laven zeigen unterschiedliche, von ihrer Abkühlungsgeschwindigkeit und ihrer Viskosität abhängige Eigenschaften. Sie nehmen charakteristische Formen an und haben entsprechende Namen aus der Sprache der Hawaiianer:

- *Pahoehoe-Lava* (was etwa mit „Stricklava" übersetzt werden kann) ist sehr dünnflüssig; ihre Oberfläche kühlt schnell ab und erstarrt zu äußerlich glatten Formen; sowie weitere Lava austritt und unter die bereits verfestigte Oberfläche gelangt, entstehen hier Runzeln und Furchen, die die Lava wie ein wirres Knäuel aus langen Stricken aussehen lassen.

- *Aa-Lava* (was soviel wie „Blocklava" bedeutet) hat meist eine niedrigere Temperatur, enthält mehr Kristalle und hat mehr flüchtige Bestandteile freigesetzt als Stricklava; sie ist folglich viskoser und hat eine geringere Fließgeschwindigkeit. Der Lavastrom erstarrt an seiner Oberfläche zu vielen unebenen, eckigen Blöcken, die durch die darunterliegende Gesteinsschmelze wie von einem Bulldozer weitertransportiert werden.

- *Kissenlava* stellt eine typische Form von unterseeischen Lavaströmen dar, die durch ein sehr rasches Abkühlen der Gesteinsschmelze im Wasser entsteht. Die Lava erstarrt hier zu kugelignierigen oder röhrenförmigen, von einer glasigen Kruste überzogenen Massen.

FEURIGER REGEN

Verglichen mit basischen Magmen sind saure Gesteinsschmelzen, die einen höheren Kieselsäuregehalt und eine niedrigere Temperatur (um 800 – 1000°C) aufweisen, sehr viskos. Eingeschlossene Gase können hier nur schwer entweichen. Die flüchtigen Bestandteile bilden Blasen, die sich beim Aufsteigen des Magmas zum oberen Teil des Vulkanschlots ausdehnen. Die hohe Viskosität der Schmelze behindert jedoch die Ausdehnung der Gase, so das der Druck innerhalb der Gasblasen ansteigt, bis diese bersten und das umgebende Magma zerreißen. In diesem Falle kommt es zu einer explosionsartigen Eruption, bei der Lava und Gesteinsbrocken aus dem Vulkan herausgeschleudert werden.

Die ausgeworfenen Lavafetzen und Gesteinstrümmer werden Pyroklaste genannt und hauptsächlich nach ihrer Größe klassifiziert: Blöcke sind eckige Pyroklaste von mindestens 64 mm Durchmesser, die beim Austritt aus dem Vulkan fest sind; als Bomben bezeichnet man mindestens 64 mm große, zum Zeitpunkt der Eruption teilweise oder ganz aufgeschmolzene Lavafragmente; Lapilli sind Pyroklaste mit einer Größe von 2 – 64 mm, die in unterschiedlichen Formen auftreten, und Aschen nennt man Pyroklaste mit einem Durchmesser von unter 2 mm.

Beim explosiven Vulkanismus unterscheidet man verschiedene Eruptionstypen, die in einigen Fällen nach einem Vulkan benannt sind:

- Der *strombolianische Typ* ist nach dem Vulkan Stromboli (Liparische Inseln) benannt. Er zeichnet sich durch zwar häufige, jedoch gemäßigte Auswürfe von basaltischer Lava aus, die lediglich von weißen, wasserdampfreichen und pyroklastarmen Wolken begleitet sind. Bei diesen Eruptionen wird vulkanisches Material in Höhen von einigen hundert Metern geschleudert.

- Der *vulkanianische Typ* ist nach dem Inselvulkan Vulcano (Äolische Inseln) benannt. Er ist in viel größeren Zeitintervallen tätig; wirft weißglühende viskose Bomben aus und setzt von großen Aschemengen dunkel gefärbte Gaswolken frei.

- Der *plinianische Typ*, benannt nach Plinius dem Jüngeren. Ein Vulkan dieses Eruptionstyps ist nur in sehr großen Zeitabständen – in manchen Fällen nur einmal in einigen tausend Jahren – aktiv.

ALKALIFELDSPATTRACHYT

CHEMISMUS: Intermediär.
HAUPTMINERALIEN: Sanidin, Albit.
NEBENMINERALIEN: Biotit, Pyroxene und/oder Amphibole, Quarz.
GEFÜGE: Feinkörnig; massige Struktur oder häufiger mit Fließstruktur; meist ganzkristallin- porphyrisch, mit fein kristalliner, kristallin-filziger oder selten glasiger Grundmasse.
FARBE: Meist hell.
GEOLOGISCHES MILIEU: In Lavastauungen, Quergängen, oberflächennahen Intusivkörpern, für gewöhnlich in Verbindung mit Alkalibasalten.
VORKOMMEN: In Italien, Frankreich, Deutschland, Schottland usw.
NUTZUNG: Als Material für Fußböden und zur Straßen- und Fußweggestaltung sowie als Außenwandverkleidung an Gebäuden verwendet.
WEITERE MERKMALE: Äquivalentes Extrusivgestein zu Alkalifeldspatsyenit; große Ähnlichkeit mit Trachyt und Quarztrachyt, von diesen mit bloßem Auge nicht immer zu unterscheiden; deshalb wird bei vorläufiger Bestimmung die allgemeinere Bezeichnung „Trachydoit" verwendet; Bestimmung der mineralogischen und chemischen Zusammensetzung nur durch petrographische Analyse möglich.

▼ Alkalifeldspat-Trachyt mit großen Sanidinkristallen (etwa 0,6 fach), Böhmen, Tschechische Republik.

QUARZTRACHYT

CHEMISMUS: Intermediär.
HAUPTMINERALIEN: Sanidin, Quarz, Natronplagioklas.
NEBENMINERALIEN: Biotit, Amphibole, Magnetit, Apatit, Zirkon, Sphen.
GEFÜGE: Feinkörnig; massige Struktur; meist hypokristallin-porphyrische Textur mit kryptokristalliner oder glasiger Grundmasse.
FARBE: Weißlich, hellgrau.
GEOLOGISCHES MILIEU: In Lavastauungen, Quergängen, oberflächennahen Intrusivkörpern.
VORKOMMEN: Mit Trachyten vergesellschaftet.
NUTZUNG: In der Bauindustrie selten verwendet.
WEITERE MERKMALE: Äquivalentes Extrusivgestein zu Quarzsyenit; von Trachyt durch seinen größeren Quarzanteil zu unterscheiden; hat große äußere Ähnlichkeit mit Trachyt, Latit und Quarzlatit und ist nicht immer eindeutig von diesen Gesteinsarten zu unterscheiden; deshalb wird bei vorläufiger Bestimmung die allgemeinere Bezeichnung „Trachytoid" verwendet; genaue Bestimmung nur durch petrographische Analyse möglich.

▼ *Quarztrachyt (etwa 0,6 fach), Italien.*

TRACHYT

CHEMISMUS: Intermediär.
HAUPTMINERALIEN: Sanidin, Natronplagioklas.
NEBENMINERALIEN: Quarz (<5 Volumenprozent), Biotit, Amphibole, Pyroxene, Magnetit, Apatit, Zirkon, Sphen, Melanit (Granat).
GEFÜGE: Feinkörnig; massige Struktur, häufiger mit Fließstruktur; ganzkristalline, selten hypokristallin-porphyrische Textur; in der Grundmasse eingeregelt liegende, kleine leistenförmige Sanidinkristalle zeigen die Fließrichtung der Gesteinsschmelze an (trachytische Textur).
FARBE: Hell, weißlich bis hellgrau, blaßgelb, selten grünlich.
GEOLOGISCHES MILIEU: In Lavastauungen, Quergängen, oberflächennahen Intrusivkörpern; in Verbindung mit Alkalibasalt.
VORKOMMEN: In Ungarn, Neuseeland, auf Inseln des Atlantischen und des Pazifischen Ozeans.
NUTZUNG: In der Bauindustrie für Fußboden- und Außenverkleidungen (rosa Trachyt) verwendet.
WEITERE MERKMALE: Auf die Oberflächenbeschaffenheit des Gesteins hinweisender Name ist griechischen Ursprungs (*tráchys* – rauh). Äquivalentes Extrusivgestein zu Syenit.

Quarzlatit (etwa 0,8 fach), Italien. ▶

▼ *Trachyt (etwa natürliche Größe), Colli Euganei, Padua, Italien.*

QUARZLATIT

CHEMISMUS: Intermediär.
HAUPTMINERALIEN: Plagioklas (Andesin), Sanidin, Quarz, Amphibole (braune Hornblende), Biotit.
NEBENMINERALIEN: Augit, Magnetit, Hämatit, Apatit.
GEFÜGE: Feinkörnig; massige Struktur, zu Fließstruktur übergehend; ganzkristallin-porphyrische Textur mit feinkörniger, kristallin-filziger oder teilweise glasiger Grundmasse.
FARBE: Meist hell, weißlich bis grau.
GEOLOGISCHES MILIEU: In Lavaströmen und Quergängen, in Verbindung mit andesitischen Gesteinen.
VORKOMMEN: Tritt relativ häufig auf; in Frankreich, Deutschland, Italien, auf den Kanarischen Inseln und auf den Azoren.
NUTZUNG: Keine industrielle Nutzung.
WEITERE MERKMALE: Äquivalentes Extrusivgestein zu Quarzmonzonit; unterscheidet sich von Latit durch seinen größeren Quarzreichtum, der jedoch nicht mit bloßem Auge sichtbar ist; große äußere Ähnlichkeit mit Latit, Trachyt und Quarztrachyten, kann von diesen nicht immer unterschieden werden; bei vorläufiger Bestimmung deshalb den Trachytoiden zuzuordnen.

LATIT

CHEMISMUS: Intermediär.
HAUPTMINERALIEN: Plagioklase (Andesin), Sanidin, Augit, Amphibol (braune Hornblende).
NEBENMINERALIEN: Quarz (<5 Volumenprozent), Biotit, Magnetit, Hämatit, Apatit.
GEFÜGE: Feinkörnig; massige Struktur, zu Fließstruktur übergehend; häufig ganzkristallin- porphyrische Textur mit feinkristalliner, kristallin-filziger Grundmasse, selten mit Glas.
FARBE: Meist hell, weiß bis grau, blaßgelb oder rötlich.
GEOLOGISCHES MILIEU: In Lavaströmen und Quergängen, in Verbindung mit andesitischen und basaltischen Gesteinen.
VORKOMMEN: Tritt relativ häufig auf; in Frankreich, Deutschland, Italien, auf den Kanarischen Inseln und auf den Azoren.
NUTZUNG: Ohne wirtschaftlichen Nutzen.
WEITERE MERKMALE: Nach der italienischen Region Latium benannt, wo die Varietät Vulsinit auftritt. Äquivalentes Extrusivgestein zu Monzonit; große äußere Ähnlichkeit mit Trachyt, Quarztrachyt und Quarzlatit, deshalb schwer voneinander zu unterscheiden; bei vorläufiger, allgemeiner Bestimmung den Trachytoiden zuzuordnen.

▼ *Latit (etwa natürliche Größe), Roccamonfina, Caserta, Italien.*

ANDESIT

CHEMISMUS: Intermediär.
HAUPTMINERALIEN: Plagioklas (Andesin), Pyroxene (Augit, Pigeonit, Hypersthen), braune Hornblende und/oder Biotit.
NEBENMINERALIEN: Quarz oder Olivin, Magnetit, Hämatit, Apatit, selten Zirkon.
GEFÜGE: Mittel- bis feinkörnig; massige Struktur mit unterschiedlichen Färbungen; typisch porphyrische Textur, ganzkristallin, selten hypokristallin und mit kristallin-filziger Grundmasse.
FARBE: Schwarz, bräunlich oder grünlich.
GEOLOGISCHES MILIEU: In Lavaströmen, Vulkankuppen, Quergängen.
VORKOMMEN: Häufig zwischen Vulkangesteinen an den Rändern konvergierender tektonischer Platten, in orogenen Gebirgsketten (Alpen, Himalaya), in den Anden, in Japan, Indonesien, Melanesien, im Iran und in der Türkei.
NUTZUNG: Lokal als Baumaterial verwendet.
WEITERE MERKMALE: Nach den Anden (Südamerika) benannt, wo das Gestein häufig auftritt. Äquivalentes Extrusivgestein zu Diorit; unterscheidet sich von Basalt durch seinen SiO_2- Gehalt (>52 Masseprozent); leicht verwechselbar mit einigen Latiten, die reich an mafischen Mineralien sind; geologisch wichtige Gesteine am Rand einer Kontinentalplatte, unter die eine ozeanische Platte abtaucht; z. B. ist der Pazifische Ozean von Andesitvulkanen umrandet.

▼ *Andesit (etwa natürliche Größe), Colli Euganei, Padua, Italien.*

BASALT

CHEMISMUS: Basisch.
HAUPTMINERALIEN: Plagioklas (Labradorit, Bytownit), Pyroxene (Augit, mitunter titanhaltiger Pigeonit, Hypersthen).
NEBENMINERALIEN: Olivin, Amphibole (braune Hornblende), Biotit, Magnetit, Hämatit, Ilmenit, Sphen (häufig in verwittertem Basalt).
GEFÜGE: Feinkörnig; massige Struktur, gelegentlich mit meterlangen säuligen Brüchen, häufig mit Lavaporen durchsetzt; Innenflächen der Lavaporen manchmal mit Sekundärmineralien (Calcit, Zeolithe, Chalcedon usw.) besetzt; unter dem Mikroskop ist häufig porphyrisch- ganzkristalline Textur mit Einsprenglingen von Plagioklas und Pyroxenen sowie eine glasige oder feinkristalline (feinkörnige oder subophitische) Grundmasse zu sehen; Glas ist selten in Alkalibasalten.
FARBE: Meist schwarz; Oxidation kann braune oder rötliche Färbung verursachen.
GEOLOGISCHES MILIEU: Subaerische Lavaströme einschließlich Flutbasalte, Quergänge, Lagergänge; submarine Lavaströme.
VORKOMMEN: Häufigste extrusive Gesteinsart; Flutbasalte von riesigen Ausdehnungen in Indien (die berühmte Dekkan-Trappe), Südafrika (Groot Karroo), Brasilien, Paraguay, Äthiopien usw.; viele vulkanische Inseln bestehen aus Basalten (Hawaii).
NUTZUNG: In der Bauindustrie selten.
WEITERE MERKMALE: Name wahrscheinlich ägyptischen Ursprungs, Namensgebung gewöhnlich Plinius dem Älteren zugeschrieben. Äquivalentes Extrusivgestein zu Gabbro; Gestein von großer geologischer Bedeutung, da es den unter den Ozeanen liegenden Teil der Erdkruste bildet; kann mitunter Peridotitknollen enthalten; in manchen Basalten große Olivinkristalle enthalten, die zu Schmucksteinen verschliffen werden können; weitere Klassifizierung der Basalte nach ihren makroskopischen Strukturen und Texturen in Säulenbasalt, Kissenbasalt, Fladenbasalt usw.; verwitterte basaltische Lava, in der Feldspäte sich nach Albit umwandeln, wird Spilit genannt.

▼ *Basalt (etwa natürliche Größe), Ätna, Catania, Italien.*

PHONOLITH (KLINGSTEIN)

CHEMISMUS: Intermediär.
HAUPTMINERALIEN: Sanidin oder Anorthoklas, Feldspatoide.
NEBENMINERALIEN: Monoklines Pyroxen (Ägirin, titanhaltiger Augit), Riebeckit, Albit, Aenigmatit, titanhaltiger Magnetit, Apatit, Zeolithe.
GEFÜGE: Feinkörnig; Struktur mitunter massig, häufig mit Fließtextur; ganzkristallin-porphyrische Textur mit meist mikrolithischer, kristallin-filziger oder trachytischer Grundmasse.
FARBE: Hellgrau, braun, grünlich.
GEOLOGISCHES MILIEU: Lavaströme, Vulkankuppen, Quergänge.
VORKOMMEN: Tritt in Verbindung mit Alkalibasalten bei ozeanischen Inseln auf (Kerguelen, Kanaren, Azoren); in Brasilien, den USA, in Deutschland, Böhmen usw.
NUTZUNG: Begrenzte Verwendung in der Kalisalzindustrie und in der Bauindustrie.
WEITERE MERKMALE: Name griechischen Ursprungs (*phonos* – Klang, *lithos* – Stein); Stein klingt, wenn er angeschlagen wird; äquivalentes Extrusivgestein zu Feldspatoid-Syenit.

◀ *Phonolith (etwa natürliche Größe), Böhmen, Tschechische Republik.*

TEPHRITISCHER PHONOLITH

CHEMISMUS: Intermediär-basisch.
HAUPTMINERALIEN: Feldspatoide (Nephelin, Leucit usw.), Sanidin, Natronplagioklas (Oligoklas).
NEBENMINERALIEN: Monoklines Pyroxen (Ägirin, titanhaltiger Augit), Riebeckit, Anorthoklas, Albit, Aenigmatit, titanhaltiger Magnetit, Apatit, Sphen, Zeolithe.
GEFÜGE: Feinkörnig; Struktur mitunter massig, häufig mit Fließtextur; ganzkristallin-porphyrische Textur mit meist mikrolithischer, kristallin-filziger oder trachytischer Grundmasse.
FARBE: Hellgrau, braun, grün, rosig.
GEOLOGISCHES MILIEU: Lavaströme, Vulkankuppen.
VORKOMMEN: Tritt in Verbindung mit Alkalibasalten auf, besonders in kontinentalen Riftbereichen.
NUTZUNG: In der Bauindustrie selten verwendet.
WEITERE MERKMALE: Äquivalentes Extrusivgestein zu Feldspatoid-Monzosyenit; große Ähnlichkeit mit Phonolithen, bei vorläufiger Bestimmung am Fundort deshalb als Phonolithoid einzuordnen.

▼ *Tephritischer Phonolith mit Leucit (etwa 0,7fach), Bracciano, Rom, Italien.*

FEUERRIESEN IM DORNRÖSCHENSCHLAF

VULKANE

Viele Gebiete auf der Erde sind Schauplätze vulkanischer Tätigkeit. An die Erdoberfläche gelangte Gesteinsschmelzen, die Laven, können weite Ebenen oder gewaltige Gebirge entstehen lassen und das Aussehen einer Landschaft in kurzer Zeit und auf dramatische Weise verändern.

Im Jahre 1963 tauchte ein Vulkankegel aus dem Atlantischen Ozean auf und ließ, nachdem er fast vier Jahre lang Lava ausgestoßen hatte, die Insel Surtsey (Island) entstehen.

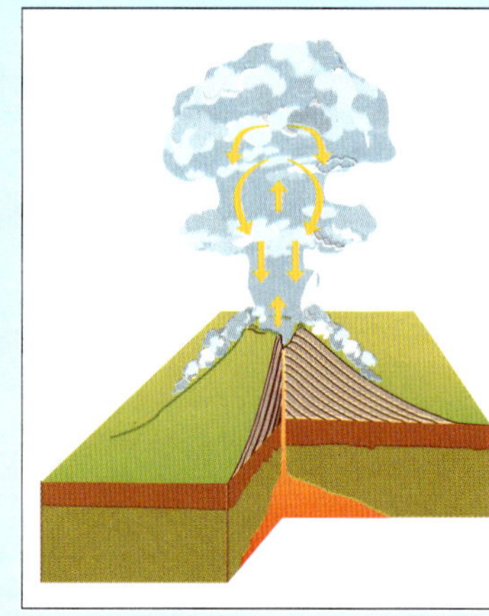

Eine Glutwolke ist eine dichte, weißglühende Wolke aus Asche, Bims und heißen Gasen. Bei geringer Dichte steigt sie nach oben (s. Abb. oben). Die Geschwindigkeit, mit der die in der Wolke schwebenden Partikel niedergehen, hängt von deren Schwere ab; sie überschreitet nur selten 150 km/h. Der dichtere untere Teil der Wolke wälzt sich mit einer Geschwindigkeit von bis zu 480 km/h am Hang des Vulkans herab (s. Abb. unten).

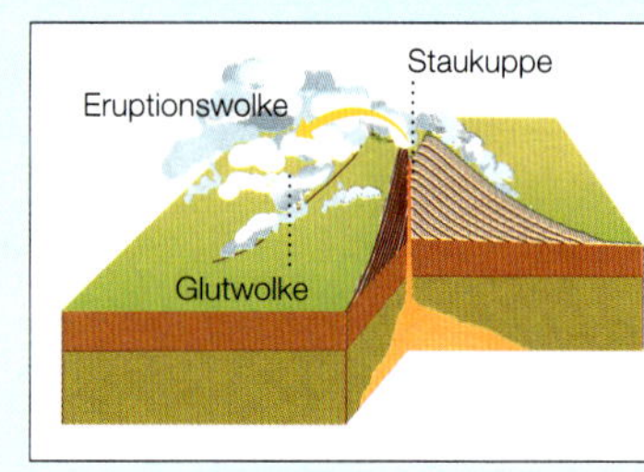

Magmen gelangen durch tiefe Brüche in der Kruste, die typischerweise an den Rändern der tektonischen Platten gelegen sind, an die Erdoberfläche. Aus den Spalten entlang der mittelozeanischen Rücken fließt basaltisches Magma und erstarrt zu neuer ozeanischer Kruste.

In den untermeerischen Riftzonen läßt der Kontakt der austretenden Gesteinsschmelze mit Wasser das Magma sehr schnell abkühlen und deshalb stets in unmittelbarer Nähe der Austrittsstelle erstarren. Auf diese Weise entsteht entlang der Bruchzonen und Spalten, aus denen immer neue Lavaströme herausquellen, allmählich eine Gebirgskette. Bei besonders starken und langen Eruptionen wächst diese submarine Gebirgskette bis über die Wasseroberfläche hinaus und bildet Inseln. Das trifft auch auf Island zu, das berechtigterweise als „Feuerinsel" angesehen wird. Seine Morphologie ist von einer zentralen, durch mittelozeanische Brüche entstandenen Senke charakterisiert. Hier, wo große Flächen der Insel von seitlich weggeflossener Lava bedeckt und von nachfließender Gesteinsschmelze kilometerdick überlagert wurden, sind ausgedehnte Basaltareale zu finden. Diese Form der Ausbreitung und Erstarrung von Lavaströmen nennt man Flutbasalt; sie läßt weite Ebenen entstehen, die bis zu mehrere Millionen Quadratkilometer Land bedecken.

In anderen Fällen gelangt an konvergenten Plattenrändern und im Innern der Platten Magma an vereinzelten Punkten an die Erdoberfläche und bildet Kegelberge. Vulkanische Aktivitäten, bei denen Gesteinsschmelze aus einem in der Kruste oder im oberen Erdmantel gelegenen Herd (Magmenkammer) durch hauptsächlich vertikale Schlote zur Erdoberfläche aufsteigt, bezeichnet man als „Zentraleruptionen". Hier wird durch Aufhäufung von Lava und pyroklastischem Material ein Kegel gebildet, der in der Regel einen zentralen Krater besitzt. Ein solches Gebilde wird „Vulkan" genannt.

VULKANFORMEN

Die Bezeichnung „Vulkan" ist von Vulcanus, dem römischen Gott des Feuers, abgeleitet. Die äußere Form eines Vulkans hängt von der chemischen Zusammensetzung der Gesteinsschmelze ab. Schildvulkane entstehen beim Ausbruch relativ flüssigen, basischen Magmas. Ihr Umfang beträgt Dutzende Kilometer, und sie erreichen Höhen von Tausenden Metern. Das klassische Beispiel für diesen Vulkantyp ist der Mauna Loa auf der Insel Hawaii. Seine Ausmaße sind riesig; er ragt von seiner Basis am Meeresgrund bis in eine Höhe von zehn Kilometern (etwa 4000 m über dem Meeresspiegel) auf und hat einen Durchmesser von 100 Kilometern.

Saure Magmen besitzen eine höhere Viskosität als basaltische und fließen demzufolge nicht so schnell ab. Sie lassen Vulkane mit ziemlich steilen Hängen sowie unterschiedlichen Formen und Größen entstehen. Hier beispielsweise staut sich im Vulkankrater häufig halberstarrtes Magma an und bildet Staukuppen. Mitunter ist das im Schlot heraufdringende Material schon so starr, daß es sich als monolithische Nadel aus dem Krater herausschiebt.

Bei Vulkanen intermediärer bis saurer Zusammensetzung wechseln in der Regel explosive Aktivität und effusive Förderung von Lava. Schichten von erstarrter Lava und pyroklastischem Material bilden hier eindrucksvolle Vulkanberge mit ziemlich steilen Hängen und klassischer Kegelform. Diese Vulkane werden als „Schichtvulkane" oder „Stratovulkane" bezeichnet. Klassische Beispiele für diesen Vulkantyp sind der Ätna, der Vesuv und der Fudschijama.

Stratovulkan, der charakteristische Vulkantyp in Subduktionszonen.

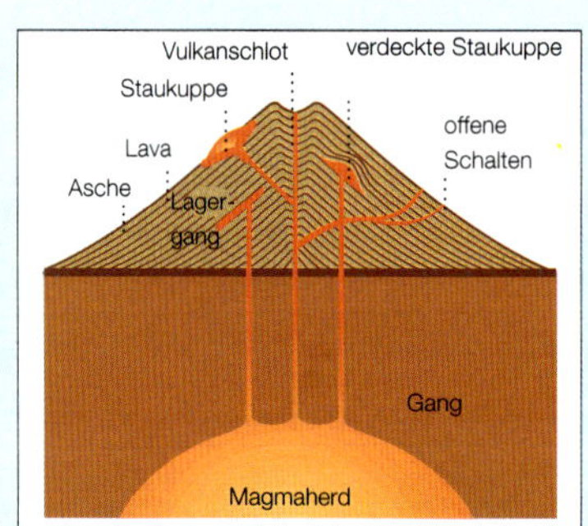

PHONOLITHISCHER TEPHRIT

CHEMISMUS: Basisch-intermediär.
HAUPTMINERALIEN: Feldspatoide (Nephelin, Leucit usw.), Plagioklas (Labradorit), Pyroxene (Augit, Ägirin).
NEBENMINERALIEN: Braune Hornblende, Biotit, Sodalith, Analcim, Magnetit, Haüyn.
GEFÜGE: Feinkörnig; blasig, gelegentlich mit Mandeln oder Hohlräumen, die mit Zeolithen besetzt sind; porphyrisch-ganzkristalline Textur mit feinkristalliner Grundmasse.
FARBE: Dunkelgrau mit weißlichen Flecken (von Feldspatoiden, Zeolithen).
GEOLOGISCHES MILIEU: Lavaströme, Quergänge.
VORKOMMEN: Relativ seltenes Gestein, tritt in Bereichen mit alkalischem Magmatismus wie in Mittelitalien, Arizona, Wyoming, Montana und im Ostafrikanischen Grabensystem auf;
NUTZUNG: In der Bauindustrie selten verwendet.
WEITERE MERKMALE: Äquivalentes Extrusivgestein zu Feldspatoid-Monzogabbro; große Ähnlichkeit mit phonolithischem Basanit, von dem Phonolithtephrit anhand seines Olivinanteils (<10 Volumenprozent) unterschieden wird; Basanite sind infolge des höheren Olivinanteils dunkler gefärbt; Unterscheidung von phonolitischen Tephriten, Basaniten und Tephriten ist im Gelände schwierig, deshalb bei vorläufiger Bestimmung dem allgemeinen Begriff „Tephroid“ zuzuordnen.

▲ *Phonolithischer Tephrit (etwa 0,6fach), Italien.*

TEPHRIT

CHEMISMUS: Basisch-ultrabasisch.
HAUPTMINERALIEN: Feldspatoide (Nephelin, Leucit usw.), Plagioklas (Labradorit, Bytownit), Pyroxene (titanreicher Augit).
NEBENMINERALIEN: Braune Hornblende, Biotit, Sodalith, Analcim, Magnetit.
GEFÜGE: Feinkörnig; blasig, gelegentlich mit Mandeln oder Hohlräumen, die mit Zeolithen besetzt sind; porphyrisch-ganzkristalline Textur mit feinkristalliner Grundmasse.
FARBE: Dunkelgrau, selten schwarz mit weißlichen Flecken (Feldspatoide, Zeolithe).
GEOLOGISCHES MILIEU: Lavaströme, Quergänge.
VORKOMMEN: Nicht sehr häufig vorkommendes Gestein; Leucittephrite in den Laven des Vesuv (Italien) und in Uganda; Nephelintephrite in Deutschland und auf den Inseln des Atlantischen Ozeans (Kanaren, Azoren, Madeira).
NUTZUNG: In der Bauindustrie selten verwendet.
WEITERE MERKMALE: Name griechischen Ursprungs (*tephrós* – aschenfarbig), Benennung wahrscheinlich durch Plinius den Älteren. Äquivalentes Extrusivgestein zu Theralit (Nephelingabbro); enthält weniger Olivin (<10 Volumenprozent) als Basanite; früher als feldspatreiche Basalt-Varietät angesehen; Bezeichnung der Tephrite nach dem im Gestein hauptsächlich vorhandenen Feldspatoid (z. B. Leucittephrit usw.), Ausnahme: Nephelintephrit wird einfach als Tephrit bezeichnet.

Leucittephrit (etwa natürliche Größe), Latium, Italien. ▶

BASANIT

CHEMISMUS: Ultrabasisch.
HAUPTMINERALIEN: Plagioklas (Labradorit, Bytownit), Pyroxene (titanreicher Augit, Ägirin), Feldspatoide (Nephelin, Leucit usw.), Olivin.
NEBENMINERALIEN: Braune Hornblende, Biotit, Sodalith, Analcim, Magnetit.
GEFÜGE: Feinkörnig; mitunter blasig, Mandeln oder Hohlräume mit Zeolithen besetzt; porphyrisch- ganzkristalline Textur mit meist feinkristalliner Grundmasse.
FARBE: Dunkelgrau mit weißlichen Flecken (Feldspatoide, Zeolithe).
GEOLOGISCHES MILIEU: Lavaströme, Quergänge in Verbindung mit Alkalibasalten.
VORKOMMEN: In der Sahara (Tassili-Gebirge), Uganda und den USA; Nephelin-Varietäten in Deutschland und auf den Inseln des Atlantischen Ozeans (Kanaren, Azoren, Madeira, St. Helena).
NUTZUNG: In der Bauindustrie selten verwendet.
WEITERE MERKMALE: Sehr alter Name griechischen Ursprungs („schwarzer Feuerstein“), Benennung wird Theophrast zugeschrieben. Äquivalentes Vulkangestein zu Olivintheralit (Olivinnephelingabbro); unterscheidet sich von Tephrit durch seinen höheren Olivinanteil (>10 Volumenprozent); ähnelt in Zusammensetzung und Struktur den Basalten, wurde früher deshalb als porphyrische Basalt-Varietät angesehen.

◀ *Leucitbasanit (etwa natürliche Größe), Viterbo, Italien.*

NEPHELINIT

CHEMISMUS: Ultrabasisch.
HAUPTMINERALIEN: Nephelin, monoklines Pyroxen (Augit, Ägirin-Augit).
NEBENMINERALIEN: Olivin, Sphen, Perowskit, Melilith, Nosean, Sodalith, Haüyn, Zeolithe.
GEFÜGE: Feinkörnig; massige bis blasige Struktur; porphyrisch-ganzkristalline Textur mit feinkörniger Grundmasse.
FARBE: Hellgrau, grünlich, rosig.
GEOLOGISCHES MILIEU: Lavaströme von bescheidenen Ausmaßen in Verbindung mit Alkalibasalten.
VORKOMMEN: Seltene Gesteine; typisch für vulkanische Gebiete mit alkalischem Magmatismus wie die in Deutschland, Frankreich, Italien und in der ostafrikanischen Riftzone.
NUTZUNG: In der Bauindustrie selten verwendet.
WEITERE MERKMALE: Name weist auf die Gesteinszusammensetzung hin. Äquivalentes Extrusivgestein zu Ijolith und Urtit; früher als nephelinreicher Basalt angesehen; heute als mesokrate Varietät von Foidit (zu 90 – 100 Volumenprozent Feldspatoidanteil) klassifiziert; Gesteine mit 60 – 90 Volumenprozent Feldspatoid werden Phonolithnephelinite und Tephritnephelinite genannt, da die Gesteine nach Mineralogie und Chemismus Übergangsformen zu Phonolithen und Tephriten darstellen.

▼ *Nephelinit (etwa natürliche Größe), Böhmen, Tschechische Republik.*

LEUCITIT

CHEMISMUS: Basisch-ultrabasisch.
HAUPTMINERALIEN: Leucit, Augit (häufig titanhaltig).
NEBENMINERALIEN: Olivin, braune Hornblende, Biotit, Sphen, Melanit, Melilith, Haüyn.
GEFÜGE: Feinkörnig; massige bis blasige Struktur, Mandeln enthalten Zeolithe; porphyrisch- ganzkristalline Textur mit feinkristalliner Grundmasse.
FARBE: Hellgrau, weißlich.
GEOLOGISCHES MILIEU: Lavaströme von bescheidenen Ausmaßen.
VORKOMMEN: Seltene Gesteine; charakteristisch für Gebiete mit alkalischem Magmatismus wie die in Italien, in der ostafrikanischen Riftzone und auf Java.
NUTZUNG: In der Bauindustrie selten verwendet.
WEITERE MERKMALE: Name deutet auf die Gesteinszusammensetzung hin. Äquivalentes Extrusivgestein zu Fergusit; Leucitit ist eine mesokrate Varietät von Foidit; Foidit enthält 90 – 100 Volumenprozent Feldspatoid; Gesteine mit 60 – 90 Volumenprozent Feldspatoiden werden als Phonolithleucitit und Tephritleucitit bezeichnet, da sie Übergangsformen zu Phonolithen und Tephriten darstellen; Ugandit ist melanokrate Leucitit-Varietät, besteht aus monoklinem Pyroxen, Olivin und Leucit in glasiger Grundmasse.

▼ *Leucitit (etwa natürliche Größe), Acquacetosa, Rom, Italien.*

MELILITHIT

CHEMISMUS: Ultrabasisch.
HAUPTMINERALIEN: Melilith, Ägirinaugit, Olivin.
NEBENMINERALIEN: Perowskit, Chromit, Picotit, Melanit, Phlogopit, Apatit, Sphen.
GEFÜGE: Feinkörnig; massive bis blasige Struktur; ganzkristallin-porphyrische Textur mit feinkristalliner oder selten glasiger Grundmasse.
FARBE: Grau, hellbraun.
GEOLOGISCHES MILIEU: Gänge in Verbindung mit Basalten, Tephriten und Karbonatiten.
VORKOMMEN: In Italien insbesondere in den Varietäten Venanzit und Coppaelit; auch in Schweden, auf Madagaskar, in Südafrika und Kanada.
NUTZUNG: Ausschließlich von wissenschaftlichem Interesse.
WEITERE MERKMALE: Äquivalente Extrusivgesteine zu den Melilitolithen. Name weist auf den reichen Anteil von Melilith hin; Melilith ist ein Sorosilikat, das durch Mischung von Gehlenit und Akermanit entsteht; nicht-ultramafische Gesteine, die Melilith enthalten, sind unter einer modifizierten Version des Gesteinsnamens bekannt (z. B. Melilithnephelinit).

HYALOKLASTIT

CHEMISMUS: Intermediär-basisch.
HAUPTMATERIALIEN: Glas.
NEBENMINERALIEN: Keine.
GEFÜGE: Brekzienartig; besteht aus sehr splitterigen, kantigen, glasigen Bruchstücken, die durch Mineralien wie Calcit und Zeolith verkittet oder durch eine tonige Matrix schwach verbunden sind.
FARBE: Meist dunkel.
GEOLOGISCHES MILIEU: In kleinen Gesteinskörpern meist in Verbindung mit Kissenlaven (Kissenbasalte); mitunter schichtförmig, mit Sedimenten wechsellagernd.
VORKOMMEN: Nicht sehr häufig vorkommendes Gestein.
NUTZUNG: Ohne praktischen Nutzen.
WEITERE MERKMALE: Auf das Aussehen des Gesteins hinweisender Name ist griechischen Ursprungs (*hyalos* – durchsichtiger Stein, *klan* – abbrechen). Entsteht meist durch Kontakt von Lava mit Wasser; basaltisches Glas (Sideromelan) ist Hauptbestandteil dieses Gesteins, reagiert häufig mit Wasser und bildet dabei Palagonit (bräunliches oder orangefarbiges Produkt), Chlorit oder andere tonige Mineralien; vulkanisches Glas saurer Zusammensetzung ist als Obsidian bekannt.

IGNIMBRIT

CHEMISMUS: Sauer-intermediär.
HAUPTMINERALIEN: Glassplitter; Quarz, Sanidin, Albit, Biotit in sauren Gesteinen; Pyroxen, Hornblende, Plagioklas in intermediären Gesteinen.
NEBENMINERALIEN: Feldspatoide, Bruchstücke von Nebengesteinen.
GEFÜGE: Gestein mit unterschiedlichem Verfestigungsgrad; besteht aus einer Vielzahl von Lockerstoffen (Pyroklasten) und Asche, die eine glasige, mitunter rissige Matrix bilden; gelegentlich reich an Lavaporen, die Kristalle enthalten.
FARBE: Hellgrau, bräunlich, durch Oxidation mitunter rötlich oder hellviolett.
GEOLOGISCHES MILIEU: In Lavaströmen von beachtlicher Ausdehnung und einer Mächtigkeit von etwa einem halben bis zu einigen hundert Metern.
VORKOMMEN: Recht häufig in der Nähe explosiver Vulkane autretend.
NUTZUNG: In der Bauindustrie verwendet.
WEITERE MERKMALE: Name lateinischen Ursprungs (*ignis* – Feuer, *imber* – Regen), bezieht sich auf katastrophale Glutwolken (sehr dichte Masse von weißglühendem, mit Gasen vermischtem pyroklastischem Material, das aus einem Vulkan ausgestoßen wird und sich mit hoher Geschwindigkeit an dessen Hängen hinabwälzt; große zerstörerische Wirkung); Ignimbrit besteht aus ausgekühlten und verfestigten Ablagerungen von Glutwolken; gelegentlich Fließtexturen im Gestein vorhanden.

▼ *Ignimbrit (etwa 0,7 fach), Viterbo, Italien.*

▲ *Hyaloklastit (etwa 1,2 fach), Monti Iblei, Sizilien, Italien.*

◄ *Melilithit (etwa natürliche Größe), Latium, Italien.*

TUFF

CHEMISMUS: Unterschiedlich (für gewöhnlich sauer-intermediär).
HAUPTMINERALIEN: Plagioklas, Sanidin, Quarz, Glimmer, Feldspatoide, Pyroxene und Amphibole je nach Zusammensetzung des Magmas; Glassplitter und Gesteinsbruchstücke.
NEBENMINERALIEN: Olivin, Zeolithe, Hämatit, Magnetit.
GEFÜGE: Poröses Gestein von geringer Dichte; mittel- bis feinkörnig, teilweise verkittet; in Formationen aus jeweils einem Vulkanausbruch häufig von unten nach oben abnehmende Korngröße; in der Regel porphyrisch mit größeren Kristallen und Nebengesteinsbruchstücken von meist schwarzer oder bräunlichgelber Färbung und feiner Körnung.
FARBE: Hell- oder dunkelgrau, rosig, grünlich, gelblich, bräunlich.
GEOLOGISCHES MILIEU: In Lagerstätten in Verbindung mit Extrusivgesteinen.
VORKOMMEN: In unmittelbarer Nähe explosiver Vulkane.
NUTZUNG: Verwendung einiger verfestigter Varietäten in der Bauindustrie.
WEITERE MERKMALE: Grobkörnige, pyroklastische Gesteine (Korngröße >64 mm) werden Agglomerate oder vulkanische Brekzien, Gesteine mittlerer Korngröße (2–64 mm) Lapillituffe genannt; Korngröße der Tuffe unter 2 mm; in Tuffen enthaltene Lavaporen sind mit Mineralien wie Zeolithen und Calcit gefüllt, die aus Dämpfen kristallisieren und zur Verfestigung des Gesteins beitragen.

◄ Porphyrischer Tuff (etwa natürliche Größe), Arona, Novara, Italien.

PEPERINOTUFF

CHEMISMUS: Intermediär.
HAUPTMINERALIEN: Augit, Biotit, Leucit.
NEBENMINERALIEN: Feldspäte, Zeolithe; auch Lavasteinchen und kalkhaltige Bruchstücke.
GEFÜGE: Poröses, kohärentes Gestein von geringer Dichte; mittelkörnig mit eingesprengten groben Partikeln; teils brekzienartige Textur durch vulkanische Lockerprodukte, die reich an Kristallen sind (Leucit).
FARBE: Dunkelgrau, bräunlich mit kleinen schwarzen Flecken (Augit).
GEOLOGISCHES MILIEU: Undeutliche Schichtung; in recht ausgedehnten Ablagerungen in Verbindung mit trachytischen oder tephritisch-leucititischen Extrusivgesteinen.
VORKOMMEN: In unmittelbarer Nähe explosiver Vulkane.
NUTZUNG: Gut verfestigte, helle und leicht zu bearbeitende Tuff-Varietät, die oft in der Bauindustrie verwendet wird.
WEITERE MERKMALE: Name deutet auf die schwärzlichen, in die Gesteinsoberfläche eingesprengten und an Pfefferkörner erinnernden Flecke hin. Puzzolan ist Tuff trachytischer Zusammensetzung, der bei der Herstellung von Spezialzementen verwendet wird.

▼ Peperinotuff (etwa natürliche Größe), Latium, Italien.

OBSIDIAN

CHEMISMUS: Unterschiedlich (für gewöhnlich sauer).
HAUPTMATERALIEN: Glas.
NEBENMINERALIEN: Eisenoxide und verschiedene Mineralien.
GEFÜGE: Sehr kompaktes Gestein mit charakteristischem muscheligen Bruch; massige Struktur, gelegentlich mit konzentrischen Rissen und perlitischer Textur; glasige Textur mit seltenen kleinen Einsprenglingen.
FARBE: Glasig schwarz, dunkelbraun, grau oder schwarz, rotgefleckt.
GEOLOGISCHES MILIEU: Als Lavaströme, als Vulkanauswürflinge, bedeckt als Kruste rhyolithische und dacitische Vulkankuppen.
VORKOMMEN: Relativ häufiges Produkt von saurem Vulkanismus.
NUTZUNG: In prähistorischen Zeiten zur Herstellung von Werkzeugen, heute als Ausgangsmaterial für Steinwolle verwendet.
WEITERE MERKMALE: Ähnliche Zusammensetzung wie Granit; genaue Bestimmung der Zusammensetzung durch chemische Analyse oder Messung des Brechungsindex.

Obsidian (etwa natürliche Größe), Liparische Inseln, Messina, Italien. ►

BIMS

CHEMISMUS: Unterschiedlich (für gewöhnlich sauer).
HAUPTMATERALIEN: Glas.
NEBENMINERALIEN: Verschiedene Silikate, Calcit.
GEFÜGE: Lockergestein, oft mit parallel eingeregelten Lavaporen, gelegentlich mit Calcit und Zeolithen gefüllte Mandeln; blasige (bimssteinartige), sowohl aus einzelnen als auch aus miteinander verbundenen Lavaporen gebildete Textur sorgt für geringes Gewicht und läßt das Gestein an der Wasseroberfläche schwimmen.
FARBE: Hellgrau, gelblich, rosig.
GEOLOGISCHES MILIEU: In Gesteinsbrocken, die aus Vulkanen der Explosivreihe herausgeschleudert wurden; selten an der Oberfläche von Lavaströmen.
VORKOMMEN: In Verbindung mit saurem bis intermediären Vulkanismus; reiche Vorkommen auf manchen Inseln vulkanischen Ursprungs wie die Liparischen Inseln, Thiva in der Ägäis sowie die Inseln Indonesiens und Japans.
NUTZUNG: Als Schleifmittel geringer Qualität und als Isoliermaterial in der Bauindustrie verwendet.
WEITERE MERKMALE: Name lateinischen Ursprungs (*pumex*), Benennung geht auf Theophrast zurück. Blasige Struktur entsteht durch Gaseinschlüsse in viskosen sauren Magmen beim Passieren des Vulkanschlotes (Druckentlastung) und spontanes Entweichen der Gase beim Aufreißen und Aufschäumen des Magmas an der Oberfläche.

Bims (etwa natürliche Größe), Liparische Inseln, Messina, Italien. ►

UMWANDLUNGS-GESTEINE

UMWANDLUNGSGESTEINE

Umwandlungsgesteine entstehen im Innern der Erdkruste aus bereits vorhandenen Gesteinen, wenn sich in einem bestimmten Bereich Temperatur oder Druck erhöhen. Hierbei wandeln sich Größe, Anordnung oder Art (bei Rekristallisation) der mineralischen Bestandteile des Ursprungsgesteins. Der Druck an einem bestimmten Punkt in der Erdkruste wird durch die Masse der darüberliegenden Gesteine bestimmt. Auch die Temperatur ändert sich abhängig von der Tiefe. Anhand von Angaben über Temperatur und Druck läßt sich ein metamorphes Milieu genauer bestimmen.

oder thermische Umwandlung und die Regionalmetamorphose. Zu einer Kontaktmetamorphose kommt es in unmittelbarer Nähe einer Wärmequelle – meist an einem Magmaherd; die untenstehende Zeichnung zeigt die Temperaturverteilung in einem kontaktmetamorphen Bereich. Regionalmetamorphose dagegen ist an die Erhöhung von Temperatur und Druck gebunden; sie tritt beim Zusammenstoß tektonischer Platten auf. Ein solcher Zusammenstoß läßt eine aus stark verformten und umgewandelten Gesteinen gebildete Gebirgszone entstehen, die man als Orogen oder als orogene Gebirgszone bezeichnet.

Oben: Sericitquarzschiefer (Apuanische Alpen, Toskana, Italien), an dem Schieferigkeit und starke Faltung erkennbar sind.

In manchen metamorphen Bereichen spielt die Temperatur die wichtigste Rolle; in anderen wiederum werden die Umwandlungsbedingungen in erster Linie vom Druck beeinflußt; schließlich gibt es Fälle, in denen das Metamorphosemilieu von beiden gleichermaßen geprägt ist.

Man unterscheidet bei der Gesteinsumwandlung – der Metamorphose – zwei Haupttypen: Die Kontaktmetamorphose

Die Gesteinsumwandlung in Subduktionszonen stellt einen Sonderfall der Regionalmetamorphose dar; die Umwandlung verläuft hier unter sehr hohem Druck. Eine Platte aus ozeanischer Kruste sinkt im Erdmantel bis in große Tiefen hinab. Da die abtauchende Platte zunächst relativ kalt ist und von den umgebenden Gesteinen allmählich aufgeheizt wird, herrscht in diesem Bereich eine niedrigere Temperatur, als in dieser Tiefe normalerweise zu erwarten wäre. Die Metamorphose in Subduktionszonen tritt stets auf der dem Ozean zugewandten Seite einer regionalmetamorph gebildeten Gebirgszone auf.

Eine weitere Form der Metamorphose findet auf dem Boden der Ozeane statt. Die Umwandlungsprozesse gehen in der Nähe der mittelozeanischen Rücken vor sich, wo die Gesteine nicht allein erhöhten Temperaturen, sondern auch chemischen Reaktionen mit dem Ozeanwasser ausgesetzt sind. Diesen Umwandlungstyp entdeckte man erst vor 25 Jahren. Bis dahin hatte die Ansicht geherrscht, der Meeresboden bestehe aus einer dünnen Schicht ozeanischer Sedimente, unter denen Basalt und andere basische oder ultrabasische Gesteine lägen. Dann sammelten Wissenschaftler am Mittelatlantischen Rücken und am Carlsberg-Rücken im Indischen Ozean metamorphe Basalte auf. Die Untersuchung der Gesteine zeigte, daß ein großer Teil des vom Meeresboden stammenden Basalts durch diese Art der Gesteinsumwandlung entstanden sein mußte. Bei den Gesteinen, die aus tieferen Bereichen der ozeanischen Kruste stammten, war die Metamorphose aufgrund höherer Temperaturen vor sich gegangen. Die Entdeckung der Metamorphose am Meeresboden trug wesentlich dazu bei, daß man Klarheit über die Herkunft der Ophiolithen erlangte. Ophiolithe sind Teile der alten Ozeankruste, die in Subduktionszonen auf die kontinentale Kruste aufgeschoben wurden.

Die Umwandlungsgesteine, die eine splitterige Struktur aufweisen, sind leicht von Erstarrungs- und Absatzgesteinen zu unterscheiden. Diese Eigenschaft bildet sich durch gerichteten Druck aus, der gestreckte oder flache, tafelige Kristalle in einer senkrecht zur Richtung der Kompression liegenden Ebene ausrichtet. Dieser Prozeß läßt sich mit dem Zusammendrücken einer Schachtel zu einem flachen Gebilde vergleichen. Bei metamorphen Gesteinen mit einem sehr hohen Umwandlungsgrad sowie bei Gesteinen, die aus Ausgangsmaterialien mit körniger Struktur und geringem Anteil von glimmerigen Mineralien wie Sandstein oder Granit entstanden sind, ist die splitterige Struktur weniger ausgeprägt.

Zum besseren Verständnis der Entstehung und der Merkmale von Umwandlungsgesteinen soll hier ein Diagramm *(siehe Seite 125)* benutzt werden, in dem die Gesteine nach ihren Entstehungsbedingungen eingeteilt sind. Am oberen Rand ist die Temperatur in °C, nach rechts hin ansteigend, angegeben; der Druck (in Gigapascal; 10^5 Pa = 1bar) steigt von oben nach unten. Diese Darstellung gilt nur bei hydrostatischem Gleichgewicht, d. h. wenn der vom Gewicht des aufliegenden Gesteins erzeugte Druck dem Druck der Flüssigkeiten im Gestein gleich ist ($P_L = P_{H_2O}$). Links von der durchgehenden Linie befindet sich ein Bereich, der in der Natur nicht vorkommende Bedingungen darstellt. Die Bedingungen für die Diagenese sind nicht angegeben; sie wären in der Ecke links vom Bereich 1 (Zeolithfazies) zu finden. Die Diagenese tritt bei relativ niedrigen Drücken und Temperaturen auf und verläuft meist ohne signifikante mineralogische Umbildungen.

Die Kontaktmetamorphose nimmt die obersten Bereiche im Diagramm (5, 6 und 7) ein, die durch sehr niedrigen Druck und Temperaturen von etwa 300°C bis zum Schmelzpunkt der Gesteine (700 – 800°C) gekennzeichnet sind. Diese Bedingungen begünstigen das Entstehen von Hornfelsen; die drei Felder sind nach dem für die jeweiligen Entstehungsbedingungen typischen Mineral benannt. Nicht alle Gesteine zeigen hier eine splitterige oder blätterige Struktur, sind jedoch durch Porphyroblaste – große Körner neuer Mineralien, die mit steigender Temperatur entstehen – typisch gefleckt. Ein weiteres Merkmal von Hornfels besteht darin, daß er in der Nähe magmatischer Körper auftritt.

Die verbleibenden Felder entsprechen dem regionalmetamorphen Milieu. Die Felder 1, 2, 3 und 4 liegen im niedrigen Temperaturbereich und repräsentieren Drücke bis zu 1,2 GPa. Sie umfassen die niedrigtemperierte Metamorphose wie auch die Metamorphose in Subduktionszonen. In den unter niedrigem oder mittlerem Druck entstandenen Gesteinen treten die Zeolithe auf, in größeren Tiefen entstehen Jadeit und Glaukophan. Glaukophan, ein blauer Amphibol, gilt als Indikatormineral für hohe Drücke. Sowohl die Gesteine, die dieses Mineral enthalten, als auch deren Entstehungsbedingungen werden nach dem Glaukophan benannt (Felder 4 und 9). Mit Ausnahme der Gesteine in Feld 1, die häufig ein lockeres Gefüge haben, zeigen die unter hohem Druck entstandenen Gesteine meist eine deutliche Schieferigkeit und eine feine Körnung.

Die Felder 8, 9 und 10 verkörpern für die Regionalmetamorphose typische Bedingungen. Besonders die Felder 8 und 9 liegen im Bereich von gemäßigten Temperaturen und Drücken mit niedrigen bis sehr hohen Werten. Feld 8, das die Grünschieferfazies darstellt, zeigt einen niedrigen bis mittleren Umwandlungsgrad an. Die Gesteine dieser Fazies sind schieferig, fein- bis mittelkörnig und reich an glimme-

Die Pfeilrichtung zeigt das Ansteigen der Temperatur an. Der höchste Umwandlungsgrad im kontaktmetamorphen Milieu tritt im Bereich des Temperaturmaximums auf. Die Temperaturverteilung wird vorwiegend durch die Entfernung vom Magmenkörper bestimmt.

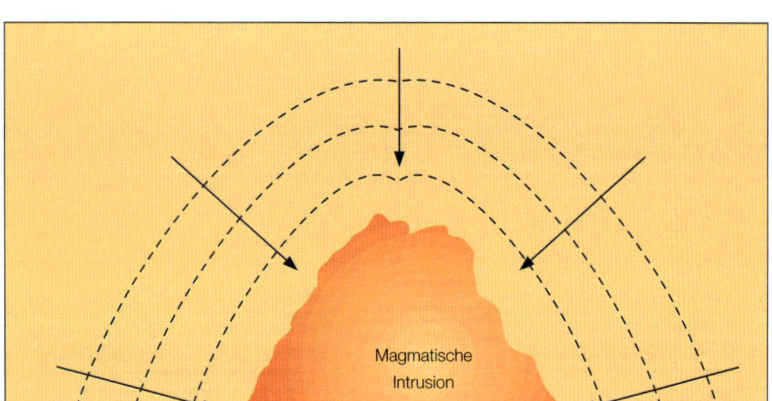

Unten: Temperaturverteilung in einem Kontakthof (Diagramm).

Oben: Mont Blanc (Blick vom Veny-Tal). Der imposante Berg besteht aus Umwandlungsgesteinen.

Unten: Die numerierten Felder des Diagramms entsprechen den Druck- und Temperaturverhältnissen, unter denen die verschiedenen metamorphen Fazies in der Regel entstehen.

rigen Mineralien. Bei höherem Druck wie im Feld 9 kann in den Gesteinen Glaukophan auftreten.

Für die Felder 10 und 11 sind hohe Temperaturen sowie mittlere bis hohe Drücke charakteristisch; hier ist die Amphibolfazies angesiedelt. Die Gesteine zeigen einen mittleren bis hohen Umwandlungsgrad und sind meist mittel- bis grobkörnig. Einige von ihnen zeigen aufgrund ihres geringen Gehalts an glimmrigen Mineralien eine nur schlecht entwickelte planparallele Teilbarkeit. Für dieses Milieu typische Gesteine sind Gneis und Amphibolite.

Die Granulit- und die Eklogitfazies sind im Diagramm nicht berücksichtigt, da beide unter Beteiligung von nur geringen Wassermengen entstehen (wenig Wasserdampf in der Schmelze). Granulite bilden sich bei hohen Temperaturen und Drücken in einem Milieu, das von hochgradiger Metamorphose bis zu beginnendem Aufschmelzen des Gesteins (Anatexis) reicht. Sie sind in der Regel mit Migmatiten, in die sie umkristallisieren, vergesellschaftet.

Die Eklogite schließlich entstehen im wasserarmen Milieu mit hohem bis extrem hohem Druck und einem breiten Temperaturspektrum. Sie wandeln sich durch Reaktion mit Wasser leicht um; das kann der Grund dafür sein, daß diese Gesteine in der Erdkruste kaum auftreten. Sie kommen, mit umgewandelten Ophioliten der Alpen vergesellschaftet, in kleinen Gesteinskörpern vor.

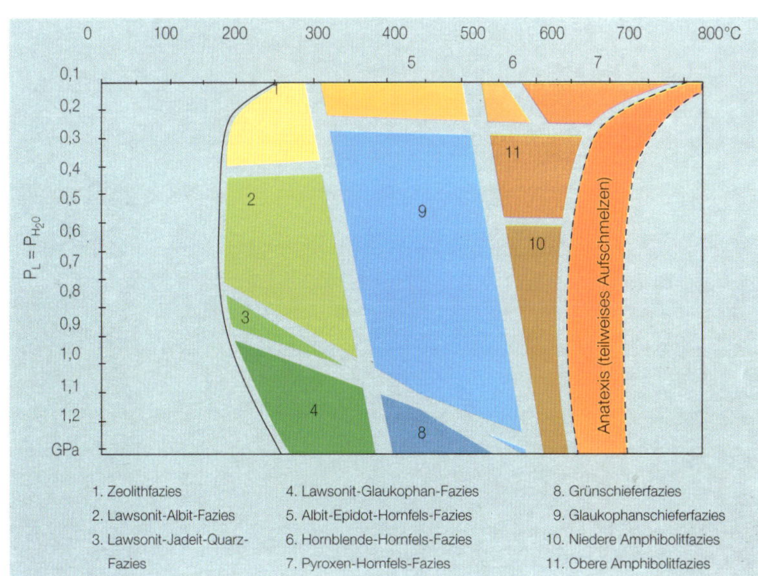

TONSCHIEFER

PROTOGESTEIN: Pelitisches Absatzgestein.
METAMORPHES MILIEU: Regionalmetamorphose sehr niedrigen Grades, zwischen Diagenese und schwachgradiger Metamorphose; Kontaktmetamorphose.
HAUPTMINERALIEN: Tonige Mineralien, Quarz, Muskovit.
NEBENMINERALIEN: Feldspäte, kohlenstoffreiche Substanzen, Calcit, Pyrit.
GEFÜGE: Sehr feinkörnig; splitteriger Bruch (hier auch Schieferung genannt) mit parallelen, ebenen Oberflächen, häufig in einem bestimmten Winkel zur Schichtungsfläche, an der die Sedimente abgelagert wurden; unter dem Mikroskop ist außer Umkristallisation auch mechanische Neueinregelung der tonigen Mineralien zu beobachten: durch Druckanwendung entstehen entlang der Spaltflächen abgeflachte Mineralkristalle.
FARBE: Grau, bläulich, gelblich oder ziegelfarben.
GEOLOGISCHES MILIEU: In Ablagerungen von mitunter beachtlicher Ausdehnung; Übergang zu Phylliten und Glimmerschiefern mit höherem Umwandlungsgrad.
VORKOMMEN: Häufig in Gebirgsketten oder in Kontaktzonen.
NUTZUNG: Leicht spaltbar in dünne, bruchfeste Platten.
WEITERE MERKMALE: In pelitischen Gesteinen vorhandene Fossilien sind aufgrund der Umbildungen im Verlaufe der Metamorphose in Tonschiefern meist nicht zu finden; seltenes Beispiel eines in Tonschiefer konservierten Fossils in der Abbildung unten; breites Farbenspektrum ergibt sich aus dem Ablagerungsmilieu und dem Oxidationsgrad.

Metagrauwacke (etwa 0,7fach), Lucca, Italien. ►

▼ *Tonschiefer mit einem Fossil (etwa 0,5fach), Herkunft unbekannt.*

METAGRAUWACKE

PROTOGESTEIN: Sandhaltiges Absatzgestein.
METAMORPHES MILIEU: Schwachgradige Regionalmetamorphose (Lawsonit-Albit-Fazies).
HAUPTMINERALIEN: Quarz und andere Restmineralien aus dem Ausgangssediment; auch Albit, Chlorit und Zeolithe.
NEBENMINERALIEN: Prehnit, Muskovit, Illit, Lawsonit.
GEFÜGE: Feinkörnig; massig; ursprüngliche Struktur erkennbar; zeigt unter dem Mikroskop komplette Umkristallisation der Matrix.
FARBE: Grau, grünlich, bräunlich.
GEOLOGISCHES MILIEU: In Gesteinskörpern mäßiger Größe; bei Erhöhung des Umwandlungsgrades entsteht Quarzfeldspatschiefer.
VORKOMMEN: In Gebirgsketten.
NUTZUNG: Selten in lokaler Industrie verwendet.
WEITERE MERKMALE: Vorsilbe „Meta-" zeigt an, daß das Protogestein (hier Grauwacke) Umwandlungsprozessen (häufig niedrigen Grades) unterworfen war.

PHYLLIT

PROTOGESTEIN: Pelitisches Absatzgestein.
METAMORPHES MILIEU: Schwachgradige Regionalmetamorphose (Grünschieferfazies).
HAUPTMINERALIEN: Quarz, helle Glimmer (Muskovit, Phengit, Paragonit).
NEBENMINERALIEN: Chlorit, Albit, Calcit, Epidote, Apatit.
GEFÜGE: Feinkörnig; größere Glimmerflocken als in Tonschiefer, die an Schieferungsflächen aufgereiht sind und das Gestein glänzen lassen, jedoch mit bloßem Auge nicht zu erkennen sind; schieferiger Bruch mit welligen, seidig glänzenden Flächen; gelegentlich mit Quarzlinsen oder -knollen mittlerer Korngröße, die mit bloßem Auge an ihrem milchigen Aussehen zu erkennen sind (Quarzphyllit); gleichdimensionierte Kristalle (granoblastische Textur) unter dem Mikroskop sichtbar, gelegentlich mit Porphyroblasten von Albit.
FARBE: Hellgrau, silbergrau, bleigrau, grünlich.
GEOLOGISCHES MILIEU: In großen Gesteinskörpern, vergesellschaftet mit Albitquarzit und Albitparagneis.
VORKOMMEN: Sehr häufig in großen Gebirgsketten.
NUTZUNG: In der Bauindustrie selten verwendet.
WEITERE MERKMALE: Bildet mit steigendem Umwandlungsgrad Gesteine, die Übergänge zwischen Tonschiefern und Glimmerschiefern darstellen, unterschiedliche Zusammensetzung aufweisen und deshalb gewöhnlich nach dem jeweils vorherrschenden Mineral (Quarz, Muskovit usw.) benannt werden; Phyllite entstehen durch Rückwandlung von höhergradigen metamorphen Gesteinen (Glimmerschiefer, Paragneis), die Phyllonite genannt werden und Rückstände der bei hoher Temperatur entstandenen Mineralien aufweisen.

▼ *Quarzphyllit (etwa natürliche Größe), Sondrio, Italien.*

ALBITPARAGNEIS

PROTOGESTEIN: Sandhaltiges bis pelitisches Absatzgestein.
METAMORPHES MILIEU: Schwachgradige Regionalmetamorphose (Grünschieferfazies).
HAUPTMINERALIEN: Albit, Quarz, Epidot.
NEBENMINERALIEN: Biotit, Chlorit, Muskovit, Calcit, Apatit, Turmalin, Chloritoid.
GEFÜGE: Mittelkörnig; mit hellen, für das bloße Auge sichtbaren Quarz- oder Feldspatkristallen; mit noch erkennbaren Strukturen des Ausgangsgesteins; feinkörnige, umkristallisierte Matrix ist unter dem Mikroskop erkennbar, gelegentlich mit Porphyroblasten von Quarz und Albit.
FARBE: Abwechselnd helle und dunkle Bänderung.
GEOLOGISCHES MILIEU: In sehr ausgedehnten Gesteinskörpern, häufig vergesellschaftet mit Phylliten; geht bei höherem Umwandlungsgrad in Glimmerschiefer und Paragneis (hohe Entstehungstemperatur) über.
VORKOMMEN: Häufig aus dem Innern erodierter Gebirgsketten.
NUTZUNG: In der Bauindustrie selten verwendet.
WEITERE MERKMALE: Unterscheidet sich von höhergradigen Paragneisen durch mineralogische Zusammensetzung und Textur; mit steigendem Umwandlungsgrad werden Albit und Epidot durch Plagioklas ersetzt; mit wachsender Korngröße verschwindet zudem die ursprüngliche Textur des Protogesteins.

▼ *Albitparagneis (etwa natürliche Größe), Val Lozen, Trient, Italien.*

ZWEIGLIMMERSCHIEFER

PROTOGESTEIN: Pelitisches Absatzgestein.
METAMORPHES MILIEU: Regionalmetamorphose mittleren Grades bei mittlerem bis niedrigem Druck (Grünschieferfazies).
HAUPTMINERALIEN: Quarz, Plagioklas (Oligoklas, Andesin), Biotit, Muskovit, Paragonit.
NEBENMINERALIEN: Granat (Almandin), Andalusit, Cordierit, Eisen- und Titanoxid, Apatit, Zirkon.
GEFÜGE: Mittelkörnig; gut ausgebildete Schieferigkeit, meist eben, mitunter gewellt spaltend; starker Glanz am frischen Bruch durch parallel angeordnete, grobe Muskovitflocken; granoblastische Textur mit Porphyroblasten von Plagioklas und Cordierit.
FARBE: Helles Silbergrau bei überwiegendem Muskovitanteil; schwärzlich-kastanienbraun bei überwiegendem Biotitanteil.
GEOLOGISCHES MILIEU: In sehr ausgedehnten Gesteinskörpern, meist mit Paragneis vergesellschaftet; geht bei niedrigem Umwandlungsgrad in phyllitisches Gestein, bei hohem Umwandlungsgrad in Gneis über.
VORKOMMEN: Sehr häufig in Gebirgsketten.
NUTZUNG: In der Bauindustrie selten verwendet.
WEITERE MERKMALE: „Schiefer“ ist wahrscheinlich deutschen Ursprungs (*skivaro* – zerrissene Felsen und Hölzer oder *schiver* oder *schivere* – Stein-, Holzsplitter). Glimmerkristalle in Schiefern sehr leicht mit bloßem Auge zu erkennen, in Phylliten mit Vergrößerungsglas zu sehen.

▼ *Zweiglimmerschiefer (etwa 0,7fach), Sachsen, Deutschland.*

GRANATGLIMMERSCHIEFER

PROTOGESTEIN: Pelitisches Absatzgestein.
METAMORPHES MILIEU: Mittelgradige Regionalmetamorphose bei mittlerem bis hohem Druck (Beginn der Amphibolitfazies).
HAUPTMINERALIEN: Granat (Almandin), Quarz, Biotit, Muskovit.
NEBENMINERALIEN: Plagioklas (Oligoklas, Andesin), Eisen- und Titanoxid, Apatit, Zirkon, Epidote selten.
GEFÜGE: Mittelkörnig mit Granat-Porphyroblasten von bis zu einigen Zentimetern Durchmesser, die leicht an dunkler Färbung und knolligem Aussehen erkennbar sind; schieferige, ebene, mitunter gewellte oder unregelmäßige Struktur; granoblastische Textur mit Porphyroblasten (Granat) und Poikiloblasten (Plagioklas mit Einschlüssen kleiner, gutentwickelter Kristalle)
FARBE: Silbrig bis dunkel mit weißlichen und dunkelroten Flecken.
GEOLOGISCHES MILIEU: In sehr ausgedehnten Gesteinskörpern, meist in Verbindung mit Paragneis; geht bei niedrigem Umwandlungsgrad zu Phylliten, bei hohem Umwandlungsgrad zu Gneis, Migmatiten oder Granuliten über.
VORKOMMEN: Sehr häufig vorkommend; treten in Gebirgsketten zutage.
NUTZUNG: In der Bauindustrie selten verwendet.
WEITERE MERKMALE: Zeigt im Gegensatz zu Paragneis (massigere Struktur) klare Schieferigkeit bei reichlichem Vorhandensein von parallel angeordneten Glimmerflocken; in der Natur sind jedoch alle Übergänge zwischen beiden Texturen vorhanden, auch Gneisglimmerschiefer und schieferige Paragneise, die nach dem jeweils vorherrschenden Merkmal benannt sind; die granatreiche Varietät ist der am häufigsten vorkommende Vertreter der Glimmerschiefer- Gruppe.

▼ *Granatglimmerschiefer (etwa natürliche Größe), Bozen, Italien.*

STAUROLITHGRANAT-GLIMMERSCHIEFER

PROTOGESTEIN: Pelitisches Absatzgestein.
METAMORPHES MILIEU: Mittelgradige Regionalmetamorphose bei mittlerem bis hohem Druck (Amphibolithfazies)
HAUPTMINERALIEN: Quarz, Plagioklas, Staurolith, Granat (Almandin), Biotit.
NEBENMINERALIEN: Eisen- und Titanoxid, Apatit, Zirkon.
GEFÜGE: Mittel- bis grobkörnig; schieferige Struktur mit Streckungen; granoblastische Textur mit großen Porphyroblasten von Plagioklas (hell), Andalusit und Staurolith (dunkel, auch als typische kreuzförmige Zwillingsbildungen).
FARBE: Silbrig bis dunkel.
GEOLOGISCHES MILIEU: In Gesteinskörpern, mit Paragneis vergesellschaftet; bei niedrigem Umwandlungsgrad in Phyllit, bei hohem Umwandlungsgrad in Gneis übergehend.
VORKOMMEN: In Gebirgsketten.
NUTZUNG: In der Bauindustrie selten verwendet.
WEITERE MERKMALE: Staurolithanteil liefert wichtige Anhaltspunkte über Entstehungsbedingungen (Temperatur, Druck und Zusammensetzung der Gesteinsschmelze).

▲ *Staurolithgranatglimmerschiefer (etwa 0,5fach), Frankreich.*

CYANITGLIMMERSCHIEFER

PROTOGESTEIN: Pelitisches Absatzgestein.
METAMORPHES MILIEU: Mittel- bis hochgradige Regionalmetamorphose bei hohem Druck (Amphibolfazies).
HAUPTMINERALIEN: Quarz, Plagioklas (Oligoklas, Andesin), Cyanit, Biotit, Granat (Almandin).
NEBENMINERALIEN: Staurolith, Eisen- und Titanoxid, Apatit, Zirkon.
GEFÜGE: Grobkörnig; unterbrochene schieferige Struktur mit Bänderung (Glimmer- und Cyanitschichten); granoblastische Textur, gelegentlich mit Porphyroblasten von Cyanit.
FARBE: Silbrig bis dunkel, blaue Cyanitkristalle sichtbar.
GEOLOGISCHES MILIEU: In Gesteinskörpern, vergesellschaftet mit Paragneis; bei niedrigem Umwandlungsgrad in Phyllit, bei hohem Umwandlungsgrad in Gneis übergehend.
VORKOMMEN: In Gebirgsketten.
NUTZUNG: In der Bauindustrie selten verwendet.
WEITERE MERKMALE: Nebenmineralien liefern wichtige Anhaltspunkte über Temperatur und Druck, denen die Ausgangsgesteine ausgesetzt waren; Sillimanit zeigt mittleren bis hohen Metamorphosegrad und besonders höhere Entstehungstemperaturen als andalusit- oder cyanithaltige Gesteine an; Andalusit und Cordierit typisch für relativ niedrigen, Cyanit und Granate für hohen Druck; unter hohem Druck entstandene Gesteine zeigen weniger deutlichen schieferigen Bruch, grobe Körnung und Texturen analog der von Gneisen.

Cyanitglimmerschiefer (etwa 0,7fach), Apuanische Alpen, Toskana, Italien. ►

ZWEIGLIMMERPARAGNEIS

PROTOGESTEIN: Sandhaltiges bis pelitisches Absatzgestein (besonders Grauwacken).
METAMORPHES MILIEU: Mittel- bis hochgradige Regionalmetamorphose (Amphibolitfazies).
HAUPTMINERALIEN: Quarz, Plagioklas (Oligoklas, Andesin), Orthoklas, Biotit, Muskovit.
NEBENMINERALIEN: Granat, Staurolith, Zirkon, Calcit, Apatit, Turmalin.
GEFÜGE: Mittelkörnig; kaum merklicher schieferiger Bruch; häufig nicht homogen, sondern mit Bänderungen von unterschiedlichen Mineralansammlungen; granoblastische Textur mit Porphyroblasten oder Poikiloblasten (Granat, Staurolith).
FARBE: Gräulichbraun.
GEOLOGISCHES MILIEU: In ausgedehnten Gesteinskörpern, vergesellschaftet mit Glimmerschiefern; bei steigendem Umwandlungsgrad in Migmatite oder Granulite, bei niedrigerem Umwandungsgrad in Phyllite übergehend.
VORKOMMEN: Sehr häufig im Innern erodierter Gebirgsketten.
NUTZUNG: In der Bauindustrie selten verwendet.
WEITERE MERKMALE: Vorsilbe „Para-" weist auf sedimentäres Protogestein hin; Protogestein jedoch nicht immer eindeutig bestimmbar; arkosische Protolithe (Quarzfeldspat-Sandsteine) haben granitähnliche chemische Zusammensetzung, bilden also von Metagraniten nur schwer unterscheidbare Umwandlungsgesteine.

▼ *Zweiglimmerparagneis (etwa 0,7fach), Arendal, Norwegen.*

BIOTITPARAGNEIS

PROTOGESTEIN: Sandhaltiges bis pelitisches Absatzgestein (besonders Grauwacken).
METAMORPHES MILIEU: Mittel- bis hochgradige Regionalmetamorphose (Amphibolitfazies).
HAUPTMINERALIEN: Quarz, Plagioklas (Oligoklas, Andesin), Alkalifeldspat, Biotit.
NEBENMINERALIEN: Muskovit, Granat, Staurolith, Zirkon, Calcit, Apatit, Turmalin.
GEFÜGE: Mittelkörnig; undeutlicher splitteriger Bruch; häufig nicht homogen, sondern mit Bänderungen durch unterschiedliche Mineralansammlungen; mit deutlich sichtbaren graugrünen, linsenförmigen feldspatreichen Bereichen; gleichdimensionierte Kristalle (granoblastische Textur) mit Porphyroblasten unter dem Mikroskop sichtbar.
FARBE: Abwechselnd helle und dunkle Bänderung.
GEOLOGISCHES MILIEU: In großen Gesteinskörpern, meist vergesellschaftet mit Glimmerschiefern; mit steigendem Umwandlungsgrad in Migmatite, bei niedrigem Umwandlungsgrad in Phyllite übergehend.
VORKOMMEN: Im Innern erodierter Gebirgsketten.
NUTZUNG: Selten; in der Bauindustrie als polierte Platten verwendet.
WEITERE MERKMALE: Nebenmineralien sind in Paragneisen mitunter reichlich vorhanden, und der Paragneis wird entsprechend benannt, z. B. Cordieritandalusitparagneis oder Granatparagneis.

▼ *Biotitparagneis (etwa 0,6fach), Rhône, Frankreich.*

GRANATPARAGNEIS

PROTOGESTEIN: Sandhaltige bis pelitische Absatzgesteine.
METAMORPHES MILIEU: Hochgradige Regionalmetamorphose (Amphibolitfazies).
HAUPTMINERALIEN: Granat (Almandin), Mikroklin, Orthoklas, Quarz, Plagioklas, Biotit.
NEBENMINERALIEN: Cordierit, Hornblende, Augit, Apatit, Zirkon, Turmalin.
GEFÜGE: Mittel- bis grobkörnig; kaum wahrnehmbarer splitteriger Bruch; granoblastische Textur; Granate häufig als Porphyroblasten.
FARBE: Meist weißlich mit rötlichen Granatkörnern und dunklen Bänderungen.
GEOLOGISCHES MILIEU: In Gesteinskörpern unterschiedlicher Größe, meist in Verbindung mit Migmatiten.
VORKOMMEN: Sehr häufig in stark erodierten Gebirgsketten.
NUTZUNG: Selten; in der Bauindustrie in Form von polierten Platten verwendet.
WEITERE MERKMALE: Mineralbestand einiger Gneise ähnlich dem von bestimmten Glimmerschiefer-Varietäten; Gneise lassen sich nur schwer in dicke, unregelmäßige Platten, Schiefer dagegen leichter und in dünnere Platten brechen.

Granatparagneis (etwa 0,5fach), Sondrio, Italien. ▶

MUSKOVITQUARZIT

PROTOGESTEIN: Quarzreiches Absatzgestein mit geringen Mengen toniger Mineralien oder Feldspäte.
METAMORPHES MILIEU: Schwachgradige Regionalmetamorphose (Grünschieferfazies).
HAUPTMINERALIEN: Quarz, Muskovit, Chlorit.
NEBENMINERALIEN: Biotit, Albit, Epidot, eisenreicher Granat, Magnetit, Turmalin, Apatit.
GEFÜGE: Feinkörnig; zeigt mitunter splitterigen Bruch mit schwacher Spaltbarkeit und bricht zu haltbaren, dünnen Platten; gleichdimensionierte Kristalle (granoblastische Textur), unregelmäßig geformte Quarzkristalle und parallel ausgerichtete Muskovitflocken unter dem Mikroskop sichtbar.
FARBE: Meist weißlich, hellgrau.
GEOLOGISCHES MILIEU: Linsenförmige Einlagerungen von mäßiger Stärke in Phylliten, Glimmerschiefern und Paragneisen; seltener in großen Schichtdicken.
VORKOMMEN: Recht häufiges Gestein in regionalmetamorphem Terrain, das aus metamorphen Prozessen in Sedimentschichten herrührt.
NUTZUNG: Als Fußbodenbelag, polierte Platten als Wandverkleidung verwendet.
WEITERE MERKMALE: Anwesenheit anderer Mineralien in Quarzsandstein läßt bei niedriggradiger Regionalmetamorphose und unter starker Verformung Muskovit und Chlorit entstehen; diese Glimmer konzentrieren sich in dünnen Schichten und verleihen dem Gestein eine schwache Spaltbarkeit; Muskovitquarzit geht mit steigendem Glimmergehalt in Quarzglimmerschiefer über.

▼ *Muskovitquarzit (etwa 0,9fach), Herkunft unbekannt.*

QUARZIT

PROTOGESTEIN: Quarzreiches Absatzgestein (Orthoquarzite, Quarzschluffsteine, Hornstein).
METAMORPHES MILIEU: Infolge der Stabilität von Quarz unter unterschiedlichen Bedingungen verschieden: Entstehung durch Diagenese, Metamorphose geringen, mittleren und hohen Grades und Kontaktmetamorphose.
HAUPTMINERALIEN: Quarz.
NEBENMINERALIEN: Muskovit, Biotit, Alkalifeldspäte, Plagioklase, eisenreicher Granat, Zirkon, Turmalin, Apatit, Graphit, Magnetit.
GEFÜGE: Fein- bis grobkörnig; massiv, gebändert oder je nach Gehalt und Verteilung von Glimmern splitterig (Muskovitquarzit, Quarzschiefer); gelegentlich mit alten Sedimentmerkmalen; granoblastische Textur mit unregelmäßigen Quarzkristallen, oft gebrochen.
FARBE: Häufig weißlich, zartgrau; graphit-, magnetit- und biotitreiche Quarzite dunkel bis schwarz.
GEOLOGISCHES MILIEU: Linsenförmige Einlagerungen von mäßiger Stärke in Phylliten, Glimmerschiefern und Paragneis; seltener in dicken Schichten.
VORKOMMEN: Recht häufig vorkommend.
NUTZUNG: Schieferiger Quarzit wird zu Platten geschnitten, massige Varietäten als polierte Platten in der Bauindustrie verwendet;
WEITERE MERKMALE: Glimmerreiche, regionalmetamorph entstandene, umkristallisierte und umgeformte Quarzite häufig mit schieferiger Struktur; dünne, in Phylliten und Glimmerschiefern auftretende Bänderung ist nicht typisch für Quarzit.

▼ *Quarzit (etwa 0,9fach), Tirol, Österreich.*

DAS GEFÜGE EINES GESTEINS

DIE TEXTUR DER UMWANDLUNGSGESTEINE

Die Erdkruste befindet sich in ständiger Bewegung. Dabei transportiert sie die Gesteine von ihrem Entstehungsort allmählich in andere Umgebungen. Die Mineralien, aus denen diese Gesteine bestehen, bilden im Verlauf eines solchen Prozesses neue Verbände, die unter den veränderten Bedingungen stabil sind.

1

2

Granatglimmerschiefer (etwa natürliche Größe), Val Passeria, Bozen, Italien; unten: als Dünnschliff unter dem Polarisationsmikroskop (etwa 20fach; gekreuzte Nicol-Prismen).

3

4

Augengneis (etwa natürliche Größe), Sondrio, Italien; unten: als Dünnschliff unter dem Polarisationsmikroskop (etwa 20fach; gekreuzte Nicol-Prismen).

5

6

Rosa Marmor (etwa natürliche Größe), Candoglia, Novara, Italien; unten: als Dünnschliff unter dem Polarisationsmikroskop (etwa 20fach; nur Polarisator).

Die hohen Temperaturen und Drücke, die in der Erdkruste herrschen, führen zu Verformungen in den Kristallgittern der Mineralien und lassen unterschiedliche Mineralarten miteinander chemisch reagieren. Auf diese Weise können neue Kristalle bereits existierender Mineralien oder sogar neue Arten von Mineralien entstehen. Eine Folge dieses Phänomens ist die Umwandlung der Textur der Gesteine.

Der Oberbegriff für die Textur der Umwandlungsgesteine ist „kristalloblastisch“. Die aus dem Griechischen abgeleitete Nachsilbe „-blastisch“ ist Bestandteil vieler Begriffe, mit denen die Vielfalt der durch das Wachstum neuer Kristalle bestimmten Texturen beschrieben wird. Unterschiedlich starke metamorphe Veränderungen lassen ebenso unterschiedliche Texturen entstehen, die sich nach Form, Ausrichtung und Größe der Mineralkristalle unterscheiden.

Wie bei allen anderen Gesteinen, so werden auch bei Umwandlungsgesteinen sowohl Handstücke als auch Dünnschliffe untersucht – letztere mit Hilfe eines Polarisationsmikroskops. Diese Dünnschliffe bestehen aus Gesteinsscheiben, die so fein sind, daß das Licht durch sie hindurchscheint. Die Stücke werden zum Schutz vor Beschädigungen zwischen zwei Glasscheiben gelegt. Die Mineralien und ihre Textur können anhand eines polarisierten Lichtstrahls, den man durch den Dünnschliff schickt, beobachtet werden.

TEXTURBEISPIELE

Abbildung 1 zeigt die makroskopische Probe eines Granatglimmerschiefers. Die Textur ist schieferig, glimmerige Mineralien sind vorzugsweise entlang bestimmter Ebenen angeordnet und bilden dünne, dunkel gefärbte Schichten und weißliche Quarzlinsen. Außerdem sind große, rundliche Kristalle von bräunlichrotem Granat zu sehen.

Im dazugehörigen Dünnschliff (Abbildung 2) erkennt man hell gefärbte Muskovitkörner, die parallel zu den abgeflachten hellen, quarzreichen Linsen liegende Schichten bilden (lepidoblastische Textur). Die großen, gräulichen Kristalle, die Einschlüsse enthalten, sind Albitkristalle (Poikiloblaste); die schwärzlichen Flecke stammen von Granaten (Porphyroblaste).

In Abbildung 3 ist eine Gneisprobe zu sehen, in der man linsenförmige Aggregate aus glasigem Quarz und großen bräunlichen Orthoklaskristallen erkennt, die von dünnen, dunkel gefärbten Glimmerschichten umgeben sind. Aus einer gewissen Entfernung betrachtet, haben die Schichten Ähnlichkeit mit einem Auge (Augentextur).

Abbildung 4 zeigt einen Dünnschliff der Gneisprobe. Sehr deutlich ist ein großer grauer Orthoklaskristall zu sehen (Porphyroblast), in dem Plagioklaszonen eingeschlossen sind. Die farbigen Kristalle stammen von Muskovit, und die kleineren, durchsichtigen und klaren Bereiche sind Quarzkristalle.

Eine Probe von rosa Marmor ist in Abbildung 5 zu sehen. Durch Metamorphose kristallisierte das in dem ursprünglichen Kalkstein enthaltene Calcit zu neuen, gleichdimensionierten und recht großen Kristallen um. Die kleinen Bereiche, in denen das Licht wie von einem Spiegel reflektiert wird, stellen jeweils ein Kristallkorn dar.

Der Dünnschliff der Marmorprobe (Abbildung 6) läßt miteinander verzahnte Calcitkristalle (granoblastische Textur) erkennen. Auch kleine farbige, mit den Calcitkörnern vermischte Muskovitflocken sind zu sehen. Der Muskovit ist durch Umwandlung anderer, möglicherweise tonhaltiger Mineralien, die im ursprünglichen Kalkstein enthalten waren, entstanden.

MARMOR

PROTOGESTEIN: Karbonatgesteine.
METAMORPHES MILIEU: Regionalmetamorphose niedrigen, mittleren und hohen Grades; Kontaktmetamorphose.
HAUPTMINERALIEN: Calcit (in einigen Varietäten fast ausschließlich enthalten), Dolomit.
NEBENMINERALIEN: Je nach Umwandlungsgrad Muskovit, Quarz, Albit, Pyrit, Epidot, Grossular, Wollastonit, Diopsid, Tremolit, Vesuvian, Schwefel, Gips, Wurtzit usw.
GEFÜGE: Fein- bis grobkörnig; massige Struktur, je nach Korngröße mitunter zonar oder leicht schieferig; typische granoblastische Textur, in silikatreichen Varietäten jedoch Abweichungen.
FARBE: Häufig weiß; durch Verunreinigungen Flecke und Adern unterschiedlicher Färbung: grünlich (Chlorit), gräulich (Pyrit), bräunlich (Goethit), rötlich (Hämatit), in graphitischen Marmoren schwärzlich-graue Streifungen.
GEOLOGISCHES MILIEU: In großen Gesteinskörpern oder dünnen Einlagerungen in Verbindung mit metamorphen Gesteinen unterschiedlichen Umwandlungsgrades.
VORKOMMEN: Berühmte Marmore kommen aus Carrara, den Apuanischen Alpen sowie einigen griechischen Lagerstätten (Náxos, Páros, Lávrion).
NUTZUNG: In der Bauindustrie; unbehauene Stücke und polierte Platten in der Außenarchitektur und für Denkmäler verwendet.
WEITERE MERKMALE: Name griechischen Ursprungs („Block“ oder „weißer Stein“). Als Handelsname fälschlicherweise für alle weichen, größtenteils karbonatreichen und leicht zu bearbeitenden Gesteine verwendet (harte Gesteine – Granit).

CIPOLLINO

PROTOGESTEIN: Verunreinigte Kalksteine und kalkhaltige Mergel.
METAMORPHES MILIEU: Schwachgradige Regionalmetamorphose.
HAUPTMINERALIEN: Calcit, Chlorit und Muskovit.
NEBENMINERALIEN: Quarz, Albit, Pyrit.
GEFÜGE: Feinkörnig; wechselnde Streifen von unterschiedlicher Zusammensetzung; mitunter schieferig; granoblastische Textur.
FARBE: Weißliche (Calcit) und grünliche (Chlorit, Muskovit usw.) streifenartige Zeichnung.
GEOLOGISCHES MILIEU: Mit anderen Marmoren wechsellagernd.
VORKOMMEN: In Gebirgen mit kalkigen Umwandlungsgesteinen; bedeutende Vorkommen in den Apuanischen Alpen.
NUTZUNG: In Form polierter Platten für Verkleidungen und Einrichtungsgegenstände verwendet.
WEITERE MERKMALE: Sehr häufig vorkommender Marmor mit Bänderungen unterschiedlicher Stärke und Farbe, jedoch stets mit dunkelgrünen bis grauen Schattierungen; mitunter farbige Streifen entlang kleiner, im Verlauf der Metamorphose entstandener Brüche; in diesen Fällen tritt gezackte Bänderung auf.

▲ *Cipollino (etwa natürliche Größe), Apuanische Alpen, Toskana, Italien.*

◄ *Weißer Marmor (etwa 0,8 fach), Tháxos, Griechenland.*

GEADERTER MARMOR

PROTOGESTEIN: Kalksteine.
METAMORPHES MILIEU: Mittel- bis hochgradige Regionalmetamorphose.
HAUPTMINERALIEN: Calcit, Dolomit bei niedrigerem Umwandlungsgrad.
NEBENMINERALIEN: Muskovit, Quarz, Pyrit, Adular.
GEFÜGE: Mittelkörnig; massige Struktur; verzahnte granoblastische Textur.
FARBE: Perlweiß bis hellgrau; mit dunkelgrauer, fast regelmäßiger Aderung durch feinkristallines Pyrit.
GEOLOGISCHES MILIEU: Mit anderen Marmoren wechsellagernd.
VORKOMMEN: In Gebirgen mit kalkigen Umwandlungsgesteinen; bedeutende Vorkommen in den Apuanischen Alpen.
NUTZUNG: In Form von Blöcken in der Bauindustrie verwendet.
WEITERE MERKMALE: Name weist auf das dichte Netz aus dunklen Adern hin, die das helle Gestein kreuz und quer durchziehen; in andere Marmore, wie die einfache weiße Varietät mit gröberer Körnung, übergehend.

▼ *Geaderter Marmor (etwa 0,7 fach), Apuanische Alpen, Toskana, Italien.*

BARDIGLIO

PROTOGESTEIN: Kalksteine.
METAMORPHES MILIEU: Schwachgradige Regionalmetamorphose.
HAUPTMINERALIEN: Calcit.
NEBENMINERALIEN: Muskovit, Adular, Quarz, Albit, Pyrit.
GEFÜGE: Feinkörnig; massige Struktur; gleichdimensionierte Kristalle (granoblastische Textur) unter dem Mikroskop erkennbar.
FARBE: Kräftiges Aschblau mit weißlicher oder dunkler Aderung.
GEOLOGISCHES MILIEU: Mit anderen Marmoren wechsellagernd.
VORKOMMEN: In Gebirgen mit kalkigen Umwandlungsgesteinen; bedeutende Vorkommen in den Apuanischen Alpen.
NUTZUNG: In Form polierter Platten für Verkleidungen und verschiedene Einrichtungsgegenstände verwendet.
WEITERE MERKMALE: Am häufigsten vorkommender Marmor; früher für Kamineinfassungen und als Dekorplatten an Einrichtungsgegenständen verwendet; erscheint, in seiner natürlichen Umgebung betrachtet, homogen; bei Betrachtung im kleineren Rahmen, d. h. bei der Untersuchung von Handstücken, deutliche Abweichungen erkennbar; bekannteste Varietäten sind der Kapellenmarmor und der Kaisermarmor; andere Varietäten sind nach bestimmten Orten benannt.

Bardiglio ► *(etwa natürliche Größe), Apuanische Alpen, Toskana, Italien.*

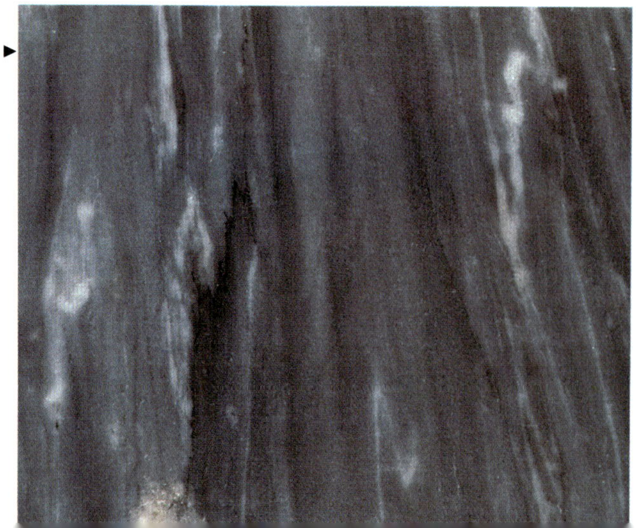

BILDHAUERMARMOR

PROTOGESTEIN: Kalksteine.
METAMORPHES MILIEU: Schwachgradige Regionalmetamorphose.
HAUPTMINERALIEN: Calcit.
NEBENMINERALIEN: Muskovit, Quarz, Albit, Pyrit.
GEFÜGE: Feinkörnig; massige Struktur; granoblastische Textur.
FARBE: Elfenbeinweiß mit kleinen gräulichen Flecken durch geringe Mengen von feinkristallinem Pyrit.
GEOLOGISCHES MILIEU: Mit anderen Marmoren wechsellagernd.
VORKOMMEN: In Gebirgen mit kalkigen Umwandlungsgesteinen; Vorkommen in den Apuanischen Alpen haben einzigartigen Charakter; ähnliche, jedoch gröber gekörnte Marmore kommen aus Griechenland (Páros, Náxos, Tháxos).
NUTZUNG: Für Ziergegenstände und in Form von Platten als Fußbodenbelag verwendet.
WEITERE MERKMALE: Begehrtester und teuerster Marmor, wird zunehmend seltener; reine, sehr weiße und durchscheinende Varietät derzeit nur in kleinen Blöcken im Handel; leicht zu bearbeiten, wurde deshalb in der Vergangenheit für teilweise sehr berühmte Denkmäler verwendet.

▼ *Bildhauermarmor (etwa 0,8fach), Apuanische Alpen, Toskana, Italien.*

ROSA MARMOR

PROTOGESTEIN: Kalksteine.
METAMORPHES MILIEU: Mittelgradige Regionalmetamorphose; Kontaktmetamorphose.
HAUPTMINERALIEN: Calcit.
NEBENMINERALIEN: Muskovit, Plagioklas, Pyrit.
GEFÜGE: Mittel- bis grobkörnig; massige Struktur; in der Regel granoblastische Textur.
FARBE: In der Regel zart fleischfarben.
GEOLOGISCHES MILIEU: Mit anderen Marmoren wechsellagernd.
VORKOMMEN: In Gebirgen mit kalkigen Umwandlungsgesteinen; recht selten auftretende Varietät; bekannte Vorkommen in Portugal; auch in Italien (Novara) und einigen anderen Ländern.
NUTZUNG: In Form von polierten Platten als Fußbodenbelag und für Verkleidungen verwendet.
WEITERE MERKMALE: Ist wie alle Marmore sehr empfindlich und nutzt sich schnell ab; Fußböden in Räumen mit starkem Publikumsverkehr zeigen Abnutzungserscheinungen (glanzloses Aussehen, abgetretene Stellen); Marmor mit deutlich rosiger Färbung ist heute selten, häufiger im Handel zu finden ist Marmor mit mehr opaker Farbgebung.

ARABESCATO

PROTOGESTEIN: Karbonatgesteine.
METAMORPHES MILIEU: Mittel- bis hochgradige Regionalmetamorphose.
HAUPTMINERALIEN: Calcit.
NEBENMINERALIEN: Dolomit, Muskovit, Quarz, Albit, Adular, Pyrit.
GEFÜGE: Grobkörnig; aus Marmorklasten bestehende Brekzie; parallel zur Schieferung abgeplattet und mit kalkiger Matrix, die die Bruchstücke verkittet; gleichdimensionierte Kristalle der Matrix sind unter dem Mikroskop erkennbar.
FARBE: Reinweiß mit grauen Streifungen durch feinkristallines Pyrit.
GEOLOGISCHES MILIEU: Mit anderen Marmoren wechsellagernd.
VORKOMMEN: In Gebirgen mit kalkigen Umwandlungsgesteinen; Vorkommen in den Apuanischen Alpen sind einzigartig; gröber gekörnte, jedoch ähnliche Marmore kommen aus Griechenland (Páros, Náxos, Tháxos).
NUTZUNG: In Form polierter Platten als Fußbodenbelag für Innenräume und für Verkleidungen verwendet.
WEITERE MERKMALE: Brekzie, deren Bestandteile mit einer grauen Matrix von unregelmäßig-netzartigem Aussehen verkittet sind; die Varietäten unterscheiden sich durch die Größe der Bruchstücke und die Stärke des dunkel gefärbten Netzwerks, zeigen folglich deutliche Unterschiede im Erscheinungsbild.

Arabescato ► *(etwa 0,7fach), Apuanische Alpen, Toskana, Italien.*

◄ *Rosa Marmor (etwa 0,8fach), Portugal.*

BREKZIENMARMOR

PROTOGESTEIN: Karbonatgesteine.
METAMORPHES MILIEU: Mittel- bis hochgradige Regionalmetamorphose.
HAUPTMINERALIEN: Calcit, Dolomit.
NEBENMINERALIEN: Muskovit, Quarz, Pyrit, Eisenoxide.
GEFÜGE: Heterogene Korngröße; Brekzie, die aus mitunter 10 cm großen Klasten besteht; das Bindemittel, das die Bruchstücke miteinander verkittet, ist mittel- bis feinkörnig.
FARBE: Unterschiedlich, abhängig von Bestandteilen des Marmors; größtenteils grau, weißlich, gelb, weißgrau; Matrix meist hell gefärbt, grau oder braun.
GEOLOGISCHES MILIEU: Mit anderen Marmoren wechsellagernd; häufig in Verbindung mit Erscheinungen, die aus tektonischer Aktivität herrühren (z. B. Verwerfungen, Brüche).
VORKOMMEN: In Gebirgen mit kalkigen Umwandlungsgesteinen; bedeutende Vorkommen in verschiedenen Teilen der Welt.
NUTZUNG: In Form von polierten Platten als Fußbodenbelag in Innenräumen und für Fassadenverkleidungen verwendet.
WEITERE MERKMALE: Es gibt zahlreiche Arten von Brekzienmarmor, die sich durch Farbe und Korngröße der Bruchstücke und das Bindemittel unterscheiden; meist mit Phantasienamen oder nach den Orten, wo sie gebrochen werden, bezeichnet (u. a. Pfirsichblütenbrekzie, Saravesa-Brekzie, Medici-Brekzie).

▼ *Brekzienmarmor (etwa 0,7fach), Apuanische Alpen, Toskana, Italien.*

CALACATTA (KLASTISCHER MARMOR)

PROTOGESTEIN: Karbonatgesteine.
METAMORPHES MILIEU: Mittel- bis hochgradige Regionalmetamorphose.
HAUPTMINERALIEN: Calcit.
NEBENMINERALIEN: Dolomit, Muskovit, Quarz, Albit, Pyrit.
GEFÜGE: Breit variierende Korngröße; meist aus großen, parallel zur Schieferung abgeplatteten und mit Calcit verkitteten Bruchstücken bestehend.
FARBE: Perlweiß, mit gelbgrünen, gelegentlich goldfarbenen Streifungen (Muskovit und feinkristallines Pyrit) durchkreuzt.
GEOLOGISCHES MILIEU: Mit anderen Marmoren wechsellagernd; häufig in Verbindung mit Erscheinungen, die aus tektonischen Aktivitäten herrühren (z. B. Verwerfungen, Brüche).
VORKOMMEN: In Gebirgen mit kalkigen Umwandlungsgesteinen; bedeutende Vorkommen in verschiedenen Teilen der Erde.
NUTZUNG: In Form von polierten Platten für Wege, Fußböden und Verkleidungen verwendet.
WEITERE MERKMALE: Aus Klasten von Statuenmarmor bestehende Brekzie mit glimmeriger Karbonatmatrix, in der die Nebenmineralien auftreten; recht seltener, in den Apuanischen Alpen vorkommender Marmor.

▼ *Calacatta (etwa natürliche Größe), Apuanische Alpen, Toskana, Italien.*

KALKSCHIEFER

PROTOGESTEIN: Mergel, karbonatische oder tuffhaltige Sandsteine.
METAMORPHES MILIEU: Schwach- bis mittelgradige Regionalmetamorphose (Grünschieferfazies, Beginn der Amphibolitfazies).
HAUPTMINERALIEN: Calcit, Muskovit und Paragonit, Chlorit, Biotit, Quarz.
NEBENMINERALIEN: Aktinolith, Albit, Epidot, Graphit, Pyrit, Ilmenit, Tremolit, Dolomit.
GEFÜGE: Feinkörniges, leicht degradiertes Gestein; an der Oberfläche Hohlräume durch Auflösung häufig in Linsen auftretender Karbonate, klare Schieferung, mit glänzenden Oberflächen (*schistes lustrés*); unter dem Mikroskop sind gleichdimensionierte Kristalle (granoblastische Textur) und parallel ausgerichtete Glimmer- und Chloritflocken (lepidoblastische Textur) zu erkennen.
FARBE: Grau, grünlich-bläulich, braun.
GEOLOGISCHES MILIEU: In gelegentlich sehr großen Gesteinskörpern; in Verbindung mit silikat-, phyllit- und glimmerschieferreichen Marmoren.
VORKOMMEN: Meist in Gebirgssystemen vom Alpentyp, gelegentlich in Verbindung mit metamorphen Ophiolithen.
NUTZUNG: Ausschließlich von wissenschaftlichem Interesse.
WEITERE MERKMALE: Mineralogische Zusammensetzung von Kalkschiefern (regionalmetamorph) ähnlich der von Calciphyren (kontaktmetamorph); Kalkschiefer jedoch mit Schieferung und kleinen, parallel zur Schieferung abgeplatteten Calcitlinsen; Kalkschiefer gehen bei steigendem Umwandlungsgrad in Kalksilikate mit massigerer Struktur über, in denen Calcit durch bestimmte Reaktionen, bei denen Kalziumsilikate entstanden, teilweise ersetzt wird.

▼ *Kalkschiefer (etwa 0,6fach), Rigoli, Perugia, Italien.*

MUSKOVITSCHIEFER

PROTOGESTEIN: Vulkanische und pyroklastische Gesteine saurer oder intermediärer Zusammensetzung; arkosische Sandsteine.
METAMORPHES MILIEU: Schwachgradige Regionalmetamorphose (Grünschieferfazies).
HAUPTMINERALIEN: Muskovit, Quarz, Albit.
NEBENMINERALIEN: Chlorit, Epidot, Sphen, Eisen- und Titanoxid.
GEFÜGE: Feinkörnig; schieferige Struktur mit glänzenden, welligen Oberflächen durch metamorphes Muskovit; ursprüngliche Struktur zum großen Teil verschwunden.
FARBE: Hellgrau, grünlichgrau.
GEOLOGISCHES MILIEU: In Gesteinskörpern, vergesellschaftet mit Phyllit, phyllitischem Paragneis und Halbschiefer.
VORKOMMEN: Recht häufig in Gebirgsketten vorkommend.
NUTZUNG: Von wissenschaftlichem Interesse.
WEITERE MERKMALE: Sehr weiche Gesteine, die früher für Talkschiefer gehalten wurden; gehen metamorphe Vorgänge mit einer schwachen Deformation einher, kristallisiert nur die Grundmasse um, während große Feldspat- und Quarzkörner ihre ursprünglichen Eigenschaften behalten; das Gestein wird dann „porphyroid" genannt.

▲ *Muskovitschiefer (etwa 0,6fach), Taunus, Deutschland.*

METAGRANIT

PROTOGESTEIN: Granite.
METAMORPHES MILIEU: Schwachgradige Regionalmetamorphose, mit schwacher Deformation einhergehend (Grünschieferfazies).
HAUPTMINERALIEN: Quarz, Mikroklin, Albit, Chlorit.
NEBENMINERALIEN: Orthoklas (häufig serizitiert), Epidot, Sphen, Eisen- und Titanoxid.
GEFÜGE: Mittel- bis feinkörnig; massige Struktur; körnige Textur.
FARBE: Weißlich, gelblich, hellgrau; stets von dunkleren Mineralien gefleckt.
GEOLOGISCHES MILIEU: In Gesteinskörpern unterschiedlicher Größe, gelegentlich in Verbindung mit Graniten.
VORKOMMEN: In Gebirgsketten.
NUTZUNG: In der Bauindustrie selten verwendet.
WEITERE MERKMALE: Entsteht durch schwachgradige Metamorphose aus sauren Tiefengesteinen, in denen ursprüngliche magmatische Strukturen erhalten sind; es finden jedoch Umwandlungen des Mineralbestands statt (z. B. von Plagioklas zu Albit und Epidot); bei starker Deformation entsteht eine gebrochene Textur („Flaser"), die Metagranite werden dann als „Flasergranite" bezeichnet.

▼ *Metagranit (etwa 0,8fach), Brossasco, Cueno, Italien.*

ORTHOGNEIS

PROTOGESTEIN: Erstarrungsgesteine saurer oder intermediärer Zusammensetzung; Tuffe und arkosische Sandsteine.
METAMORPHES MILIEU: Mittel- bis hochgradige Regionalmetamorphose (Amphibolitfazies).
HAUPTMINERALIEN: Quarz, Mikroklin, Orthoklas, Plagioklas, Muskovit, Biotit.
NEBENMINERALIEN: Hornblende, Augit, Apatit, Zirkon, Ilmenit, Granat.
GEFÜGE: Mittel- bis grobkörnig; Mineralien häufig ausgerichtet, jedoch keine ausgeprägte Schieferung; wechselnd gebändert von hellen und dunklen unterbrochenen, linsigen, bis zu etwa 2,5 cm starken Schichten (gneisische Textur); granoblastische, zu porphyroblastischer Textur übergehend (Augengneis).
FARBE: Meist weißlich mit dunkler Bänderung.
GEOLOGISCHES MILIEU: In Gesteinskörpern unterschiedlicher Größe, vergesellschaftet mit Migmatiten und granitischen Gesteinen.
VORKOMMEN: Sehr häufig in stark erodierten Auffaltungsgebirgen; besonders in archäozoischen Bereichen.
NUTZUNG: Einige Gneise in der Bauindustrie entweder als unbehauene Blöcke oder polierte Platten verwendet.
WEITERE MERKMALE: Name wahrscheinlich von einem alten sächsischen Bergmannsausdruck abgeleitet (Gneis – seit etwa 1500 als Gesteinsbezeichnung verwendet); hatte in der Vergangenheit viele Bedeutungen, die sich jedoch nicht auf die wahre Natur des Gesteins bezogen; moderne Definition des Begriffs geht auf den Deutschen Abraham Gottlob Werner zurück.

▼ *Zweiglimmergranatorthogneis (etwa 0,8fach), Sondrio, Italien.*

AUGENGNEIS

PROTOGESTEIN: Erstarrungsgesteine saurer oder intermediärer Zusammensetzung; Tuffe und Absatzgesteine (arkosische Sandsteine).
METAMORPHES MILIEU: Mittel- bis hochgradige Regionalmetamorphose (Amphibolitfazies).
HAUPTMINERALIEN: Quarz, Mikroklin, Orthoklas, Plagioklas, Muskovit, Biotit.
NEBENMINERALIEN: Hornblende, Augit, Apatit, Zirkon, Ilmenit, Granat.
GEFÜGE: Mittel- bis grobkörnig; blätterig (gneisische Textur), mit großen weißlichen, von dunklen Bändern umgebenen Feldspatkristallen; augenförmige Feldspäte im Handstück leicht erkennbar; Matrix mit granoblastischer Struktur.
FARBE: Weißlich, häufig in großen Flecken mit dunkler Bänderung.
GEOLOGISCHES MILIEU: In Gesteinskörpern unterschiedlicher Größe, häufig vergesellschaftet mit Migmatiten und granitischen Gesteinen.
VORKOMMEN: Sehr häufig in stark erodierten Auffaltungsgebirgen, besonders in archäozoischen Bereichen; typisch ausgebildeter Augengneis in Spanien und Portugal.
NUTZUNG: Einige Gneisarten in der Bauindustrie als unbehauene Blöcke oder polierte Platten, früher auch als Pflasterstein verwendet.
WEITERE MERKMALE: Kann durch Umwandlung von Graniten mit porphyrischer Textur entstehen; große Kalifeldspatkristalle (Mikroklin) und seltener Plagioklas behalten während des Umwandlungsprozesses ihre ursprüngliche Größe und werden von glimmerigen Bändern eingehüllt; unverwitterter Augengneis sehr begehrt.

▼ *Augengneis (etwa natürliche Größe), Sondrio, Italien.*

GLAUKOPHANSCHIEFER

PROTOGESTEIN: Vulkanische und pyroklastische Gesteine basischer Zusammensetzung.
METAMORPHES MILIEU: Subduktionsmetamorphose (Blauschiefer- oder Lawsonit- Glaukophanfazies).
HAUPTMINERALIEN: Glaukophan, Crossit oder Riebeckit, Lawsonit.
NEBENMINERALIEN: Calcit, Aragonit, Magnetit, Chlorit, Albit, Quarz, Jadeit, Epidot, Granat, Cyanit.
GEFÜGE: Mittel- bis grobkörnig; Schieferigkeit nicht immer gut ausgebildet; in manchen Gesteinen sind Ansammlungen verschiedener Mineralien erkennbar; nematoblastische bis lepidoblastische Textur.
FARBE: Dunkelblau bis bläulichgrün mit hellvioletten Schattierungen.
GEOLOGISCHES MILIEU: In Gesteinskörpern unterschiedlicher Größe.
VORKOMMEN: In Gebirgsketten.
NUTZUNG: Ausschließlich von wissenschaftlichem Interesse.
WEITERE MERKMALE: Entsteht in den Subduktionszonen entlang kontinentaler Plattenränder, die unter hohem Druck stehen.

▲ *Glaukophanschiefer (etwa natürliche Größe), Norwegen.*

PRASINIT (CHLORITAMPHIBOLEPIDOTALBITSCHIEFER)

PROTOGESTEIN: Basalte und basische pyroklastische Gesteine oder klastenreiche Sedimente basischer Zusammensetzung.
METAMORPHES MILIEU: Schwachgradige Regionalmetamorphose (Grünschieferfazies).
HAUPTMINERALIEN: Chlorit, Aktinolith, Albit, Epidot.
NEBENMINERALIEN: Calcit, Quarz, Sphen, Rutil, Muskovit, Ilmenit.
GEFÜGE: Feinkörnig; Struktur massig oder mit Bänderungen unterschiedlicher Zusammensetzung; gelegentlich alte Strukturen des Ausgangsgesteins erkennbar; unter dem Mikroskop parallel ausgerichtete nadelige Amphibolkristalle (nemoblastische Textur) mit kleinen rundlichen weißen, von Schichten dunkler gefärbter Mineralien umgebenen Albitkörnern (ozellare Textur) zu sehen.
FARBE: Verschiedene Grünschattierungen mit blaßgelben oder bläulichen Tönen.
GEOLOGISCHES MILIEU: In Gesteinskörpern, vergesellschaftet mit Phylliten, Glimmerschiefern und Kalkschiefern.
VORKOMMEN: In Gebirgen des Alpentyps.
NUTZUNG: Ausschließlich von wissenschaftlichem Interesse.
WEITERE MERKMALE: Entsteht durch Rückwandlung von Glaukophanschiefer bei plötzlicher Druckverringerung wie auch durch Regionalmetamorphose; viele dieser Prasinite treten in alpidischen Gebieten auf; Bezeichnung „Prasinit“ vor allem im europäischen Sprachgebrauch, ansonsten „Chloritamphibolepidotalbitschiefer“.

Prasinit (etwa natürliche Größe), Val Varaita, Cuneo, Italien. ►

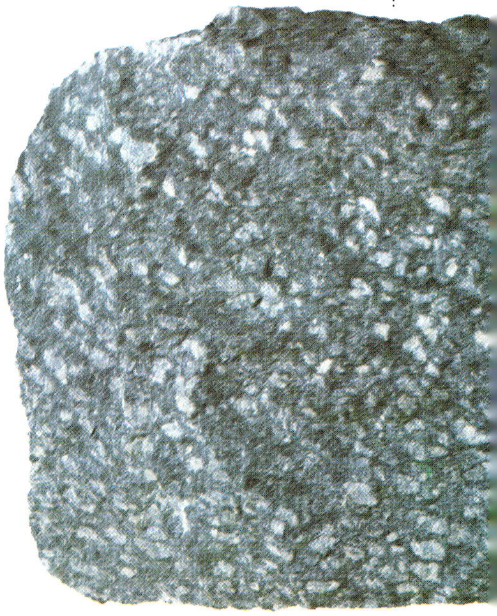

EPIDOTAMPHIBOLIT

PROTOGESTEIN: Basalte, pyroklastische Gesteine und klastische Absatzgesteine basischer Zusammensetzung.
METAMORPHES MILIEU: Mittel- bis schwachgradige Regionalmetamorphose (Amphibolitfazies, Grünschieferfazies).
HAUPTMINERALIEN: Natriumreiche Hornblende, Epidot (Klinozoisit, Pistazit, Epidot), Albit, Plagioklas (Oligoklas).
NEBENMINERALIEN: Quarz, Biotit, Chlorit, Magnetit, Hämatit, Sphen, Calcit.
GEFÜGE: Sehr unterschiedliche Korngrößen; schieferige bis fast massige Struktur mit leicht erkennbaren Bänderungen unterschiedlicher Korngröße, Farbe und Zusammensetzung; unter dem Mikroskop parallel ausgerichtete, prismatische, mitunter gestreckte Amphibolkristalle sichtbar (nemoblastische Textur).
FARBE: Hellgrün, gelegentlich gelblichgrün oder dunkelgrün gebändert.
GEOLOGISCHES MILIEU: Meist in Gesteinskörpern von beachtlicher Größe, häufig vergesellschaftet mit Metabasiten niedrigen Umwandlungsgrades.
VORKOMMEN: Häufig vorkommendes Gestein; in Gebirgsketten.
NUTZUNG: In der Bauindustrie selten verwendet.
WEITERE MERKMALE: Entsteht bei niedrigeren Temperaturen als Amphibolit; bildet eine Zwischenstufe zwischen Amphibolit und Metabasit niedrigen Umwandlungsgrades (umgewandelte basische Erstarrungsgesteine); Epidotamphibolit unterscheidet sich von Prasinit durch größeren Hornblendeanteil und meist gröbere Körnung.

▼ *Epidotamphibolit (etwa 0,6 fach), Italien.*

MICHELANGELOS WEISSER MARMOR

MARMORE

Die Bezeichnung „Marmor" wird häufig als Handelsname für alle weichen, polierbaren Gesteine verwendet. Sie ist aus dem Griechischen abgeleitet und bedeutet „Felsblock" oder „gebrochener Stein". Der wissenschaftliche Begriff „Marmor" bezieht sich lediglich auf kalkhaltige oder dolomitische, durch Metamorphose umkristallisierte Karbonatgesteine.

Geaderter weißer Carrara.

Gelber Siena.

Marmore treten meist wechsellagernd mit Glimmerschiefern, Phylliten und Paragneisen auf und sind sehr häufig in Gesteinen aus der Triaszeit, dem Präkambrium und dem Paläozoikum anzutreffen. Bei der Umkristallisierung wurden alle sedimentären Strukturen ausgelöscht; nur selten enthalten sie fossile Überreste.

Ein Marmor par excellence – die klassische, sehr begehrte Varietät – ist der Bildhauermarmor. Es handelt sich hierbei um einen besonders schönen, seidig wirkenden Marmor, an dem keine Verunreinigungen zu sehen sind. Wie man durch eigene Anschauung feststellen kann, strahlen Kunstwerke, die aus diesem wunderbaren Material geschaffen wurden, eine solche Wärme aus, daß der Eindruck entsteht, die in Stein gehauenen Gestalten müßten sich jeden Moment bewegen.

Ein solch reiner Marmor kann nur entstehen, wenn der ursprüngliche Kalkstein von außerordentlicher Qualität ist; je reiner das Ausgangsgestein ist, um so weißer wird der Marmor. Auch die Temperatur spielt eine Rolle; je niedriger sie im Verlauf der Metamorphose ist, um so kleiner werden die neugebildeten Kristalle. In der Regel bilden sich bei steigendem Umwandlungsgrad größere Kristalle.

Ästhetisch ansprechende weiße Marmore sind überall zu finden. Es gibt jedoch auf der Welt keine Vorkommen an Bildhauermarmor, die mit denen in den Apuanischen Alpen (Carrara, Italien) zu vergleichen sind. Der stets für besondere Kunstwerke verwendete weiße, zuckerkörnige, feinkristalline Carrara-Marmor ist wahrscheinlich das weit und breit bekannteste Karbonatgestein der Welt. In der Vergangenheit wurden apuanische Marmore dazu verwendet, die Häuser der römischen Patrizier zu schmücken. Michelangelo suchte die Marmorblöcke für seine Skulpturen in den Brüchen nahe Carrara selbst aus. Dieser sehr kostbare Marmor ziert auch viele der bedeutendsten Baudenkmäler Italiens, darunter auch die Außenwände der Kirche Santa Maria del Fiore und Giottos berühmten Campanile am Dom zu Florenz.

Mit Ausnahme einzelner, seltener Blöcke gibt es den von Michelangelo bevorzugten Bildhauermarmor nicht mehr. Der heute noch vorhandene Bildhauermarmor zeigt dünne, feine und unregelmäßige Linien, ist aber dennoch hoch geschätzt. Er wird meist nur als Fußbodenbelag und für Wandverkleidungen verwendet und ist, wie alle Marmore, sehr empfindlich. Es handelt sich bei diesem Marmor um ein weiches Gestein (Calcit hat den Härtegrad 3 nach der Mohsschen Skala), das sich sehr schnell abnutzt. Das zeigt sich besonders bei Marmorfußböden, die durch hohe Beanspruchung ihren Glanz verlieren. Dieser Nachteil läßt sich teilweise beheben, indem man das Material mit einem Schutzfilm aus Harz überzieht.

WEITERE BESTANDTEILE DER MARMORE

Selbst die reinsten Marmore enthalten Nebenmineralien, wie Quarz, helle Glimmer, Graphitpartikel, Eisenoxide, Sulfide u. a. Sind sie in sehr geringen Anteilen und als kleine Körner vorhanden, dann bleiben sie praktisch unsichtbar. Größere Mengen jedoch verleihen dem Marmor unterschiedliche Farben. Bardiglio beispielsweise zeigt eine kräftige, recht homogene graublaue Färbung; manche Proben können auch kleine, längliche weiße Flecke haben. Die Färbung wird durch sehr kleine, eingesprengte Pyritkristalle hervorgerufen, die ziemlich gleichmäßig über das Gestein verteilt sind. Bei gelbem Siena wechseln kräftige mit helleren Schattierungen; die Färbung entsteht hier durch sehr kleine Eisenoxidkristalle. Die Unterschiede in der Konzentration dieser Kristalle wirken sich auf den Farbton aus. Für die farblich unterschiedlichen Varietäten wurden spezielle Bezeichnungen geprägt (z. B. Broccatello, geaderter gelber, einfarbiger gelber und elfenbeinweißer Marmor). In anderen Fällen sind die Verunreinigungen stellenweise konzentriert und bilden unregelmäßige oder längliche Flecke. Einfacher weißer oder geaderter weißer Marmor beispielsweise ist voller dunkler Adern, die von winzigen Pyritkristallen herrühren.

Michelangelos "Genius des Sieges", 1532-1534, Palazzo Veccio, Sala dei 500, Florenz, Italien.

AMPHIBOLIT

PROTOGESTEIN: Basalte, basische pyroklastische Gesteine.
METAMORPHES MILIEU: Mittel- bis hochgradige Regionalmetamorphose (Amphibolitfazies).
HAUPTMINERALIEN: Amphibol (Hornblende, Anthophyllit, Cummingtonit), Plagioklas (Andesin bis Bytownit).
NEBENMINERALIEN: Biotit, Diopsid, eisenreicher Granat, Apatit, Magnetit, Ilmenit, Sphen.
GEFÜGE: Mittel- bis grobkörnig; Struktur massig bis schieferig; manche Amphibolite hohen Umwandlungsgrades haben Bänderungen aus wechselnden hornblende- und plagioklasreichen Schichten; granoblastische, diablastische oder nematoblastische Textur.
FARBE: Dunkelgrün bis schwärzlich (durch Amphibolanteil), gelegentlich mit weißlichen Flecken (durch Plagioklasanteil).
GEOLOGISCHES MILIEU: In großen Gesteinskörpern, vergesellschaftet mit Glimmerschiefern und Paragneis.
VORKOMMEN: Häufig in abgetragenen Gebirgsketten; in Frankreich, England, Deutschland, Skandinavien und den USA vorkommend.
NUTZUNG: In der Bauindustrie selten verwendet.
WEITERE MERKMALE: Orthoamphibolit entsteht durch Umwandlung von Erstarrungsgesteinen, Paraamphibolit dagegen aus Absatzgesteinen; im Gelände sind beide anhand des geologischen Milieus und der angrenzenden metamorphen Gesteine voneinander zu unterscheiden.

▼ *Amphibolit (etwa natürliche Größe), Val Malenco, Sondrio, Italien.*

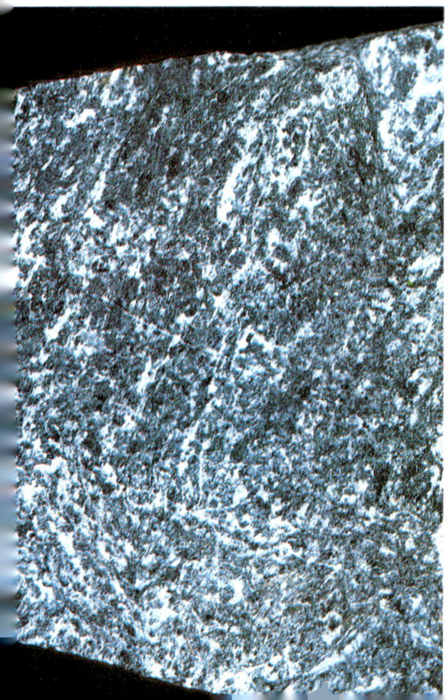

GRANATAMPHIBOLIT

PROTOGESTEIN: Basalte, pyroklastische Gesteine und klastenreiche Absatzgesteine basischer Zusammensetzung.
METAMORPHES MILIEU: Mittel- bis hochgradige Regionalmetamorphose (Amphibolitfazies).
HAUPTMINERALIEN: Hornblende, eisenreicher Granat, Plagioklas (Oligoklas bis Bytownit).
NEBENMINERALIEN: Quarz, Biotit, Magnetit, Hämatit, Sphen, Apatit.
GEFÜGE: Grobkörnig; massige Struktur mit Bänderungen verschiedener Korngröße, Farbe und Zusammensetzung; miteinander verflochtene, längliche Amphibolkristalle (diablastische Struktur) unter dem Mikroskop sichtbar.
FARBE: Dunkelgrün mit braunroten Stellen (Granat); Spaltflächen von Hornblende erscheinen weißlich.
GEOLOGISCHES MILIEU: Meist in Gesteinskörpern; gelegentlich auch in Verbindung mit kleinen Gesteinskörpern aus Eklogit.
VORKOMMEN: In metamorphen Gebirgsketten.
NUTZUNG: In der Bauindustrie selten verwendet.
WEITERE MERKMALE: Sowohl aus Amphibol (Hornblende) als auch aus Plagioklas bestehende Amphibolitart; ggf. genauere Benennung des Gesteins nach vorherrschendem Nebenmineral, wie z. B. Granatamphibolit und Diopsidamphibolit.

▼ *Granatamphibolit, auch Sphen erkennbar (etwa 0,4fach), Val Malenco, Sondrio, Italien.*

EKLOGIT

PROTOGESTEIN: Gesteine basischer Zusammensetzung.
METAMORPHES MILIEU: Hochgradige Regionalmetamorphose bei hohem Druck und in wasserfreiem Milieu (Eklogitfazies).
HAUPTMINERALIEN: Granat (Mischung aus Pyrop und Almandin), Omphacit (monoklines Pyroxen: Mischkristall aus Jadeit und Diopsid).
NEBENMINERALIEN: Cyanit, Hypersthen oder Olivin, Rutil, Ilmenit, Glaukophan, Zoisit, Albit, Quarz.
GEFÜGE: Sehr schweres, kompaktes Gestein von mittlerer Korngröße; massige Struktur; granoblastische Textur, gelegentlich mit Porphyroblasten (Granat).
FARBE: Grünlich und rötlich gescheckt.
GEOLOGISCHES MILIEU: Als Findlinge in Glaukophanschieferterrains; als kleine Linsen in metamorphen Peridotiten oder mit Kimberliten.
VORKOMMEN: Nicht sehr häufig vorkommend.
NUTZUNG: In der Bauindustrie selten, mitunter in Form von polierten Platten verwendet.
WEITERE MERKMALE: Bei hohen Temperaturen und Drücken entstandene Eklogite treten typischerweise mit Migamtiten, Granuliten, Gneisen und Amphiboliten auf; der Granat steht nach seiner Zusammensetzung zwischen Pyrop und Almandin, das Pyroxen ist ein jadeitreicher Omphacit; bei niedrigerer Temperatur entstandene Eklogite treten mit Glaukophanschiefern und Grünschiefern auf und enthalten almandinreichen Granat und Omphacit, der aus bis zu 40% Jadeit besteht.

▼ *Eklogit (etwa 0,4fach), Italien.*

SERPENTINIT

PROTOGESTEIN: Ultramafische Erstarrungsgesteine.
METAMORPHES MILIEU: Schwachgradige Regionalmetamorphose bei mäßigem Druck (Grünschieferfazies), typisch für die mittelozeanischen Rücken (Bereiche des *sea floor spreading*).
HAUPTMINERALIEN: Serpentin (Antigorit, Chrysotil).
NEBENMINERALIEN: Magnetit (auch in großen Kristallen), Chlorit, Talk, Magnesit, Calcit, Dolomit, Serpentin, Brucit.
GEFÜGE: Dichtes, feinkörniges Gestein; massige Struktur; Serpentinisierung beginnt an Kanten und inneren Brüchen der Kristalle, läßt eine filzige Textur um alte Olivin-, Pyroxen- oder Granat-(Pyrop-)kristalle entstehen.
FARBE: Dunkelgrün, schwarz, hellgrün oder gescheckt.
GEOLOGISCHES MILIEU: In Gesteinskörpern von beachtlicher Größe.
VORKOMMEN: Recht häufig in Gebirgsketten und in ozeanischer Kruste.
NUTZUNG: Als Dekorstein verwendet.
WEITERE MERKMALE: Entsteht durch Hydratisierung von Peridotit-, Pyroxenit- oder Amphibolitkörpern bei Temperaturen unter 500°C; serpentinisierte Peridotite bilden einen Großteil der ozeanischen Kruste.

▼ *Serpentinit (etwa natürliche Größe), Italien.*

SERPENTINSCHIEFER

PROTOGESTEIN: Ultramafische Erstarrungsgesteine.

METAMORPHES MILIEU: Schwachgradige Metamorphose bei mäßigem Druck (Grünschieferfazies), typisch für mittelozeanische Rücken (Bereiche des *sea floor spreading*).

HAUPTMINERALIEN: Serpentin, meist in der Varietät Antigorit.

NEBENMINERALIEN: Magnetit, chromreiche Spinelle, Chlorit, Talk, Magnesit.

GEFÜGE: Weiches, feinkörniges Gestein; mitunter in sehr dünne, bemerkenswert haltbare Platten gespalten; schieferig mit hellgrünen, glänzenden Flächen mit Linsen aus massigem Serpentinit; feinschichtige Textur mit Bänderungen und unregelmäßigen, von Antigorit gebildeten Aggregaten.

FARBE: Verschiedene Grüntöne.

GEOLOGISCHES MILIEU: Gesteinskörper von großer Ausdehnung in metamorphen ophiolithischen Komplexen.

VORKOMMEN: In Gebirgsketten.

NUTZUNG: Geschnittene und polierte kompakte Varietäten als Innenraumverkleidungen verwendet.

WEITERE MERKMALE: Entsteht durch Hydratisierung von Peridotit-, Pyroxenit- oder Amphibolitkörpern bei Temperaturen unter 500 °C; in Randzonen serpentinisierter Gesteinskörper starke tektonische Deformationen möglich, durch die die Kristalle eingeregelt werden und Schieferigkeit entsteht (Serpentinschiefer); massige Struktur (Serpentinit) bleibt im Innern der Gesteinskörper erhalten.

▼ *Serpentinschiefer (etwa 0,5 fach), Italien.*

OPHICALCIT

PROTOGESTEIN: Ultramafische Erstarrungsgesteine, kieseliger Dolomit.

METAMORPHES MILIEU: Schwachgradige Metamorphose bei mäßigem Druck (Grünschieferfazies), typisch für mittelozeanische Rücken (Bereich des *sea floor spreading*).

HAUPTMINERALIEN: Häufig mit eckigen Bruchstücken von Serpentinit oder Gabbro.

NEBENMINERALIEN: Karbonatbindemittel.

GEFÜGE: Bruchstücke leicht erkennbar, scharfkantig, durch das karbonatische Bindemittel verkittet.

FARBE: Grobe Partikel in unterschiedlichen Grüntönen, gelegentlich auch rot oder violett; Bindemittel weißlich, häufig mit Aderung.

GEOLOGISCHES MILIEU: In Gesteinskörpern unterschiedlicher Größe, vergesellschaftet mit metamorphen Ophiolithen.

VORKOMMEN: Häufig in Gebirgen des Alpentyps.

NUTZUNG: Hochgeschätzter Dekorstein; läßt sich in Platten schneiden und polieren.

▲ *Ophicalcit (etwa 0,6 fach), Ligurien, Italien.*

CHLORITSCHIEFER

PROTOGESTEIN: Ultramafische Erstarrungsgesteine, Basalte, pyroklastische Gesteine und Mergel, vergesellschaftet mit tuffhaltigem Material.

METAMORPHES MILIEU: Schwachgradige Regionalmetamorphose bei geringem Druck (Grünschieferfazies).

HAUPTMINERALIEN: Chlorit.

NEBENMINERALIEN: Aktinolith, Magnetit, Glaukophan, Rutil, Epidot, Pyrit, Sphen, Turmalin, Talk, Serpentin und Chloritoid (Nesosilikat).

GEFÜGE: Bröckeliges, feinkörniges und weiches Gestein; meist schieferig, Schieferigkeit jedoch nicht immer gut ausgeprägt; parallel ausgerichtete, verzahnte und gelegentlich rosettenartig angeordnete Chloritflocken (lepidoblastische Textur) sowie sehr flächenreiche, vom Gestein leicht abtrennbare Kristalle von Nebenmineralien unter dem Mikroskop zu erkennen.

FARBE: Dunkelgrün.

GEOLOGISCHES MILIEU: Als Linsen in anderen Gesteinen der Grünschieferfazies, auch in Serpentinit vorkommend; mit Phylliten und Albitparagneis vergesellschaftet.

VORKOMMEN: In metamorphen Gebirgsketten, häufig mit Ophiolithen.

NUTZUNG: In der Bauindustrie verwendet; aus der Varietät Topfstein (feine, schuppige Textur und an der Drehbank leicht zu bearbeiten) wurden in der Alpenregion früher Töpfe und Vasen hergestellt.

WEITERE MERKMALE: Chlorit weist unterschiedliche chemische Zusammensetzung auf: aluminiumreiche Varietät typisch für Chloritschiefer, die durch Regionalmetamorphose toniger Gesteine entstanden sind; magnesiumreiches Chlorit in Chloritschiefern, die aus Erstarrungsgesteinen entstanden sind; diese Chloritschiefer sind reich an Magnetit, das sich zusammen mit Chlorit bei der Umwandlung mafischer Mineralien bildet.

▼ *Chloritschiefer (etwa 0,8 fach), Roanenthal, Norwegen.*

TALKSCHIEFER

PROTOGESTEIN: Serpentinite, kieselige Dolomiten.

METAMORPHES MILIEU: Schwachgradige Regionalmetamorphose bei mäßigem Druck (Grünschieferfazies).

HAUPTMINERALIEN: Talk.

NEBENMINERALIEN: Chlorit, Serpentin, Magnetit, Magnesit, Calcit, Dolomit, Brucit, Tremolit.

GEFÜGE: Sehr weiches Gestein, faßt sich fettig an, mit feiner Körnung; Schieferigkeit sichtbar (ergibt sich aus paralleler Anordnung der Talkflocken); unter dem Mikroskop parallel ausgerichtete, verzahnte Talkflocken (lepidoblastische Textur) mit granoblastischen Anteilen zu erkennen; häufig Reste von Olivin oder Pyroxen vorhanden.

FARBE: Meist hell; weißlich, hellgrau, mitunter grüngefleckt.

GEOLOGISCHES MILIEU: In Gesteinsschichten oder linsigen Gesteinskörpern, vergesellschaftet mit Serpentiniten oder anderen Gesteinen der Grünschieferfazies (z. B. Chloritschiefer, Tremolitschiefer).

VORKOMMEN: In metamorphen Ophiolithkomplexen, die in manchen Gebirgsketten zutagetreten.

NUTZUNG: Varietät Steatit zur Herstellung von Isoliermaterial und in Papiermühlen verwendet, früher auch zu Gefäßen verschiedener Formen verarbeitet.

WEITERE MERKMALE: Steatit oder Seifenstein ist eine kompakte Varietät von Talkschiefer; feinkörnig, massig, fühlt sich fettig an, hell gefärbt; unterscheidet sich von anderen Varietäten durch seine geringere Korngröße.

▼ *Talkschiefer (etwa natürliche Größe), Val Malenco, Sondrio, Italien.*

AKTINOLITHSCHIEFER

PROTOGESTEIN: Ultramafische Gesteine.
METAMORPHES MILIEU: Schwachgradige Regionalmetamorphose bei mäßigem Druck (Grünschieferfazies).
HAUPTMINERALIEN: Amphibol (eisenhaltiger Aktinolithtremolit), Talk.
NEBENMINERALIEN: Magnetit, Chlorit, Serpentin.
GEFÜGE: Mittel- bis feinkörnig; schieferig, seltener faserig durch nadeligen Habitus von Amphibol; unter dem Mikroskop parallel ausgerichtete, verzahnte Amphibolkristalle (nematoblastische Textur) zu erkennen.
FARBE: Grasgrün.
GEOLOGISCHES MILIEU: In kleinen Gesteinskörpern, in Verbindung mit serpentinisierten Peridotitkörpern.
VORKOMMEN: In Gebirgen des Alpentyps.
NUTZUNG: Ausschließlich von wissenschaftlichem Interesse.
WEITERE MERKMALE: Neben Aktinolithschiefer gibt es auch Tremolitschiefer; beide entstehen durch Metamorphose kieseliger Dolomiten oder einiger quarz-, plagioklas- und diopsidreicher Gneisvarietäten; Schiefer unterschiedlicher Herkunft lassen sich nur durch chemische und mineralogische Analyse sicher unterscheiden; Bestimmung am Fundort durch Untersuchung der metamorphen Gesteine, mit denen Aktinolith- und Tremolitschiefer auftreten.

▼ *Aktinolith- oder Tremolitschiefer (etwa 0,7fach), USA.*

GRANULIT

PROTOGESTEIN: Basische, saure oder pelitische Gesteine.
METAMORPHES MILIEU: Hochgradige Regionalmetamorphose, in der Regel bei hohem Druck (Granulitfazies).
HAUPTMINERALIEN: Quarz, Orthoklas (perthitisch), Plagioklas, Granat in sauren Granuliten; Plagioklas (antiperthitisch), Orthopyroxen (Hypersthen, Bronzitit), Amphibol in basischen Granuliten.
NEBENMINERALIEN: Orthopyroxene, Rutil, Sillimanit, Cordierit, Biotit, Spinell in sauren Granuliten; Klinopyroxene, Granat, Rutil, Skapolith, Spinell in basischen Granuliten.
GEFÜGE: Kompaktes Gestein mit variabler Korngröße; Struktur meist massig; einige Granulite durch abgeplattete Quarzlinsen von Zentimetergröße leicht schieferig; granoblastische Textur, gelegentlich mit Porphyroblasten.
FARBE: Je nach mineralogischer Zusammensetzung hell bis dunkel.
GEOLOGISCHES MILIEU: Schichtförmig mit Marmoren, Kalksilikaten und Peridotiten; regional mit Migmatiten, Paragneisen und Amphiboliten vergesellschaftet.
VORKOMMEN: In alten präkambrischen Schilden und in den Gebirgen Sachsens.
NUTZUNG: In der Bauindustrie verwendet.
WEITERE MERKMALE: Auf die körnige Struktur der Gesteine hinweisender Name ist lateinischen Ursprungs. Fehlen von hydratisierten Mineralien ist charakteristisch für Granulite; saure und basische Varietäten sind anhand ihres Mineralbestandes zu unterscheiden.

Granulit (etwa natürliche Größe), Valle Strona, Novara, Italien. ►

AGMATIT
(MIGMATIT)

PROTOGESTEIN: Regionalmetamorphe Gesteine.
METAMORPHES MILIEU: Mittel- bis hochgradige Regionalmetamorphose bei variablem Druck (Amphibolitfazies), bei dem es zu teilweisem Aufschmelzen kommt.
HAUPTMINERALIEN: Gestein besteht aus zwei unterschiedlichen Teilen: dem neosomen (aus einer Teilschmelze umkristallisiert) und dem paleosomen (metamorpher Teil, noch nicht geschmolzen); neosomer Teil besteht wiederum aus zwei Teilen: dem leukosomen (hellfarbigen) mit Quarz, Mikroklin und Albit sowie dem melanosomen (dunkel gefärbten) mit Biotit, Amphibol und Cordierit; paleosomer Teil entsteht meist aus Paragneis, Orthogneis oder Amphibolit.
NEBENMINERALIEN: Keine.
GEFÜGE: Mittel- bis grob- oder sehr grobkörnig; Migmatitart mit brekzienartigem Aussehen: paleosomer Teil (Altbestand) repräsentiert die Bruchstücke, die durch den neosomen Teil (Neubestand) verkittet sind.
FARBE: Grünlich, dunkel mit heller Aderung.
GEOLOGISCHES MILIEU: In Gesteinskörpern, vergesellschaftet mit metamorphen Gesteinen mittleren bis hohen Umwandlungsgrades.
VORKOMMEN: Recht häufiges Gestein in den tiefsten Teilen metamorpher Gebirgsketten; in paläozoischen Grundgebirgen und präkambrischen Schilden.
NUTZUNG: In der Bauindustrie für Fußböden und Verkleidungen verwendet.
WEITERE MERKMALE: Agmatit (aus dem Griechischen – „Mischung") gehört zur Migmatitgruppe.

Ausbiß eines Agmatit (etwa natürliche Größe), Val Malenco, Sondrio, Italien. ►

EMBRECHIT
(MIGMATIT)

PROTOGESTEIN: Felsische regionalmetamorphe Gesteine (siehe Agmatit).
METAMORPHES MILIEU: Mittel- bis hochgradige Regionalmetamorphose bei variablem Druck (Beginn der Aufschmelzung) (Amphibolitfazies).
HAUPTMINERALIEN: Quarz, Kalifeldspat (Mikroklin, Perthit), Plagioklas (Oligoklas), Biotit.
NEBENMINERALIEN: Zirkon, Apatit, Magnetit, Muskovit, Granat, Cordierit.
GEFÜGE: Mittel- bis grobkörnig; stellt ein Migmatit mit gestreifter oder gneisischer Textur oder mit Augentextur dar, in dem Alt- und Neubestand gesondert sind; häufig Relikte (Biotitamphibolite, Kalksilikate); granoblastische Textur mit Poikiloblasten.
FARBE: Hell, weißlich oder gräulich.
GEOLOGISCHES MILIEU: In Gesteinskörpern, vergesellschaftet mit metamorphen Gesteinen mittleren bis hohen Umwandlungsgrades.
VORKOMMEN: In präkambrischen Schilden und Grundgebirgen.
NUTZUNG: In der Bauindustrie für Verkleidungen und Fußböden verwendet.
WEITERE MERKMALE: Migmatitart, die sich beim teilweisem Aufschmelzen metamorpher Gesteine entwickelt; Teilschmelze hat aplitisch-granitische Zusammensetzung und läßt helles Gestein entstehen.

▼ *Embrechit (etwa natürliche Größe), Sondrio, Italien.*

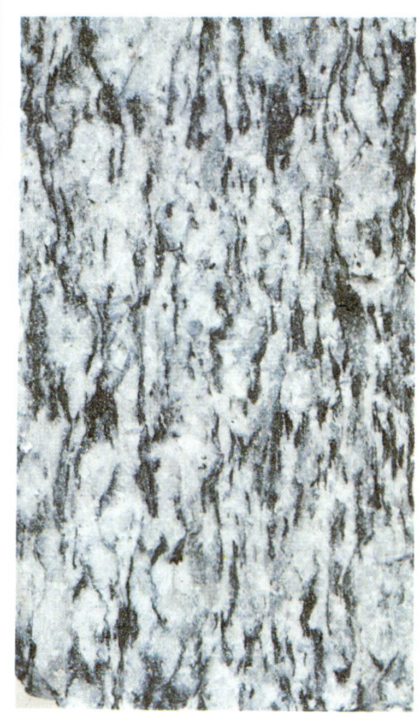

ANATEXIT (MIGMATIT)

PROTOGESTEIN: Felsische bis intermediäre regionalmetamorphe Gesteine (siehe Agmatit).
METAMORPHES MILIEU: Hochgradige Regionalmetamorphose bei variablem Druck (fortgeschrittenes Stadium der Anatexis).
HAUPTMINERALIEN: Quarz, Kalifeldspat (Mikroklin, Perthit), Plagioklas (Oligoklas bis Andesin), Biotit.
NEBENMINERALIEN: Zirkon, Apatit, Magnetit, Granat, Cordierit.
GEFÜGE: Mittelkörniger, ziemlich homogener Migmatit, in dem Altbestand (dunkle Teile) und Neubestand (helle Teile) einander durchdringen; granoblastische Textur; gelegentlich mit makroskopischen Poikiloblasten und Fließtextur.
FARBE: Hellgrau bis dunkelgrau.
GEOLOGISCHES MILIEU: In Gesteinskörpern, vergesellschaftet mit metamorphen Gesteinen mittleren bis hohen Grades.
VORKOMMEN: Recht häufig in präkambrischen Schilden und Grundgebirgen.
NUTZUNG: In der Bauindustrie für Fußböden und Verkleidungen verwendet.
WEITERE MERKMALE: Vertreter der Migmatit-Gruppe; Name ist griechischen Ursprungs („schmelzen"). Anatexis (Prozeß der teilweisen Aufschmelzung von Umwandlungsgesteinen) ist die Grundlage für die Entstehung von Migmatiten; fortgeschrittene Aufschmelzung erzeugt größere Homogenität im Gestein.

▼ *Anatexit (etwa 0,5fach), Val Codera, Sondrio, Italien.*

NEBULIT (MIGMATIT)

PROTOGESTEIN: Felsische oder intermediäre regionalmetamorphe Gesteine.
METAMORPHES MILIEU: Hochgradige Regionalmetamorphose mit variablem Druck (weit fortgeschrittenes Stadium der Anatexis).
HAUPTMINERALIEN: Quarz, Mikroklin, Orthoklas, Plagioklas (Albit bis Andesin), Biotit.
NEBENMINERALIEN: Apatit, Zirkon, Magnetit, Sillimanit, Cordierit, Granat, Amphibol.
GEFÜGE: Mittel- bis grobkörnig; recht homogene Textur, Alt- und Neubestand sind eng miteinander verwachsen und nicht mehr unterscheidbar; granoblastische Textur.
FARBE: Hellgrau bis dunkelgrau.
GEOLOGISCHES MILIEU: In Gesteinskörpern, vergesellschaftet mit metamorphen Gesteinen mittleren bis hohen Umwandlungsgrades, besonders mit Anatektiten.
VORKOMMEN: Recht häufig in den tiefsten Bereichen metamorpher Gebirgsketten, in präkambrischen Schilden und Grundgebirgen.
NUTZUNG: In der Bauindustrie für Fußböden und Verkleidungen verwendet.
WEITERE MERKMALE: Vertreter der Migmatit-Gruppe und insbesondere der Diatexite; die Migmatisierung (teilweise Aufschmelzung oder Anatexis) ist in diesen Gesteinen sehr weit fortgeschritten; es findet Mobilisierung oder Homogenisierung des Alt- und Neubestandes statt (*siehe Agmatit, S. 137*), so daß beide praktisch nicht mehr voneinander zu unterscheiden sind.

▼ *Nebulit (etwa 0,5fach), Novate Mezzola, Sondrio, Italien.*

CALCIPHYR

PROTOGESTEIN: Kalkgesteine oder Kalkdolomite mit Verunreinigungen durch tonige Mineralien und Flint.
METAMORPHES MILIEU: Mittel- bis hochgradige Kontaktmetamorphose bei niedrigem Druck.
HAUPTMINERALIEN: Calcit, Wollastonit, Granat (Grossular, Andradit), Plagioklas (Labradorit, Anorthit), Skapolith, Diopsid.
NEBENMINERALIEN: Sphen, Ilmenit, Clintonit (Kalziumglimmer), Graphit, Quarz, Phlogopit, Brucit, Spinell.
GEFÜGE: Mittel- bis feinkörnig; häufig massig; gelegentlich noch alte sedimentäre Strukturen erkennbar (Streifungen); aufgrund des plastischen Verhaltens von Calcit unter niedrigem Druck nicht selten kleine Falten; granoblastische Textur.
FARBE: Hell; braun mit rosa Schattierungen, hellgrün, bläulich, weißlich.
GEOLOGISCHES MILIEU: In metamorphen Zonen um plutonische, in Oberflächennähe (0,5 – 5 km) aufgestiegene Gesteinskörper; auch als Blöcke, die beim Aufsteigen von Magma aus einem Vulkanschlot herausgerissen und mit der Gesteinsschmelze herausgeschleudert werden;
VORKOMMEN: In Schottland, Irland, Norwegen, Italien usw.
NUTZUNG: Ausschließlich von wissenschaftlichem Interesse.
WEITERE MERKMALE: Metamorphes Gestein, das nach seiner Zusammensetzung zwischen Hornfels und Marmoren steht; es kann metallische Mineralien und eisenreiche Silikate metasomatischen Ursprungs enthalten. (*Siehe Skarn, S. 139.*)

▼ *Calciphyr (etwa 0,5fach), Albonico, Como, Italien.*

ANDALUSITBIOTIT-HORNFELS

PROTOGESTEIN: Aluminiumreiches pelitisches Absatzgestein.
METAMORPHES MILIEU: Schwach- bis mittelgradige Kontaktmetamorphose bei extrem niedrigem Druck.
HAUPTMINERALIEN: Biotit, Andalusit (häufig als Chiastolith mit Einschlüssen kohlenstoffreicher Substanzen).
NEBENMINERALIEN: Quarz, Albit, Epidot, Muskovit.
GEFÜGE: Feinkörnig, gelegentlich mit sichtbaren Porphyroblasten; massige Struktur, nur schieferig, wenn dieses Merkmal auch im Ausgangsgestein vorhanden war; unter dem Mikroskop treten Andalusitkörner (Varietät Chiasolith) deutlich hervor.
FARBE: Dunkel- bis hellgrau mit dunklen flachen oder rundlichen Flecken.
GEOLOGISCHES MILIEU: In metamorphen Zonen oberflächennaher plutonischer Gesteinskörper (0,5 – 5 km).
VORKOMMEN: Recht häufig auftretendes Gestein.
NUTZUNG: Lokal genutzt.
WEITERE MERKMALE: Vertreter der aluminiumreichen Hornfels-Gruppe; von intrudierten Gesteinskörpern weiter entfernte Hornfelse behalten ihre Texturmerkmale meist bei; gelegentlich gefleckt durch Graphit, das aus kohlenstoffhaltigen Substanzen im Sediment entstanden ist; Hornfelse aus der Nähe von Intrusivkörpern zeigen häufig kleine Ansammlungen von Biotit- und Andalusitkristallen.

▼ *Andalusitbiotithornfels (etwa natürliche Größe), Deutschland.*

CORDIERITKALI-FELDSPATHORNFELS

PROTOGESTEIN: Pelitische bis sandhaltige Absatzgesteine, gelegentlich mit Karbonaten.
METAMORPHES MILIEU: Mittel- bis hochgradige Kontaktmetamorphose bei extrem niedrigem Druck (Pyroxen-Hornfelsfazies).
HAUPTMINERALIEN: Kalifeldspat (Orthoklas), Plagioklas, Cordierit, Andalusit, Biotit, Sillimanit.
NEBENMINERALIEN: Granat, Epidot, Hornblende, Diopsid, Karbonate.
GEFÜGE: Mittelkörniges, kompaktes Gestein; massige Struktur; unter dem Mikroskop sind gleichdimensionierte Kristalle (granoblastische Textur), mitunter auch größere Körner mit Einschlüssen (Poikiloblasten) erkennbar.
FARBE: Meist dunkel mit rosa, braunen, grünen und violetten Tönen.
GEOLOGISCHES MILIEU: In metamorphen Zonen von oberflächennahen, meist basischen plutonischen Gesteinskörpern (0,5 – 5 km).
VORKOMMEN: Recht häufig vorkommendes Gestein; typische Ausbisse in Frankreich, Deutschland, Schottland, Norwegen usw.
NUTZUNG: Lokal genutzt.
WEITERE MERKMALE: Vertreter der aluminiumreichen Hornfels-Familie; tritt im Innern von kontaktmetamorphen Zonen (600 – 700 °C) auf; Buchit (glasiger Hornfels) entsteht durch Kontakt mit basischen Plutonen bei Temperaturen von über 800 °C; toniges Ausgangsgestein schmilzt und erzeugt glasige, bräunliche Masse mit kleinen Magnetit-, Cordierit- und Pyroxenkristallen.

▼ *Hornfels (etwa 0,5fach), Valle dell'Orba, Savona, Italien.*

SKARN

PROTOGESTEIN: Verunreinigte Kalkgesteine oder Kalkdolomite.
METAMORPHES MILIEU: Mittel- bis hochgradige Kontaktmetamorphose bei niedrigem Druck und mit metasomatischen Reaktionen.
HAUPTMINERALIEN: Calcit, Pyroxen (Diopsid, Hedenbergit, Hypersthen), Wollastonit, Erzmineralien (Hämatit, Magnetit, Pyrit und andere Sulfide) sowie Eisensilikate (Andradit, Fe-Amphibole).
NEBENMINERALIEN: Ilvait, Rhodonit, Scheelit, Fluorit, Baryt, Skapolith, Quarz.
GEFÜGE: Variable Korngröße von fein bis grob; Struktur massig oder zonar und gefleckt, mit Bänderungen oder Linsen infolge von Ansammlungen unterschiedlicher Mineralien; granoblastische Textur.
FARBE: Gefleckt, rötlich, violett, bräunlich, schwarz, grün.
GEOLOGISCHES MILIEU: In Kontaktbereichen von Calciphyren mit Intrusivkörpern.
VORKOMMEN: In Verbindung mit Intrusivkörpern in Schweden, Rumänien, den USA, in Mexiko, Bolivien, Peru, Japan, Indien usw.
NUTZUNG: Kein unmittelbarer Nutzen für die Industrie; jedoch wichtig als Lagerstättenbildner von Kupfer, Eisen, Zink, Blei oder Mangan.
WEITERE MERKMALE: Name skandinavischen Ursprungs, verweist auf metasomatische Calciphyre. Metasomatose ist eine Art der Metamorphose, die bei Reaktion von Ausgangsgestein mit heißen zirkulierenden Flüssigkeiten (enthalten meist viel Wasser sowie gelöste Ionen) auftritt; Quelle der wäßrigen Lösung ist meist ein an flüchtigen Bestandteilen reicher magmatischer Körper, zirkulierendes Grundwasser kann jedoch ebenfalls beteiligt sein.

Rodingit (etwa 0,5fach), Valle dell'Orba, Savona, Italien. ►

▼ *Skarn (etwa natürliche Größe), Insel Elba, Livorno, Italien.*

RODINGIT

PROTOGESTEIN: Gabbros, Basalte.
METAMORPHES MILIEU: Schwachgradige Metamorphose (Grünschieferfazies) mit metasomatischen Reaktionen.
HAUPTMINERALIEN: Kalziumreicher Granat (Grossular, Andradit), Pyroxen (Diopsid, Fassait), Chlorit.
NEBENMINERALIEN: Sphen, Amphibol, Epidot, Vesuvian.
GEFÜGE: Häufig grobkörnig; zonar mit parallelen Bänderungen unterschiedlicher Zusammensetzung; häufig Hohlräume; unter dem Mikroskop gleichdimensionierte Körner (granoblastische Textur), gestreckte oder verzahnte Kristalle sichtbar.
FARBE: Hell, bräunlich, rötlich, grünlich, rosig.
GEOLOGISCHES MILIEU: Metasomatische Umwandlung von Gabbros und Basalten, die in serpentinisierten Peridotiten eingebettet sind.
VORKOMMEN: Nicht sehr häufig vorkommendes Gestein.
NUTZUNG: Von wissenschaftlichem Interesse.
WEITERE MERKMALE: Entsteht in Gabbrogängen durch Reaktion mit kalziumreichen, aber alkaliarmen Lösungen; Lösungen sind Nebenprodukt der Serpentinisierung der begleitenden Peridotite.

MYLONIT

PROTOGESTEIN: Alle Gesteinsarten.
METAMORPHES MILIEU: Stark deformierende Metamorphose bei niedriger Temperatur (starke Verformung der Gesteine bei niedriger Temperatur).
HAUPTMINERALIEN: Je nach Ausgangsgestein verschieden; häufig tonige Mineralien; aus Erstarrungsgesteinen entstandene Mylonite enthalten meist Chlorit, Epidot, Eisen- und Titanoxide.
NEBENMINERALIEN: Abhängig vom Ausgangsgestein.
GEFÜGE: Feinkörniges Gestein; meist ziemlich kompakt, häufig schieferig; meist nicht sehr haltbar und leicht zersetzbar, wenn nicht neue Bindemittel oder Umkristallisation die einzelnen Partikel binden; unter dem Mikroskop linsige Relikte teilweise verformter Kristalle (Porphyroblasten) von Ausgangsmineralien sichtbar, die in einer feinkristallinen Grundmasse aus pulverisierten und umkristallisierten Ausgangsmineralien liegen.
FARBE: Schwarz, dunkelgrau, selten hell.
GEOLOGISCHES MILIEU: In schmalen, gestreckten Bänderungen parallel zu Verwerfungszonen; geht mit steigender Entfernung von der Verwerfung in undeformiertes Gestein über.
VORKOMMEN: Ziemlich seltenes Gestein; tritt in Orogenen auf.
NUTZUNG: Ausschließlich von wissenschaftlichem Interesse.
WEITERE MERKMALE: Name griechischen Ursprungs („Mahlstein"). Mylonitische Textur tritt in alten, brüchigen Gesteinen auf, die Scherspannungen unterworfen sind; bei verfestigtem Gestein klare Schieferigkeit; bei weniger starker Zertrümmerung treten Kataklasite auf.

▼ *Mylonit (etwa 0,5fach), Val Masino, Sondrio, Italien.*

ABSATZ-GESTEINE

ABSATZGESTEINE

Oben: Trümmermasse einer Gesteinsschicht: Abgelöste und am Fuße eines Felssporns angehäufter Schutt.

Mitte: Durch tektonische Bewegungen im Gestein entstandene Brüche.

Unten: Pflanzen rufen eine biochemische Erosion der Gesteine hervor.

Absatzgesteine entstehen durch physikalische und chemische Veränderungen in Gesteinen, die bereits ausgebildet und an der Erdoberfläche zu finden sind. Charakteristisch für dieses Umfeld sind bekanntermaßen niedrige Temperaturen und Drücke sowie ein wasserreiches, oxidierendes Milieu. Hier werden die Sedimentgesteine – von einigen Ausnahmen abgesehen – durch Erosion, Transport, Ablagerung und anschließende Lithifizierung gebildet.

Der Sedimentationsprozeß beginnt mit der physikalischen und chemischen Verwitterung und mit der Abtragung des Gesteins. Im folgenden sollen die Verwitterungs- und Erosionsprozesse genannt werden:

a) Bewegungen der Erdkruste, tektonische Bewegungen genannt, lassen Risse im Gestein entstehen, durch die atmosphärisches Wasser von der Erdoberfläche nach innen dringen kann. Risse und Brüche in Oberflächengesteinen rufen mitunter auch Verwüstungen großen Ausmaßes, wie Erdrutsche, hervor.

b) Sonnenbestrahlung und Frost tragen gleichermaßen zur mechanischen Verwitterung von Gesteinen auf der Erdoberfläche bei. Im Tagesverlauf auftretende Temperaturschwankungen führen dazu, daß die Mineralien sich ausdehnen und wieder zusammenziehen; dadurch bilden sich kleine Risse und Sprünge, an denen in der Folge einzelne Kristalle von Gesteinsstücken abgetragen werden. In ähnlicher Weise wirkt der Frost. Auch Wasser trägt zur Entstehung von Sedimentgesteinen bei. Es sickert in die Risse und Spalten und fördert besonders in warmen Gebieten die chemische Verwitterung des Gesteins. Herrschen niedrige Temperaturen, dann läßt das zu Eis erstarrte Wasser mit seinem größeren Volumen das Gestein physikalisch verwittern.

c) Enorme erodierende Kräfte haben Gletscher. Sie bewegen sich langsam, aber unaufhörlich, schürfen die Gesteine ab, über die sie hinweggleiten, und transportieren die Bruchstücke talwärts. Die Gesteinsstücke sammeln sich im Laufe der Zeit zu einer besonderen Art unverfestigten Sediments an, das als Moräne bezeichnet wird.

d) Schmelz- und Regenwasser bildet ein gewaltiges Transportsystem. Es wäscht Böschungen und Hänge aus und trägt gewaltige Mengen von Gesteinsbruchstücken in die Wasserläufe ein. Im Wasser werden diese Stücke dann je nach ihrer Größe und der Transportkapazität des Wasserlaufs über kürzere oder längere Strecken weitergetragen.

e) Durch chemische Umwandlung von Gesteinen können neue Mineralien entstehen. Hierbei kann Wasser als ein zwar langsam wirkendes, jedoch effektives Lösungsmittel auftreten, indem es das Gestein auslaugt und die löslichen Bestandteile mit sich wegführt. Das ist ein Prozeß, der bei der Entstehung von Böden eine wichtige Rolle spielt. Der Boden stellt eine dünne Erdschicht dar, die durch Verwitterung des von ihm bedeckten Gesteins entstanden ist. Die oberste Schicht des Bodens enthält im allgemeinen keine Gesteinsbruchstücke; diese sind – mit zunehmender Tiefe in immer größeren Mengen – in den unteren Bodenschichten zu finden. In diesen Böden fördern wäßrige Lösungen und biologische Aktivitäten die Zerstörung und Neubildung von Mineralien.

f) Pflanzen und in gewissem Maße auch Tiere erfüllen eine Doppelfunktion. Sie tragen einerseits zur Verwitterung von Gesteinen und Böden bei; andererseits können sie die Erosion hemmen. Besonders Pflanzen haben direkten Anteil an den chemischen Reaktionen, die zur Bildung neuer Tonmineralien und zur Anhäufung organischer Materie führen.

Die vom Wasser transportierten zersetzten und abgetragenen Bestandteile lagern sich schließlich im Ozean ab. Wie bereits angemerkt, hängt die Art und Weise des Transports von der Größe der Partikel und der Strömungsgeschwindigkeit (oder Energie) des Wassers ab. Kleinere Teile fließen im Wasser schwebend dahin, während größere Bruchstücke am

Oben: Entwicklung des Lebens in den Barriereriffen der tropischen Gewässer, die reichlich gelöste Mineralien enthalten (Foto: Vor der Küste der Bahamas).
Mitte: Satellitenaufnahme von der Mündung des Arno. Die Trübe der Strömung in Küstennähe, hervorgerufen durch die im Wasser schwebenden Gesteinspartikel, ist deutlich zu erkennen.
Unten: Die Abscheidung von Salzen in einem Verdunstungsbecken (vereinfachte Darstellung).

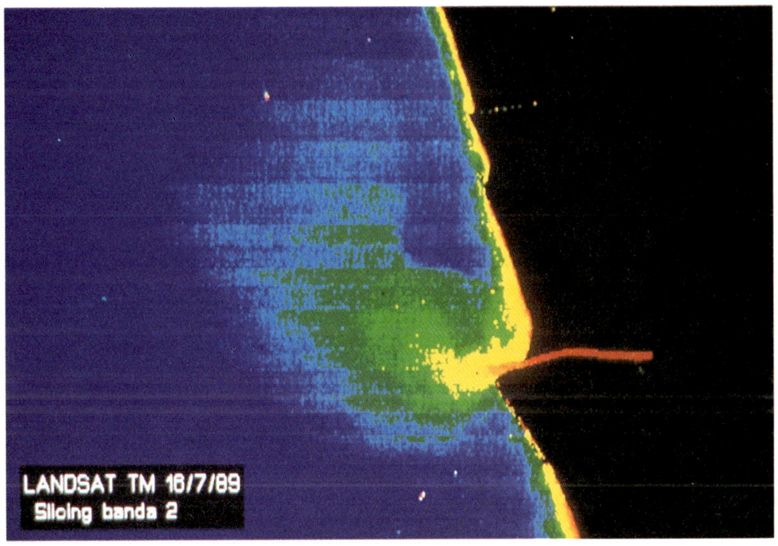

Gewässergrund entlangrollen. Bäche und Flüsse zeigen bezüglich des Transportgutes eine bemerkenswertes selektives Leistungsvermögen. Wie oft sind wir an einem mit Kies und Geröll bedeckten Bett eines Gebirgsflusses oder an den sandigen Ufern eines Flusses im Flachland gewesen? Ein Fluß verliert unterwegs an Geschwindigkeit und Energie, und das Material, das nun zu schwer wird, setzt sich ab. Die feineren Teile jedoch verbleiben im Wasser und werden erst im Meer oder an seinem Ufer abgelagert. In einen Ozean gelangen große Bruchstücke nur dann, wenn Gesteinskörper in Ufernähe zutagetreten und die Flutebene nicht sehr ausgedehnt ist oder wenn ein Fluß über genügend Energie verfügt. Letzteres tritt ein, wenn Flüsse nach schweren Regenfällen sehr viel Wasser führen.

Auch das Meer trägt zur Erosion und Ablagerung von Gesteinspartikeln bei. Seine Energie reicht nicht aus, um die von Flüssen herangetragenen Sandpartikel in der Schwebe zu halten, aber die Bewegung der Wellen, die jahreszeitlich bedingt meist ihre Richtung ändert, ist besonders bei Stürmen stark genug, um die Partikel am Ufer entlangrollen zu lassen. Im Gegensatz dazu halten sich feinere Teilchen dank schwacher Strömungen von Flüssen, die ins Meer münden, weiter als Schwebstoffe im Wasser und erreichen so die offene See. Hier werden sie entweder abgelagert oder von einer Meeresströmung erfaßt und über eine weite Fläche verteilt. Auch hier werden die Gesteinspartikel sortiert; entlang der Uferlinie sind es Sande, zum offenen Meer hin Schluff und weiter draußen Tone, die vorherrschen. Neben seinem Transport- und Ablagerungsvermögen verfügt der Ozean über eine gewaltige Erosionskraft. Felsige Küsten werden von seinen Wellen ganz allmählich abgetragen; die Bruchstücke werden durch die bereits erwähnten Prozesse und durch die Tätigkeit von Meeresorganismen „bearbeitet" und langsam zersetzt.

Wenn man davon ausgeht, daß auch die gelösten Bestandteile von Gesteinen ins Meer gelangen, dann müßte sich der Salzgehalt des Meerwassers mit der Zeit erhöhen. In Wirklichkeit bleibt er jedoch relativ konstant. Um dieses Gleichgewicht zu erhalten, werden Mineralien über Organismen oder einfach in Folge von Übersättigung abgeschieden. Viele Meeresorganismen nutzen gelöste Verbindungen, um ihre Schalen, Panzer oder Skelette aufzubauen. Auf dieses Phänomen trifft man in allen Klimazonen der Erde. Besonders beeindruckend jedoch stellt es sich in den Tropen dar, wo ganz besonders entwickelte Korallentiere und Madreporen leben. Sie bilden Tierstöcke von mitunter gewaltigen Ausmaßen, aus denen die Korallenriffe vor den Küsten Australiens und einiger Inseln wie Kuba oder der Bahamas oder die Atolle im Pazifischen Ozean entstanden sind.
In dieser Umgebung synthetisieren die Tiere Kalziumkarbonat gewöhnlich in Form von Aragonit. Dazu brauchen die Organismen Licht und relativ warme, offene Gewässer, die sauerstoffreich, sauber und ziemlich flach sind.
Alte Riffgesteine sind meist massig und ungeschichtet.

Die direkte Abscheidung von Salz aus dem Meerwasser tritt in Gebieten auf, wo starke Verdunstung nicht durch den Wasserzustrom von Flüssen ausgeglichen wird. Die in einem solchen Milieu entstehenden Gesteine werden als Evaporite oder Eindampfungsgesteine bezeichnet. Zu ihrem Mineralbestand gehören hauptsächlich Halit, Gips und Calcit. Das am schwersten lösliche Salz wird zuerst abgeschieden, da es seinen Sättigungspunkt zuerst erreicht. Die genannten Mineralien scheiden sich also in der Reihenfolge Calcit – Gips – Halit ab. Sedimente dieser Art sind geschichtet; sie lagern sich im Wechsel mit tonigen Sedimenten ab, die für ein geschlossenes, niedrigenergetisches Milieu charakteristisch sind.

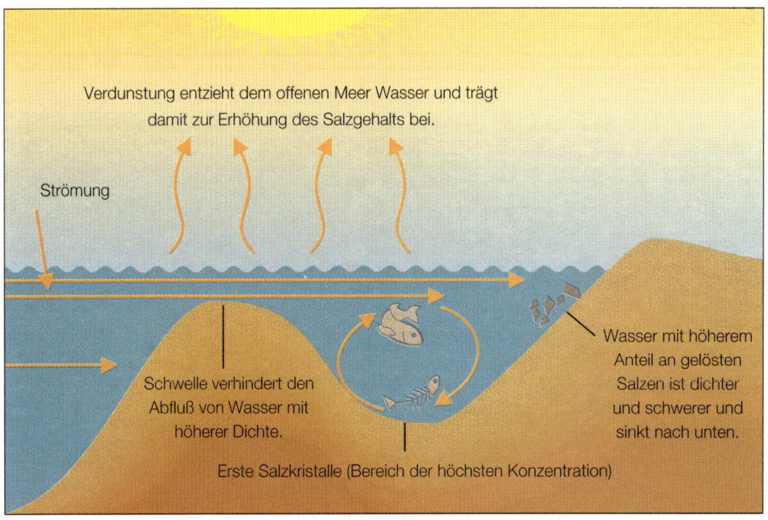

ORTHOKONGLOMERAT

HAUPTBESTANDTEILE: Geröll (meist abgerundet) von verschiedenen Gesteinsarten.
NEBENBESTANDTEILE: Sandhaltige Grundmasse mit kalkig-tonigem Bindemittel.
GEFÜGE: In mittel- bis feinkörnigen Matrix liegen grobe Körner in direktem Kontakt zueinander; Fossile selten.
FARBE: Verschieden; abhängig von Bestandteilen.
ERSCHEINUNGSFORM: In schichtförmigen oder linsigen Gesteinskörpern.
GEOLOGISCHES MILIEU: In zahlreichen Sedimentationsfolgen in Verbindung mit Sandsteinen, Peliten oder deren unverfestigten Äquivalenten.
NUTZUNG: Gutes Material zur Herstellung von Zement, obwohl Sandsteinfragmente oder tonige Schlammatrix die Qualität mindern können.
WEITERE MERKMALE: Konglomerate sind terrigene klastische Gesteine, bestehen zu mindestens 50% aus grobem Korn (>2 mm); hauptsächlich verfestigter Kies; Vorsilbe „Ortho-" weist auf engen Kontakt der Geröllstücke untereinander hin, deren Zwischenräume von der Matrix ausgefüllt sind; sind im Gegensatz zu Parakonglomeraten geschichtet und enthalten keinen Schluff.

▲ *Polygenes Orthokonglomerat (etwa 0,5fach), Trient, Italien.*

Parakonglomerat ▶ *(etwa 0,7fach), Norcia, Perugia, Italien.*

PARAKONGLOMERAT

HAUPTBESTANDTEILE: Geröll (meist gerundet) von verschiedenen Gesteinsarten (Umwandlungs-, Erstarrungs- und Absatzgesteine).
NEBENBESTANDTEILE: Schluffhaltig-sandige Grundmasse mit kalkig-tonigem Bindemittel.
GEFÜGE: Sehr gut erkennbare Geröllstücke (Größe >2 mm) sind in der Matrix isoliert verteilt.
FARBE: Je nach Art der Bruchstücke; Matrix meist gräulich oder durch Oxidation braun.
ERSCHEINUNGSFORM: In Gesteinskörpern sehr unterschiedlicher Abmessungen.
GEOLOGISCHES MILIEU: In zahlreichen Sedimentationsfolgen in Verbindung mit Sandsteinen, Peliten oder deren unverfestigten Äquivalenten.
NUTZUNG: Als billiger Beton verwendbar.
WEITERE MERKMALE: Terrigenes klastisches Gestein mit einem Geröllanteil von mehr als 50%; Vorsilbe „Para-" weist auf isolierte Lage der Geröllstücke in der feinkörnigen Matrix hin; ist im Gegensatz zu Orthokonglomeraten nicht geschichtet, tritt in ungeordneten schluffhaltigen Massen auf; Konglomerate typisch für Moränen (durch Erosion und Transport in Gletschern entstandene Sedimente); glazial-marine (oder glazial-lakustrine) Konglomerate oder Geröllbetten entstehen, wenn ein Gletscher Fragmente am Grund von Gewässern zurückläßt; bei diesen Sedimenten können feinerkörnige Anteile fehlen (von der Strömung weggetragen); Konglomerate aus sehr abgerundeten Geröllstücken heißen „Puddingsteine"; Psephit (aus dem Griechischen – „kleiner Stein") und Rudit (vom lateinischen *rudus* – Gesteinsbruchstück) sind Synonyme des Begriffs Konglomerat.

BREKZIE

HAUPTBESTANDTEILE: Eckige Gesteinsbruchstücke unterschiedlicher Größe, gewöhnlich von einer Gesteinsart.
NEBENBESTANDTEILE: Bindemittel oder tonige, kieselige oder karbonathaltige Matrix.
GEFÜGE: Leicht erkennbare scharfkantige, grobe Bruchstücke, mit feinkörnigem Zement oder mit Matrix verkittet; Fossile selten.
FARBE: Je nach Art der groben Gesteinsfragmente.
ERSCHEINUNGSFORM: In Gesteinskörpern unterschiedlicher Dimensionen, über kleine Flächen verteilt.
GEOLOGISCHES MILIEU: Entsteht aus Bruchstücken, die nahe am Entstehungsort abgelagert sind, z. B. am Fuß von Steilküsten oder in Brüchen, die im Verlaufe tektonischer Prozesse entstanden sind (tektonische Brekzien).
NUTZUNG: Zur Betonherstellung; Brekzien, deren Zwischenräume mit Bindemittel aufgefüllt sind, und die ein schönes Aussehen haben, können als Dekorsteine verwendet werden (Marmorbrekzien).
WEITERE MERKMALE: Terrigenes klastisches Gestein; aus eckigen, scharfkantigen Bruchstücken bestehende Konglomerat-Varietät, die anzeigt, daß das Gestein vor der Ablagerung kaum transportiert wurde.

▼ *Brekzie, polierte Platte (etwa 0,5fach), Camaiore, Lucca, Italien.*

QUARZARENIT

HAUPTBESTANDTEILE: Quarz.
NEBENBESTANDTEILE: Feldspäte, Muskovit, Glaukonit, Schwermineralien (Zirkon, Granat) und ein meist kieseliges Bindemittel.
GEFÜGE: Kompaktes, sandhaltiges Gestein mit mittlerer bis feiner Körnung und splitterigem bis muscheligem Bruch; an einigen Stellen zeigen dichte Schichten (sehr dünn, nur millimeterdick) Kreuzschichtung; häufig gerundete und gleichgroße Quarzkörner sind mit verquarzter, serizitischer, seltener mit karbonathaltiger Matrix verkittet; Fossile selten.
FARBE: Meist hell; weißlich, zartgrau.
ERSCHEINUNGSFORM: In schichtförmigen Gesteinskörpern, mitunter sehr ausgedehnt.
GEOLOGISCHES MILIEU: In präkambrischen Schilden, häufig vergesellschaftet mit metamorphen Quarziten.
NUTZUNG: In der Bauindustrie selten verwendet.
WEITERE MERKMALE: Terrigenes klastisches Gestein; besonders quarzreiche (>95%) und deshalb verwitterungsbeständige Sandstein-Varietät; Begriff Sandstein erstmals im 18. Jahrhundert zur Beschreibung von Gesteinen benutzt, die aus sehr feinen, mit bloßem Auge nicht sichtbaren Partikeln bestanden; „Sandsteine" oder „Arenite" sind heute als Gesteine definiert, die aus Partikeln von Sandkorngröße bestehen.

▼ *Quarzarenit mit Kreuzschichtung (etwa 0,6fach), Libyen.*

ARKOSE

HAUPTBESTANDTEILE: Quarz, Feldspäte.
NEBENBESTANDTEILE: Feldspatreiche Gesteinsfragmente (häufig Granite und Gneise), Glimmer, Oxide, Schwermineralien, Bindemittel (kieselig oder karbonathaltig).
GEFÜGE: Mittel- bis grobkörniger Sandstein mit geringen Mengen feiner Matrix; Sedimentstrukturen selten; meist eckige Körner sind schlecht sortiert, z. T. kaum verkittet, machen den Gesteinskörper ziemlich bröckelig; Fossile treten nur selten auf oder fehlen.
FARBE: Grau, rosa oder rötlich (durch Hämatit).
ERSCHEINUNGSFORM: In schichtförmigen Gesteinsmassen.
GEOLOGISCHES MILIEU: In der Nähe großer Gebirgsketten entstanden.
NUTZUNG: Selten zu Bausteinen geschnitten.
WEITERE MERKMALE: Terrigenes klastisches Gestein; Name wahrscheinlich griechischen Ursprungs („ursprünglich" oder „alt"); Sandstein mit granitähnlicher mineralogischer und chemischer Zusammensetzung, bei guter Verdichtung und Verkittung leicht mit Granit zu verwechseln; entsteht durch rasche Erosion granistischer oder gneisischer Gesteinskörper; abgetragenes Material wird meist nur über kurze Entfernungen transportiert und in marinem, fluvialem oder lakustrischem Milieu abgelagert.

▼ *Arkose (etwa natürliche Größe), Frankreich.*

GRAUWACKE

HAUPTBESTANDTEILE: Quarz, Feldspäte, Glimmer, verschiedene feldspathaltige Gesteinsbruchstücke.
NEBENBESTANDTEILE: Schwermineralien (Zirkon, Granat, Turmalin usw.), Eisenoxide und -hydroxide, karbonathaltiges oder toniges Bindemittel.
GEFÜGE: Sandhaltiges Gestein verschiedener Korngröße, mitunter heterogen; feine Matrix kann reichlich vorhanden sein; Sedimentstrukturen wie gestufte Schichtung und Schichtflächenmarken sind erkennbar; meist eckige Körner, Fossilien recht selten bzw. unvollständig.
FARBE: Grau, grünlichgrau oder bräunlich, selten sehr dunkel.
ERSCHEINUNGSFORM: In schichtförmigen Gesteinskörpern von beachtlicher Ausdehnung mit pelitischen Gesteinen wechselnd.
GEOLOGISCHES MILIEU: Sehr weit verbreitetes Gestein; in Verbindung mit gebirgsbildenden Gesteinsmassen, bildet Sedimentationsfolgen von gelegentlich großer Mächtigkeit.
NUTZUNG: In der Bauindustrie selten verwendet.
WEITERE MERKMALE: Terrigenes klastisches Gestein; Name deutschen Ursprungs, wahrscheinlich im 18. Jahrhundert geprägter Bergmannsausdruck aus dem Harz; Grauwacken entstehen durch Ansammlung von Schutt, der durch Trübströme im Tiefseemilieu abgelagert wird; früher wegen seiner leichten Bearbeitbarkeit oft verwendet; Grauwacken mit homogener Körnung und gleichmäßiger Graufärbung heute zu Quadersteinen und Platten verarbeitet, die sich glätten lassen und polierbar sind, wenn sie mit Harz als Porenverschlußmittel vorbehandelt sind; im allgemeinen nicht sehr haltbares Gestein.

Glaukonitsandstein (etwa 0,7fach), USA. ►

◄ *Grauwacke (etwa natürliche Größe), Rheintal, Deutschland.*

GLAUKONITSANDSTEIN

HAUPTBESTANDTEILE: Quarz, Calcit, Glaukonit, Feldspäte, feldspathaltige Gesteinsbruchstücke.
NEBENBESTANDTEILE: Glimmer, Eisenoxide und -hydroxide, Schwermineralien (Zirkon, Granat, Turmalin usw.), karbonathaltiges oder toniges Bindemittel.
GEFÜGE: Recht homogenes Gestein mit mittlerer bis feiner Körnung; feine Matrix kann reichlich vorhanden sein; sedimentäre Strukturen selten; häufig ganze oder unvollständige Fossilien.
FARBE: Grünlichgrau bis dunkelgrün durch Glaukonitanteil.
ERSCHEINUNGSFORM: Schichtförmig; gelegentlich in andere Sandsteine eingelagert.
GEOLOGISCHES MILIEU: Selten vorkommendes Gestein; Quadersandsteine in England und an der Atlantikküste der USA sind bemerkenswert.
NUTZUNG: Im allgemeinen praktisch nicht nutzbar.
WEITERE MERKMALE: Sandstein silikatischer oder karbonatischer Zusammensetzung mit charakteristischem Glaukonitanteil; Glaukonit ist ein Vertreter der Phyllosilikat- Tonmineralgruppe; eisenreich, entsteht in Meerestiefen von 200 m.

GIPSARENIT

HAUPTBESTANDTEILE: Quarz, Feldspäte, Calcit, Gips, feldspathaltige Gesteinsbruchstücke.
NEBENBESTANDTEILE: Glimmer, Tonmineralien, Schwermineralien, Karbonat- oder Gipsbindemittel.
GEFÜGE: Ähnlich dem vieler Sandsteine; runzeliges, gefurchtes Aussehen durch fein- und grobkörnigen Gips.
FARBE: Hell- bis dunkelgrau mit kleinen weißlichen Gipsflecken.
ERSCHEINUNGSFORM: Schichtförmig.
GEOLOGISCHES MILIEU: Selten vorkommend; tritt in der Nähe von Evaporiten auf, aus denen es entstanden ist.
NUTZUNG: Selten verwendet.
WEITERE MERKMALE: Ähnelt dem Sandstein, enthält jedoch deutlich mehr Gips als Quarz; selten in Trümmersedimenten, da leicht löslich in Wasser; kann sich im Sediment teilweise auflösen und in Form von Zement (sekundäres Bindemittel) umfällen; Psammit (aus dem Griechischen) und Arenit (von dem lateinischen Wort *arena*), die beide die Bedeutung „Sand" haben, sind Synonyme für Sandstein; Begriff Sand wird für unverfestigte Sedimente benutzt.

▼ *Gipsarenit mit Schichtungen (etwa 0,6fach), Ascoli Piceno, Italien.*

SCHLUFFSTEIN

HAUPTBESTANDTEILE: Quarz, Calcit, Feldspäte, Glimmer, Tonmineralien.
NEBENBESTANDTEILE: Kohlenstoffreiches Material, Pyrit, Eisenoxide, Gips, toniges oder karbonathaltiges Bindemittel.
GEFÜGE: Feinkörniges Gestein; sedimentäre Strukturen (Schichtung, Feinschichtung) wegen der geringen Korngröße kaum feststellbar; faßt sich im Gegensatz zu noch feiner gekörnten Argilliten nicht fettig an und läßt kleine Körner erkennen.
FARBE: Dunkelgrau, gelblich, bräunlich, grünlich.
ERSCHEINUNGSFORM: Schichtförmig; in Gesteinskörpern in Verbindung mit anderen klastischen Gesteinen (Sandsteine, Pelite).
GEOLOGISCHES MILIEU: Sehr häufiges Gestein, tritt in allen Ablagerungsmilieus auf.
NUTZUNG: Verwendbar zur Herstellung von gebrannten Ziegeln mittlerer Qualität.
WEITERE MERKMALE: Terrigenes klastisches Gestein; besteht aus Körnern von 0,063 bis 0,002 mm Größe; entspricht der Korngröße von Mudde (oder Schluff), ist feiner als Sand und gröber als Ton; bildet in unterschiedlichen Ablagerungsmilieus eine Reihe von Sedimenten, z. B. lockeren Löß von gelblicher Farbe und massiger Struktur, der eine besondere Mudde ohne Sand und mit geringem Tonanteil darstellt und durch Auswehung aus Wüsten oder glazialen Gebieten entstanden ist; Warven sind von Gletschern abgelagerte Schluffsedimente, erkennbar an ihrer charakteristischen, abwechselnd hellen und dunklen dünnen Schichtung; Ablagerung von Schluffsedimenten auch an überschwemmten Flußufern.

▼ *Toniger Schluffstein (etwa 0,8 fach), Libyen.*

SANDE, TONE ...

TRÜMMERGESTEINE

Klastische Gesteine entstehen durch Transport und Anhäufung kleiner Gesteinsbruchstücke in sedimentären Milieus (marin, lakustrisch, fluvial usw.). Man klassifiziert diese Gesteine nach der Größe und Zusammensetzung ihrer Bestandteile.

VOM STEIN BIS ZUM PULVER

Unverfestigte Gesteine oder Sedimente können anhand einer Korngrößenanalyse untersucht und verglichen werden. Man benutzt dazu eine Reihe übereinandergesetzter Siebe, deren Maschen nach unten hin immer feiner werden. In den Sieben bleiben jeweils die Körner liegen, die größer sind als die Siebmaschen. Für ein heterogenes Sediment beispielsweise verwendet man ein Sieb, das den Kiesanteil vom Sand trennt und ein weiteres Sieb, das Sand von den Schluff- und Tonanteilen scheidet.

Das in den einzelnen Sieben angefallene Material wird gewogen und als Prozentsatz der Gesamtmenge angegeben. Zur Trennung von Schluff und Ton verwendet man keine Siebe; das sehr feine Maschenwerk würde von den feinen Partikeln verstopft werden. Um diese Anteile zu trennen, benutzt man indirekte Methoden wie das Abschlämmen, bei dem die unterschiedlichen Setzgeschwindigkeiten der im Wasser verteilten Stoffe ausgenutzt werden. Bisher hat man verschiedene Tabellen zur Korngrößeneinteilung vorgeschlagen; auf dem Gebiet der Geologie wird meist die im MIT (Massachusetts Institute of Technology) erarbeitete Einteilung (unten) benutzt. Es ist sehr unwahrscheinlich, daß natürliche Sedimente aus Partikeln jeweils einer einzigen Korngrößenklasse bestehen. Für gewöhnlich liegt eine Mischung vor, in der eine Klasse dominiert. Die Sedimente werden nach der am meisten vertretenen Klasse oder, wenn nötig, zusätzlich nach der nächstfolgenden benannt.

Arkose: Mikroaufnahme eines Dünnschliffs (etwa 10fach; gekreuzte Nicol-Prismen). 1 – Quarz; 2 – Orthoklas; 3 – nach dem Albit-Gesetz verzwillingter Plagioklas (abwechselnd helle und dunkle Bänderung). Die Einzelkörner sind durch Sedimentcalcit (hell) verkittet, der den ursprünglichen Sand in verfestigtes Gestein umwandelt.

Makroskopische Probe von Arkose (quarz- und feldspatreicher Sandstein), Alta Val Tiberina bei San Sepolcrio (Arezzo, Italien).

Die Bezeichnung „toniger Sand" beispielsweise zeigt an, daß neben dem überwiegenden Sandanteil auch Ton in bedeutender Menge vorhanden ist. Das entsprechende verfestigte Sediment wird als „pelitischer Sandstein" bezeichnet. Lose, unverfestigte Sedimente gehen in verfestigte Gesteine über (Diagenese), wenn die einzelnen Körnchen durch Mineralien (in der Regel Calcit oder Quarz), die sich in den Porenräumen zwischen den Partikeln abscheiden, miteinander verkittet werden.

VON SILIKATISCH BIS KARBONATISCH

Ausgehend von der mineralogischen Zusammensetzung der Körnchen lassen sich detritische Absatzgesteine in zwei Gruppen einteilen – die silikatische und die karbonatische. Silikatische Sedimente entstehen durch Erosion nichtkarbonatischer, kieselsäurehaltiger Umwandlungs-, Erstarrungs- und Absatzgesteine, während karbonatische Gesteine ihren Ursprung in der Abtragung von Karbonatgesteinen haben. Es geschieht häufig, daß in einem bestimmten Gebiet Gesteine unterschiedlicher Art abgetragen werden; deshalb sind ohne weiteres auch gemischte Sedimente zu finden, die man dann nach ihrem jeweils vorherrschenden Bestandteil benennt.

So bezeichnet der Begriff Sandstein (oder Arenit) ein Sediment, das reich an Quarzklasten ist, während die Bezeichnung Kalkarenit für ein an karbonatischen Klasten reiches Sediment gebraucht wird.

Sandsteine besitzen im allgemeinen eine gräuliche Färbung. Durch Verwitterung werden sie dunkel, und die einzelnen Klasten lösen sich voneinander. Kalkarenite dagegen haben eine mehr gelbliche Farbe. Chemische Verwitterung läßt ihre Oberfläche goldgelb aussehen.

KORNGRÖSSE (mm)	KÖRNUNG	LOSES GESTEIN	VERFESTIGTES GESTEIN	BEZEICHNUNG (a. d. GRIECH.)	BEZEICHNUNG (a. d. LATEIN.)
Kies >2	grob	Kies	Konglomerat	Psephit	Rudit
2 >Sand >0,063	mittel	Sand	Sandstein	Psammit	Arenit
0,063 > Schluff >0,002	fein	Schluff (Silt)	Schluffstein	Pelit	Lutit
0,002 > Ton		Ton	Argillit		

ARGILLIT

HAUPTBESTANDTEILE: Tonmineralien.
NEBENBESTANDTEILE: Quarz, Feldspäte, Karbonate, Glimmer, kohlenstoffreiche Materialien, Pyrit, Gipsknollen, Eisenoxide.
GEFÜGE: Sehr feinkörniges Gestein, krümelt leicht und faßt sich fettig an; häufig sehr dünne Schichten; kann viele Makro- und Mikrofossilien enthalten (Molluskenschalen und Foraminiferen).
FARBE: Sehr unterschiedlich; verschiedene Grautöne, mitunter schwarz durch kohlenstoffreiche Substanzen, rötlich, bräunlich, gelb (oxidierte eisenschüssige Bestandteile), grünlich (Glaukonit).
ERSCHEINUNGSFORM: Schichtförmig; in Gesteinskörpern von mitunter großer Mächtigkeit in Verbindung mit gröberen Sedimenten.
GEOLOGISCHES MILIEU: Sehr häufig vorkommendes Gestein; entsteht in niedrigenergetischen sedimentären Milieus.
NUTZUNG: Als Rohstoff in der Feuerfestindustrie, für Keramiken und Ziegelmauerwerk verwendet.
WEITERE MERKMALE: Terrigenes klastisches Gestein mit vorherrschendem Tonanteil (Korngröße <0,002 mm); entsteht in einer Vielzahl von sedimentären Milieus (offenes Meer, Lagunen, Seen); Verwitterungsargillite entstehen durch Umwandlung bereits existierender Gesteine, aus denen lösliche Bestandteile abgespalten werden; Pelit und Lutit sind Synonyme für Argillit.

▼ *Argillit (etwa natürliche Größe), Sassuolo, Modena, Italien.*

MERGEL

HAUPTBESTANDTEILE: Tonmineralien, Calcit.
NEBENBESTANDTEILE: Quarz, Glimmer, kohlenstoffreiche Substanzen, Pyrit, Gips.
GEFÜGE: Feine bis sehr feine Körnung, muscheliger Bruch; häufig mit Mikrofossilien; kann bei Verwitterung oder durch übermäßigen Anteil an Tonmineralien abblättern.
FARBE: Grau, braun, beige und grün.
ERSCHEINUNGSFORM: Schichtförmig; in Gesteinskörpern von mitunter bemerkenswerter Größe; häufig wechselnd mit Argilliten.
GEOLOGISCHES MILIEU: Sehr häufiges Gestein.
NUTZUNG: Wichtiges Material für die Zementherstellung.
WEITERE MERKMALE: Gestein klastischer und organischer Herkunft; entsteht durch Ansammlung klastischen, aus karbonatisch-toniger Mudde bestehenden Materials in marinem oder seltener in kontinentalem Milieu; Calcit besteht häufig aus Schalen von Planktonorganismen; Mergel ist weich, verwittert schnell und wird durch Auflösung von Calcit schuppig; wird zur Zementherstellung gemahlen und in Drehöfen gebrannt, hohe Temperatur entfernt Kohlendioxid und es entstehen kleine, rundliche Körper aus Calcium und Aluminiumsilikaten (Klinker); verschiedene Arten von Zement mit unterschiedlicher Zusammensetzung und Setzungsgeschwindigkeiten werden so hergestellt.

▲ *Pliozäner Mergel (etwa 0,5 fach), Italien.*

KALKLUTIT

HAUPTBESTANDTEILE: Calcit in Partikeln von Ton- oder Siltkorngröße (Mikrit).
NEBENBESTANDTEILE: Schalen (oder Bruchstücke) von Mikrofossilien, karbonatisches Bindemittel, Hämatit, Pyrit, Quarz und Orthoklas, mitunter autogen.
GEFÜGE: Kompaktes, homogenes Gestein mit feiner Körnung (Partikel mit einer Korngröße <0,063 mm nicht erkennbar); mitunter sedimentäre Strukturen erkennbar; unter der Lupe gelegentlich Mikrofossilien zu sehen, die durch Umkristallisierung von Calcit hervorgehoben werden.
FARBE: Verschiedene Grautöne, gelbbraun, schwarz.
ERSCHEINUNGSFORM: Schichtförmig; in Gesteinskörpern von mitunter großer Mächtigkeit oder wechsellagernd mit anderen karbonatischen oder seltener mit sandhaltigen Gesteinen.
GEOLOGISCHES MILIEU: In Verbindung mit anderen Karbonatgesteinen vorkommend.
NUTZUNG: Zur Herstellung verschiedener Kiese, Zemente, schöne Stücke auch zur Herstellung von Fußböden und Verkleidungen mittlerer Qualität verwendet.
WEITERE MERKMALE: Klastisches Karbonatgestein; bricht durch Schlag entlang konkaver oder konvexer Flächen (muscheliger Bruch), läßt dabei an den scharfen Kanten meist nicht haltbare Splitter entstehen; strömt beim Zerbrechen einen typischen, recht unangenehmen, von Kohlenwasserstoffen herrührenden Geruch aus.

▼ *Kompakter Kalkstein (etwa natürliche Größe), Varese, Italien.*

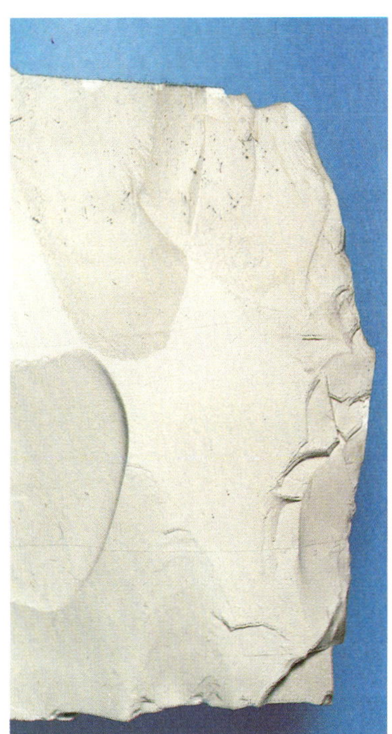

KALKARENIT

HAUPTBESTANDTEILE: Calcitpartikel, karbonatisches Bindemittel.
NEBENBESTANDTEILE: Fragmente von Fossilien, Tonmineralien, gelegentlich autogener Quarz und Orthoklas.
GEFÜGE: Kompaktes, homogenes Gestein mit sandkorngroßen, mit bloßem Auge erkennbaren Partikeln (2 – 0,063 mm); auch innere Ablagerungsstrukturen können vorhanden sein.
FARBE: Hell- bis dunkelgrau.
ERSCHEINUNGSFORM: Schichtförmig; auch in großen Gesteinskörpern oder wechsellagernd mit sandhaltigen oder tonig-mergeligen Schichten.
GEOLOGISCHES MILIEU: In karbonatischen Abfolgen.
NUTZUNG: In der Bauindustrie zur Kiesproduktion oder als Platten für Fußböden und Verkleidungen verwendet.
WEITERE MERKMALE: Bei Wechsellagerung in sandhaltiger Formation gutes geochronologisches Indikatorgestein, da es Fossilien enthält, die in Sandstein meist fehlen; Klassifizierung nach hauptsächlich vertretener Korngröße, z. B. oolithischer Kalkarenit, bestehend aus Oolithen (für Barriereriffs typisches warmes, rauhes Meeresmilieu), feldspathaltiger Kalkarenit (reich an Gesteinsbruchstücken, die die Herkunft des Sediments anzeigen); Texturmerkmale meist ähnlich wie bei nichtkarbonatischen Sandsteinen.

▼ *Kalkarenit (etwa natürliche Größe), Apuanische Alpen, Toskana, Italien.*

KALKRUDIT

HAUPTBESTANDTEILE: Karbonatische, feldspathaltige Gesteinsbruchstücke, karbonatisches Bindemittel.
NEBENBESTANDTEILE: Fragmente fossiler Organismen, Eisenoxide und -hydroxide, Quarz.
GEFÜGE: Kompaktes Gestein mit groben Elementen; körnige Bestandteile können heterogen sein und zum großen Teil aus klastischen Körnchen bestehen, die durch Erosion von anderen Karbonatgesteinen oder von Korallenriffen entstanden sind.
FARBE: Mehr oder weniger helles Haselnußbraun.
ERSCHEINUNGSFORM: Schichtförmig, in großen Gesteinsmassen oder wechsellagernd mit karbonatischen und/oder sandig-mergeligen Schichten.
GEOLOGISCHES MILIEU: In der Nähe von Vorkommen organischen oder feldspathaltigen Karbonatgesteins; häufig in Verbindung mit karbonatischen Trübsedimenten.
NUTZUNG: Zur Kiesherstellung verwendet; kompaktes und nur leicht gebrochenes Gestein zu Platten geschnitten und poliert.
WEITERE MERKMALE: Karbonatgestein detritischer Herkunft mit einem Anteil an klastischen Elementen von mehr als 50% des Gesamtvolumens; Korngröße analog der von Konglomeratbestandteilen, die durch karbonatisches Bindemittel verkittet oder in eine feine kalkige Matrix eingebettet sind.

▼ *Kalkrudit (etwa 0,8fach), Toskana, Italien.*

BIOKALKLUTIT

HAUPTBESTANDTEILE: Ganze Mikrofossilien oder Bruchstücke, feinkristalliner Calcit.
NEBENBESTANDTEILE: Hämatit, Pyrit, mitunter autogener Quarz und Orthoklas.
GEFÜGE: Kompaktes, homogenes Gestein mit feiner Körnung (Partikel nicht sichtbar, Größe <0,063 mm); Ablagerungsstrukturen mitunter erkennbar; unter der Lupe können auf feuchter Probe Körner zu sehen sein; umkristallisierter Calcit hebt vorhandene Mikrofossilien hervor.
FARBE: Grau, gelbbraun, schwarz.
ERSCHEINUNGSFORM: Schichtförmig; in Gesteinskörpern von mitunter großer Mächtigkeit oder wechsellagernd in anderen karbonatischen oder seltener in sandhaltigen Gesteinen.
GEOLOGISCHES MILIEU: In Verbindung mit anderen Karbonatgesteinen.
NUTZUNG: Zur Kies- und Zementherstellung; schöne Stücke zur Herstellung von Fußbodenplatten und Verkleidungen von mittlerer Qualität verwendet.
WEITERE MERKMALE: Klastisches Karbonatgestein; unterscheidet sich von Kalklutit durch Vorhandensein von Fossilien, in anderen Eigenschaften jedoch ähnlich; bricht durch Schlag entlang konkaver oder konvexer Flächen (muscheliger Bruch), an scharfen Kanten entstehende Splitter sind nicht sehr haltbar; strömt beim Zerbrechen typischen, recht unangenehmen, von Kohlenwasserstoffen herrührenden Geruch aus.

Biokalkarenit mit einem Haizahn (etwa 0,5fach), Apennin (App. Modenese), Italien. ►

▼ *Biokalklutit (etwa 0,6fach), Apuanische Alpen, Toskana, Italien.*

BIOKALKARENIT

HAUPTBESTANDTEILE: Bruchstücke von fossilen Muschelschalen, karbonatisch-feldspathaltige Körnchen, karbonatisches Bindemittel.
NEBENBESTANDTEILE: Karbonat. Matrix, Hämatit, Pyrit, autogener Quarz, Orthoklas.
GEFÜGE: Kompaktes, homogenes Gestein mittlerer Körnung (2 – 0,063 mm); Körner mit bloßem Auge sichtbar; sandsteinähnliche Strukturen vorhanden.
FARBE: Hell- bis dunkelgrau, beige.
ERSCHEINUNGSFORM: Schichtförmig; in Lagerstätten großer Schichtdicke oder wechselnd mit anderen Kalksteinen oder Argilliten.
GEOLOGISCHES MILIEU: Häufig vorkommendes Gestein; größtenteils in Verbindung mit anderen karbonatischen Sedimenten, seltener mit Sandsteinen.
NUTZUNG: Zur Kiesherstellung, selten in Platten geschnitten und für Fußböden und Verkleidungen verwendet.
WEITERE MERKMALE: Klastisches Karbonatgestein; besteht aus gut sortierten organischen und karbonatischen Bruchstücken; organische Fragmente stammen in erster Linie von Molluskenschalen, jedoch können auch Algenfragmente vorhanden sein.

BIOKALKRUDIT

HAUPTBESTANDTEILE: Bruchstücke fossiler Überreste karbonatischer Zusammensetzung und feldspathaltige Fragmente.
NEBENBESTANDTEILE: Karbonatisches Bindemittel, Hämatit, Pyrit, mitunter autogener Quarz und Orthoklas.
GEFÜGE: Kompaktes Gestein mit groben, für das bloße Auge erkennbaren Bestandteilen (Korngröße >2 mm); klastische Körner bestehen größtenteils aus Bruchstücken fossiler Überreste, die durch Erosion und Fragmentation von Korallenriffen oder aus Schalen verschiedener Molluskenarten entstanden sind.
FARBE: Grau, gelbbraun, schwarz.
ERSCHEINUNGSFORM: Schichtförmig; in ebenen, großen Gesteinskörpern oder wechsellagernd mit karbonatischen und/oder tonig-mergeligen Schichten.
GEOLOGISCHES MILIEU: In Gegenden, in denen große Körper von Karbonatgestein vorhanden sind oder waren und in der Nähe von Korallenriffen.
NUTZUNG: Zur Kiesherstellung, kompakte und nur leicht gebrochene Stücke auch zu Platten geschnitten und poliert.
WEITERE MERKMALE: Detritisches Karbonatgestein mit einem Anteil an Fragmenten organischer Überreste von über 50%; zeigt starke Erosion in Entstehungsgebieten an; einige gut verkittete Arten ohne Zwischenräume können zerteilt, poliert und als Platten für Fußböden sowie Verkleidungen verwendet werden; Handelswert abhängig vom Farbenspiel der Bestandteile; häufig auch nach der vorherrschenden Fossilart benannt, z. B. Coquinakalkstein (reich an fossilen Molluskenschalen) und ammonithaltiger Kalkstein (Fossilien aus dem Mesozoikum).

▼ *Biokalkrudit - Coquina, kleine Küstenbrekzie (etwa 0,9fach), Italien.*

RIFFKALKSTEIN

HAUPTBESTANDTEILE: Fossile Überreste, Calcit, Dolomit.
NEBENBESTANDTEILE: Meist in sehr kleinen Mengen vorhanden sind Tonmineralien, Pyrit, mitunter autogener Quarz.
GEFÜGE: Unterschiedlich; an einigen Stellen Umkristallisation von Kalkstein mit Calcitkristallen, die die Wände von Hohlräumen bedecken (durch Auflösung fossiler Überreste entstanden); häufig ganze, noch mit ihrer Unterlage verwachsene Fossilien sichtbar; Porenzwischenräume mit sekundärem Calcit gefüllt, das mitunter durch Ton und Fragmente anderer Organismen verunreinigt ist.
FARBE: Weißlich.
ERSCHEINUNGSFORM: In Körpern von beachtlicher Größe, eingeschlossen in geschichtete Karbonatgesteine.
GEOLOGISCHES MILIEU: In Verbindung mit anderen karbonatischen Sedimenten.
NUTZUNG: Als Baustein oder Schotter.
WEITERE MERKMALE: Karbonatgestein, das auch unter dem Namen Biolithit bekannt ist; entsteht durch Wachstum riffbildender Meeresorganismen (Korallen, Schwämme, Algen usw.), die Kalziumkarbonat aus dem Meerwasser aufnehmen und direkt aus ihrem Zellgewebe ausscheiden; heute in den Tropen als Barriereriffs zu sehen; gesamter Kalkkörper kann sich in diagenetischem Milieu von Kalziumkarbonat (Calcit oder Aragonit) in Dolomit umwandeln.

▼ *Korallenkalkstein (etwa 1,5 fach), Dolomiten, Italien.*

TRAVERTIN

HAUPTBESTANDTEILE: Calcit oder Aragonit (heiße Quellen).
NEBENBESTANDTEILE: Limonit, Sandkörnchen.
GEFÜGE: Kompaktes, poröses Gestein aus dünnen, welligen Schichten nadeliger, subparalleler Calcitkristalle; durch Abscheidung entstandenes Gestein ist leicht, sehr porös (Mikroporosität) und von leuchtend weißer Färbung; enthält meist Abdrücke von Pflanzenresten, deren organische Substanz gänzlich verschwunden ist.
FARBE: Gebändert, alte Travertine weißlich, gelblich, rosig, bräunlich, häufig mit leichten, vom Limonitgehalt abhängenden Farbunterschieden; gerade entstehendes Gestein gleichmäßig leuchtendweiß.
ERSCHEINUNGSFORM: In nicht sehr ausgedehnten Gesteinskörpern ohne Schichtung; in Krusten auf anderen Gesteinen.
GEOLOGISCHES MILIEU: Nicht sehr weit verbreitetes Gestein.
NUTZUNG: In der Bauindustrie für Fußböden und Verkleidungen verwendet.
WEITERE MERKMALE: Name abgeleitet von *lapis tiburtinus* – Tivolistein, weist auf die antike römische Stadt hin, in der das Gestein eine breite Verwendung fand. Auf chemischem Wege durch rasche Abscheidung von Kalziumkarbonat aus übersättigtem Wasser (heiße Quellen) entstandenes Karbonatgestein; bildet auch Stalaktiten und Stalagmiten in Kalksteinhöhlen, dabei wahrscheinlich durch niedrigere Kristallisationstemperatur bedingtes langsameres Wachstum.

▼ *Travertin mit Blattabdrücken von Ficus carica und Ocer Lobehi (etwa 0,8 fach), Ascoli Piceno, Italien.*

KALKALABASTER

HAUPTBESTANDTEILE: Konkretionäres Calcit.
NEBENBESTANDTEILE: Eisenoxide und -hydroxide.
GEFÜGE: Kompaktes Gestein von meist durchscheinendem, wachsigem Äußeren; faserige Struktur, mitunter konzentrisch zonar.
FARBE: Gefleckt: Weiß, gelblich, braun, rötlichbraun (orientalischer Alabaster), hellblau, grün usw.
ERSCHEINUNGSFORM: In konkretionären Gesteinskörpern.
GEOLOGISCHES MILIEU: In Karbonatgesteinen.
NUTZUNG: Als Dekorstein für Platten und Ziergegenstände verwendet; häufig verarbeitet im antiken Rom.
WEITERE MERKMALE: Auf chemischem Wege entstandenes Karbonatgestein; entsteht durch direkte Abscheidung aus sehr kalziumkarbonatreichen Gewässern; tritt häufig in Travertinvorkommen auf.

▼ *Kalkalabaster (etwa 0,3 fach), Volterra, Pisa, Italien.*

KALKOOLITH

HAUPTBESTANDTEILE: Ooide, karbonatisches Bindemittel und/oder Matrix (Mikrit).
NEBENBESTANDTEILE: Siderit.
GEFÜGE: Kompaktes Gestein mit leicht erkennbarer Körnung; selten mit Überresten fossiler Organismen; Ooide meist ohne direkten Kontakt zueinander, Zwischenräume mit umkristalliertem Schluff oder karbonatischem Bindemittel aufgefüllt.
FARBE: Weißlich, gelblich, bräunlich.
ERSCHEINUNGSFORM: In schichtförmigen Gesteinskörpern unterschiedlicher Stärke.
GEOLOGISCHES MILIEU: Relativ häufig vorkommendes Gestein; in Verbindung mit alten Riffkalksteinen; in Strömungsfeldern von Gewässern lose und unverfestigt mit dem Aussehen von sehr weißem, feinem Sand.
NUTZUNG: Ausschließlich von wissenschaftlichem Interesse.
WEITERE MERKMALE: Gestein karbonatischer Zusammensetzung; besteht aus nahezu runden, gutsortierten Körnchen (Ooide) von sandkornähnlicher Form mit einer Größe von meist 0,2 – 1, höchstens 2 mm; Ooide entstehen in flachem Meerwasser (energiereiches Milieu), das von der Brandung kontinuierlich bewegt wird, durch Abscheidung von Kalziumkarbonat um ein Korpuskel herum und entwickeln konzentrische Struktur; Strömungsooide bestehen aus Aragonit; in alten Kalksteinen vollständig zu Calcit umgewandelt; Ooide entstehen auch in Seen, Höhlen und an heißen Quellen.

Oolithischer Kalkstein (etwa natürliche Größe), Bahama-Inseln. ►

PISOLITHISCHER KALKSTEIN

HAUPTBESTANDTEILE: Pisolithe, spätiges Bindemittel.
NEBENBESTANDTEILE: Dolomit, Siderit, Hämatit, mit geringen Mengen kalkiger Matrix.
GEFÜGE: Kompaktes Gestein; entstanden durch Verkitten runder bis ellipsenförmiger konkretionärer Körner von über 2 mm Größe; mitunter auch kleinere Kügelchen in den Zwischenräumen; Pisolithe auch ohne direkten Kontakt zueinander; Bindemittel zwischen den Pisolithen entsteht auf chemischem Wege durch Abscheidung.
FARBE: Weißlich, gelblich, bräunlich.
ERSCHEINUNGSFORM: Selten schichtförmig; in Gesteinskörpern von geringer Mächtigkeit.
GEOLOGISCHES MILIEU: Recht seltene Gesteine; weithin bekannte alte pisolithische Kalksteine in England, Deutschland und den USA.
NUTZUNG: Ausschließlich von wissenschaftlichem Interesse.
WEITERE MERKMALE: Gestein karbonatischer Zusammensetzung; Pisolithe werden von Ooiden anhand ihrer Korngröße (Ooide <2 mm) unterschieden; beide sind jedoch unterschiedlicher Herkunft; Pisolithe entstehen durch schrittweises Anwachsen kleiner Aragonitnadeln an Körnchen anorganischer Natur in niedrigenergetischen Milieus; treten in Höhlen, an heißen Quellen, in Bauxit- oder Kalkböden auf; kalkige Böden typisch in Gebieten mit halbaridem Klima; typische konzentrische Struktur der Pisolithe weist auf Abscheidung aus kalziumkarbonatreichem Wasser hin.

DOLOMIT

HAUPTBESTANDTEILE: Dolomit, Calcit.
NEBENBESTANDTEILE: Hämatit, Pyrit, autogener Quarz und Orthoklas.
GEFÜGE: Kompaktes, homogenes Gestein mit meist grober Körnung; die mit kleinen Dolomitkristallen besetzten Hohlräume sind meist aus Abdrücken inzwischen aufgelöster Muschelschalen entstanden; selten mit fossilen Überresten.
FARBE: Weiß, rosa, gelbbraun und verschiedene Schattierungen davon.
ERSCHEINUNGSFORM: In geschichteten bis massigen Anhäufungen.
GEOLOGISCHES MILIEU: Häufig vorkommendes Gestein; tritt in Verbindung mit anderen karbonatischen Sedimenten auf; berühmt sind die Dolomiten (Teil der Südlichen Kalkalpen, Italien); sie sind nach dem französischen Naturforscher D. de Gratet de Dolomieu benannt, der das Dolomitgestein als erster beschrieb.
NUTZUNG: Zur Herstellung verschiedener Zemente und Kiese, zur Magnesiumgewinnung, in der chemischen Industrie und als Flußmittel in der Eisenmetallurgie verwendet.
WEITERE MERKMALE: In diesem Gestein wird das aus dem Calcit- oder Aragonitanteil bereits vorhandener kalkiger Sedimente stammende Kalzium teilweise durch Magnesium ersetzt und Kalziumkarbonat in Magnesiumkarbonat (Dolomit) umgewandelt. Dieser Prozeß findet in diagenetischem Milieu statt, weshalb Dolomit nur in alten geologischen Formationen auftritt.

SELENIT

HAUPTBESTANDTEILE: Gips (Varietät Selenit).
NEBENBESTANDTEILE: Anhydrit, andere halogene Salze, Calcit, Dolomit, Tonmineralien, Limonit.
GEFÜGE: Grobkörniges Gestein mit großen Kristallen (Selenitgips); massige Struktur; fossile Reste fehlen meist.
FARBE: Im Reinzustand weiß; grau durch Tonmineralien; braun und schwarz durch Kohlenwasserstoffe.
ERSCHEINUNGSFORM: In schichtförmigen Gesteinskörpern; wechsellagernd mit tonigen Sedimenten.
GEOLOGISCHES MILIEU: Häufig vorkommendes Gestein; in Evaporitfolgen.
NUTZUNG: Grundstoff für die Papierindustrie; in der Gummiindustrie und als Bindemittel verwendet.
WEITERE MERKMALE: Auf chemischem Wege entstandenes Gestein; gehört zur Gruppe der Evaporite; Name griechischen Ursprungs („Mond"), soll wahrscheinlich auf die blasse, an den Mond erinnernde Färbung der Kristallflächen hinweisen; kann direkt aus dem Meerwasser in Form kleiner, schnell wachsender Kristalle abgeschieden werden oder entsteht durch Austausch (Pseudomorphose) tafeliger Anhydritkristalle.

ALABASTER

HAUPTBESTANDTEILE: Feinkristalliner Gips.
NEBENBESTANDTEILE: Anhydrit, Calcit, Dolomit, Tonmineralien, Limonit.
GEFÜGE: Kompakte Varietät mit durchscheinendem, wachsartigem Äußeren.
FARBE: Weiß, rötlich, gelblich, braun.
ERSCHEINUNGSFORM: In rundlichen Massen in nichtselenitischen Gipsschichten.
GEOLOGISCHES MILIEU: Recht selten vorkommend; sehr schönes Material aus Italien, Pakistan, dem Iran usw.
NUTZUNG: Leicht zu bearbeiten; in Form von polierten Platten und für Ziergegenstände verwendet; besonders bekannt ist Alabaster aus Volterra (Italien), auf dessen Verarbeitung die lokale Wirtschaft zum großen Teil basiert.
WEITERE MERKMALE: Auf chemischem Wege entstandenes Gestein; Vertreter der Gruppe der Evaporite; Gips tritt sehr häufig in zuckerkörnigen, durch Tonanteil grau geaderten Schichten auf; enthält mitunter feinkristalline Nieren, die wahrscheinlich Reste von nicht umkristallisiertem Gips (aus erster Abscheidung) darstellen; aufgrund der geringen Haltbarkeit von Gips (Härte 2 auf der Mohsschen Härteskala) und seiner guten Wasserlöslichkeit sind Gegenstände aus Alabaster sehr empfindlich; leicht ritzbar; kann durch Wasser seinen Glanz verlieren.

▲ *Pisolithischer Kalkstein (etwa 1,5fach), Deutschland.*

▲ *Selenit (etwa 0,5fach), Apennin (App. Bolognese), Italien.*

◄ *Dolomit (etwa natürliche Größe), Arona, Novara, Italien.*

▼ *Alabaster (etwa 0,7fach), Volterra, Pisa, Italien.*

FALSCHER MARMOR

POLIERBARE KALKSTEINE

Im allgemeinen werden diese Gesteine als Kalksteine oder Karbonate bezeichnet. Da sie sich zu Platten schneiden, polieren und als Dekorsteine verwenden lassen, nennt man sie fälschlicherweise „Marmor". Die Gesteine können dank ihrer schönen Musterung und Farbe sehr wertvoll sein.

Violette Brekzie (Italien).

Fior di bosco (Italien).

Leopardo Salomé (Türkei).

Breccia pernice (Italien).

Roter Collemand (USA).

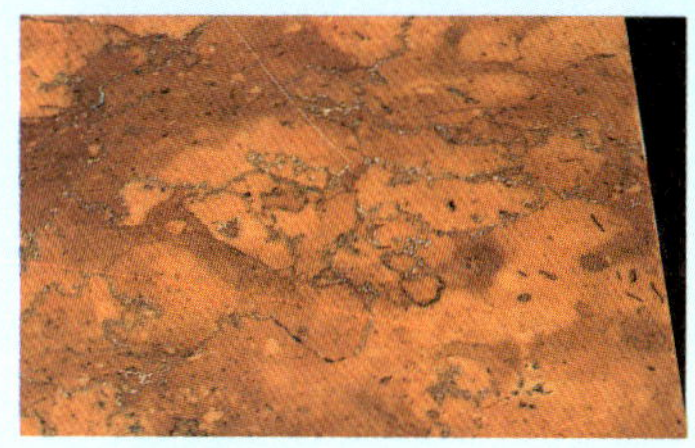

Verona rossa (Italien).

In der Vergangenheit pflegte man ein Material von seinem Fund- oder Entstehungsort so gut wie nie weit wegzutransportieren. Mit Ausnahme einiger Marmore wie des Bildhauermarmors wurden die Materialien lokal verwendet. Unter den Kalksteinen, die seit eh und je verarbeitet wurden, ist der Portoro einer der berühmtesten. Wie der Bildhauermarmor, so kommt auch er nur in Italien – zwischen Ligurien und der Toskana sowie in der Gegend um La Spezia – vor. Er ist von gelben Calcitadern durchschnitten, enthält einige wenige Verunreinigungen von Eisenoxiden und stellt ein prächtiges Beispiel für ein schwarzes feinkristallines Karbonatgestein dar.
In manchen Abschnitten einer solchen Kalksteinformation zeigt das Gestein eine weiße Aderung, was seinen Wert etwas verringert. Bei Portoro handelt es sich um einen Kalkstein, der in flachen Meeresgegenden durch Ablagerung großer Mengen von karbonatischem Schlamm entstanden ist. Dieser Schlamm enthält aufgrund eines vorübergehenden Sauerstoffmangels während der Kreidezeit große Mengen unzersetzter organischer Materie. Diese Bedingungen förderten auch in anderen Gebieten der Erde die Bildung schwarzer, dem Portoro ähnelnder Kalksteine. Einige davon nutzt man, um sie zu polierten Platten zu verarbeiten; in Spanien findet man den „Marquiña" und in Frankreich den „St. Laurent". Portoro ist bisher in keinem anderen Teil der Erde gefunden worden. Man kann ihn als einen der ältesten italienischen „Marmore" betrachten, da er schon zur Zeit der Römer – und vielleicht gar vor ihnen – zusammen mit den weißen Marmoren in den Apuanischen Alpen gebrochen wurde. Heute ist er sehr selten geworden. Die wahrscheinlich letzte und zudem nicht besonders große Lagerstätte wurde vor einigen Jahren entdeckt. Dieser Stein besitzt, obwohl er wie alle Karbonatgesteine nicht sehr haltbar ist, einen großen Wert.

DIE ARABESKEN

Andere Gesteine von bemerkenswerter Schönheit und mit angenehmer ästhetischer Wirkung sind die Brekzien. Sie können durch Ablagerung oder tektonische Aktivität, mitunter auch durch Metamorphose entstehen und Bruchstücke von jeder Art Gestein enthalten. Karbonatische Brekzien werden oft zu Platten geschnitten und poliert. Sie zeichnen sich durch eine enorme Farbenvielfalt ihrer Bestandteile – sowohl der Bruchstücke als auch der Bindemittel – aus. Sehr häufig sind Brekzien mit weißen oder grauen Bruchstücken, die in ein eisenkarbonathaltiges Bindemittel von weißer, gelblicher, roter, brauner oder schwarzer Farbe eingebettet sind. Die Brekzien haben mitunter sehr phantasievolle Namen, sind teilweise aber auch nach ihrer Färbung benannt.

Portoro (Italien).

Violette Brekzie (Italien) zeigt weiße Bestandteile in rötlichem, eisenoxidreichem Bindemittel; sie bildet allerdings fast nie die Farbe aus, nach der sie benannt ist. „Fior di bosco" (Italien) und „Leopardo Salomé" (Türkei) stellen zwei typische Brekzien dar; ihre grauen Elemente zeichnen sich durch eine Vielzahl von Farbschattierungen aus, und auch die Bindemittel sind unterschiedlich gefärbt. „Breccia pernice" besteht aus gelben Bruchstücken und einem weißen Bindemittel. „Collemand red" (USA) und „Verona rossa" (Italien) enthält Elemente und Bindemittel von mehr oder weniger leuchtend braunroter Färbung. Einige häufig verarbeitete nichtkarbonatische Brekzien sind die Ophicalcite, die aus ophiolithischen Elementen mit einem weißen Calcitbindemittel – ähnlich wie „Verde di St. Denis" (Italien) – bestehen. Diese Steine tragen den Handelsnamen „grüne Marmore"; die dominierende Farbe dieser „Marmore", die man nicht weiter in Brekzien oder andere Gesteine unterscheidet, ist Grün. Die Elemente der „Rosso antico" (Italien) ebenso wie die der Brekzie „Rosso di Lepanto" (Türkei), die aus Jaspisstücken bestehen, zeichnen sich durch eine leuchtend rote Farbe aus.

Polierbare Dekorsteine müssen kompakt und porenlos sein. Travertin, der viele Hohlräume aufweist, wird meist für Innen- und Außenverkleidungen, selten für Fußböden verwendet. Früher füllte man die Poren mit Substanzen aus, die ein weißes Bindemittel enthielten, konnte damit die ästhetischen Eigenschaften dieses Steins jedoch nicht verbessern. Erst später wurde eine Methode angewandt, bei der man synthetische Harze einsetzte, die sich wie der Stein selbst polieren ließen. Die transparenten Harze erzeugen einen angenehmen Kontrast und verbessern Aussehen und Eigenschaften des Travertins. Wie bei allen Gesteinen, so kann auch hier der Glanz durch starke Beanspruchung verlorengehen.

Verde di St. Denis (Italien).

Rosso antico (Italien).

Roter Lepanto (Türkei).

ANHYDRIT

HAUPTBESTANDTEILE: Anhydrit.
NEBENBESTANDTEILE: Gips, Calcit, Dolomit, Tonmineralien, bituminöse Substanzen, Limonit.
GEFÜGE: Mittel- bis feinkörnig; Ablagerungsstrukturen nicht immer erkennbar; fossile Überreste fehlen.
FARBE: Hellgrau, bläulich; selten gelblich, rötlich, braunschwarz.
ERSCHEINUNGSFORM: In schichtförmigen Massen; meist in Verbindung mit Gips und Kalksteinen.
GEOLOGISCHES MILIEU: Ziemlich weit verbreitetes Gestein; große Vorkommen in Deutschland, Polen, den USA usw.
NUTZUNG: In der Papierindustrie und zur Herstellung von Düngemitteln verwendet.
WEITERE MERKMALE: Chemisch entstandenes Gestein; wird bei der Eindampfung von Meerwasser abgeschieden; Name bezeichnet sowohl das Mineral als auch das aus dem Mineral bestehende Gestein; Anhydrit entsteht in Lagunen oder seltener in lakustrischem Milieu in feuchtheißen Gebieten durch Ablagerungen der mit Kalziumsulfat gesättigten Gewässer; tritt recht selten an der Erdoberfläche auf, da es unter Einfluß von Wasser zu Gips hydratisiert; dieser Prozeß ist selbst unter der Bodenoberfläche (unterirdisch zirkulierendes Wasser) zu beobachten; Schachtarbeiten beim Tunnelbau bergen Gefahren, da Anhydrit beim Übergang in Gips sein Volumen vergrößert, was zu Überdruck und zur Instabilität der Tunnelwände führt.

▼ *Anhydrit (etwa natürliche Größe), Maghreb.*

STEINSALZ

HAUPTBESTANDTEILE: Halit.
NEBENBESTANDTEILE: Gips, Anhydrit, verschiedene halogene Salze, Tonmineralien, bituminöse Substanzen, Limonit.
GEFÜGE: Mittelkörnig; Ablagerungsstrukturen selten erkennbar; sehr selten mit fossilen Überresten.
FARBE: Meist hell, grau, braun.
ERSCHEINUNGSFORM: In meist nicht schichtförmigen Gesteinskörpern; häufig in Form von Domen.
GEOLOGISCHES MILIEU: Nicht sehr weit verbreitetes Gestein; tritt aufgrund seiner guten Löslichkeit nur in Gebieten mit aridem Klima zutage.
NUTZUNG: In der chemischen Industrie verwendet; seit dem Altertum wichtiger Bestandteil der menschlichen Nahrung; auch zur Haltbarmachung von Speisen verwendet.
WEITERE MERKMALE: Auf chemischem Wege entstandenes Gestein; Name bezeichnet das Mineral (Halit) und das aus dem Mineral bestehende Gestein; Eindampfungsgestein, entsteht in ariden Zonen durch Ablagerungen aus Lagunenwasser, das mit Natriumchlorid gesättigt ist; Steinsalz scheidet sich nach Calcit, Anhydrit und Gips im Wasser ab.

▼ *Steinsalz (etwa 0,6fach), Sizilien, Italien.*

DIATOMIT

HAUPTBESTANDTEILE: Reste von Diatomeen (Kieselalgen), gelegentlich mit sekundärem kieseligem Bindemittel.
NEBENBESTANDTEILE: Opal, Sulfide.
GEFÜGE: Bröckeliges Gestein mit sehr feiner Körnung; leicht und porös; dick geschichtet; gelegentlich kompakt durch sekundäre Verkittung.
FARBE: Weißlich, gelblich, grau.
ERSCHEINUNGSFORM: In Bänken und Schichten mäßiger Mächtigkeit wechsellagernd mit Tonen.
GEOLOGISCHES MILIEU: Diatomitische Schlämme im Nordpazifik, in der Antarktis und in kleinen Süßwasserseen vulkanischer Gebiete.
NUTZUNG: Wegen seines hohen Absorptionsvermögens zur Reinigung und Entfärbung von Flüssigkeiten verwendet; Schall- und Wärmeisolator.
WEITERE MERKMALE: Kieselgestein organischer Natur; entsteht durch Ansammlung von Diatomeen in marinem oder lakustrinem Milieu; Diatomeen traten erstmals im Trias auf; synthetisieren in Wasser gelöstes Siliziumdioxid zum Bau ihrer Schalen; leben an der Oberfläche klarer, nährstoffreicher Gewässer.

▲ *Diatomit (Fossilmehl) (etwa 0,7fach), Grosseto, Italien.*

RADIOLARIT

HAUPTBESTANDTEILE: Radiolarenschalen und Fragmente von Radiolaren (einzellige Meeresorganismen); kieseliges Bindemittel.
NEBENBESTANDTEILE: Kohlenstoffreiche Substanzen, Eisenoxide, Anatas.
GEFÜGE: Sehr kompaktes Gestein mit sehr feiner Körnung; extrem hart, mit muscheligem Bruch; Radiolarien nur unter dem Mikroskop zu erkennen.
FARBE: Rot, schwarz, grün.
ERSCHEINUNGSFORM: In dünnen Schichten wechsellagernd mit Argilliten und in Verbindung mit ophiolithischen Gesteinen.
GEOLOGISCHES MILIEU: Tritt recht häufig in Gebirgsketten auf; Radiolarienschlämme in der Äquatorialzone des Pazifischen und des Indischen Ozeans in Tiefen von über 4000 Metern.
NUTZUNG: Radiolarite mit mittlerer bis feiner Körnung können als Schleifsteine verwendet werden.
WEITERE MERKMALE: Kieselgestein organischer Natur; Radiolarien sind Organismen, die seit dem Präkambrium in den Ozeanen existieren; leben in marinem (pelagischem) Milieu an der Oberfläche klarer Gewässer, die nährstoffreiche Substanzen enthalten; synthetisieren in Wasser gelöstes Siliziumdioxid zum Bau ihrer Schalen; Schalen abgestorbener Tiere lagern sich in großen Mengen am Meeresboden zu sog. Radiolarienschlamm an; durch schrittweise Diagenese verfestigt sich das Sediment zu Radiolarit.

Radiolarit (etwa natürliche Größe), Toskana, Italien. ►

FLINT (FEUERSTEIN)

HAUPTBESTANDTEILE: Feinkristalliner Quarz.
NEBENBESTANDTEILE: Chalcedon, Calcit, Tonmineralien, Hämatit.
GEFÜGE: Bildet kleine, unregelmäßige, leicht abgeplattete Körper von einigen Zentimetern Größe; sehr hart, mit feinkristalliner Textur und muscheligem bis splitterigem Bruch.
FARBE: Rot, weiß, gelb, grün, schwarz.
ERSCHEINUNGSFORM: Als Knollen oder Streifen in kompakten Gesteinen (meist kalkige).
GEOLOGISCHES MILIEU: In Karbonatgesteinen, meist in pelagischem Milieu (Tiefsee).
NUTZUNG: Heute ohne praktischen Nutzen.
WEITERE MERKMALE: Entstehung von Flintknollen ähnlich der von schichtförmigem Flint (Radiolarite); jedoch unterschiedlicher Gehalt an Siliziumdioxid biologischer Herkunft; Flintknollen oder -streifen werden gebildet, wenn nur wenige, in karbonatisches Bindemittel eingesprengte Überreste von Kieselorganismen vorhanden sind und das Siliziumdioxid während der Diagenese chemisch reaktiviert und konzentriert wird; Flint wurde in der Steinzeit zur Herstellung von Pfeilspitzen, Schabern u. a. Gegenständen verwendet; diente lange Zeit als „Feuerzeug“, da sich aus ihm Funken schlagen lassen.

JASPIS

HAUPTBESTANDTEILE: Quarz, Chalcedon.
NEBENBESTANDTEILE: Hämatit, Pyrolusit, Tonmineralien, selten Calcit; Anatas.
GEFÜGE: Sehr kompaktes Gestein mit muscheligem oder splitterigem Bruch; vorhandene Radiolarien ohne Lupe erkennbar.
FARBE: Weiß, rot, braun, grau.
ERSCHEINUNGSFORM: Sehr dünne bis massige Schichten.
GEOLOGISCHES MILIEU: In manchen Gebirgsketten; in Verbindung mit Ophiolithen, gelegentlich mit Phosphoriten.
NUTZUNG: In der Vergangenheit für Zier- und Schmuckgegenstände und als Schotter im Straßenbau, wegen der scharfen Kanten heute nicht mehr verwendet.
WEITERE MERKMALE: Kieselgestein organischer Natur; entsteht durch Anhäufung von Organismen mit Kieselskeletten (hauptsächlich Radiolaren) im Tiefseemilieu, wo das für die Organismen notwendige gelöste Siliziumdioxid ausreichend vorhanden ist; gute Entstehungsbedingungen wahrscheinlich an unterseeischen Vulkanen, deren Ausbrüche das zirkulierende Wasser mit SiO_2 anreichern.

RASENEISENSTEIN

HAUPTBESTANDTEILE: Goethit, Siderit, Hämatit, Limonit, Chamosit (eisenreiches Chlorit), karbonatisches oder limonitisches Bindemittel.
NEBENBESTANDTEILE: Phosphate, Flint.
GEFÜGE: Feinkörniges, recht poröses Gestein; gelegentlich mit oolithischer Textur und fossilen Überresten von Pflanzen und Tieren; eisenschüssige Ooide (Kugeln mit konzentrisch- konkretionärer Struktur) häufig zerquetscht, aus Chamosit bestehend, mitunter zu Siderit oder Goethit umgewandelt und verkittet.
FARBE: Rötlich (durch Hämatit), gelb, schwarz.
ERSCHEINUNGSFORM: In Gesteinskörpern begrenzter Ausdehnung.
GEOLOGISCHES MILIEU: Eisenschüssige Sedimente in Strömungsbereichen entstehen als Anhäufungen von Ooiden und eisenschüssigen Pisolithen in flachem lakustrischem Milieu oder in eisenoxidreichen Oberflächenschichten; erdige oder pisolithische Sedimente in moorigen Gebieten entstehen durch die Aktivität von Bakterien, die ihre Panzer daraus bauen.
NUTZUNG: Früher zur Eisengewinnung verwendet.
WEITERE MERKMALE: Biochemisch entstandenes Gestein; Name bezeichnet Sedimentgesteine mit einem Gehalt an Eisenoxiden und Eisenmineralien von mehr als 15 %; entstehen wahrscheinlich durch Abscheidung von dreiwertigem Eisen aus sauren Gewässern, die reich an organischer Materie sind und einen niedrigen Grad klastischer oder karbonatischer Sedimentation aufweisen.

MANGANKNOLLE

HAUPTBESTANDTEILE: Mangan- und Eisenoxid.
NEBENBESTANDTEILE: Tonmineralien, Quarz, Calcit, Kupferoxide, Zink, Nickel, Kobalt, Chrom, Vanadium.
GEFÜGE: Rundliche Form; meist von Organismen (Foraminiferen, Bryozoen) überkrustet.
FARBE: Dunkelgrau, schwarz.
ERSCHEINUNGSFORM: In Knollen und Krusten in den Tiefen der neuzeitlichen Ozeane; in nur geringen Konzentrationen infolge fehlender bzw. sehr geringer Sedimentation; mitunter auf dem Festland in alten Sedimenten zutagetretend.
GEOLOGISCHES MILIEU: In 2 – 5 km Tiefe im Atlantischen, Pazifischen und Indischen Ozean konzentriert; in manchen Gebirgsketten des Mittelmeergebietes.
NUTZUNG: Aufgrund der hohen Konzentration von Metallen von großem wirtschaftlichem Wert; gegenwärtig nicht genutzt, da die heutige Technik eine Gewinnung für industrielle Zwecke nicht erlaubt.
WEITERE MERKMALE: Entstehungsprozeß noch nicht endgültig geklärt; Zusammenhang mit unterseeischer vulkanischer Tätigkeit oder kleinen, regelmäßig auf die Erde gelangenden Meteoriten vermutet; bekannt ist geringe Wachstumsrate der Knollen (1 mm in 1 Mio Jahren), die in sedimentationsarmen Bereichen des Meeresbodens zu finden sind.

▼ Raseneisenerz (etwa natürliche Größe), Lothringen, Frankreich.

◄ Flint in Kalkstein (etwa natürliche Größe), Gavarno, Bergamo, Italien.

▼ Jaspis (etwa natürliche Größe), Sardinien, Italien.

▼ Manganknolle (etwa 1,5 fach), Pazifischer Ozean.

FARBEN UNTER WASSER

RIFFKALKSTEINE

Wir alle haben schon Bilder von großen Korallenriffen gesehen und uns von der vielfältigen Tier- und Pflanzenwelt mit ihren ungewöhnlichen Farben bezaubern lassen. Aber haben wir uns schon einmal Gedanken darüber gemacht, wie groß diese Unterwasserwelt ist und welche natürlichen Vorgänge zu ihrer Entstehung beigetragen haben?

Hinter das Geheimnis des perfekten Gleichgewichts zwischen belebter und unbelebter Welt zu kommen, das die Natur in den Korallenriffen erschaffen hat, ist nicht einfach.

Korallenriffe können Flächen in einer Größenordnung von Tausenden von Quadratkilometern bedecken. Das Große Barriereriff dehnt sich entlang der Nordwestküste des australischen Kontinents über fast 2000 Kilometern aus. Die Korallenriffe, die die Bahama-Inseln umgeben, erreichen eine Länge von gar 100 000 Kilometern. Andere, aber viel kleinere Lebensgemeinschaften dieser Art sind die Atolle im Pazifischen Ozean. Die Riffe entstehen alle im gleichen natürlichen Milieu, dessen Klimabedingungen die Entstehung und Ausbreitung dieser vielfarbigen Formen erlauben.

Die „Baumeister" der Riffe sind kleine kolonienbildende Polypen. Sie brauchen, um ihr Kalkgerüst aufzubauen, eine konstante Temperatur von durchschnittlich 22 – 24 °C und ziemlich flaches, gut durchlüftetes Wasser, das ständig in Bewegung ist und reichlich Nährstoffe und gelöste Salze enthält. Unentbehrlich ist hierbei gelöstes Kalziumkarbonat, da es den Hauptbestandteil der Korallenstöcke darstellt.

Durch die Aufnahme der Ca^{2+}- und der HCO^{3-}-Ionen aus dem Wasser sind die Polypen in der Lage, das zum Wachstum ihrer Außenskelette benötigte Kalziumkarbonat ($CaCO_3$) zu synthetisieren. Als feste Unterlage für ein aus diesen Außenskeletten gebildetes Kalkgerüst dienen häufig ältere Korallenstöcke.

Wie aber können diese Barriereriffs immer weiterwachsen und dennoch über lange geologische Zeiträume hinweg ihre Höhe bezüglich des Meeresspiegels beibehalten? Hier gibt es möglicherweise einen Zusammenhang zwischen zwei Wachstumssystemen – einem horizontalen, nach dem offenen Meer ausgerichteten und einem vertikalen, die beide mit einem Absinken der Riffe verbunden sind. Dieses Phänomen läßt sich mit der sehr langsamen, mehr oder weniger kontinuierlichen Senkung des Meeresbodens erklären, die durch das Abkühlen der Lithisphäre hervorgerufen wird.

Tritt eine Senkungspause ein, dann wächst ein Riff vorwiegend in horizontaler Richtung weiter; bei deutlichem Absinken des Meeresbodens hingegen dominiert das Höhenwachstum. Zur Entstehung der Atolle kommt es wahrscheinlich dadurch, daß Kolonien von Korallentieren sich auf bereits existierenden Inseln meist vulkanischen Ursprungs ansiedeln und um diese herum ringförmige Riffe bilden. Die Vulkane sinken mit der Zeit unter die Meeresoberfläche, die Riffe wachsen in die Höhe und dehnen sich aus, bis sie die Vulkane schließlich vollständig bedecken. Die ringförmige Gestalt bleibt erhalten, und in ihrem Inneren entsteht eine Lagune, die von einem niedrigenergetischen marinen Milieu geprägt ist. Die Sinkgeschwindigkeit der Vulkane ist so gering, daß das Wachstum der Korallenriffe damit Schritt halten kann.

Korallenriffe können infolge von klimatischen oder geologischen Veränderungen absterben. Man kann sich leicht vorstellen, welche Wirkung ein Klimaumschwung auf ein Korallenriff hat. Die geologischen Veränderungen lassen sich bis zur geodynamischen Evolution der Erdkruste zurückverfolgen. Die Anhebung des Meeresspiegels (eustatische Schwankungen) oder das Absinken der Riffunterlage mit einer Geschwindigkeit, die das Wachstumspotential der Korallen übersteigt, kann für Korallenriffe katastrophale Folgen haben.

Oben: Gruppe gemeiner Korallen mit einer auffallenden halbkugelförmigen Kolonie von Cerebroid-Korallen.
Unten: Gerichtetes Wachstum einer Elchgeweih-Koralle (vorherrschende Richtung der Wellen von links).

Auch die vom Menschen hervorgerufene Umweltverschmutzung kann das äußerst empfindliche Umfeld von Barriereriffen zerstören. Die Korallenansiedelungen vor der Küste der Bahamas beispielsweise sind durch den starken Touristenverkehr in diesem Gebiet sehr gefährdet.

PHOSPHORIT

HAUPTBESTANDTEILE: Feinkristalliner oder amorpher Apatit (Kollophan), karbonatisches oder kieseliges Bindemittel (feinkristalliner Quarz).

NEBENBESTANDTEILE: Limonit, Bitumen, mitunter verschiedene Arten fossiler Reste (Mollusken, Algen), Phosphate, verschiedene Arsenate.

GEFÜGE: Poröses, fein gekörntes Gestein; häufig mit oolithischer Textur, gelegentlich mit Hohlräumen.

FARBE: Gelblich, rötlich, bräunlich; verwittert bläulichweiß.

ERSCHEINUNGSFORM: Selten in geschichteten Gesteinskörpern mit Absatzgesteinen wechsellagernd; häufig in Knollen und Krusten.

GEOLOGISCHES MILIEU: Große Gesteinskörper in Nordafrika, den USA, in Frankreich und China; Phosphoritablagerungen treten an der kalifornischen Küste und in Peru zutage.

NUTZUNG: In der Düngemittelindustrie verwendet.

WEITERE MERKMALE: Absatzgestein organischer Natur; entsteht in geringen Tiefen (60 – 300 m) in marinem Milieu, das besonders viele nährstoffreiche Substanzen enthält und einen geringen Grad klastischer Sedimentation aufweist; Phosphor wird von Algen synthetisiert und in der Folge in Skeletten und Exkrementen der Fische, Vögel und Krustentiere konzentriert, die sich von den Algen ernähren; durch Diagenese werden phosphatische Sedimente dieser Entstehungsart in Phosphorite umgewandelt.

▼ *Phosphorit (etwa 0,4fach), Marokko.*

TORF

HAUPTBESTANDTEILE: Pflanzenreste (Moose, Seggen, Heide, Weiden, Birken, Kiefern) mit niedrigem Kohlenstoffgehalt (50 – 60 %).

NEBENBESTANDTEILE: Quarz, Calcit, tierische Reste, Tonmineralien.

GEFÜGE: Wenig kompakt und porös; deutlich erkennbare filzige Textur, in der sich noch Pflanzenreste feststellen lassen.

FARBE: Kastanienbraun, bräunlich, wassergetränkt schwarz.

ERSCHEINUNGSFORM: Schichtförmig; mit tonigen Schichten wechselnd.

GEOLOGISCHES MILIEU: in verschiedenen Gebieten Westeurpoas (England, Deutschland, Polen, Dänemark usw.), in den USA und Kanada häufig vorkommend.

NUTZUNG: Als Brennstoff von geringem Heizwert, Wärmeausbeute ähnlich wie bei Braunkohle; mit Erde vermischt als Pflanzendünger verwendet.

WEITERE MERKMALE: Gehört zur Gruppe der fossilen Kohlen; stellt das Anfangsprodukt der Inkohlung von Pflanzenresten dar; in rezenten, für das Quartär typischen Lagerstätten; entstanden durch Anhäufung von pflanzlichem Material in sauerstoffarmen Milieus, wie Weiher, Marschen und schmale Meeresbecken, wo diese Substanzen nur langsam von Bakterien zersetzt werden; heutige Lagerstätten (Torfmoore) sind mit großen Schwämmen vergleichbar, da sie bis zu 90 % Wasser enthalten; Wassergehalt wird durch Trocknung bis auf 40 % des Gewichts reduziert; im Quartär entstandene Torfmoore liefern anhand der enthaltenen Fossilienarten und Pollen Informationen über Umwelt und Temperaturen in dieser Zeit.

▼ *Torf (etwa natürliche Größe), Leffe, Bergamo, Italien.*

BRAUNKOHLE

HAUPTBESTANDTEILE: Mit Kohlenstoff (60 – 70 %) angereicherte Pflanzenreste.

NEBENBESTANDTEILE: Siderit, Pyrit, Calcit Tonmineralien, Phosphate.

GEFÜGE: Unterschiedliche, makroskopisch erkennbare Arten: erdige Braunkohle (homogen, bröckelig, mit Fragmenten pflanzlicher Substanz); Weichbraunkohle (kompakter, jedoch ähnlich der erdigen Braunkohle); Hartbraunkohle (sehr kompakt, mit opakem Glanz und muscheligem Bruch).

FARBE: Meist dunkel.

ERSCHEINUNGSFORM: Kompakte Varietäten meist schichtförmig.

GEOLOGISCHES MILIEU: Sehr weit verbreitet; besonders in Sedimenten des Tertiär.

NUTZUNG: Brennstoff mit ziemlich niedrigem Heizwert.

WEITERE MERKMALE: Gehört zur Gruppe der fossilen Kohlen; entsteht durch Inkohlung von Pflanzenresten verschiedener Arten in sauerstoffarmem Milieu; in Lagerstätten bisher über 1000 Pflanzenarten festgestellt; enthält mehr Kohlenstoff und weniger Wasser (75 %) als Torf.

▼ *Braunkohle (etwa 0,9 fach), Toskana, Italien.*

ANTHRAZIT

HAUPTBESTANDTEILE: Kohlenstoff (93 – 96 %), nur wenige Masseprozent an flüchtigen Bestandteilen.

NEBENBESTANDTEILE: Pyrit, Quarz.

GEFÜGE: Sehr kompaktes und homogenes Gestein mit fast metallischem Glanz und muscheligem Bruch; gelegentlich mit opaken Zonen, die aus schuppigen, von durchscheinenden (glasigen) Adern durchzogenen Aggregaten bestehen.

FARBE: Schwarz, grau mit gelben Lichtreflexen.

ERSCHEINUNGSFORM: In schichtförmigen Massen in Verbindung mit Sandsteinen und Tonen; wegen der vielen Brüche quer zur Schichtung häufig in Blöcken auftretend.

GEOLOGISCHES MILIEU: Ausschließlich in Gesteinen aus dem Paläozoikum, besonders aus dem Karbon und dem Perm; ausgedehnte Lagerstätten in den USA, Europa, China und Australien.

NUTZUNG: Hochwertiger Brennstoff mit großem Heizwert; in der Eisen- und Stahlindustrie, in der Farben- und in der Gummiindustrie verwendet.

WEITERE MERKMALE: Gehört zur Gruppe der fossilen Kohlen; stellt das am weitesten fortgeschrittene Stadium der Inkohlung von Pflanzenresten dar; typische, sehr alte Kohle aus dem Karbon; fossile Kohle mit einem Kohlenstoffgehalt, der zwischen dem von Braunkohle und dem von Anthrazit liegt, wird als Steinkohle bezeichnet.

▼ *Anthrazit (etwa natürliche Größe), Wales, Großbritannien.*

KLASSIFIZIERUNG DER MINERALIEN, EDELSTEINE UND GESTEINE

Zur besseren Orientierung in diesem Klassifikationsschema wurden Klassenbezeichnungen in fetten, die Unterklassen in halbfetten Großbuchstaben, Gruppen- und Reihenbezeichnungen kursiv und die einzelnen Arten in Antiquaschrift gesetzt.

MINERALIEN

Die folgende Unterteilung der in den Einzelbeschreibungen dargestellten Mineralien weicht von der Klassifizierung die 1970 von Hugo Strunz vorgeschlagen wurde, ab.

GEDIEGENE ELEMENTE

Gold-Gruppe:
– Gold
– Silber
– Kupfer
Platin-Gruppe:
– Platin
Quecksilber-Gruppe:
– Quecksilber
Arsen-Gruppe:
– Arsen
– Antimon
Schwefel-Gruppe:
– Schwefel
Kohlenstoff-Gruppe:
– Diamant
– Graphit

SULFIDE

Chalkosin
Bornit
Argentit (Akanthit)
Sphalerit
Chalkopyrit
Wurtzit
Enargit
Millerit
Galenit
Cinnabarit
Nickelin
Pyrrhotin
Covellin
Pyrit
Hauerit
Cobaltin
Markasit
Arsenopyrit
Glaukodot
Molybdänit
Sylvanit
Skutterudit
Antimonit
Bismuthinit
Auripigment
Realgar
Kermesit
Thiosalze:
– Proustit
– Pyrargyrit
– Bournonit
– Tetraedrit
– Geokronit
– Polybasit
– Jamesonit

HALOGENIDE

Halit (Steinsalz)
Sylvin
Fluorit
Carnallit
Kryolith
Hydroxylhalogenide:
– Atakamit

OXIDE

Cuprit
Tenorit
Spinell
Chromit
Magnetit
Chrysoberyll
Korund
Hämatit
Ilmenit
Arsenolith
Rutil
Kassiterit
Stibiconit
Pyrolusit
Uraninit
Columbit

HYDROXIDE

Brucit
Goethit

KARBONATE

Calcit-Gruppe:
– Calcit
– Magnesit
– Siderit
– Rhodochrosit
– Smithsonit
– Sphärokobaltit
Dolomit-Gruppe:
– Dolomit
Aragonit-Gruppe:
– Aragonit
– Strontianit
– Witherit
– Cerussit
Azurit
Malachit
Aurichalcit
Phosgenit
Leadhillit
Hydratisierte Karbonate:
– Artinit

NITRATE

Salpeter

BORATE

Nesoborate:
– Sassolin
Soroborate:
– Borax
– Ulexit
Inoborate:
– Colemanit
Tektoborate:
– Boracit

SULFATE

Wasserfrei/wasserarm:
– Anhydrit
– Coelestin
– Baryt
– Anglesit
Wäßrig:
– Gips
– Polyhalit

WOLFRAMATE – MOLYBDATE

Krokoit
Hübnerit
Wolframit
Scheelit
Wulfenit

PHOSPHATE – ARSENATE – VANADATE

Monazit
Apatit
Pyromorphit-Reihe:
– Pyromorphit
– Mimetesit
– Vanadinit
Adamit
Olivenit
Descloizit
Lazulith
Vivianit
Erythrin
Autunit
Türkis
Wavellit

SILIKATE

NESOSILIKATE

Olivin
Zirkon
Sphen
Almandin
Andradit
Uwarowit
Andalusit
Cyanit
Topas
Staurolith
Phenakit
Datolith
Sillimanit

SOROSILIKATE

Hemimorphit
Ilvait
Epidot
Vesuvian
Axinit

CYCLOSILIKATE

Benitoit
Beryll
Cordierit
Turmalin
Dioptas

INOSILIKATE
Pyroxene:
– Enstatit
– Diopsid
– Hedenbergit
– Augit
– Ägirin
– Jadeit
– Spodumen
Amphibole:
– Tremolit
– Aktinolith
– Hornblende
– Glaukophan
– Riebeckit
– Arfvedsonit
Pyroxenoide:
– Wollastonit
– Rhodonit

PHYLLOSILIKATE
Apophyllit
Prehnit
Serpentin
Chrysotil
Chlorit
Glimmer:
– Muskovit
– Paragonit
– Zinnwaldit
– Biotit
Tonmineralien:
– Kaolinit
– Talk
– Pyrophyllit

TEKTOSILIKATE
Quarz
Tridymit
Opal
Alkalifeldspäte:
– Sanidin
– Orthoklas
– Mikroklin
– Albit
Plagioklase:
– Labradorit
– Anorthit
Bariumfeldspäte:
– Hyalophan
– Danburit
– Skapolith
Feldspatoide:
– Nephelin
– Leucit
– Analcim
– Sodalith
– Haüyn
– Lasurit
Zeolithe:
– Natrolith
– Mesolith
– Skolezit
– Thomsonit
– Laumontit
– Heulandit
– Stilbit
– Phillipsit
– Chabasit

EDELSTEINE

Die im Kapitel „Transparente Mineralien“ beschriebenen Edelsteine sind hier nach abnehmendem Härtegrad klassifiziert.

EDELKORUND:
– Rubin
– Saphir
– Padparadscha
– Gelber Saphir
– Sonnenblumenrubin
– Rosa Saphir
– Sonnenblumensaphir
– Opalisierender Saphir

CHRYSOBERYLL:
– Alexandrit
– Cymophan

TOPAS:
– Kaisertopas
– Goldtopas
– Sherrytopas
– Madeira
– Blauer Topas
– Rosa Topas
– Farbloser Topas

SPINELL:
– Blauer Spinell
– Edelspinell
– Balas
– Picotit
– Pleonast
– Rubicell
– Gahnit

PHENAKIT:
BERYLL:
– Smaragd
– Aquamarin
– Goldberyll
– Heliodor
– Morganit
– Bixbyit
– Goshenit

ZIRKON:
– Farbloser Zirkon
– Starlit
– Hyacinth
– Jargon
– Malakon

UWAROWIT
ANDALUSIT
CORDIERIT
TURMALIN:
– Rubellit
– Indigolith
– Achroit
– Dravit
– Schörl
– Elbait
– Grüner Turmalin

DANBURIT
SILLIMANIT
QUARZ:
– Amethyst
– Hyalit
– Citrin
– Rosenquarz
– Rauchquarz
– Edinit
– Katzenauge
– Falkenauge
– Tigerauge

ALMANDIN
OLIVIN:
– Chrysolith

SPODUMEN:
– Hiddenit
– Kunzit

VESUVIAN:
– Grüner Vesuvian

CYANIT:
– Sapparé

JADEIT
BENITOIT
ANDRADIT:
– Topazolith
– Demantoid
– Melanit
– Schorlomit

ORTHOKLAS
MIKROKLIN:
– Amazonit

LABRADORIT
ANORTHIT
OPAL:
– Edelopal
– Feueropal
– Schwarzer Opal
– Harlekinopal
– Girasol
– Sarder
– Karneol
– Onyx
– Achat
– Chrysopras

RHODONIT
EPIDOT
GRANATE:
– Hessonit
– Tsavorit
– Grüner Grossular (Transvaal-Jade)

LASURIT:
– Lapislazuli

SKAPOLITH
SODALITH
LAZULITH
TÜRKIS
DATOLITH
SPHEN
APATIT:
– Spargelstein

MALACHIT
AZURIT
RHODOCHROSIT
ARAGONIT:
– Perlen

ERSTARRUNGS-GESTEINE

Die in den Einzelbeschreibungen dargestellten Erstarrungsgesteine sind hier nach dem System von Streckeisen klassifiziert, die Nomenklatur folgt Le Maître.

INTRUSIVGESTEINE
Alkalifeldspatgranit
Granit
Granodiorit
Tonalit
Alkalifeldspatsyenit
Quarzsyenit
Syenit
Quartmonzonit
Monzonit
Quarzmonzodiorit
Monzodiorit
Quarzmonzogabbro
Monzogabbro
Quarzanorthosit
Anorthosit
Quarzdiorit
Diorit
Quarzgabbro
Gabbro
Feldspatoid-Syenit
Shonkinit
Feldspatoid-Monzodiorit
Feldspatoid-Monzogabbro
Feldspatoid-Gabbro
Italit
Missourit
Dunit
Lherzolith
Pyroxenit

Hornblendit
Karbonatit

GANGGESTEINE UND HYPABYSSISCHE GESTEINE

Granophyr
Pegmatit
Aplit
Granitporphyr
Dioritporphyr

LAMPROPHYRISCHE GESTEINE

Minette (Lamprophyr)
Kersantit (Lamprophyr)
Spessartin (Lamprophyr)
Camptonit (Lamprophyr)
Kimberlit

EXTRUSIVE UND PYROKLASTISCHE GESTEINE

Alkalifeldspatrhyolith
Rhyolith
Rhyodacit
Dacit
Alkalifeldspattrachyt
Quarztrachyt
Trachyt
Quarzlatit
Latit
Andesit
Basalt
Phonolith
Tephritischer Phonolith
Phonolithischer Tephrit
Tephrit
Basanit
Nephelinit
Leucitit
Melilithit
Hyaloklastit
Ignimbrit
Tuff
Peperinotuff
Obsidian
Bims

UMWANDLUNGSGESTEINE

Die in den Einzelbeschreibungen dargestellten Umwandlungsgesteine sind hier nach dem Metamorphosetyp und nach der Art des Protogesteins klassifiziert.

REGIONALMETAMORPHOSE

Pelitische bis sandhaltige Gesteine:
– Tonschiefer
– Metagrauwacke
– Phyllit
– Albitparagneis
– Zweiglimmerschiefer
– Granatglimmerschiefer
– Staurolithgranatglimmerschiefer
– Cyanitglimmerschiefer
– Zweiglimmerparagneis
– Biotitparagneis
– Granatparagneis
– Muskovitquarzit
– Quarzit
Kalk- und Kalksilikatgesteine:
– Marmor
– Cipollino
– Geaderter Marmor
– Bardiglio
– Bildhauermarmor
– Rosa Marmor
– Arabesco
– Brekzienmarmor
– Calacatta
– Kalkschiefer
Saure und intermediäre vulkanische und plutonische Gesteine:
– Serizitschiefer
– Metagranit
– Orthogneis
– Augengneis
Basische vulkanische und pyroklastische Gesteine:
– Glaukophanschiefer
– Prasinit (Chloritamphibol-epidotalbitschiefer)
– Epidotamphibolit
– Amphibolit
– Granatamphibolit
– Eklogit
Ultrabasische Gesteine:
– Serpentinit
– Serpentinschiefer
– Ophicalcit
– Chloritschiefer
– Talkschiefer
– Aktinolithschiefer
Gesteine unterschiedlicher Zusammensetzung:
– Granulit

ANATEKTISCHE METAMORPHOSE

Gesteine unterschiedlicher Zusammensetzung:
– Agmatit
– Embrechit
– Anatexit
– Nebulit

KONTAKTMETAMORPHOSE

von Karbonatgesteinen:
– Calciphyr
– Marmor
– Cipollino
– Geaderter Marmor
– Bardiglio
– Bildhauermarmor
– Rosa Marmor
– Arabescato
– Brekzienmarmor
– Calacatta
von Silikatgesteinen:
– Andalusitbiotithornfels
– Cordieritkalifeldspathornfels

METASOMATISCHE GESTEINE

Skarn (Kalksilikatgesteine)
Rodingit (basische Gesteine)

DYNAMISCHE METAMORPHOSE

Mylonit (aus allen Gesteinsarten)

ABSATZGESTEINE

Die in den Einzelbeschreibungen dargestellten Gesteine sind hier nach Zusammensetzung und Textur klassifiziert.

KLASTISCHE TERRIGENE GESTEINE

Orthokonglomerat
Parakonglomerat
Brekzie
Quarzarenit
Arkose
Grauwacke
Glaukonitsandstein
Gipsarenit
Schluffstein
Argillit

KARBONATGESTEINE

Mergel
Kalklutit
Kalkarenit
Kalkrudit
Biokalklutit
Biokalkarenit
Biokalkrudit
Riffkalkstein
Travertin
Kalkalabaster
Kalkoolith
Pisolithischer Kalkstein
Dolomit

EINDAMPFUNGSGESTEINE

Gips (Selenit)
Gips (Alabaster)
Anhydrit
Steinsalz

CHEMISCH UND ORGANISCH ENTSTANDENE GESTEINE

Diatomit
Radiolarit
Flint
Jaspis
Raseneisenstein
Manganknolle
Phosphorit
Torf
Braunkohle
Anthrazit

GLOSSAR

A

Absatzgesteine, Sedimentgesteine: Gesteine, die durch Ablagerung und Verfestigung von Bruchstücken anderer Gesteine oder organischen Materials oder durch Abscheidung von Mineralien aus einer Lösung entstehen.

Abscheidung, Präzipitation: Bildung einer unlöslichen Verbindung aus einer Lösung.

Aggregat: Ansammlung von Gesteinspartikeln und/oder Mineralteilchen.

Alkalisch: Bezeichnet Erstarrungsgesteine, die einen im Vergleich zum Kieselsäuregehalt hohen Anteil an Alkalimetallen (Natrium und Kalium) aufweisen. Alkalische Gesteine können Natrium- und Kalifeldspäte oder Feldspatoide enthalten.

Allochromatisches Mineral: Mineral, das nicht in einer mineraltypischen Farbe, sondern in unterschiedlichen Farben auftritt, die aus Verunreinigungen in der Kristallstruktur (z. B. Amethyst) oder aus kleinsten Einschlüssen von anderen Mineralien (z. B. blauer Quarz) herrühren. Ggs.: Idiochromatisch.

Allotriomorph: Bezeichnet Mineralien, die ihre Eigengestalt nicht ausbilden konnten.

Alluviale Ablagerung: Sedimente, die sich in fluvialem Milieu abgelagert haben.

Alluvium: Unverfestigter Ton, Schluff, Sand und Kies, die von fließendem Wasser transportiert und an Land abgelagert wurden.

Anatexis: Prozeß einer großräumigen Aufschmelzung bereits vorhandener Gesteine. Bezeichnet gelegentlich besonders die Aufschmelzung kontinentaler (granitischer) Kruste in Subduktionszonen.

Angström: Maßeinheit, die dem zehnmillionsten Teil eines Millimeters entspricht.

Aphanatische Textur: Gefüge eines Erstarrungsgesteins, das keine mit bloßem Auge sichtbaren Kristalle enthält.

Arboreszent: Dreidimensional verzweigter, pflanzenartiger Kristallhabitus (vgl. dendritisch).

Asterismus: Sternförmiger Widerschein eines Kristalls, der durch winzige, regelmäßig verteilte nadelige Einschlüsse hervorgerufen wird.

Asthenosphäre: Zähflüssige Zone des oberen Erdmantels in einer Tiefe von 100 – 350 km, in der Gesteine ein plastisches Verhalten zeigen.

Auslaugen: Entfernung bestimmter löslicher Bestandteile aus einem Gestein durch zirkulierendes Wasser.

Ausscheidung oder Entmischung: Separation zweier oder mehrerer Mineralformen in festem Zustand aus einer ursprünglich homogenen festen Lösung (Mischkristall).

Autogenes Mineral: Mineral, das innerhalb eines bereits ausgebildeten Gesteins entsteht.

Autometasomatose: Ersetzung eines Minerals magmatischen Ursprungs durch verschiedene Mineralien, die durch Wechselwirkung mit der Restschmelze oder mit Lösungen aus dem Magma herbeigeführt wird.

B

Basalt: Dunkles hypabyssisches oder extrusives Gestein.

Basisches Gestein: Erstarrungsgestein mit geringem Kieselsäuregehalt (45 – 52 %), z. B. Basalte.

Batholith: Gewaltiger Tiefengesteinskörper von unbekannter Ausdehnung.

Bindemittel, Zwischensubstanz: Sekundärmineral, gewöhnlich ein chemisches Abscheidungsprodukt, das die einzelnen Bestandteile eines Sedimentgesteins miteinander verbindet; häufig Kieselsäure, Karbonate oder Eisenoxide.

Blasig: Struktur oder Textur eines Vulkangesteins, das sich durch reichlich vorhandene, infolge der Ausdehnung von Gasen im Magma entstandene Lavaporen und Blasen auszeichnet.

Blastisch (-blast): Bezeichnet metamorphe Gesteine mit einem Gefüge, das auf etwa gleichzeitigem Aufwachsen neu- oder umgebildeter Kristalle beruht; die Namen dieser Gesteine haben die Nachsilbe -blast (z. B. Granoblast, Porphyroblast).

Blätterung: In einem Gestein in Ebenen angeordnete Konzentration von Bestandteilen oder Strukturen.

Block: Großes, bei einem Vulkanausbruch ausgetretenes Gesteinsbruchstück.

Borfumarole: Fumarole, aus der Borsäure austritt.

Brechung: Ablenkung eines Lichtstrahls beim Wechsel seiner Ausbreitungsgeschwindigkeit infolge des Übergangs von einem Medium in ein anderes.

Brechungsindex: Verhältnis zwischen der Ausbreitungsgeschwindigkeit des Lichts im Vakuum zur Geschwindigkeit des Lichts in der betreffenden Substanz.

Brüchigkeit: Anfälligkeit gegenüber Bruch.

C

Cabochon: Edelstein, der zu einer Form mit nach oben gewölbter Oberfläche verschliffen wurde. Der Cabochonschliff wird bei kräftig gefärbten opaken, durchscheinenden oder durchsichtigen Steinen angewendet.

Chatoyance: Schillernde, wogende Lichtreflexe ähnlich denen an einem Katzenauge, die von gleichartig ausgerichteten faserartigen Einschlüssen im Mineral herrühren.

Chemismus: Chemische Zusammensetzung eines Gesteins oder Minerals.

CIPW-Standardzusammensetzung (oder -Norm): Hypothetischer Mineralbestand eines Erstarrungsgesteins, der anhand des Chemismus des unzersetzten Gesteins berechnet und zur Klassifizierung sowie zum Vergleich feinförniger Erstarrungsgesteine verwendet wird. Ggs. Modaler Mineralbestand.

D

Dekrepitieren: Zerplatzen einer Mineralprobe; es wird durch flüchtige Bestandteile hervorgerufen, die beim Erhitzen der Probe entweichen, und ist meist von knisternden Geräuschen begleitet.

Dendritisch: Zweidimensional verzweigter, wie eine Pflanze aussehender Kristallhabitus. Vgl. arboreszent.

Diablastische Textur: Metamorphes Gefüge, das von miteinander verwachsenen nadeligen oder faserigen, richtungslos stehenden Mineralien bestimmt wird.

Diagenese: Bezeichnet Prozesse, die mit der Verfestigung und Versteinerung eines Sediments zusammenhängen.

Diapir: Kuppel- oder pilzförmige Struktur, die durch aufsteigendes Material geringer Dichte (z. B. Salzstock oder Magmenkörper) entsteht.

Dichte: Masse eines Körpers pro Volumeneinheit (meist in g/cm^3 oder kg/m^3 angegeben).

Dichtezahl: Dimensionsloses Verhältnis der Masse einer Substanz zur Masse eines gleichen Volumens von Wasser; entspricht der Dichte in g/cm^3.

Differentiation: Prozeß der chemischen Entmischung eines Magmas im Verlaufe seiner Kristallisation.

Dimorphie: s. Polymorphie.

Doppelbrechung: Aufspaltung eines Lichtstrahls in zwei Strahlen unterschiedlicher Ausbreitungsgeschwindigkeit. Vgl. Doppelbrechungskoeffizient.

Doppelbrechungskoeffizient: Differenz zwischen dem größten und dem kleinsten Brechungsindex in einem optisch anisotropen Mineral.

Druse: Dicht mit kleinen Kristallen (Mineralstufen) besetzter Hohlraum.

Drusenhohlräume, miarolithische Hohlräume: Kleine, unregelmäßig geformte Hohlräume in Tiefengesteinen, die mit gesteinstypischen Mineralkristallen besetzt sind.

Dünnschichtige (lamellare) Kristalle: Zweidimensional ausgebildete oder plattenförmige Kristalle (z. B. Glimmer), die dünne Schichten bilden.

Durchdringungszwillinge: Verzwillingte Kristalle, die sich in der Wachstumsphase gegenseitig durchdringen.

E

Einachsig. Bezeichnet einen doppelbrechenden Kristall (Kristall mit zwei Brechungsindizes), der nur eine optische Achse besitzt (z. B. Mineralien des tetragonalen, hexagonalen oder trigonalen Symmetriesystems).

Einfachbrechung: Brechung von Licht in einem isotropen Kristall; in isotropen Mineralien ist die Ausbreitungsgeschwindigkeit des Lichts in allen Richtungen gleich. Vgl. Doppelbrechung, Doppelbrechungskoeffizient.
Einschluß: Feste, flüssige oder gasförmige Substanz organischer oder anorganischer Herkunft, die in der Wachstumsphase eines Minerals von dessen Kristallen umhüllt wurden.
Eisenblüte: In Form weißer, verzweigter Aggregate auftretendes Aragonit.
Elektrische Leitfähigkeit: Eigenschaft eines Materials, elektrischen Strom durch sich hindurchfließen zu lassen. Vgl. Leiter, Isolator.
Endogen: Bezeichnet Prozesse, die unter der Erdoberfläche vor sich gehen.
Endorheisches Becken: Abflußloses Meeresbecken mit Binnenentwässerung.
Entmischung: Abspaltung von Kristallen aus einem Magma im frühen Kristallisationsstadium.
Epithermal: Bezieht sich auf einen oberflächennahen Bereich über einer magmatischen Intrusion, der durch lebhafte hydrothermale Aktivität gekennzeichnet ist.
Erdmantel: Zwischen Erdkruste und Erdkern liegende Schicht.
Eruptiv: s. extrusiv.
Erzflöz: Flächenhafte Ablagerung von Erzen.
Euhedral: s. idiomorph.
Eustatische Schwankungen: Weltweite Niveauschwankungen des Meeresspiegels.
Evaporite: Absatzgesteine oder Mineralien, die sich infolge von Eindampfung aus Lösungen abscheiden (z. B. Salz).
Exogenes Agens: Äußerer Prozeß, der zu Veränderungen der Erdkruste führt (z. B. fließendes Wasser, Gletscher, Wellen, Wind, Frost).
Extrusiv: Bezeichnet den Ausbruch von Gesteinsschmelze aus einem Vulkan oder auch Gesteine, die durch Erstarrung von Lava an der Erdoberfläche entstehen. Syn. vulkanisch, eruptiv; Ggs. intrusiv, plutonisch.

F

Falte: Krümmung oder Wölbung in einer ebenen Struktur wie in Sedimentschichten oder Bänderungen.
Feinkristalline Struktur: Gefüge eines Gesteins, das aus nur unter dem Mikroskop erkennbaren Kristallen besteht.
Feldspäte: Gruppe von Tektosilikaten (s. systematische Klassifizierung), zu der Plagioklase, Orthoklas, Sanidin, Mikroklin und andere, weniger häufig vorkommende Mineralien gehören.
Felsisch: Bezeichnet Erstarrungsgesteine, die in erster Linie aus hell gefärbten Mineralien wie Feldspäten, Quarz, Feldspatoiden und Muskovit bestehen (z. B. Granit). Ggs. mafisch.
Femische Mineralien: Gehören nach dem normativen Mineralbestand zu den Eisen- und Magnesiumsilikat- und Eisen- und Titanoxidmineralien. Ggs. salische Mineralien; vgl. CIPW (Normsystem nach Cross, Iddings, Pirsson und Washington).
Ferromagnetisches Mineral: Mineral, das von einem Magnetfeld stark angezogen wird (z. B. Magnetit).
Filzige Textur: Verwobene, filzartige Textur, die durch dicht ineinanderwachsende Kristalle entsteht.
Fließtextur: Textur von Laven, die sich durch gestreckte, in Fließrichtung der Schmelze eingeregelte Kristalle auszeichnet.
Flüchtiger Bestandteil: Gasförmiger Bestandteil eines Magmas.
Fluoreszenz: Vorübergehend auftretende Emission einer Strahlung durch eine Substanz, die Strahlung absorbiert; Art der Lumineszenz.
Flutbasalt: Basaltstrom oder eine Reihe von Basaltströmen, die eine sehr große Fläche (bis zu einigen hunderttausend Quadratkilometern) überfluten (z. B. Columbia-Plateau).
Formel: In Symbolen ausgedrückte chemische Zusammensetzung einer Substanz.
Fumarole: Schlot eines Vulkans, aus dem Gas und Dampf (spät- oder nachvulkanische Erscheinungen) entweichen.

G

Gang, Ader: Dünner Bruch, der mit aus einer Lösung abgeschiedenen Mineralien, meist Quarz oder Calcit, ausgefüllt ist.
Gang: Vertikal bis steil verlaufende und mit aufsteigendem, später erstarrtem Magma gefüllte Spalten.
Gangmineral, Gangart, taubes Gestein: Bestandteile einer Erzlagerstätte, die keinen wirtschaftlichen Nutzen haben.
Ganzkristalline Textur: Gefüge eines Erstarrungsgesteins, das ausschließlich aus Kristallen besteht und keine glasigen Teile enthält; typisch für Tiefengesteine. Vgl. glasige Textur.
Gebänderte Struktur: Aus dünnen Schichten unterschiedlicher Zusammensetzung entstehende Struktur (Schichtung nach chemischer Zusammensetzung) oder äußere Erscheinung (z. B. Farbe, Korngröße, Erosionswiderstand).
Gediegenes Element: Element wie Kupfer oder Gold, das in der Natur im Reinzustand, also nicht in chemischer Verbindung mit anderen Elementen vorkommt.
Gel: Halbfeste kolloide Lösung.
Genese: Komplex von Prozessen, die zur Entstehung von Mineralien und Gesteinen führen.
Geode: Mit gutausgebildeten Kristallen besetzter Hohlraum in einem Gestein.
Geotektonik: Wissenszweig der Geologie, der sich mit den großräumigen Bewegungen von Gesteinen und den daraus entstehenden Strukturen beschäftigt.
Geothermische Felder: Gebiete auf der Erdoberfläche, die sich durch große Wärmeströme auszeichnen.
Gesättigte Lösung: Flüssigkeit, in der die Konzentration eines gelösten Bestandteils die Löslichkeitsgrenze erreicht hat, so daß zusätzliche Mengen dieses Bestandteils nicht mehr gelöst werden.
Gesättigtes Gestein: Erstarrungsgestein mit Quarzkristallen (bezüglich Siliziumdioxid gesättigt). Vgl. untersättigt, übersättigt.
Gestein: Natürliches Aggregat aus Mineralien oder Klasten in steinartigem (z. B. Granit) oder unverfestigtem (z. B. Sand) Zustand.
Gesteinsschmelze, Magma: Flüssiges intrusives oder extrusives Gestein, aus dem Erstarrungsgesteine entstehen.
Geysir: Heiße Quelle, die periodisch eruptiert.
Glanz: Aussehen der Oberfläche eines Minerals unter reflektiertem Licht (z. B. glasig, metallisch, stumpf).
Glas: Amorphes Material, das entsteht, wenn Magma so rasch auskühlt, daß es keine Kristalle bilden kann.
Glasige Textur: Gefüge eines Erstarrungsgesteins, das aus Glas oder amorphen Mineralien besteht. Vgl. ganzkristallin.
Gradierung, gradierte Schichtung: Sedimentablagerungen, die nach unterschiedlichen Korngrößen geschichtet sind (z. B. von grobem Kies bis zu feinem Sand).
Graphische Struktur, schriftgranitische Struktur: Verwachsungen von Quarz in einem Orthoklas, die ein an Hieroglyphen erinnerndes Muster ergeben.
Greisen: Hydrothermal umgewandeltes granitisches Gestein, das aus Quarz und Muskovit besteht.
Grundgebirge: Bezeichnet den undifferenzierten Gesteinskörper, der unterhalb einer Formation aus Sedimentgestein liegt und sich bis an die Erdkruste ausdehnt.
Grundmasse: Feinkörnige, feinkristalline oder kryptokristalline Substanz, die die größeren Phenokryste in einem porphyrischen Gestein umgibt.

H

Habitus, Kristallhabitus: Charakteristisch ausgeprägte Gestalt eines Mineralkristalls (z. B. prismatisch, blockig).
Härte: Widerstand einer Substanz gegen Ritzen oder Durchdringung.
Hauptmineralien (Hauptgemengteile): Mineralien, die die Zusammensetzung eines Gesteins bestimmen (im Gegensatz zu Nebenmineralien).
Heißer Fleck: Bereich an der Erdoberfläche, der sich durch anhaltende vulkanische Tätigkeit und große Wärmeströme auszeichnet und den man für die oberirdische Auswirkung einer ortsfesten, überdurchschnittlich heißen Zone im Erdmantel hält.
Hochgradig: Bezeichnet Umwandlungsgesteine oder Mineralien, die bei hohen Temperaturen und/oder Drücken entstanden sind; umfaßt Gesteine der höheren Amphibolit-, Granulit- und Eklogitfazies. Vgl. niedriggradig, Tiefenzone.
Hydratisierung: Anlagerung von Wassermolekülen an Verbindungen in einem Mineral.
Hydrosphäre: Gesamtes Gewässersystem der Erde (Ozeane, Meere, Seen, Flüsse, Eis, Grundwasser und atmosphärisches Wasser).
Hydrothermal: Bezeichnet einen Prozeß, der unter Beteiligung von heißem Wasser (gewöhnlich erhitzt durch eine Intrusion) abläuft oder Mineralien, die durch Abscheidung aus heißen Lösungen entstanden sind.
Hydrothermale Gänge: Brüche im Gestein, die mit aus hydrothermalen Lösungen abgeschiedenen Mineralien ausgefüllt sind.
Hydrothermalumsetzung: Umwandlung von Gesteinen und Mineralien durch hydrothermale Flüssigkeiten; tritt oft an Intrusivkörpern auf.
Hypabyssisch: Bezeichnet eine oberflächennahe Intrusion.
Hypidiomorphe Textur: Gefüge eines Erstarrungsgesteins, das aus idiomorphen und in den Zwischenräumen liegenden xenomorphen Körnern besteht.
Hypokristallin: Erstarrungsgestein, das kristalline Bestandteile in einer glasigen Grundmasse aufweist.

I

Idiochromatisches Mineral: Mineral, das nur in einer Farbe auftritt. Ggs. allochromatisch.
Idiomorph: Mineral mit gutausgebildeter arttypischer Kristallform. Syn. euhedral, Ggs. xenomorph.
Inkohlung: Umwandlung eines organischen Materials in Kohlenstoff oder Anreicherung von Karbon beim Übergang von Braunkohle in Steinkohle und Anthrazit.
Interferenzfarben: Farben, die von doppelbrechenden Mineralien unter gekreuzten Polarisatoren gezeigt werden. Vgl. Doppelbrechungskoeffizient.
Intermediäres Gestein: Erstarrungsgestein mit einem Kieselsäuregehalt zwischen 52% und 63%.
Intersertaltextur: Gefüge eines porphyritischen Gesteins mit glasiger Grundmasse zwischen richtungslos eingelagerten Phenokrysten.
Intrusiv: Prozeß, bei dem Magma in die Erdkruste aufsteigt, ohne deren Oberfläche zu erreichen; Erstarrungs-

gesteine, die unter der Erdoberfläche kristallisieren (Intrusivgesteine oder plutonische Gesteine).
Ion: Atom mit elektrischer Ladung.
Ionenradius: Meist in Angström angegebener Radius eines Ions.
Irisieren: Auftreten der Spektralfarben an einem Mineral; entsteht bei Interferenz an dünnen Schichten, die unterschiedliche Brechungsindizes haben.
Isolator: Substanzen oder Körper, die keinen elektrischen Strom durch sich hindurchfließen lassen bzw. keine Wärme leiten.
Isomorphe: Mineralien, die eine ähnliche Zusammensetzung und dieselbe Kristallform aufweisen (isotype Kristalle).
Isostrukturell: Bezeichnet chemische Verbindungen mit identischer Kristallform, jedoch völlig unterschiedlicher Zusammensetzung (z. B. Galenit und Halit).

K

Kalksilikate: Metamorphe Gesteine mittleren bis hohen Umwandlungsgrades, gewöhnlich metamorphe oder metasomatische Kalksteine, die aus kalziumhaltigen Silikatmineralien wie Diopsid und Wollastonit bestehen.
Kalzinierung: Erhitzen einer Substanz bis zu dem Punkt, an dem ihre Bestandteile dissoziieren (z. B. $CaCO_3$ zu CaCO und CO_2).
Kappe: Undurchlässiger Körper aus Anhydrit, Gips und Calcit, der die obere Begrenzung eines Salzstocks bildet.
Karat (Kt, ct): In der Edelsteinkunde gebräuchliche Einheit für Massenangaben; entspricht 0,2 g und wird heute in Dezimalen unterteilt.
Kataklasit: Produkt der feinkörnigen Zertrümmerung von Gesteinen bei der Bewegung großer Gesteinskörper (tektonische Prozesse).
Kataklastische Struktur oder Textur: Für Kataklasite charakteristische Struktur: Gesteine mit körnigen, zertrümmerten und verformten Mineralteilchen, die häufig senkrecht zur Spannung abgeflacht sind.
Kissenstruktur: Rundliche, kissenähnliche Struktur eines vulkanischen Gesteins, die meist bei schnellem Abkühlen von Lava am Meeresgrund oder in wassergesättigten Sedimenten entsteht (auch als Kissenbasalt oder Kissenlava bezeichnet).
Klasse: s. Symmetrieklasse.
Klast: Bruchstücke von Gesteinen oder Mineralien, die bei der mechanischen Zerstörung eines anderen Gesteins entstanden sind.
Klastische Textur: Gefüge von Sedimentgesteinen, die aus Klasten bestehen.
Knolle: Kleiner rundlicher Mineralklumpen oder Mineralaggregat (z. B. Hornfelsknolle, Manganknolle).
Kolben, offene oder geschlossene: Laborgefäße, die für chemische Analysen benutzt werden.
Kolloid: Suspension extrem feiner, in einer Flüssigkeit schwebender Partikel.
Königswasser: Gemisch aus Salpetersäure und Salzsäure in einem Verhältnis von 3:1.
Konkretion: Feinkristalline Mineralaggregate, die sich um einen Kern wie das Bruchstück einer Muschelschale, eines Knochens oder ein Mineralkorn gebildet haben.
Kontaktgesteine: Gesteine, die sich in direktem oder indirektem Kontakt zu einer magmatischen Intrusion befinden und durch die Wärme des Magmaherdes umgewandelt werden.
Kontaktzone: Bereich, der einen Magmaherd umgibt und von kontaktmetamorphen (thermalen) Vorgängen beeinflußt ist.
Kontinentalschild: Ausgedehntes Gebiet mit stabilem Kontinentalsockel (meist präkambrisch) eines tektonisch stabilen Kratons.
Korn: Kleines Gesteins- oder Mineralteilchen; bezieht sich auch auf die von Größe und Anordnung der Körner abhängige Struktur eines Gesteins (z. B. Schieferung).
Körnig: Bezeichnet ein Gestein, das aus erkennbaren Mineralkörnern annähernd gleicher Größe besteht.
Kristall: Fester, homogener Körper, dessen Atome, Atomgruppen und Ionen in einer bestimmten Weise angeordnet sind und der nach außen hin von ebenen Flächen begrenzt wird.
Kristallgitter: Dreidimensionales Gitter, in dem sich eine bestimmte Punktanordnung regelmäßig wiederholt.
Kruste: Die äußerste, am wenigsten dichte Schicht der Erde; die Schichtdicke reicht von 10 km im Bereich der Meeresbecken bis 60 km im Bereich hoher Gebirgszüge.
Kryptokristalline Textur: Gefüge von Erstarrungsgesteinen, deren Kristalle so klein sind, daß sie nur durch starke Vergrößerung, etwa durch ein Elektronenmikroskop, erkennbar sind.
Kuppe: Allgemeiner Begriff für eine kuppelförmige Struktur.

L

Lagergang, Sill: Intrusiver, parallel zu einem Schichtenverband eingefügter Gang.
Lakkolith: In vorhandene Schichtfugen eingedrungener, nach oben gewölbter magmatischer Körper.
Leiter: Elektrischer Leiter – ein Körper, der elektrischen Strom durch sich hindurchfließen läßt; Wärmeleiter – ein Körper, der den Durchgang von Wärmeenergie nicht behindert. Gg. Isolator.
Leitmineral: Mineral, das nur beim Zusammenwirken bestimmter Temperatur- und Druckverhältnisse entsteht und deshalb zur Bestimmung der Tiefenstufe benutzt werden kann.
Lepidoblastische Textur: Gefüge eines an dünnschichtigen Mineralien reichen Erstarrungsgesteins.
Leukokrat: Bezeichnet aus hellfarbigen Mineralien wie Quarz und Feldspat bestehendes Gestein. Ggs. melanokrat.
Leukosom: Hellfarbiger, quarz- und feldspatreicher Teil eines Migmatits.
Linsig: Linsenförmig.
Lithischer Einschluß: In einem Magma enthaltenes Gesteinsstück, das nicht oder nur teilweise aufgeschmolzen wurde.
Lithosphäre: Der oberste, bis in etwa 100 km Tiefe reichende feste Teil der Erde; dazu gehören Erdkruste und oberer Erdmantel; bildet die tektonischen Platten.
Lopolith: Tiefengesteinskörper von der Form einer konkaven Linse.
Lumineszenz: Emission von Licht durch einen Stoff, die auf Beanspruchung wie Druck oder auf vorherige Bestrahlung zurückzuführen ist.

M

Mafisch: Magnesium- und eisenreiche Mineralien wie Pyroxen und Olivin oder Gesteine, die vorwiegend aus diesen Mineralien bestehen.
Magmatisch: Bezeichnet ein aus Magma kristallisiertes Gestein oder Mineral; Prozeß, der in Verbindung mit einem Magma abläuft. Syn. eruptiv.
Magnetische Suszeptibilität: Verhältnis des Betrages der Magnetisierung eines Stoffes zu dem der magnetischen Feldstärke.
Mandel (Geode): Anfangs mit Gas gefüllter Hohlraum in einem Gestein, in dem sich später Sekundärmineralien wie Quarz, Calcit oder Zeolithe bilden.
Massige Struktur: Weitgehend homogenes Gefüge einer Substanz.
Matrix: Detritischer, feiner gekörnter, zwischen größeren Partikeln eingelagerter Bestandteil eines Gesteins (z. B. Schluff und Ton in Sand oder Sand in Kies).
Mesokrates Gestein: Erstarrungsgestein, das zu etwa gleichen Anteilen aus hellen und dunklen Mineralien besteht. Vgl. leukokrat.
Messerschneidbarkeit: Merkmal eines Gesteins oder Minerals, sich mit dem Messer schneiden zu lassen.
Metabasit: Umgewandeltes basisches Erstarrungsgestein.
Metamikt: Bezeichnet ein Mineral, dessen Kristallstruktur durch die Strahlung der in ihm enthaltenen radioaktiven Atome zerstört wurde.
Metamorphose: Prozeß der Veränderung des Mineralbestandes und/oder des Gefüges eines Absatz-, Erstarrungs- oder Umwandlungsgesteins durch Änderung der Temperatur und/oder des Druckes; kann mit einer Veränderung des ursprünglichen Gesteinschemismus einhergehen.
Metasomatose: Chemische Veränderung in einem Gestein, bei der dem Gestein Bestandteile hinzugefügt werden oder verlorengehen (z. B. hydrothermale Umwandlung).
Metastabile Form: Form eines Minerals außerhalb der Druck- und Temperaturbedingungen, unter denen es seine normale Stabilität hat.
Meteorit: Aus dem Weltraum auf die Erdoberfläche gelangtes Gestein.
Migmatisierung: Entstehungsprozeß eines Migmatits; teilweises Aufschmelzen eines Umwandlungsgesteins.
Migmatit: Mischgestein, das aus miteinander vermengten granitischen und mafischen metamorphen Substanzen besteht.
Mikrolithische Struktur oder Textur: Struktur oder Textur eines porphyrischen Gesteins, dessen Grundmasse aus winzigen Kristallen oder Mikrolithen besteht.
Mikrometer: Der tausendste Teil eines Millimeters; 10^{-6} m (veraltet: Mikron).
Milieu: Komplex physikalischer und chemischer Bedingungen, unter denen ein Mineral oder Gestein sich entwickelt oder ein geologischer Prozeß verläuft.
Mineral: Natürlich vorkommender anorganischer Stoff mit einer bestimmten chemischen Zusammensetzung, der in einer kristallinen Struktur auftritt.
Mineralart: s. Mineral.
Minerallagerstätte: Natürlich vorkommende Ansammlung eines oder mehrerer nutzbarer Mineralien.
Mineralvarietät: Bezeichnet Mineralien derselben Art, deren unterschiedliche Färbung und geringe Abweichungen in der chemischen Zusammensetzung nicht gravierend genug sind, um diese Substanzen als selbständige Mineralarten zu betrachten.
Mineralzwilling: Zwei oder mehr Kristalle desselben Minerals, die in der für das Mineral stabilsten Anordnung miteinander verwachsen sind.
Mischbarkeit: Die Fähigkeit zweier Mineralien, sich zu mischen und eine Mineralform entstehen zu lassen, deren Zusammensetzung zwischen der der beiden Ausgangsmineralien liegt.
Mischkristall, feste Lösung: Eine einkristalline Phase, deren Zusammensetzung veränderlich ist, da in ihr ein Ion durch ein anderes ersetzt werden kann.
Modaler Mineralbestand: Der tatsächliche Anteil eines bestimmten Minerals in einem Gestein. Vgl. CIPW-Norm.
Mohssche Härteskala: Skala der relativen Härte eines Minerals.
Muscheliger Bruch: Bruch, der eine gekrümmte, muschelförmige Oberfläche ergibt (typisch z. B. für Glas).
Mylonit, Mahlgestein: Feinkörniges Gestein, dessen Korngröße durch Zerreiben bei tektonischen Bewegungen stark verringert wurde. Vgl. Kataklasit – Korngrößenverringerung hier durch Zertrümmerung hervorgerufen.

N

Nadelige Kristalle: Kristalle mit gestrecktem, schlankem, nadelförmigem Habitus.

Nanometer: Maßeinheit (nm), entspricht dem millionsten Teil eines Millimeters oder 10 Angström.

Nebenmineralien, akzessorische Gemengteile: Mineralien, die in einem Gestein in nur geringen Mengen vorhanden sind. Im Gegensatz zu den Hauptmineralien (Hauptgemengteilen) sind sie nicht bestimmend für die Zuordnung eines Gesteins zu einer bestimmten Gesteinsgruppe.

Nematoblastische Textur: Gefüge eines Umwandlungsgesteins mit gleichmäßig großen, prismatischen oder faserigen umkristallisierten Mineralkristallen, die parallel zueinander ausgerichtet sind.

Neoformer Kristall: Neuer Kristall, der im Verlauf der Diagenese oder Metamorphose entsteht (im Gegensatz zu einem umkristallisierten Mineral).

Neosom: Neugebildetes granitisches Material in einem Migmatit.

Nugget: Kleiner Klumpen eines Edelmetalls in einer Sekundärlagerstätte.

O

Oolith: Gestein, das aus miteinander verkitteten Ooiden (runde Körnchen mit höchstens 2 mm Durchmesser, die aus Mineralien oder organischen Kernen bestehen, die wiederum von konzentrischen Schichten eines Minerals wie Calcit oder Hämatit umgeben sind) besteht.

Ophiolith: Eine Reihe umgewandelter, tektonisch durchbewegter Gesteine, die aus Hornfelsen, Gabbros, Duniten und Eruptivgangserien bestehen; man hält sie für Teile der ozeanischen Lithosphäre, die auf Kontinentalränder aufgeschoben worden sind.

Ophitische Textur: Gefüge von Erstarrungsgesteinen mit idiomorphen Plagioklaskristallen, die in größere Pyroxenkristalle eingeschlossen oder von diesen umgeben sind.

Optisches Drehvermögen: Vermögen mancher Kristalle, die kein Symmetriezentrum besitzen, die Schwingungsebene von polarisiertem Licht rotieren zu lassen.

Orogen: Die Orogenese betreffend.

Orogenese: Prozeß der Entstehung eines Faltengebirges.

Orthomagmatisches Stadium: Hauptstadium der Kristallisation von Magma.

Oxidation: Prozeß, bei dem sich Sauerstoff mit einer Substanz verbindet oder Wasserstoff aus einer Substanz herausgelöst wird; jede Reaktion, die an die Abgabe eines Elektrons aus einem Atom gebunden ist. Ggs. Reduktion.

Ozellarstruktur: Gefüge eines Erstarrungsgesteins mit kleinen nierenförmigen „Phenokrysten“, bei denen es sich tatsächlich jedoch um Aggregate kleinerer Kristalle handelt, die strahlig oder tangential um größere idiomorphe Kristalle angeordnet sind.

P

Paläosom: Bereits existierender und unveränderter (ungeschmolzener) Anteil eines Migmatits (im Gegensatz zu Neosom).

Paragenese: Charakteristisches gemeinsames Vorkommen von Mineralien in einem Gestein.

Pegmatite: Sehr grobkörnige Gesteine, die gewöhnlich als Gänge in oder an einem Intrusivkörper auftreten; zur Ausbildung großer Kristalle kommt es durch Restkristallisation von wasserreichem Magma.

Pelitisches Gestein: Absatzgestein; bezeichnet auch ein Umwandlungsgestein, dessen Protogestein ein Schieferton, Schluffstein oder ein tonreiches Sediment war (z. B. Pelitschiefer).

Perlitische Textur: Gefüge aus kleinen, fast runden, glasigen Klumpen, die durch konzentrische, während sehr schneller Abkühlung eines Vulkangesteins entstandene Schrumpfungsrisse gebildet wurden.

Phenokryst: Kristalle in einem porphyrischen Erstarrungsgestein, die größer und auffälliger als das übrige Gestein (oder die Grundmasse) sind.

Phosphoreszenz: Form der Lumineszenz, bei der eine Substanz nach Beendigung der Zufuhr anregender Strahlung weiterhin Licht aussendet (nachleuchtet).

Piezoelektrizität: Vermögen eines bestimmten Kristalls (z. B. Quarz), bei Ausübung von Druck ein elektrisches Potential aufzubauen (positive elektrische Ladung an einem Ende und negative Ladung am anderen Ende des Kristalls) oder sich unter Einwirkung eines elektrischen Potentials auszudehnen oder zusammenzuziehen.

Pilotaxitische Textur: Struktur eines Erstarrungsgesteins mit einer Grundmasse aus länglichen, abgeplatteten Mikrolithen (winzige Kristalle), die ungeregelt verwachsen sind.

Pisolith, Erbsenstein: Fast rundes Körnchen, das einem Ooid ähnelt, jedoch größer (>2 mm) ist, und das aus einem organischen oder anorganischen Kern mit darumliegenden konzentrischen Schichten aus Kalziumkarbonat oder Eisenoxiden besteht.

Plankton: Tiere und Pflanzen, die auf oder an der Wasseroberfläche eher treiben als sich selbst bewegen.

Pleochroisch: Eigenschaft eines Minerals, dessen Kristalle durchgehendes Licht unterschiedlicher Wellenlängen abhängig von ihren kristallographischen Hauptachsen absorbieren und deshalb beim Durchgang von Licht entlang unterschiedlicher kristallographischer Achsen verschiedene Farben zeigen.

Pneumatolytisch: Bezieht sich auf den Prozeß der Mineralbildung, bei dem die Mineralien in gasförmiger oder flüssiger Form transportiert werden oder auf den Prozeß der Umwandlung von Mineralien durch eine gasförmige Lösung, die während des letzten Kristallisationsstadiums eines Magmas aus diesem entstanden ist.

Pneumatolytischer Gang: Mineralader, die durch Pneumatolyse entstanden ist. Vgl. pneumatolytisch.

Poikilitische Struktur: Bezeichnet das Strukturbild eines Erstarrungsgesteins, in dem große Kristalle Einschlüsse kleinerer Kristalle eines anderen Minerals enthalten; die großen Kristalle werden Oikokryste genannt.

Polarisator: Optisches Bauteil, das den Durchgang von Licht nur dann erlaubt, wenn seine Schwingungsebene in der Polarisatorebene liegt.

Polarisiertes Licht: Licht, das durch einen Stoff (Polarisator) in einer Weise durchgegangen ist, daß es nur noch in einer Ebene schwingt.

Polymorph: Bezeichnet eine chemische Substanz, die in mehr als einer Kristallform oder Symmetrieklasse auftritt, d. h. die mehr als ein Mineral bildet (z. B. hexagonales $CaCO_3$ – Calcit, orthorhombisches $CaCO_3$ – Aragonit).

Polysynthetische Zwillingsbildung: Mehrfachzwillinge (aus drei oder mehr Kristallindividuen bestehend) auf parallelen Zwillingsebenen.

Polytypie: Häufig bei Glimmern auftretende Erscheinungsform der Polymorphie; hier unterscheiden sich zwei Polymorphe nur in der Schichtung identischer zweidimensionaler Platten.

Porphyrische Textur: Gefüge eines Erstarrungsgesteins, das große Kristalle (Phenokryste) und eine feiner gekörnte Grundmasse aufweist.

Porphyrkupfer: Große, geringhaltige Lagerstätte von Kupfererz, das in hypabyssischen Porphyr eingesprengt ist.

Porphyroblast: Relativ großer Kristall inmitten von kleinen Kristallen eines Umwandlungsgesteins.

Primär: Bezeichnet eine Lagerstätte, die an Ort und Stelle kristallisierte Mineralien enthält.

Pseudomorph: Verdrängungsmineral, das die Form des von ihm ersetzten Minerals nachbildet (z. B. Limonitpseudomorphe von Pyrit).

Pyroelektrizität: Aufbau eines elektrischen Potentials in einem Kristall infolge einer Temperaturänderung.

Pyroklastische Gesteine: Aggregate, die durch einen explosionsartigen Vulkanausbruch entstanden sind und abgelagert wurden.

R

Radialfaserige Struktur: Struktur, die aus länglichen, faserigen, auf einen Punkt zustrebenden Kristallen gebildet wird.

Radioaktivität: Emission von energiereichen a- und b-Teilchen sowie von g-Strahlung beim spontanen Zerfall eines Atoms.

Reduzierende Flamme: Flamme, die in Metallen enthaltenen Sauerstoff reduzieren oder entziehen kann.

Reduzierendes Milieu: Sauerstoffarmes Milieu.

Reflexionsvermögen: Vermögen eines opaken Minerals, einen auftreffenden Lichtstrahl zu reflektieren.

Regionalmetamorphose: Gesteinsumwandlung, die in ausgedehnten Bereichen der Erdkruste abläuft; steht in Verbindung mit der Bildung von Faltengebirgen (Orogenese).

Regression: Rückzug des Meeres von Landgebieten, die vorher von ihm bedeckt waren. Ggs. Transgression.

Reinheit: Das Fehlen von gasförmigen oder flüssigen Einschlüssen oder anderen Mineralien in einem Kristallverband.

Reliktkristall, -mineral oder -struktur: In einem Umwandlungsgestein vorhandene Mineralien, Substanzen oder Strukturen, die bei der Metamorphose erhalten geblieben sind.

Restmineral: Umwandlungsresistentes Mineral.

Restschmelze: Flüssiger Rest eines Magmas in der letzten Phase seiner Erstarrung.

Rift: Zwischen zwei Schollen abgesunkener Streifen der Erdkruste, in dem sich häufig vulkanische und seismische Aktivitäten konzentrieren; Anzeichen für die großräumige Ausdehnung der Erdkruste (z. B. Riftzone des Rio Grande).

Röntgenstrahlung: Elektromagnetische Wellen, deren Wellenlänge kleiner (0.0001 – 10 nm) als die der ultravioletten Strahlung ist.

Ruptur, Bruch: Riß oder Bruchstelle in einem Gestein.

S

Säulige Kristalle: Kristalle mit gestrecktem, prismatischem, säulenförmigem Habitus.

Saures Gestein: Erstarrungsgestein mit einem SiO_2-Anteil von mehr als 63%.

Schichtflächenmarke: Kleine Unregelmäßigkeit an der Unterseite eines gröber gekörnten Sediments, die Kontakt mit einem feiner gekörnten Sediment hat. Die Abweichung entsteht dadurch, daß Material aus der oberen Schicht die Risse oder Mulden in der Deckfläche der unteren Sedimentschicht ausfüllt.

Schichtung: Ausbildung von Schichten, die in Textur, Korngröße und Zusammensetzung variieren; bezieht sich meist auf Sedimente.

Schieferigkeit: Charakteristische Blätterung in Schiefer, die sich aus der parallelen Anordnung und ebenen Ausrichtung tafeliger Mineralien wie Glimmer ergibt.

Schleppfalte: Falte, die sich an einer Verwerfungsebene durch das Aufkrempen von Schichten während ihrer Bewegung entlang eines Bruches bildet.
Schliff: Bearbeitungsform, mit der die ästhetischen Merkmale eines Minerals oder Gesteins verbessert werden sollen, so daß es als Schmuck- bzw. Dekorstein verwendet werden kann.
Schlot: Röhre, durch die Magma an die Erdoberfläche gelangt.
Schwachgradig: Bezeichnet Umwandlungsgesteine oder Mineralien, die bei niedrigen Temperaturen und Drücken entstanden sind; dazu gehören Fazies wie Zeolith und Prehnit-Pumpellyit. Vgl. hochgradig, Tiefenzone.
Schwermineralien: Mineralien mit einer Dichte von mehr als 2,9 g/cm^3.
Sedimentation: Bezeichnet die Prozesse der Erosion (Ausgangsprozeß), des Transports, der Ablagerung (oder Abscheidung) und der Versteinerung der Mineralkörner und Gesteinsfragmente, die zur Bildung eines Absatzgesteins beitragen.
Sedimentation: Natürlicher Prozeß der Ablagerung von Gesteinen und Mineralpartikeln durch natürliche Kräfte wie Wind oder Wasser, der meist im Sedimentationsmilieu vor sich geht.
Seidig, Seidenglanz: Seidenartiger, für ineinander verwobene faserige Mineralien typischer Glanz.
Seife, sekundäre Lagerstätte: Konzentration eines Minerals in einem Sediment.
Sekundärlagerstätte: Ansammlung selektiv transportierter schwerer und mechanisch widerstandsfähiger Mineralien.
Sekundärmineralien: Mineralien, die infolge Umwandlung bereits existierender, primärer Mineralien entstehen.
Senkung: Allmähliches Absinken einer kontinentalen oder unterseeischen Region.
Serizitierung, Serizitbildung: Verdrängung eines Minerals durch Sericitglimmer bei deuterischer (durch Grund- oder Oberflächenwasser) oder hydrothermaler Umwandlung oder Metamorphose.
Serpentinisierung: Hydrothermale Umwandlung von Olivinen und Pyroxenen in Serpentinmineralien, bei der Basalt in Serpentinit umgewandelt wird.
Sialmineralien: In der Erdkruste häufig vorkommende siliziumdioxid- und aluminiumoxidreiche Mineralien.
Solfatare: Eine Art der Fumarole, aus der Schwefelgase austreten.
Sortierung: Gleichzeitiges Vorhandensein verschiedener Korngrößenklassen in einem Sediment; schlecht sortiertes oder unsortiertes Sediment.
Spaltfläche: Ebene Fläche, an der entlang ein Kristall sich bevorzugt spalten läßt.
Spaltvermögen: Eigenschaft eines Gesteins, sich entlang fast paralleler Flächen in dünne Platten zu teilen (z. B. Schieferton – entlang seiner Schichtflächen oder Schiefer – entlang seiner Schieferungsflächen).
Spätig: Bezeichnet ein Mineral, dessen Aussehen an Spat erinnert; alle transparenten oder durchscheinenden, etwas glänzenden und leicht spaltbaren Mineralien.
Sphäroidische Struktur: Struktur, die durch konzentrische Schichten unterschiedlicher Zusammensetzung oder Farben charakterisiert ist.
Sphärolithische Textur: Gefüge eines aus Sphärolithen bestehenden Gesteins; kugelförmige Körner mit radialfaseriger Struktur.
Stäbchenförmige Kristalle: Kristalle mit gestrecktem, prismatischem Habitus.
Stalagmit: Konische oder zylinderförmige Karbonatablagerung, die vom Boden einer Höhle nach oben aufwächst.
Stalaktit: Konische oder zylinderförmige Karbonatablagerung, die von einer Höhlendecke nach unten wächst.
Steinkohle: Kohle mittleren Inkohlungsgrades, die nach ihrem Kohlenstoffgehalt und Heizwert zwischen Braunkohle (mit niedrigerem Inkohlungsgrad) und Anthrazit (mit höherem Inkohlungsgrad) einzuordnen ist.
Stern: s. Asterismus.
Stock: Intrusivkörper, der kleiner ist als ein Batholith.
Struktur: Gesamtheit der wahrnehmbaren Merkmale eines Gesteins.
Subduktionszone: Gleitbahn, an der entlang eine tektonische Platte abtaucht oder unter einer anderen Platte in den Erdmantel sinkt.
Sublimieren: Der direkte Übergang vom festen in den gasförmigen Zustand und umgekehrt.
Suspensionsstrom: An den unter Wasser gelegenen Hängen von Meeresbecken abwärts gleitende Massen unverfestigter Sedimente.
Symmetrie: Entsprechung von Größe, Anordnung und Form der Teile eines Kristalls von einem Symmetriezentrum (Punkt, Linie, Ebene) aus gesehen; Eigenschaft von Kristallen, deren Struktur bei Rotation, Reflexion, Translation und Inversion identisch ist.
Symmetrieklasse: Gesamtheit der Symmetrieelemente, anhand derer eine Gruppe von Kristallen beschrieben werden kann.
Symmetriesystem: Gruppe von Symmetrieklassen.
Synthetischer Stein: Stein mit den für Edelsteine typischen Merkmalen (Härte, optische Eigenschaften und Zusammensetzung), der jedoch nicht natürlich entstanden, sondern künstlich hergestellt worden ist.

T

Tafelige Kristalle: Kristalle mit abgeflachter Form.
Tektonische Platten: Eine Reihe starrer Platten der Lithosphäre, die sich unabhängig voneinander in verschiedenen Richtungen bewegen.
Textur: Art der Anordnung und Verbindung verschieden großer und verschieden geformter mineralischer Bestandteile in einem Gestein.
Thermolumineszenz: Eigenschaft einer Substanz, bei relativ geringer Erwärmung sichtbares Licht auszusenden.
Tiefengesteine: s. Intrusiv.
Tiefenzone: Bezeichnet die Druck- und Temperaturbedingungen bei der Entstehung von metamorphen Mineralien und Gesteinen. Vgl. hochgradig, schwachgradig.
Tiefseeablagerung, abyssisches Sediment: Feinkörniges Tiefseesediment organischen Ursprungs.
Transgression: Hebung des Meeresspiegels; Vordringen des Meeres auf das Festland. Ggs. Regression.
Transgressionskonglomerate: Konglomerate, grobkörnige Sedimente, die im Verlauf der Transgression abgelagert wurden.
Transparentes Mineral: Lichtdurchlässiges Mineral.
Traubig: Bezeichnet die kugelige, einer Weintraube ähnliche Wachstumsform eines Minerals.
Triboluminenszenz: Art der Lumineszenz, die an einem Mineral infolge von Reibung, Kratzen oder Zerstoßen auftritt.
Turbidite: Sedimente oder Gesteine, die von einem Suspensionsstrom abgelagert wurden.

U

Übersättigtes Gestein: Gestein, das einen Überschuß an Siliziumdioxid besitzt und reich an Quarz ist.
Ultrabasisches Gestein: Gestein, das weniger als 45% Siliziumdioxid enthält.
Ultramafisches Gestein: Erstarrungsgestein, das vor allem aus mafischen Mineralien wie Olivin und Pyroxen besteht.
Ultraviolette Strahlung: Elektromagnetische Wellen, deren Wellenlängen kleiner (1–400 nm) als die des sichtbaren Lichts (400–700 nm) sind.
Umkristallisation: Im Verlauf der Diagenese oder der Metamorphose auftretendes Wachstum neuer Mineralkörner im festen Zustand aus alten Kristallen.
Umwandlung: Veränderung der mineralogischen und chemischen Zusammensetzung eines Gesteins durch chemische und/oder physikalische Prozesse.
Umwandlungsgestein, metamorphes Gestein: Durch Umwandlung (Metamorphose) entstandenes Gestein.
Ungesättigtes Gestein: Gestein, das einen geringen Gehalt an Siliziumdioxid aufweist und keinen Quarz enthält (z. B. Syenite).

V

Verkieselung: Verdrängung von Gesteinen, Holz und anderen organischen Substanzen durch Siliziumdioxid.
Versenkungsmetamorphose: s. Regionalmetamorphose.
Verunreinigung: Ein nicht zur mineraltypischen chemischen Zusammensetzung gehörendes Element.
Verwachsung: Verzahnung von Mineralkörnern, die u. a. auftritt, wenn die Körner gleichzeitig kristallisieren oder durch Entmischung auseinander hervorgehen.
Viskosität: Maß für den Widerstand, den eine Substanz einer Fließbewegung entgegensetzt.
Vulkanisch: s. eruptiv; extrusiv.

X

Xenolith: Artfremdes Gesteinstück in einem Erstarrungsgestein; ein Stück Intrusivgestein, das nicht Teil des Ausgangsmagmas war.
Xenomorphes Mineral: Mineral mit nur sehr gering ausgebildeter Kristallform (Syn. allotriomorph). Ggs.: Euhedrales oder idiomorphes Mineral.

Z

Zähigkeit: Widerstand eines Minerals gegen mechanische Spaltung.
Zonar-konzentrisch: Bezeichnet Aggregate von gerundeter, warzenförmiger Struktur.
Zonare Struktur oder Zonengliederung: Mehr oder weniger konzentrisch angeordnete Abweichungen der Zusammensetzung von Mineralien (s. zonarer Kristall) oder großräumige (Ausbisse oder über große Gebiete reichende) Abweichungen des Mineralbestands und der Textur von Umwandlungsgesteinen.
Zonarer Kristall: Mineralkristall, dessen Zusammensetzung sich von außen (Rand) nach innen (Kern) verändert.
Zuckerkörniges Aussehen: Aussehen eines Marmors, der aus winzigen, gleichdimensionierten und wie Streuzucker aussehenden Kristallen besteht.
Zurückschreitende (retrograde) Metamorphose, Rückwandlung: Art der Metamorphose, die auftritt, wenn Gesteine niedrigeren Drücken und Temperaturen ausgesetzt sind (im Gegensatz zu progressiver Metamorphose).

BIBLIOGRAFIE

Bates, R. L. und Jackson, J. A.: *Glossary of Geology.* Falls Church, Virginia: American Geological Institute, 1980.

Bernardini, G. P., Carobbi, G., Cipriani, C. und Mazzi, F.: *Trattato di mineralogia.* Bde. 1 – 2. Florenz: USES, 1971.

Borelli, A. und Cipriani, N.: *Guida al riconoscimento dei minerali.* Mailand: Arnoldo Mondadori Editore, 1987.

Bosellini, A, Mutti, E. und Ricci Lucchi, F.: *Rocce e successioni sedimentarie.* Turin: UTET, 1989.

Cipriani, C. und Borelli, A.: *Pietre preziose.* Mailand: Arnoldo Mondadori Editore, 1984.

D'Amico, C.: *Le rocce metamorfiche.* Bologna: Pàtron, 1973.

D'Amico, Innocenti, F. und Sassi, F. P.: *Magnetismo e metamorfismo.* Turin: UTET, 1989.

Deer, W. A., Howie, R. A. und Zussman, J.: *Introduzione ai minerali che costituiscono le rocce.* Bologna: Zanichelli, 1992.

Fry, N.: *The Field Description of Metamorphic Rocks.* New York: Geological Society of London Handbook Series, 1984.

Hyndman, D. W.: *Petrology of Igneous and Metamorphic Rocks.* New York: McGraw-Hill Book Co., 1985.

I marmi apuani: schede merceologiche. Florenz: Regione Toscana, 1980.

Kearey, P. und Vine, F. J.: *Tettonica globale.* Bologna: Zanichelli, 1994.

Le Maître, R. W.: *A Classification of Igneous Rocks and Glossary Terms.* Oxford: Blackwell Scientific Publications, 1989.

Minerali e rocce. *Enciclopedia Italiana delle Scienze.* Bd. 1. Novara: Istituto Geografico De Agostini, 1972.

Mottana, A., Crespi, R. und Liborio, G.: *Minerali e rocce.* Mailand: Arnoldo Mondadori Editore, 1987.

Perini, G.: *Gemme, pietre dure e preziose.* Mailand, Arnoldo Mondadori Editore, 1994.

Pettijohn, E. J.: *Sedimentary Rocks.* New York: Harper & Row, 1975.

Press, F. und Siever, R.: *Introduzione alle Scienze della Terra.* Bologna: Zanichelli, 1985.

Speranza, C. und Bignami, M.: *Gemmologia.* Bde. 1 – 2. Mailand: Hoepli, 1972.

Strunz, H.: *Mineralogische Tabellen.* Leipzig: Akademische Verlagsgesellschaft, 1970.

Tucker, M.: *The Field Description of Sedimentary Rocks.* New York: Geological Society of London Handbook Series, 1982.

Valloni, R. et al.: *Proposta di classificazione macroscopica delle areniti.* Parma: L'Ateneo Parmese, 1991.

Volcano. Amsterdam: Time-Life Books, 1982.

Zampieri, D.: *Grande atlante delle rocce e dei minerali.* Mailand: Arnoldo Mondadori Editore, 1984.

VERZEICHNIS DER MINERALIEN UND GESTEINE

Die hinter dem Mineral- bzw. Gesteinsnamen angegebene Seitenzahl bezieht sich auf die jeweilige Einzelbeschreibung; die bei Edelsteinen genannten Seitenzahlen betreffen entweder Einzelbeschreibungen oder die Erwähnung der Mineralien in einem der Kastentexte.

U

V

W

Z

ABBILDUNGS-NACHWEIS

Die in dieser Ausgabe gezeigten Fotos wurden (mit Ausnahme der unten angeführten Fotografien) von Roberto Germogli aufgenommen oder stammen aus den Mondadori-Archiven.

Agenzia Contrasto, Mailand: S. 16 und S. 85, oben rechts, S. 98 – 99 doppelseitige Aufnahme.

Agenzia K & B, Florenz: S. 22, S. 24, S. 25, S. 26 oben, S. 101, S. 125, S. 134.

Fabbri Archive: S. 10 unten

Nicola Cipriani, Florenz: S. 29, S. 124, S. 140 – 141 doppelseitige Aufnahme, S. 142, S. 143, S. 146 oben, S. 154.

Alessandro Stefani, Maestri orafo-argentieri, Bologna: S. 87 unten links.